# Analysis and Application of Organic Reaction Mechanism

# 有机反应

## 机理解析与应用

陈荣业 著

化学工业出版社
·北京·

本书由 9 章构成。其中第 1～3 章概括了反应机理解析的基本概念、基本原理、基本规律，阐述了机理解析过程必须遵循的原则；第 4～6 章为分子结构与反应活性关系篇，解析了极性反应三要素各自结构、活性的影响因素及其活性排序；第 7～8 章为极性反应三要素的相互关系与动态变化篇，深入讨论了三要素的相互影响和动态变化，是对基础理论的必要补充；第 9 章为反应机理解析应用篇，列举了若干通过反应机理解析来优化反应过程的实例，以启发读者反应机理解析的实际应用能力。

本书以理论创新与结合实际为特点，各个章节特色鲜明，所有论点论据充分，列举实例真实可靠，有广泛代表性。

本书可供有机合成、制药等相关领域的专业技术人员阅读使用，也可供相关专业的师生阅读参考。

**图书在版编目（CIP）数据**

有机反应机理解析与应用/陈荣业著. —北京：化学
工业出版社，2017.9（2023.4 重印）
ISBN 978-7-122-30242-7

Ⅰ.①有…　Ⅱ.①陈…　Ⅲ.①有机化学-反应机理-研究　Ⅳ.①O621.25

中国版本图书馆 CIP 数据核字（2017）第 167537 号

---

责任编辑：戴燕红　　　　　　　　　装帧设计：史利平
责任校对：王素芹

---

出版发行：化学工业出版社（北京市东城区青年湖南街 13 号　邮政编码 100011）
印　　装：北京七彩京通数码快印有限公司
710mm×1000mm　1/16　印张 20¾　字数 390 千字　2023 年 4 月北京第 1 版第 8 次印刷

---

购书咨询：010-64518888　　　　　　　　售后服务：010-64518899
网　　址：http://www.cip.com.cn
凡购买本书，如有缺损质量问题，本社销售中心负责调换。

---

定　　价：98.00 元

# 前言
## PREFACE

　　人们对有机反应规律的认识，是一个逐步深化的渐进过程，对其理解的深度与境界，体现在对反应机理解析的正确把握。反应机理是基元反应的集成，更是对化学反应原理的抽象概括。将化学反应原理贯穿于基元反应解析的全过程，是化学反应机理解析的客观要求。正是基于认识基元反应原理的目的，作者以此书与同行专家学者交流。

　　对于一个具体的化学反应，人们容易知其原料组成与主副产物，而若干不稳定的中间状态往往未知且又难以检测，这就为反应机理解析带来了难度，同时也预留了较大的想象空间。然而，反应机理不可任意推测，它必须符合经典的数学、物理学和化学的基本原理，必须符合分子结构与反应活性关系的客观规律。大量的非基元反应的机理是人为地解析出来的，因而受到学者所掌握的理论基础的限制且带有个人学术观点，而只有符合化学反应客观规律且与实验条件、实际完全吻合的反应机理才是正确的和客观的。"新陈代谢是宇宙间永恒的、不可抵抗的运动，"基于如上观点，作者以本书的若干新论点、新概念、新方法与读者研究、讨论、比较、鉴别。

　　化学反应过程无一不是电子有序转移的过程。正是依据电子运动规律，本书抽象化地简化了极性反应机理解析过程，将所有极性反应归一化为同一种；正是依据电子运动规律，本书揭示了极性反应各要素的分子结构、反应机理、反应活性与催化作用之间客观存在着的一一对应关系；正是依据电子运动规律，本书揭示了影响化学反应的物理化学规律，第一次揭示了无产物化学反应过程。正是这些论点的提出和应用，使得反应机理解析过程理论化、简单化、实用化了，便于读者比较、鉴别、掌握和运用。

　　有些化学反应机理确实相当复杂，这从反应的立体专一性和区域选择性就能证明。人们之所以对于反应机理解析感到困惑和无奈，并非是反应机理有多么复杂难解，而是缺乏这种反应解析系统的理论和若干反应机理无理解析的干扰。考虑到广大化学工作者的实际需求，本书从最基本的原理出发，不过多关注信息量的广度，主要关注反应原理的深度。简化反应机理解析过程，揭示反应发生的内在原因，是本书的主要目的。

反应机理解析不是终极目的。人们学习、研究客观规律的目的是希望能利用对客观规律的认识去改造世界。作者曾与化学界的诸多专家、学者讨论反应机理，深切地感受到反应机理解析对于解决化学反应实际问题很有意义，也确实解决了若干有机合成领域中的若干实际问题，机理解析理论的实用性也得到了同行专家、学者的普遍认同。解决化学品研究开发、生产过程的实际问题，是本书写作的初衷。

在本书撰写过程中，得到了若干专家学者的支持和帮助，在此深表感谢。感谢上海医药工业研究院张福利研究员、中国科学院大连化学物理研究所周业慎研究员对于本书的审核，感谢杨晓格博士、吴东辉硕士、王洋硕士、范莉莉硕士、张绥英硕士、孙立芹硕士对于本书的编辑和整理。

受作者理论水平与实践经验所限，本书一定会存在若干不足，恳请各位同行及读者给予批评指正。

陈荣业

2017 年 5 月　于大连

# 目录
## CONTENTS

## 第3章 极性反应的基本规律     69

## 第6章　离去基 174

# 第9章　反应机理解析的应用　　　　　　　　281

# 第1章

# 反应机理解析的基本概念与方法

化学反应机理是反应过程各步基元反应的集成。反应机理解析的标准就必须完成基元反应的逐个解析，每个基元反应必须符合电子运动的客观规律，机理解析的结论必须与化学反应实验结果相吻合。因此，解析反应机理的能力反映了人们对于化学反应客观规律的认识程度。

化学反应过程，无一不是电子的有序运动或有序转移过程。反应机理解析过程，必须遵循电子运动的客观规律，必须以分子结构为理论基础，必须遵循物理化学的基本原理，必须遵循辩证唯物论的思维方式，必须符合反应进行的实际条件。只有遵循上述原则解析反应机理，才是使之理论化、简单化、科学化的方法。

## 1.1 有机反应的分类

从电子转移的角度，有机化学反应有两种类型：独对电子转移的反应与单电子转移的反应。

独对电子转移的反应包括极性反应与周环反应。周环反应是几对电子的协同转移过程，它的电子转移规律与极性反应遵循同一原理，故可将其视为极性反应的特殊形式。

单电子转移的反应（SET）包括自由基反应和金属外层电子的转移。

无论是独对电子转移还是单电子转移，都有其内在的规律性，均遵循电子运动的基本规律。

### 1.1.1 独对电子转移的反应

在有机化学品的合成实践中，极性反应占绝大多数，且周环反应本身受极性影响也十分显著，可视为极性反应的特殊形式。

#### 1.1.1.1 极性反应

在化学反应过程中，由原料一步合成产品的反应，即未经任何稳定中间体阶段的反应，称之为基元反应。毫无疑问，基元反应是有机反应中最简单的一步反应。对于极性基元反应进行的方式与原理，我们首先从最简单的实例开始，循序渐进地、逐步深化地解析极性反应的一般规律。

**例1**：水的离解与酸碱中和反应机理：

下式中，自左至右为水的离解反应机理，而自右至左是酸碱中和反应机理。

式中，弯箭头代表一对电子的转移，弯箭头的弯曲方向为共价键上独对电子所依附的元素方向，弯箭头的始点与终点分别表示独对电子在反应进行前后所处的位置。显然，电子的转移方向、弯箭头的弯曲方向不是任意的。

**例2**：水的离解与酸碱中和反应活性比较：

下式中，Nu 代表亲核试剂，E 代表亲电试剂，Y 代表离去基。其下标 1，2 分别代表上述各种功能即不同属性试剂的反应活性次序。结果如下：

总结例1与例2，从水的解离与酸碱中和这一可逆反应中，容易发现下述规律：

第一，电子转移的规律没有区别，弯箭头均是从氧原子上的独对电子开始，至另一水分子上的氢原子终止。

第二，弯箭头的起点均是电子密度较大的富电体-亲核试剂，而弯箭头的终点均是电子密度较小的缺电体-亲电试剂。

第三，一个弯箭头自富电体-氧转移至缺电体-氢时，总有一个电负性较大的基团（氢氧根或水）带着一对电子从亲电试剂-氢原子上离去。

第四，逆向进行的中和反应的亲核试剂、亲电试剂和离去基的反应活性均强于正向进行的水的离解反应的各种相应试剂，故此反应以逆向反应为主。

从上述简单反应中，已经体现了极性反应过程中最基本的、最本质的内在规律。

**例3**：氯化氢在水中的溶解，实际是个极性反应过程：

当然，此过程也存在一个与水离解类似的逆反应过程，请读者自行推论。

综合上述各式，作为极性反应的一般规律，即极性反应通式表示如下：

$$Nu^- \ + \ E\!-\!Y \longrightarrow Nu\!-\!E + Y^-$$

由上述极性反应通式能表示出若干单步进行的极性基元反应过程。此类基元反应很多。如：

**例 4**：氰基取代季铵盐的反应。反应机理为：

**例 5**：巯基与硫酸酯的反应。反应机理为：

**例 6**：酚与卤代烃的烷基化反应[1]。反应机理为：

**例 7**：水对磷酸酯的水解反应。反应机理为：

上述这些反应虽然简单，但其反应三要素十分清晰。其中的氰基、巯基、苯氧基、水等皆为富电体-亲核试剂；而季铵盐、硫酸根、卤离子、磷酸根等均具有较大的电负性，均为离去基；与上述离去基相连的元素因受较大电负性基团-离去基的影响，成了缺电体-亲电试剂。

之所以将极性反应以通式的形式表示出来，旨在简化反应机理的解析过程。因为无论多么复杂的极性反应均可由这一极性反应通式串联或并联地表示出来，多么复杂的极性反应均能通过上述三要素加以解释。此极性反应三要素虽然简单，它却全面地、准确地、理论化地概括了所有极性反应的各种类型，不愧为极性反应之通式，便于学习、理解、记忆与运用。

### 1.1.1.2 周环反应

在诸多《高等有机化学》教科书中，周环反应常被列为有机反应三大类型之一，虽然反应过程仍关系到亲核试剂、亲电试剂与离去基这三要素，但是它们的反应活性较弱，在任意两个基团间并不具备完成反应的条件，只有在几个基团联动或协同进行条件下才有反应产物生成。此类反应自然与基团间距离相关。

**例 8**：Boekelheide 反应，是 2-甲基吡啶氮氧化物酰基化后的重排、水解反应[2]：

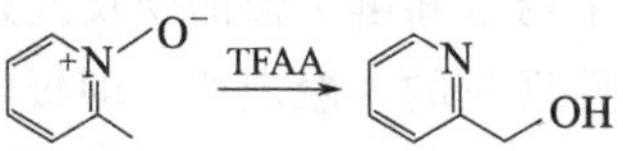

反应机理为[3a]：

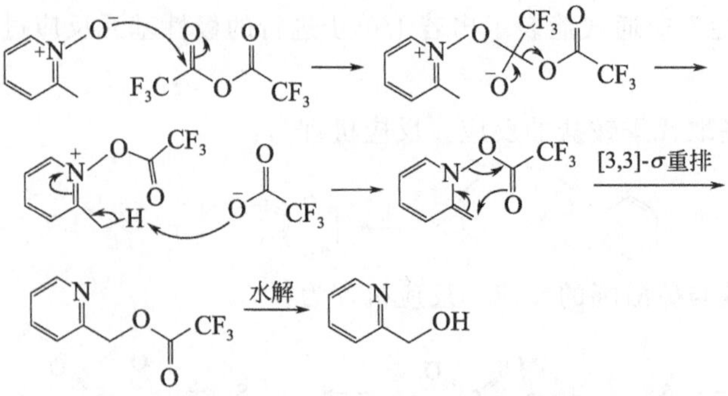

显然，此［3,3］-σ 重排反应只能发生在芳烃邻位的两个基团之间，而间位与对位均不具备反应所需要的空间条件。上述反应的发生也并不是非用三氟乙酸酐不可，乙酸酐已经满足要求，正像医药阿格列汀中间体的合成那样：

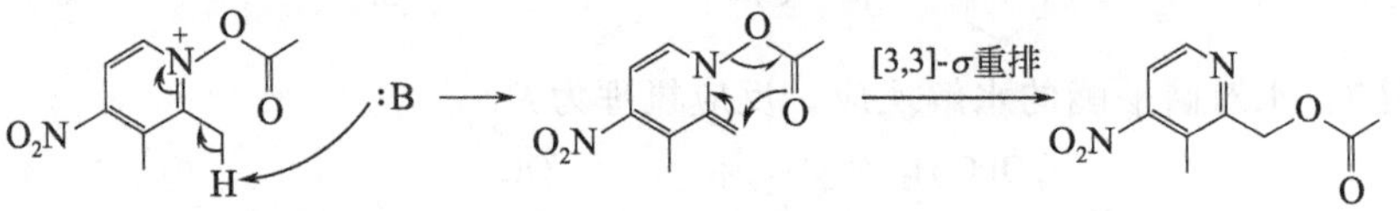

**例 9**：羧酸的脱羧反应，一般是在碱性条件下实现的：

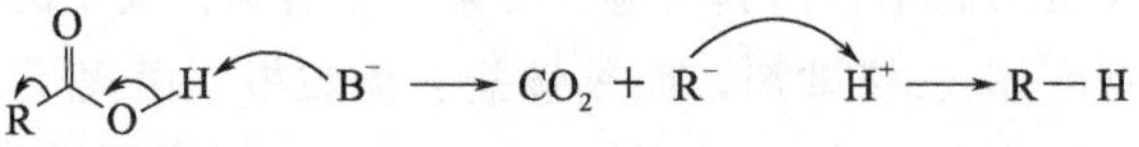

然而 $\beta$-酮酸的脱羧反应却并不需要碱性条件，反应机理为：

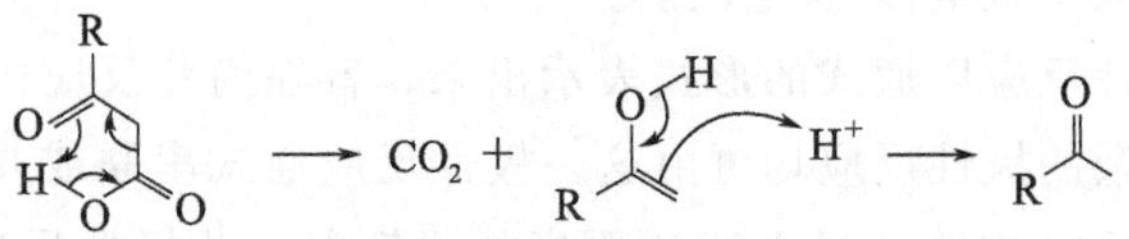

这就是分子结构上的空间优势，加之几对电子协同转移之优势所致。

## 1.1.2 单电子转移的反应

在电子转移导致的化学反应过程中，单电子转移（SET）常见于自由基反应机理或金属得失电子过程，用鱼钩箭头表示单电子转移的起始与终到位置。

### 1.1.2.1 自由基反应

用鱼钩箭头描述自由基机理时，无论是共价键的均裂还是共价键的生成，鱼钩箭头必然是成对出现的。

**例 10**：对溴甲苯的氯化反应机理：

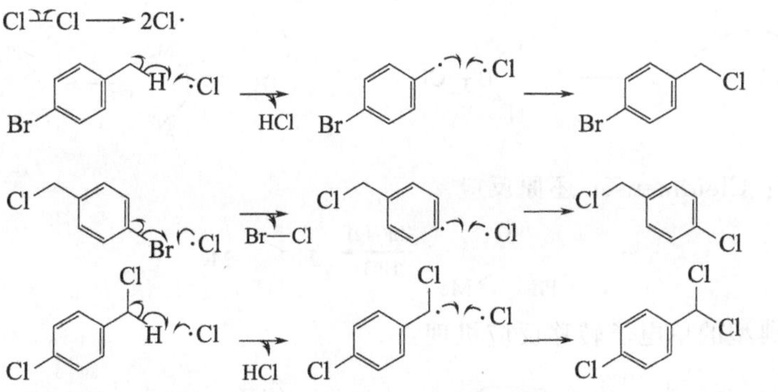

在上述自由基机理进行的反应过程中，共价键均裂成自由基是按其离解能的次序进行的，从上述反应进行的次序与中间状态便能排序出离解能的相对大小。

**例 11**：邻硝基苯甲醛在光催化作用下的重排反应：

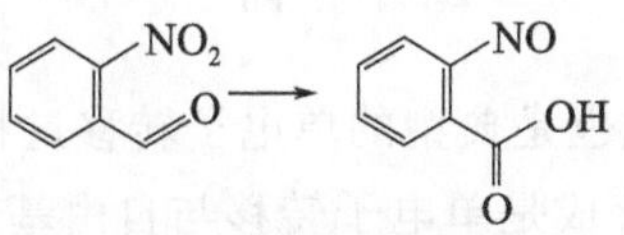

这是自由基机理与极性反应机理交叉进行的：

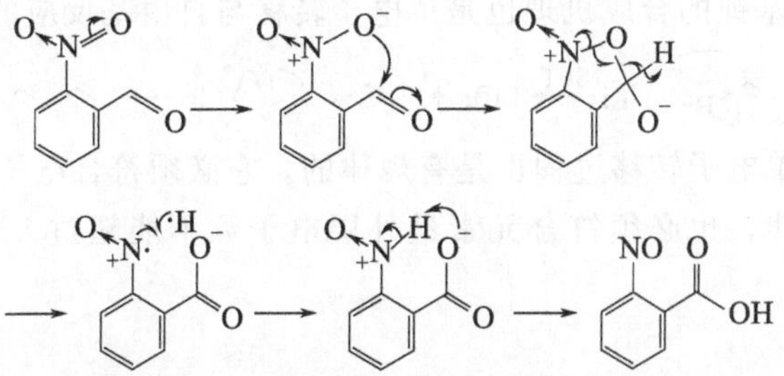

**例 12**：杀菌剂 MIT 的光催化分解反应机理[4]：

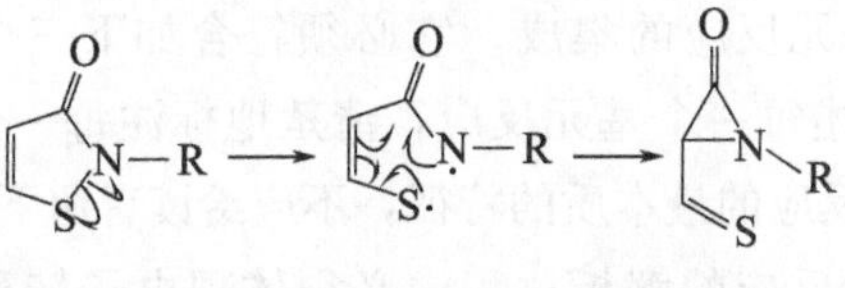

这是由于氮-硫 σ 键的键长较长，电负性差距又不大，因而容易在光照条件下均裂产生自由基的缘故，因而导致了产物的不稳定。

#### 1.1.2.2 金属外层的单电子转移

当亲电试剂得到来自于金属外层的自由电子时，亲电试剂被还原，这是一系列还原反应的共同特点。在这种金属外层失去自由电子的过程中，鱼钩箭头不是成对出现的。

**例 13**：将硼化物还原成自由基的反应机理：

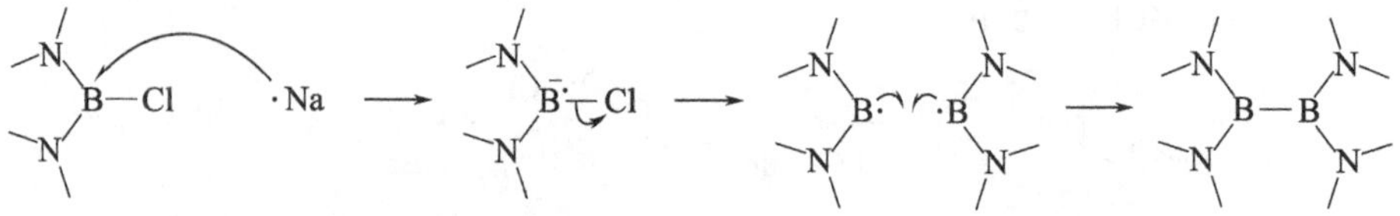

**例 14**：Clemmensen 还原反应。

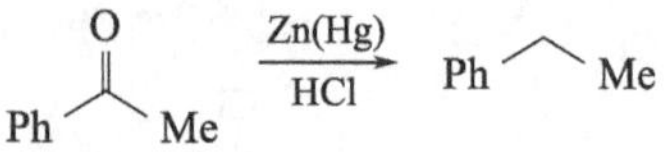

这是典型的单电子转移反应机理：

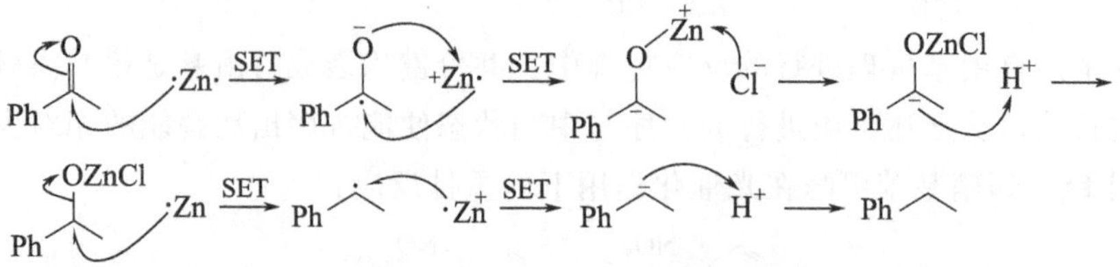

金属有机化合物的合成也是典型的单电子转移过程。

**例 15**：甲基锌试剂的合成是单电子转移与自由基反应的串联机理：

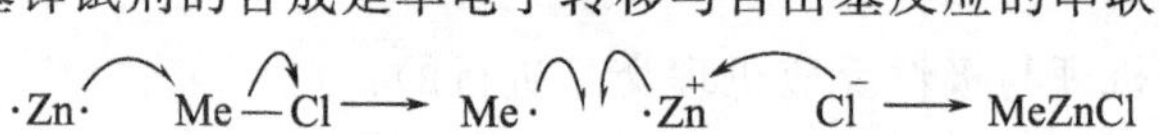

**例 16**：正丁基锂的合成机理也是单电子转移与自由基反应的串联过程：

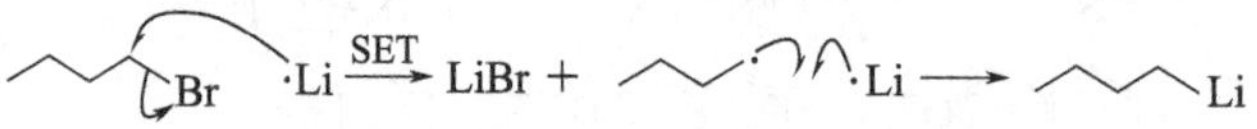

由此可见，单电子转移过程也是有规律的。它必须符合电子由富电体向缺电体方向转移的规律，也必须符合元素最外层电子数不能超过 8 个电子的八隅律规则。

## 1.2 反应机理的表达与改进

反应机理为各个基元反应的集成。它必须符合如下三个标准：

一是能够清晰地描述每一个基元反应，清楚地标注每一个共价键改变的电子转移过程。因为这是化学反应的最本质的特征，不应给读者留下任何模糊的想象空间。

二是在每一个基元反应的解析过程中必须体现电子转移的基本原理，符合经典物理学关于电子转移的基本规律。因为只有符合基础数学、经典物理学和现代化学理论的过程才可接受。

三是反应机理解析的结论必须与实验结果相吻合。因为实践才是检验认识的客观标准，任何与实验结果相矛盾的结论必然错误。

### 1.2.1 电子转移标注的意义

既然化学反应为电子的有序转移过程，则表示电子转移的符号必不可少。若没有必要的电子转移标注，则可视为反应机理未得到有效解析，至少是机理解析不完全。

然而迄今为止，仍有若干反应机理解析实例未能标注电子转移过程，其原因是传统的机理解析方法未能遵循电子转移规律来解析机理。

**例17**：烯烃与溴化氢的加成反应，现有的反应机理解析为：

$$R \diagup\diagdown + H-Br \longrightarrow R \diagup\overset{+}{\diagdown} + Br^- \longrightarrow \underset{R}{\diagdown}\overset{Br}{\diagup}$$

在上述第一步反应过程中，电子转移显然是客观存在的，可为什么不能用弯箭头将其电子转移过程标注出来呢？原因在于人为规定的底物、进攻试剂的概念、亲电加成概念与弯箭头的含义相矛盾所致，是学者对于电子转移过程描述的无可奈何，也是学者无奈之下的被动回避。

按照以往亲电加成的概念，应该是带有正电荷的溴正离子为进攻试剂，即由溴正离子进攻底物-烯烃。然而代表一对电子转移的弯箭头无法表示，因为溴正离子上并不存在可供成键的一对电子，弯箭头从缺电的溴正离子出发进攻带电的烯烃显然与弯箭头代表的一对电子转移的概念不符，且新生成的溴—碳共价键上独对电子也并非来自于溴正离子而是来自于烯烃上的 π 键。

如果将弯箭头倒过来表示，即将其起始点设在烯烃 π 键上，弯箭头指向溴正离子，这倒符合电子运动规律。但这既有违于亲电加成的概念，又有违于溴正离子为进攻试剂的概念。显然，亲电反应的概念与弯箭头代表一对电子转移的概念相互矛盾。

若剔除传统的底物、进攻试剂的概念和亲电反应、亲核反应的概念，代之以极性反应三要素的概念，则上述烯烃与溴化氢的加成反应可以简化地视作两步极性反应的串联过程，两步极性反应可以完整地表示为：

$$R \diagup\diagdown + H \! \curvearrowright \! Br \longrightarrow R \diagup\overset{+}{\diagdown} + Br^- \longrightarrow \underset{R}{\diagdown}\overset{Br}{\diagup}$$

此处足见传统的极性反应机理解析方法之弊端。与烯烃上的所谓亲电加成反应类似，芳烃上的亲电取代反应也无法表示电子转移过程。

**例18**：芳烃与带正电荷基团-亲电试剂的反应，被称之为亲电取代反应，现在的反应机理[5a],[6a]表示为：

苯　　亲电试剂　　π络合物　　σ络合物　　一取代苯

这种机理解析明显不足，因为看不到电子的转移过程与方向，究其原因仍是亲电取代的概念与弯箭头的含义相矛盾。

若弯箭头的起始点为带有正电荷的亲电试剂 $E^+$，则其并不带有参与反应的独对电子，不符合反应过程电子运动规律；若弯箭头的起始点为芳烃之 π 键，虽符合电子运动规律，却与亲电取代反应的命名相背。这又是学者对于电子转移过程描述的被动回避。

如若剔除传统的底物与进攻试剂的概念，用极性反应三要素的概念解析反应机理，则上述芳烃与亲电试剂的取代反应容易简化地表示为：

$$\text{（反应式）} + E^+ \longrightarrow \text{（反应式）} \longrightarrow \text{（反应式）} + H^+$$

这又是一个两步反应的串联过程。如此看来，所有亲电反应的概念均与弯箭头的概念相矛盾，且亲电反应的概念又来自于反应底物与进攻试剂的人为规定。故原有的、约定俗成的机理解析方法存在着严重的、系统性的缺陷，而极性反应三要素概念解析反应机理，才是最准确、最简单、最科学之方法。

**例 19**：三氟甲基乙烯与卤化氢的加成反应机理，文献仍未表示出电子转移过程[6b]：

$$\text{（反应式）} CF_3 + HX \longrightarrow {}^+\text{（反应式）} CF_3 + X^- \longrightarrow X\text{（反应式）} CF_3$$

若按极性反应三要素概念来解析，则反应机理十分明了：

$$\text{（反应式）} CF_3 \quad H\text{—}X \longrightarrow {}^+\text{（反应式）} CF_3 + X^- \longrightarrow X\text{（反应式）} CF_3$$

有比较就有鉴别，后者的电子转移表述显然比前者更好。后者只研究亲核试剂、亲电试剂与离去基这些有用的、简单的概念。而底物、进攻试剂等与电荷无关的概念显然无用，而增加亲电反应、亲核反应的概念旨在弥补前述概念的缺憾，却又与弯箭头的概念矛盾。

实际上，烯烃上的 π 键本身就是富电体-亲核试剂，能够与缺电体-亲电试剂成键；而存在共轭大 π 键的芳烃也不例外，它仍然是亲核试剂的一种。也正因为这些 π 键是亲核试剂，才有了烯烃的亲电加成反应之说，才有了芳烃的亲电取代反应之说，而又恰是这种亲电取代反应的命名使得反应过程的电子转移过程无法描述了。

由此可见，反应机理解析过程受到了许多不该有的多余概念的限制，故所谓亲核反应还是亲电反应的概念应该抛弃，所谓底物的概念、进攻试剂的概念也应该抛弃。所留下的只有富电体-亲核试剂、缺电体-亲电试剂、相对较大电负性的基团-离去基即可，这符合富电体与缺电体之间结合成键的一般规律。

按照极性反应三要素来解析反应机理，能够表述所有极性反应的电子转移过程，能够清楚地显现出三要素之间的一一对应关系，不存在任何的例外，是极性反应客观规律的科学总结。

### 1.2.2　弯箭头及其弯曲方向

在有机反应范围内，绝大多数属于极性反应，而极性反应通式已经表明：存在着两对独对电子的转移过程：一对是亲核试剂所带有的独对电子与亲电试剂成键，另有一对电子随着离去基带走。

约定俗成的规律是用弯箭头表示一对电子的转移过程，且弯箭头的起点为反应前独对电子所处的位置，弯箭头的指向为反应后独对电子所处的位置。实践表明，此种方法简单明了，便于使用、记忆与理解。

同时弯箭头的弯曲方向也应有明确的定义，否则容易引起误解。在约定俗成的规律下，弯箭头的弯曲方向为该对独对电子所依附的元素方向。如：

$$A \frown B \longrightarrow A^+ \; + \; B^-$$

上述反应过程中，生成了 $A^+$ 与 $B^-$ 两种离子，表明所转移的独对电子所依附的是 B 元素而不是 A 元素，共价键发生异裂后共价键上独对电子归属于元素 B 所有，本书前述的诸多实例均属于此种情况。

然而迄今为止在国内外诸多学术专著中，对于弯箭头弯曲方向的表述普遍存在着随意性，致使诸多反应机理难于为读者们所理解，这集中表现在重排反应机理的解析过程中。因此，理所当然地应该纠正并规范弯箭头弯曲方向的概念。

**例 20**：Demjanov 重排反应，是重氮盐水解过程的异构化反应[7]：

关于重排反应发生的原因，原有的机理解析为[3b]：

显然，上述机理解析过程中，自 B 至 C 过程的弯箭头方向画反了，弯箭头弯曲方向不同，其产物也不同：

类似上述这种重排反应弯箭头弯曲方向错误之问题绝非个例，而在目前的国内外文献中普遍存在，希望读者在阅读过程中注意识别以避免误读。

弯箭头的弯曲方向显然与基团电负性相关，独对电子只有向电负性较大的元素一方转移才符合电子转移规律，也与共振论的规律相符。

**例 21：** Horner-Wadsworth-Emmons 反应，是醛与磷酸酯合成烯烃的反应：

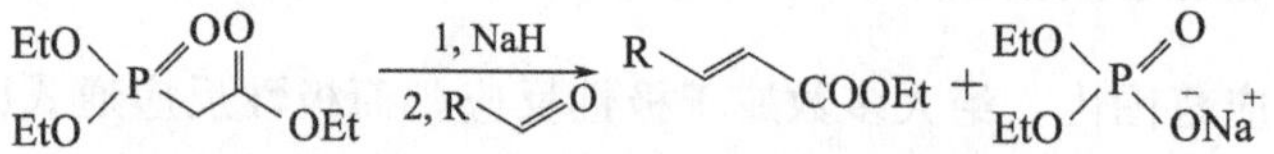

该反应先是生成加成中间体，再经 [2,2]-σ 重排生成产物的。原有的反应机理解析为[3c]：

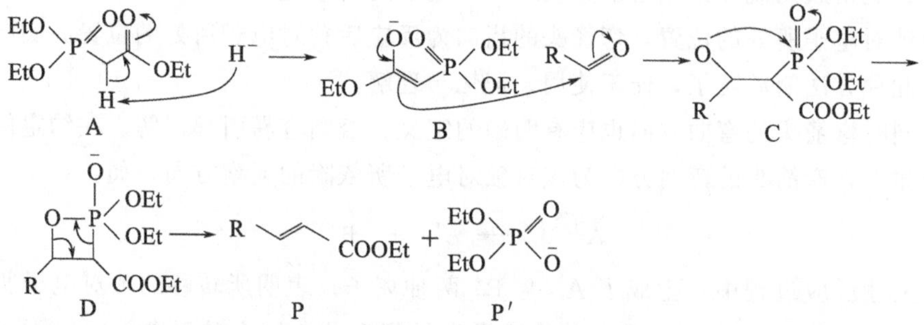

在氧、磷杂环丁烷的 [2,2]-σ 重排过程中，即由 D 转化成 P 的步骤，弯箭头弯曲方向显然反了，应该修正为：

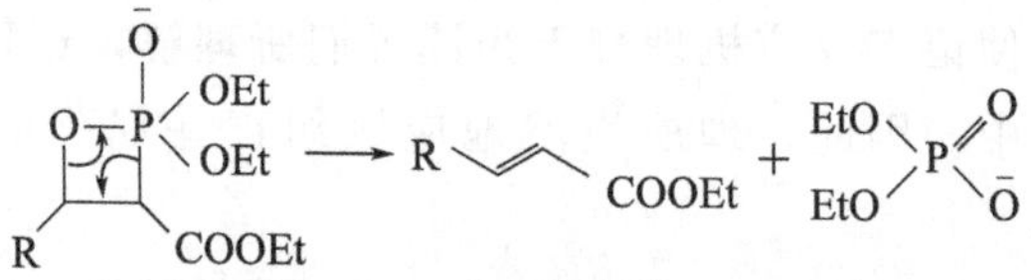

这才与不同元素、不同基团的电负性相符，也与共价键上独对电子的偏移方向一致。显然，弯箭头的弯曲方向不能是任意的，即便在周环反应过程中电子转移也必须遵循电子转移的客观规律和方向。

**例 22：** Alder 反应。是个烯丙基亲核试剂与亲电物种的加成反应：

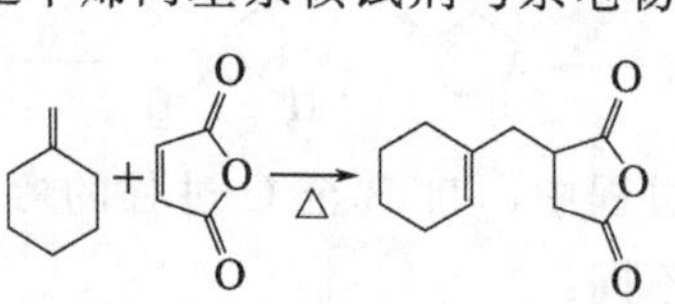

此反应是按照 [3,3]-σ 重排的周环反应机理进行的。原有的机理解析结果为：

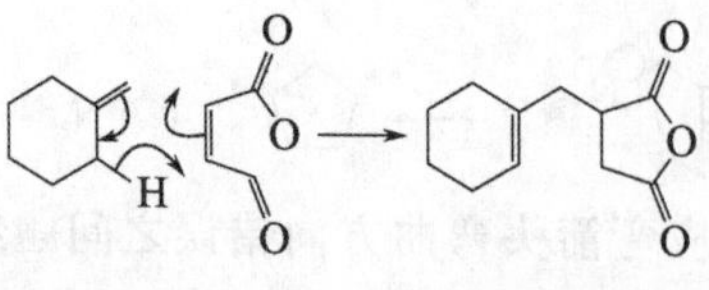

这里弯箭头的弯曲方向显然反了，因为氢原子的电负性小于碳原子，且烯丙位的氢原子并不易发生负氢转移，而相对的容易显弱酸性。故上述机理解析应修正为：

综上所述，弯箭头的弯曲方向应与分子内各共价键上独对电子的偏移方向一致，不能任意解析。

### 1.2.3 设定虚线弯箭头的意义

在以往的机理解析过程中，常常看到反应进行的中间状态，而对于这些中间状态生成与湮灭，却没有令人满意的表示方法。

然而，只要增设一个简单的符号，就能完美地解决这一问题。具体地，我们设定虚线弯箭头代表半对电子（而不是一个电子）的转移，则中间状态、过渡状态、共轭状态、共振状态的表示方法就一目了然了。

#### 1.2.3.1 极性反应的过渡状态

对于协同进行的极性反应 $S_N2$ 来说，人们常用下述过程描述其中间状态[6c]：

$$Nu^- + R-Y \longrightarrow [\overset{\delta^-}{Nu}\cdots\cdots R\cdots\cdots Y^{\delta^-}] \longrightarrow Nu-R + Y^-$$

从上式中看不到电子转移过程，应该是个美中不足。如若加上虚线弯箭头表示半对电子的转移，则更容易使人理解在过渡状态生成和湮灭过程中的电子转移过程：

$$Nu \quad E-Y \longrightarrow \overset{\delta}{Nu}\cdots E\cdots Y^{\delta^-} \longrightarrow Nu-E + Y^-$$

#### 1.2.3.2 芳烃的共轭状态

对于芳烃说来，经常表示成环己三烯的形式，因为这种形式便于描述反应机理。然而环己三烯的表示方法与苯的实际结构并不相符。按环己三烯的结构，其双键键长应与单键不同，而实际上根本不是所谓的单键与双键相间状态，共轭状态使其完全平均化了，其实际的键长是大于双键而小于单键，实际键级不是 1 级也不是 2 级，而恰恰是 1.5 级。这是由共振导致的杂化中间状态：

对于上式后面的共振杂化体的生成，用虚线弯箭头容易表示为：

### 1.2.3.3  周环反应的中间状态

周环反应属于独对电子转移反应的特殊形式，它是几对电子同时协同转移，即几个共价键协同地生成与湮灭的。此类反应具有如下两个特点：

一是不存在单独的基元反应，这是由于亲核试剂与亲电试剂的活性均弱，在任何两个质点间并不具备发生极性反应的条件。

二是反应试剂是在一定排序条件下因相互极化而产生极性的，因而才可以协同地进行并完成反应，而单一基元反应是不会发生的。

换句话说，周环反应是不同基团间的瞬时极性所导致的反应。它既与极性相关又不属于极性反应，也可将其视作极性反应的特殊形式。只有具有极性或容易极化、变形的基团或分子才可能进行周环反应，而不易极化的基团则无此反应。

周环反应有三种类型：电环化反应、环加成反应和 σ 重排反应。

**例 23**：以 Cope 反应为例[8]，它属于 ［3，3］-σ 重排反应机理：

然而，上式的表达并不准确。因为按照左侧的箭头标注，则并非几个半对电子转移生成活性中间状态，而是几对电子的协同转移直接生成产物。若采用虚线弯箭头表示半对电子的转移过程，则对于周环反应的机理解析确有画龙点睛之功效：

### 1.2.3.4  中间体的共振杂化状态

在极性反应过程中，特别是生成带有单位正电荷或单位负电荷之后，其中的正负电荷容易因分子内的共轭状态而转移，形成两种或多种带有单位正负电荷的共振状态。然而共轭效应又是使电荷平均化的一种效应，共轭体系的存在容易使原有的单位正负电荷分散，形成了仅仅带有部分正负电荷的两个或多个带电体；当然，在一定条件下分散的电荷还能够重新集中起来。对于此种状态目前教科书按下述方法描述成共振杂化体[9]：

如若我们用虚线弯箭头表示半对电子转移，则上述过程的表示方法及其简单：

综上所述，虚线弯箭头的设立，无论对于共轭体系、共振状态的描述，还是对于中间状态、过渡状态的描述均简单明了，它形象地描述了部分电子转移过程，因而有助于人们对于反应过程的理解和对于反应机理的解析。

## 1.3 共振中间体的简化处理

化学反应是个极其复杂的过程，因此将其进行形象化和简单化处理非常必要，因为这有利于人们对化学反应的理解。由分子结构的复杂性所决定，在解析反应机理过程中只能采用分子的形象化结构而难于采用其真实结构。

比如，苯分子的真实结构是正六角型平面结构，其中每两个相邻碳原子之间均以 1.5 级共价键相连的。然而这种 1.5 级共价键结构为反应机理解析带来困难，难以表述反应过程的电子转移过程，而用环己三烯的结构表述苯分子虽不准确，但却能形象、方便地表述其化学反应过程，易于读者学习、理解和记忆，这就是形象化表示方法的优势，而在反应机理解析过程中过于追求真实性反倒误入歧途而一无所获。故在反应机理解析过程中不应过度追求真实性而应追求形象化与简单化，特别涉及共振中间体的简化处理方面。

在极性反应机理解析过程中，重要的、核心的、本质性的规律是必须表述出来的，如电子转移过程，因为它揭示了化学反应的基本特征。而有些非关键性内容则属于"锦上添花"之笔，如中间状态的共振结构等，是可有可无、有则更好的，若省略这些内容对于机理解析过程并无大碍。为集中讨论核心问题，简化机理解析过程往往利大于弊，特别是对于初学者而言，可以集中精力关注于核心的反应原理上。当然，若将省略之非关键性内容做些补充说明，则可弥补简化过程的少许缺陷，本书采用的正是此种方法。

### 1.3.1 中间体稳定状态的共振论

对于同一中间体说来可以用不同的结构描述出来，然而中间体结构不同其稳定性是不同的，共振论对此给出的结论应作为活性中间体结构的参考。共振论的要点有二：

第一：处于 8 电子结构的活性中间体相对稳定。如重氮盐的结构：

$$Ar-\overset{..}{N}\rlap{\diagup}\underset{\overset{|}{N}}{\phantom{N}}^{+} \Longleftrightarrow Ar-\overset{+}{N}=N$$

后者才符合共振论的稳定结构，前者为其共振结构。再如酰基正离子结构：

$$\underset{R}{\overset{:O}{\diagdown}}{}^{+} \Longleftrightarrow R-C\overset{+}{\equiv}O$$

后者才符合共振论的稳定结构，前者为其共振结构。

第二：在符合 8 电子稳定结构基础上，负电荷处于电负性较大的元素上比较稳定。如羰基 $\alpha$-位的碳负离子与其烯醇式的共振结构：

$$\underset{R}{\overset{O}{\diagdown}} \Longleftrightarrow \underset{R}{\overset{O^-}{\diagdown}}$$

后者才符合共振论的稳定结构，前者为其共振结构。

在描述中间状态结构时，一般按比较稳定的、符合共振论的结构表述的为多。但以其共振结构表述不能算是错误，因为正是稳定性相对较差的结构恰恰是其反应活性更强的结构，有时以其共振结构表述其中间体结构往往更为简单化。

### 1.3.2 烯醇式与酮式共振体系的机理简化

在酮羰基的 $\alpha$-位活泼氢亲电试剂与碱性亲核试剂发生极性反应后离去的碳负离子，分子内即可平衡地发生极性反应而生成部分烯醇式氧负离子，这符合共振论的稳定规律。

例 24：以甲基酮分子间的缩合反应为例，原有的机理解析方法，总是将生成的中间体碳负离子再进行一次分子内的烯醇化反应：

$$\underset{R}{\overset{O}{\diagdown}}\overset{H}{\diagdown} \quad :B \longrightarrow \underset{R}{\overset{O}{\diagdown}}{}^- \longrightarrow \underset{R}{\overset{O^-}{\diagdown}}$$

　　生成的烯醇化结构经共振返回到碳负离子后再与亲电试剂反应：

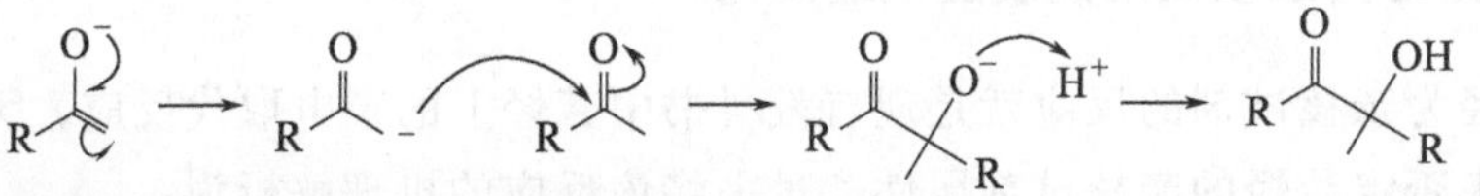

　　可见从碳负离子到烯醇式再返回到碳负离子经历了两个过程，且是两个与反应最终结果无关的过程。既然如此，若省略这两个过程对于这个反应机理解析并无大碍，应该是可以接受的简化方法。这样的方法强化了人们对于反应关键步骤的理解，确有其优势。若在此基础上再辅助地说明共振杂化状态，对于机理解析来说才是最完美的表示，因为此种解析方法既突出了电子转移这一重点概念，又解释了中间状态电子密度分布这一细节问题，做到了重点与全面的优化组合。

　　按照如上讨论，甲基酮分子间缩合反应机理是可以这样解析的：

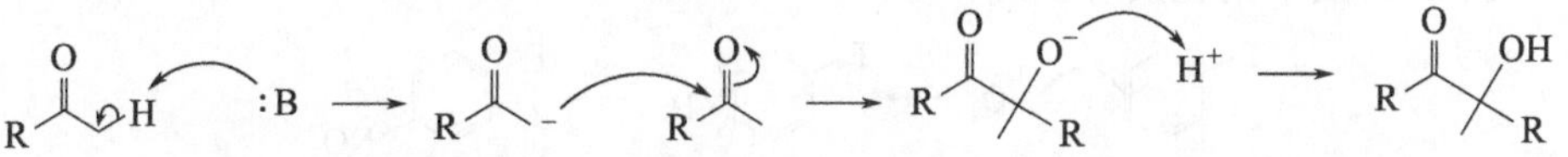

　　在活性中间状态下，存在着如下共振状态，且以烯醇式较为稳定：

　　这种简便的解析方法较前一种有如下优势。一是机理解析更加简明且重点突出，因为这集中体现了主反应是如何进行的和电子是如何转移的；二是分子结构变化更加准确，避免误读，这共振平衡结构式的单列更明确地告诉读者此种中间状态不是一个；三是结构信息更加明确、深刻，因为碳负离子结构的亲核活性更强，且也易为人们所接受；四是主次分明，避免了因机理复杂化而淡化了主反应过程的电子转移描述。

### 1.3.3　碳正离子在共轭烯烃分子内的共振状态

　　**例 25**：1,3-丁二烯与溴素的加成反应，存在着 1,4-加成与 1,2-加成两种反应结果。这证明存在两种中间共振结构，每种中间结构在后续反应过程中生成了与其对应的产物：

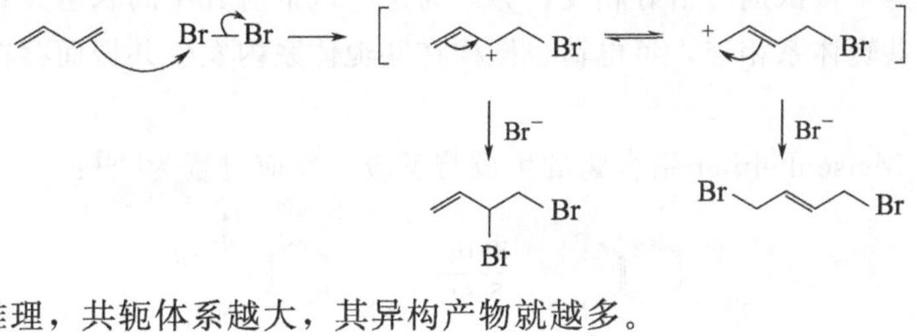

　　不难推理，共轭体系越大，其异构产物就越多。

### 1.3.4　芳烃为亲核试剂的反应机理简化

芳烃为亲核试剂的反应就是现有教科书中芳烃上的亲电取代反应，无论哪种提法均未否定芳烃的亲核试剂属性。过去将该反应的机理解析为：

亲电试剂　　π络合物　　σ络合物　　一元取代苯

这种机理解析不仅存在未标明电子转移过程这一关键性的缺陷，而且过度关注共振体系而冲淡了电子转移过程这一关键主题。

若改成如下表述方式，更便于读者学习和掌握。

**例 26**：氟苯硝化反应机理：

生成的中间状态碳正离子在共轭体系内存在着下述平衡进行的共振异构反应：

这样既将关键的电子转移过程描述得清楚，又将中间状态电荷的分散与集中交代得明白。

在上述的电子转移与电荷分布两个过程中，显然前者更重要，能够简化的只能是后者。

归根结底，电子转移过程是反应机理解析的关键，当单位正负电荷与共轭体系相连时，有电荷平均化的趋势，在一定条件下分散的电荷能够集中，这才符合辩证唯物论的基本常识。

### 1.3.5　取代芳烃为亲电试剂的反应机理简化

与芳烃为亲核试剂时恰好相反，芳烃为亲电试剂时其中间状态具有单位负电荷，由于与共轭体系相连，负电荷也同样在共轭体系内发生共振而存在电荷平均化趋势。

**例 27**：Meisenheimer 络合物的生成与反应。反应过程为[3d]：

原有的反应机理解析为：

上述机理解析过程中，将单位负电荷参与共轭体系的共振做了描述，而后负电荷如何作为亲核试剂以及氟负离子又是如何离去的均未给出电子转移过程描述。

在反应机理解析过程中，电子转移才是重中之重，共振状态描述只能是"锦上添花"之笔。

上述反应机理应该这样描述，以突出电子转移这一重点：

反应生成的活性中间体处于如下共振平衡状态：

这样，既突出了极性反应的电子转移这一主题，又对于共轭体系内的共振状态做了交代，便于读者学习和掌握。

显然，对于芳烃上发生的反应过程，只有分子间的电子转移才是最重要的，而是否交代分子内电荷的共振分布状态对于反应机理解析说来并无影响，可以省略。

## 1.4 极性反应机理解析要点

极性反应是亲核试剂带着一对电子与亲电试剂的成键过程，此时亲电试剂上必须带有空轨道或者由离去基能够带着一对电子以腾出空轨道。

前述给出的极性反应一般表达式为：

$$Nu^- + E\text{—}Y \longrightarrow Nu\text{—}E + Y^-$$

极性反应是富电体-亲核试剂与缺电体-亲电试剂的相互吸引、接近与成键过程，这是化学反应的本质特征和基本规律。反应机理解析是个推理过程，它必须遵循一定的原理、按照一定的规律、符合一定的逻辑关系进行。

### 1.4.1 遵循三要素的基本规律

按极性反应三要素的概念，相同属性的试剂间，既同为富电体或同为缺电体之间，是不能发生化学反应的，因为同性相斥、异性相吸乃自然界的普遍法则，也是极性反应必须遵循的基本规律。

**例 28**：Perkow 反应[10]。是从 $\alpha$-卤代酮与三烷氧基膦合成磷酸烯醇酯的：

原有的机理解析为：[3e]

上述反应机理的解析不符合富电体-亲核试剂与缺电体-亲电试剂结合成键的基本规律。羰基氧是绝不可能成为亲电试剂的，它在任何条件下都只能是离去基或由离去基转化成的富电体-亲核试剂。故正确的机理解析应为：

**例 29**：Stevens 重排反应[3f]。是季铵盐于碱性条件下的重排反应：

毫无疑问，反应过程首先生成了氮叶立德试剂：

对其后续反应机理解析，先后经过了两个阶段。最初认为是离子机理：

这里显然颠倒了亲电试剂与离去基，与结活关系不符。因为烷基碳原子的电负性总是小于氮原子的，它并非离去基而没有能力带走一对电子，此种解析无理。

目前认可的自由基机理为：

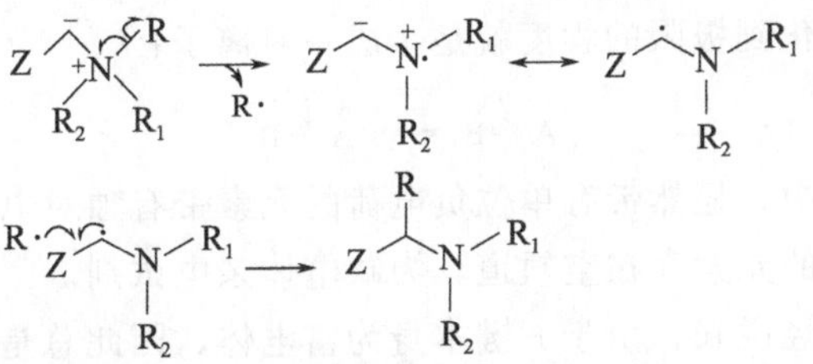

氮碳共价键上独对电子本身就偏移向氮原子，而具有单位正电荷的氮正离子更是如此，因而该共价键具有不对称性，不具备共价键均裂所需要的低键能条件，因而本机理解析仍然无理。

而认定此反应为自由基机理的判据是在系统内检测到了自由基。然而自由基并非按如上机理生成，而是叶立德试剂自身异裂成卡宾所致：

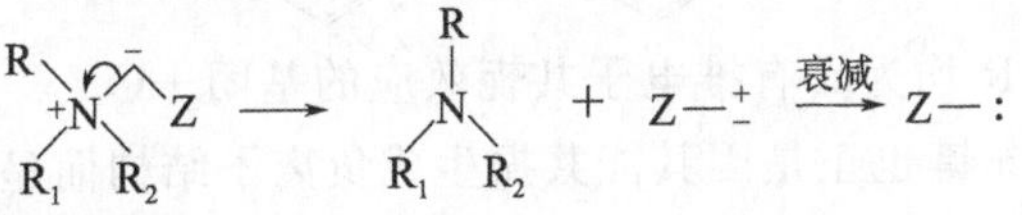

Stevens 重排反应的真正机理其实并不复杂，与 Meisenheimer 重排反应相似，是富电子重排反应机理：

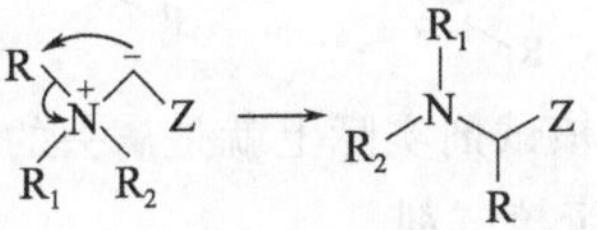

此种解析才体现极性反应三要素的基本特征。

总之，核与电的吸引、接近与成键，即异性电荷之间的吸引、接近与成键，是经典物理学理论的客观要求，也是极性反应的基本规律，反应过程不会违背这一规律。

## 1.4.2　π键上的三要素特征

按三要素概念来解析极性反应，就应该拓展三要素的结构，使其涵盖所有极性反应类型，其中π键上的三要素特征最为常见。

在极性反应过程中，π键扮演着各种特殊的角色。首先是π键能够离去属于离去基；而离去后的π键是能够与亲电试剂成键的亲核试剂，或者说π键离去后所依附的那个富电元素属于亲核试剂；而π键离开的那个缺电元素便为具有空轨道的亲电试剂。

### 1.4.2.1 π键上富电的一端为亲核试剂

在目前的教科书中往往仅将亲核试剂定义为中心元素含有独对电子的基团，如杂原子负离子、杂原子独对电子、碳负离子、金属有机化合物等，而往往忽视了作为离域π键的独对电子是最常见的亲核试剂之一。

离域的π键极化到极限的程度就是生成一对离子：

$$A \overset{\frown}{=} B \rightleftharpoons \overset{+}{A} \overset{\frown}{-} B$$

在这一离子对中，显然带有单位负电荷的元素带有独对电子，为富电体亲核试剂；带有正电荷的元素存在空轨道，为缺电体亲电试剂。

对于烯烃或芳烃说来，由于π键本身为富电体，因此总是先以亲核试剂的基本属性与亲电试剂成键，而后所伴生的亲电试剂才与另一亲核试剂成键。故烯烃与芳烃首先体现的是亲核试剂的性质，其共振结构为：

$$R \diagdown \overset{\frown}{\diagup} \longrightarrow R \diagdown \overset{+}{\diagup} {}^{-}$$

$$R \diagup \bigcirc \longrightarrow R \diagup \overset{+}{\bigcirc} {}^{-}$$

式中，取代基 R 均为具有推电子共轭效应的基团＋C。

烯醇式结构的π键也正是因其能共振生成负离子结构而呈现出亲核试剂的基本属性：

$$\underset{R}{\overset{O-H}{\diagup}} \longrightarrow \underset{R}{\overset{O}{\diagup}} {}^{-}$$

由此可见，所谓π键亲核试剂实际上就是离去的π键，且离去的π键依附于π键的哪一端，哪一端就是亲核试剂。

总而言之，所有富电体均是亲核试剂，无论是分子上本来具有的还是离去基离去生成的，无论其是由离去的σ键生成的还是由离去的π键生成的。

按照如上的思维方式研究亲核试剂，便为所有极性反应抽象地统一到同一种机理提供了重要的基础、依据和条件。

### 1.4.2.2 π键的离去与转化

前已述及，离去基为电负性相对较大的基团，这是离去基能够带走一对电子的理论依据。

然而往往一提及离去基，人们容易仅仅关注于比碳原子电负性更大的元素或基团，而这只是离去基的一部分。实际上，对于离去基说来，电负性的大小是个相对的概念，也是个瞬时的概念，只要能够在瞬间具有相对较大的电负性的基团，就可能成为离去基。

在非定域的π键极化到极端状态下，π键的两端分别带有异性电荷，其中一端之所以带有负电荷正是 π 键离去到这个元素上的。因此，π 键本身就是离去基，而且是最活泼的离去基之一。

　　**例 30**：酰氯与氯化氢的加成反应：

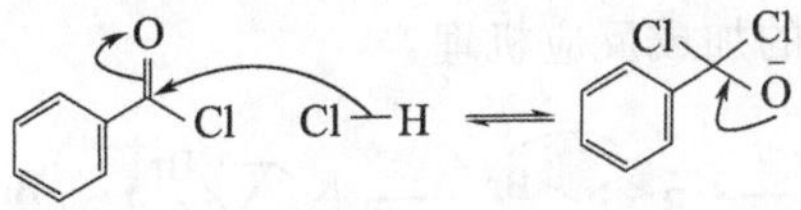

　　这是由于羰基上 π 键的离去活性较强，因而能够与氯原子加成之故。然而由于生成的氧负离子仍是亲核试剂，在与碳原子成键过程中氯负离子又离去了，因而未见产物生成。

　　这里的 π 键是先于氯原子离去的，显然其离去活性比氯原子更强。然而人们可能难以接受上述结论，因为未见产物生成还不能证明中间体确实生成了，而如下的实例才是生成四面体结构最有力的证明。

　　**例 31**：邻三氯甲基苯甲酰氯在含有氯化氢条件下的重排反应：

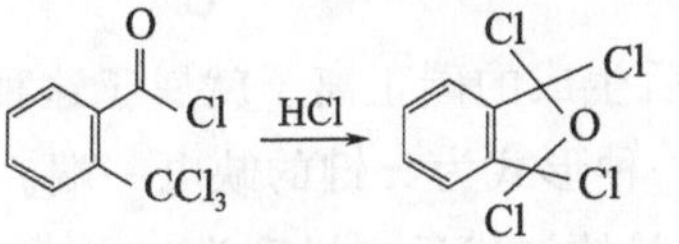

　　为了证明异构体结构，上述异构化产物与甲醇混合，只有酰氯能够发生酯化反应：

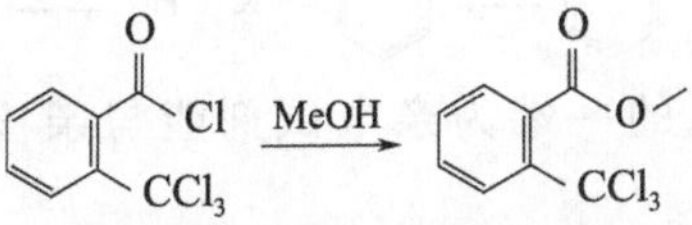

　　为了证明异构体结构，上述异构化产物不经分离即可制备目标化合物——邻三氟甲基苯甲酰氟：

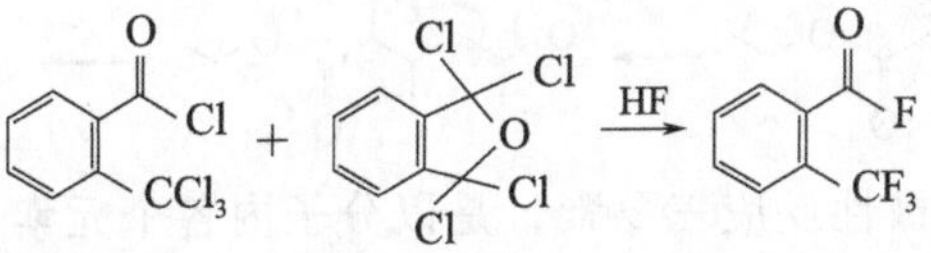

　　上述异构化反应显然经过了羰基加成反应阶段：

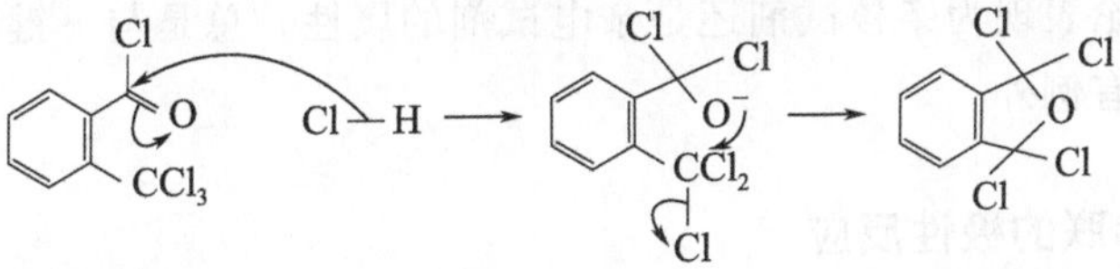

　　显然，π 键是更易离去的离去基，且离去后的 π 键也同样地转化成了亲核试剂。

### 1.4.2.3　π 键上缺电的一端为亲电试剂

　　离去基与亲电试剂是密不可分的一个整体，它们总是成对出现的，因为只有离去基的离去才能腾出具有空轨道的亲电试剂。

π键上亲电试剂的产生有两种方式。一种是由π键上独对电子与亲电试剂成键后伴生的。

**例 32**：烯烃与溴素的加成反应机理：

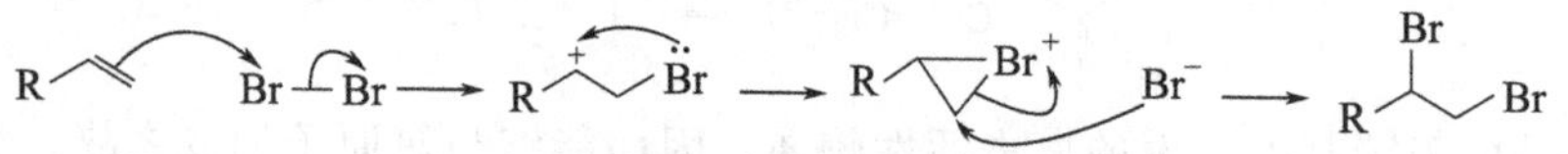

在第一步基元反应之后生成的碳正离子就属于这种情况。芳烃为亲核试剂的反应也是如此。

**例 33**：路易斯酸催化条件下的糠醛溴化反应过程：

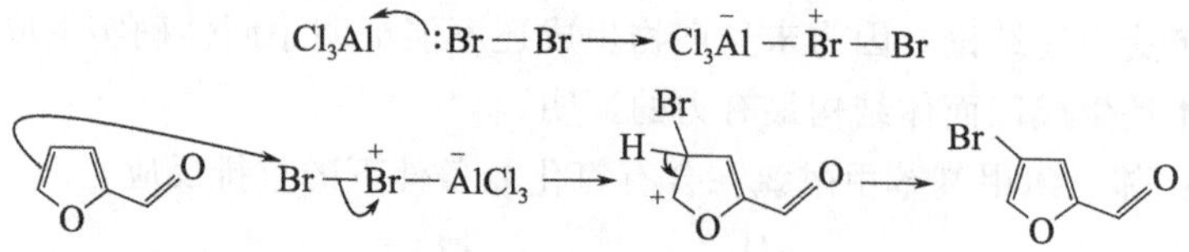

在第一步基元反应之后生成的碳正离子就属于这种情况。

π键上亲电试剂的另一种形式为π键的缺电一端。

**例 34**：格氏试剂与羰基的加成反应机理为：

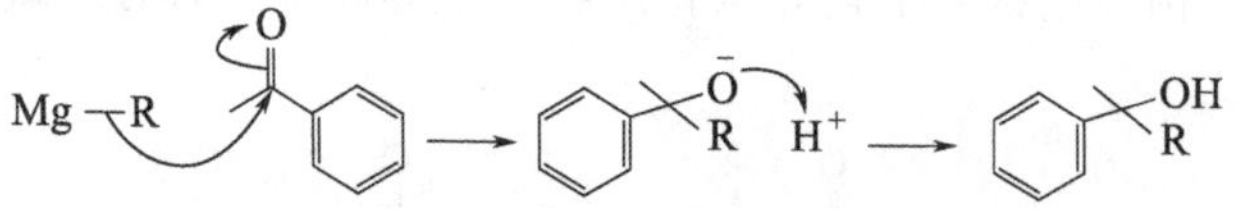

式中羰基π键上缺电的一端为亲电试剂能与亲核试剂成键，而π键为离去基。

**例 35**：Michael 加成反应是亲核试剂与π键缺电一端的成键过程：

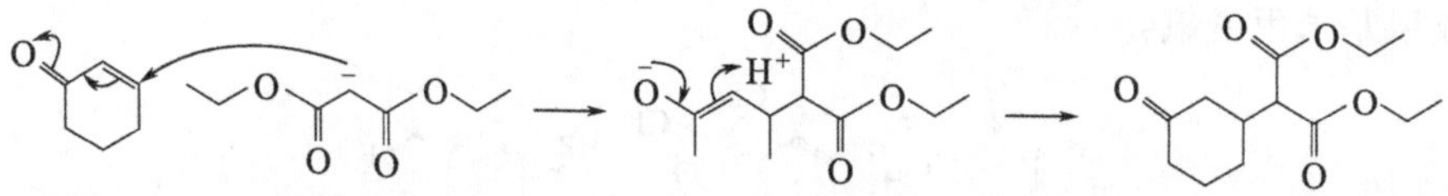

综上所述，所谓极性反应三要素，是以分子内各个元素上的电荷分布为特征的，π键缺电的一端为亲电试剂，而富电的一端为亲核试剂，没有例外。而π键的某一端，无论表现为亲核试剂还是亲电试剂的属性，总是与π键的离去、转移相关的，也没有例外。

### 1.4.3 多步串联的极性反应

按照三要素进行的这些极性反应，不仅只有单步的基元反应，更多进行的是多步反应的串联过程；反应不仅能够发生在不同分子之间，也能发生在同一分子之内。

**例 36**：Von Braun 反应[11]。它是溴化氰与叔胺反应生成氨基氰和卤代烷的反应：

$$R_2N-R + NC-Br \longrightarrow R_2N-CN + R-Br$$

这是两步极性反应串联进行的[12]：

$$R_3N: + NC-Br \longrightarrow R_3N^+-CN \; R + Br^- \longrightarrow R_2N-CN + R-Br$$

其中在第一步反应过程中，叔胺上独对电子为亲核试剂，溴化氰上氰基碳为亲电试剂，溴负离子为离去基。在第二步反应过程中，第一步反应离去的溴负离子为亲核试剂，季铵盐上与 N 原子成键的烷基碳原子是亲电试剂，叔胺是离去基。

**例 37**：Zaitsev 消除反应是 $\beta$-位的 E2 消除反应[3g]：

$$\text{（结构式）} + {}^-\bar{O}-\text{Et} \longrightarrow \text{（烯烃）} + H-Br$$

这也是两步极性反应的串联过程，两步极性反应分别表示如下：

$$\text{（结构式）} + {}^-\bar{O}-\text{Et} \longrightarrow \text{（中间体）} \longrightarrow \text{（烯烃）}$$

其中间体本身就是离去基，它是除了氢原子之外的整个溴代烷烃的碳负离子。看来试剂的功能或属性，即属于亲核试剂、亲电试剂还是离去基，不能以基团质量来衡量。

**例 38**：乙酰乙酸乙酯在碱性条件下与卤代烷的反应：

$$\text{（乙酰乙酸乙酯）} + \text{NaO}-\text{Et} + R-Cl \longrightarrow \text{（产物）}$$

该反应被约定俗成地表示为四步极性反应串联进行的，反应机理为：

$$\text{（机理式1）} + {}^-\bar{O}-\text{Et} \longrightarrow \text{（机理式2）} \longrightarrow \text{（机理式3）}$$

$$\longrightarrow \text{（机理式4）} + R-Cl \longrightarrow \text{（产物）}$$

其中第二步与第三步反应是一个往返过程，可以简化地不表示出来而省略掉，也可以另作说明。此处未作省略处理，旨在说明多步串联反应的进行步骤与表述方法。

上述四步反应一般在表述上还可以合并成两步：

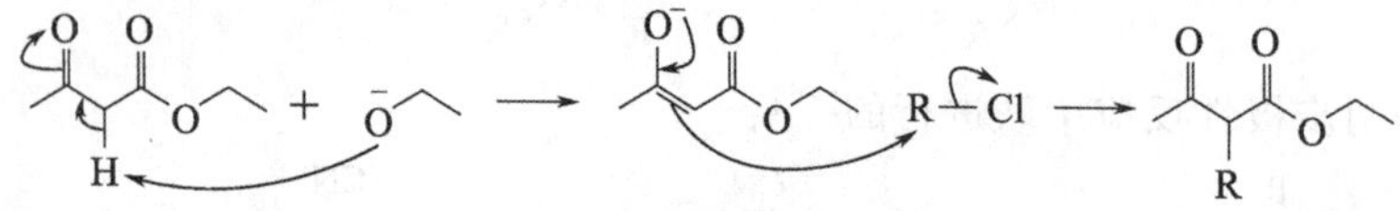

在实际的机理解析过程中，一般是作简化、合并处理的，只要掌握了基本原理就能将其分解、拆开。

**例 39**：Hofmann-Martius 反应[13]，也是多步串联的极性反应：

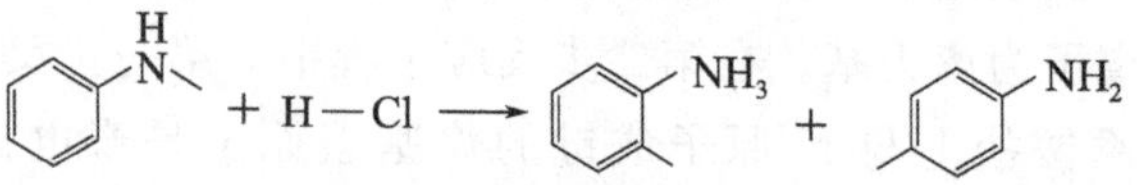

反应机理为：

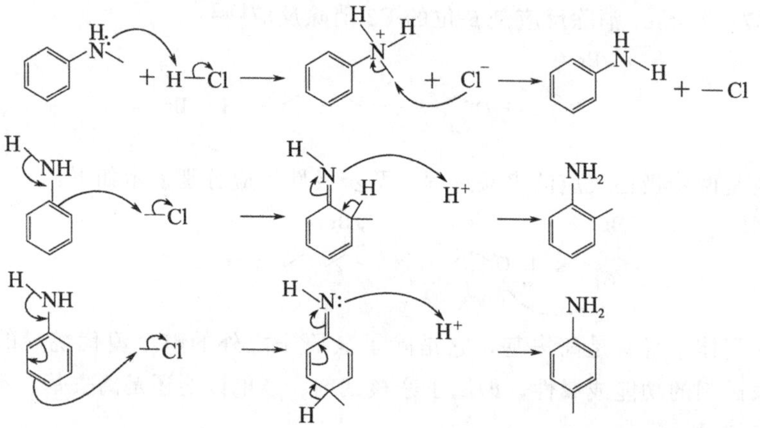

Reilly-Hickinbottom 重排是 Hofmann-Martius 反应的拓展[3h]，反应用 Lewis 酸代替质子酸：

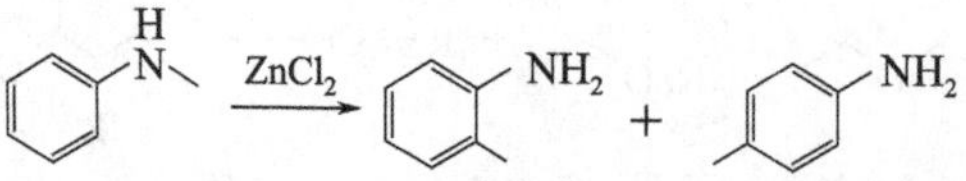

反应机理与 Hofmann-Martius 反应相似，请读者自行推导。

综合上述实例，不难看出：无论极性反应多么复杂，无论极性反应发生在分子间还是分子内，富电体-亲核试剂与缺电体-亲电试剂之间的结合成键是最基本的规律。

纵观所有各种形式的极性反应，无一不是极性反应通式及其串联组合的结果。

## 1.4.4 极性反应的中间状态

极性基元反应三要素之间的电子转移过程，往往是存在着两对电子的转移，这两对电子可能是协同转移的，也可能是分步转移的。

### 1.4.4.1　协同进行的极性反应 $S_N2$

此种反应是新键的生成与旧键的断裂协同进行的，化学反应速度既与亲核试剂的浓度相关，也与亲电试剂的浓度相关。这种反应的中间状态一般表示为[6d]：

$$Nu^- + R-Y \longrightarrow [Nu^{\delta-}\cdots R\cdots Y^{\delta-}] \longrightarrow Nu-R + Y^-$$

在如上的极性反应过程中，其中间状态具有相对较高的能量。在这种中间状态下，亲核试剂与离去基均与亲电试剂处于半成键状态，我们设定虚线弯箭头表示半对电子的转移，则上述极性反应的中间状态的生成机理可方便地表示为：

$$Nu \overset{\frown}{\phantom{x}} R \overset{\frown}{\phantom{x}} Y \longrightarrow [Nu^{\delta-}\cdots R\cdots Y^{\delta-}] \longrightarrow Nu-R + Y^-$$

在上述按 $S_N2$ 机理进行的反应进程中，亲核试剂是从离去基的背后与缺电的亲电试剂成键的。若中心元素为手性元素，则上述反应生成的产物构型相当于原料构型的完全翻转。正如溴代烷烃水解反应那样：

$$HO^- \cdots \overset{R_1}{\underset{R_3}{\overset{R_2}{C}}} - Br \longrightarrow HO^{\delta-}\cdots C\cdots Br^{\delta-} \longrightarrow HO-\overset{R_1}{\underset{R_3}{\overset{R_2}{C}}} + Br^-$$

从结构上看溴代烷在转变为过渡态时，中心碳原子将由原来 $sp^3$ 杂化的四面体结构转变为 $sp^2$ 杂化的三角形平面结构，碳原子上还有一个垂直于该平面的 p 轨道，该轨道的两侧分别与亲核试剂和离去基处于半成键状态。

如上实例说明：按 $S_N2$ 机理进行一次反应的结果是手性结构发生了翻转。容易理解：若在此中心手性元素上进行偶数次 $S_N2$ 反应，则中心元素的手性构型不变。

**例 40**：Mitsunobu 反应方程为[14]：

$$\underset{R_1}{\overset{OH}{\underset{\phantom{x}}{N}}}\underset{R_2}{\phantom{x}} \xrightarrow[\text{NuH}]{\text{DEAD, PPh}_3} \underset{R_1}{\overset{Nu}{\underset{\phantom{x}}{N}}}\underset{R_2}{\phantom{x}}$$

由于产物与原料手性翻转，说明在手性碳原子上发生的 $S_N2$ 反应进行了奇数次，而绝非偶数次。

此类协同进行的极性反应在有机合成反应中及其普遍，占有极性反应的绝大多数。

**例 41**：苯甲醚的合成，目前主要采用硫酸二甲酯路线，反应机理为：

$$\underset{}{\overset{O^-}{\bigcirc}} + Me-O-\overset{O}{\underset{O}{S}}-OMe \longrightarrow \underset{}{\overset{OMe}{\bigcirc}} + \bar{O}SO_3Me$$

这是典型的协同进行的 $S_N2$ 机理。为降低工业成本和综合利用副产物，上述产物的合成采用了氯甲烷路线[1]：

这种变换离去基的方式以降低原材料成本的方法是工艺改进最简单的常用手段。上述两个合成工艺，均为协同进行的极性反应 $S_N2$，反应速度均与两种原料的浓度相关，这是 $S_N2$ 反应过程的主要特征。

上述所谓协同进行的反应，是指不分阶段的基元反应，而不是多步串联反应过程。此种协同进行的基元反应，不仅可以发生在分子间，也能发生在分子内。

**例 42**：Meisenheimer 重排反应，就是在分子内进行 [1,2]-$\sigma$ 重排：

在分子内，极性反应的三要素均清晰可见。

对于多步进行的极性反应的其中一步，往往也以协同进行的 $S_N2$ 反应居多。

**例 43**：Kemp 消除反应机理，就是三步进行的极性反应，且每步反应都是协同地进行的[3i]：

### 1.4.4.2 分步进行的极性反应 $S_N1$

极性反应存在着另外一种中间状态：它是分两步先后进行的，首先是离去基先行离去而生成具有空轨道的碳正离子亲电试剂，此步骤进行速度较慢，为反应的控制步骤，反应速度仅由亲电试剂浓度决定；而后进行的亲电试剂与亲核试剂的成键则是瞬间完成的[6e]。

目前已经分离得到的三苯基甲基正离子和二苯基甲基正离子已经以固体盐的形式分离出来[5b]，这就是 $S_N1$ 机理存在的有力依据。若干有机反应速度也确实仅仅由亲电试剂单组分浓度决定的：

**例 44**：芳烃重氮盐与氟化氢的反应。就是按 $S_N1$ 反应机理进行的：

其中前一步的重氮盐热分解进行较慢，是反应的控制步骤（决速步骤），而生成的中间体——苯正离子与亲核试剂——氟负离子间的成键就是瞬间完成的了。

**例 45**：羧酸与苄醇的酯化反应，反应速度也是由亲电试剂浓度决定的：

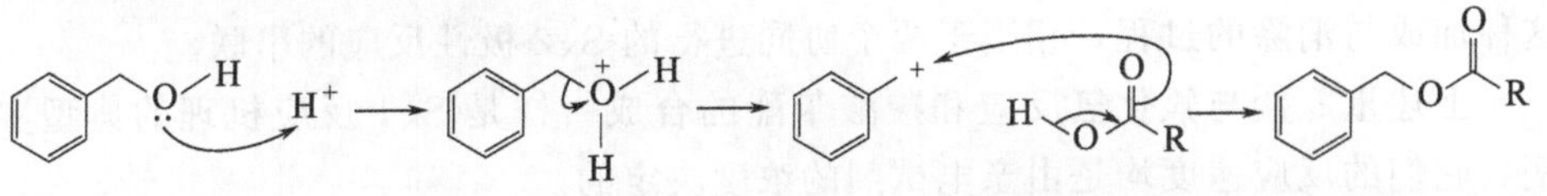

之所以判定该反应是如上机理，而不是按照羰基加成、消除反应机理进行的 Fischer-Speier 反应，原因在于：

第一，反应速度较慢。比 Fischer-Speier 反应需要更高的反应温度，且需要较长的时间，从反应活化能观察它就不同于 Fischer-Speier 反应，故应该属于不同的反应机理。

第二，反应速度仅仅由苄醇单组分浓度决定。为了加快此反应速度，需要显著增加苄醇的浓度，即便在 4 倍于羧酸加入量的条件下反应速度仍然较慢。

该反应之所以不能按照具有低活化能的 Fischer-Speier 反应机理进行，其原因在于苄醇的离去活性较强，苄羟基与羰基加成生成四面体后，当氧负离子重新与羰基碳原子成键时，离去活性更强的苄氧基先于羟基离去，更严格地说是苄醇先于水离去了：

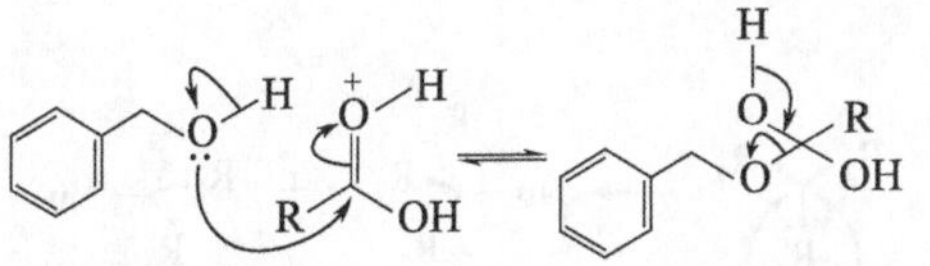

因此该反应是不能按照 Fischer-Speier 反应机理进行的，生成的活性中间体只能返回到最初始的原料状态。若要改变上述 $S_N1$ 反应机理——碳正离子机理，而采用加成-消除反应机理进行酯化反应的话，则需将羧酸上的羟基转化成更强的离去基才行，如酰氯、酸酐等。

**例 46**：苄醇酯化的 Mukaiyama 酯化反应[15]：

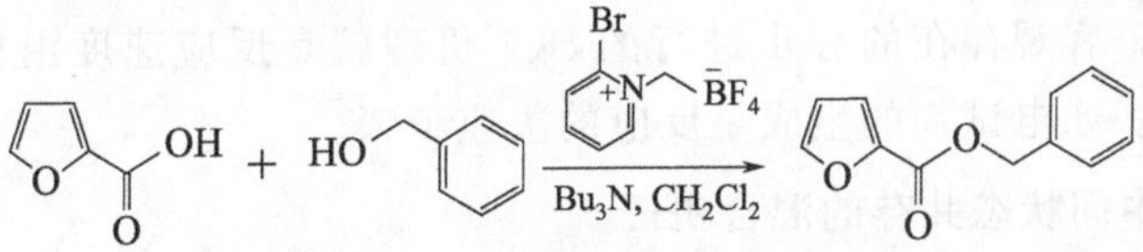

为了反应能按照加成-消除反应机理进行，Mukaiyama 酯化反应采用了衍生化手段，使得羟基衍生化后的离去基远比原有两个离去基-羟基和苄氧基的离去活性更强：

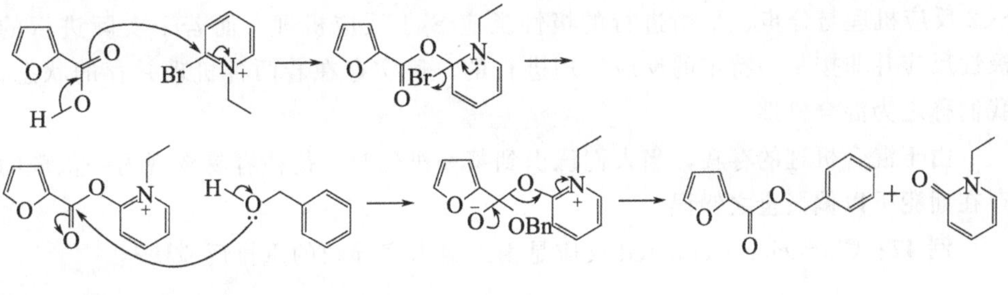

由此可见，例 46 与例 45 不同，它是按照羰基加成-消除反应机理进行的，这种加成与消除的过程，相当于两个协同进行的 $S_N2$ 极性反应的串联。

上述重氮盐与氟化氢反应和羧酸苄酯的合成一样是 $S_N1$ 反应机理的典型实例，它们的反应速度均是由亲电试剂的浓度决定的。

然而在目前的若干文献中[6e]，一般是以溴代叔丁烷的醇解为例说明 $S_N1$ 机理的，离去基先行离去具有较高的活化能：

由于上述中间体 M 处于 $sp^2$ 杂化状态而具有平面结构，亲核试剂可以从平面的两侧与亲电试剂——碳正离子结合，因此可以得到"构型保持"和"构型翻转"两种构型：

由此可见，所谓 $S_N1$ 机理存在的依据，除了反应速度仅仅由亲电试剂单组分浓度决定之外，还有第二个依据就是反应产物发生消旋。然而将消旋化与 $S_N1$ 机理联系起来的依据并不充分，对此国外文献[5c]也认为其"立体化学证据并非像 $S_N2$ 反应那样掷地有声"。请参考相关文献。

综上所述，客观存在的分步进行的 $S_N1$ 机理就是反应速度由亲电试剂单组分浓度决定的。亲电试剂的生成是反应的决速步骤。

### 1.4.4.3 多种中间状态共存的混合机理

对于某一个具体的反应说来，其反应过程未必是只按某一种机理进行的，可能有两个或两个以上可能的机理。

在本章 1.4.4.1 和 1.4.4.2 中，我们曾讨论过协同、单向进行的极性反应 $S_N2$ 反应机理与分步、平衡进行的极性反应 $S_N1$ 反应机理。而若干实际进行的极性反应并非按某一特定的反应机理进行的，确实存在着两种机理并存的状态，我们称之为混合机理。

由于混合机理的存在，当人们认识到某一机理时，往往容易忽视另一机理的存在而犯下以偏概全之错误。

**例 47**：Ciamician-Dennsted 反应是由二氯卡宾导致的重排反应[16]：

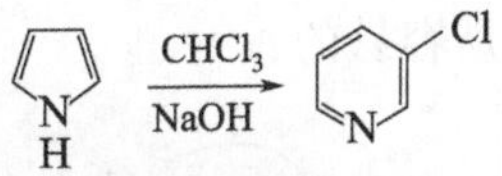

仅就上述反应说来，其反应机理解析为：

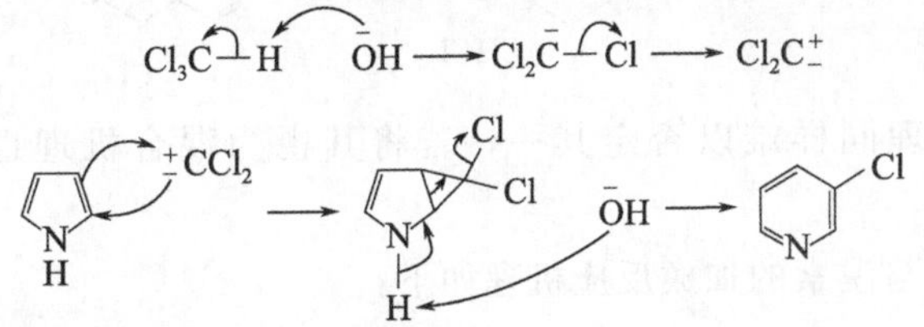

上述机理解析结果显然是正确的和唯一的。然而该反应并非只有 3-氯吡啶一种产物，还有 2-二氯甲基吡咯产生。2-二氯甲基吡咯当然也能由二氯卡宾与吡咯反应生成：

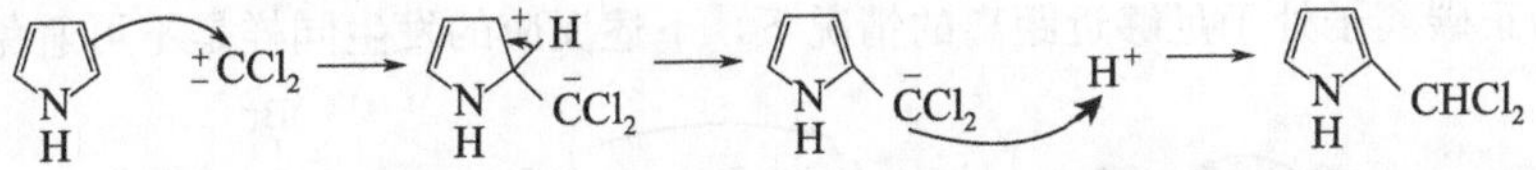

然而，若因此认定该反应就是吡咯与二氯卡宾之间进行的卡宾机理，未免有以偏概全之嫌。因为不是体系内只有二氯卡宾，也不是所有的氯仿都转化成了二氯卡宾，而氯仿本身也是亲电试剂且也还是大量存在的，因此不能否定下述机理的客观存在：

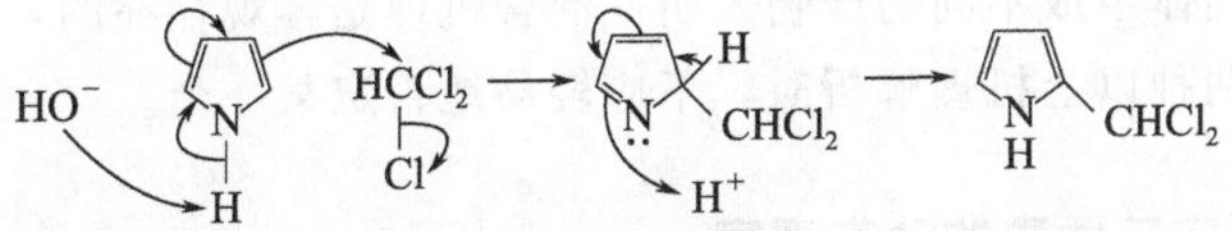

这种机理显然可能，这就是混合机理的典型代表，然而迄今并未引起人们应有的关注和普遍的认知。

**例 48**：Reimer-Tiemann 反应是在碱性条件下苯酚与氯仿合成邻二氯甲基苯酚的反应[3j]：

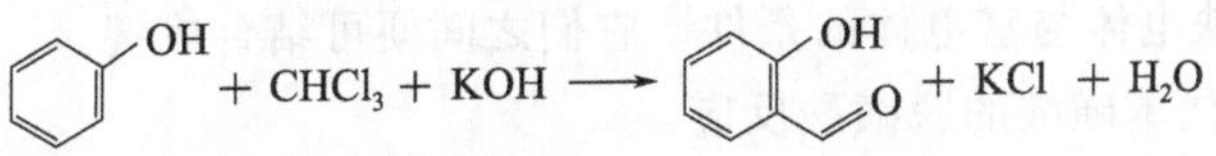

文献中是按照二氯卡宾机理解析的：

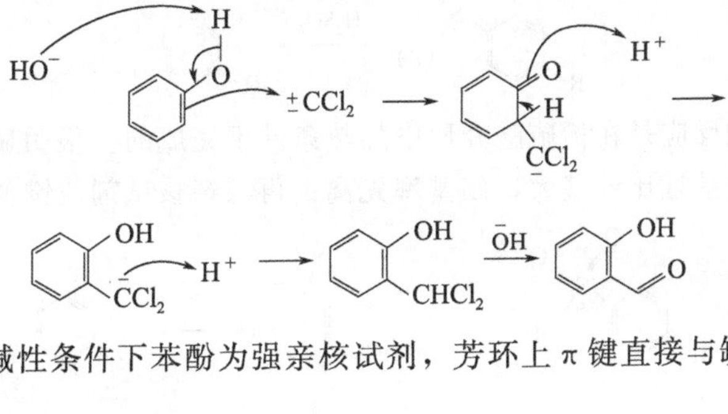

然而，在碱性条件下苯酚为强亲核试剂，芳环上 π 键直接与缺电的氯仿上碳

原子成键而使氯负离子离去也是容易的：

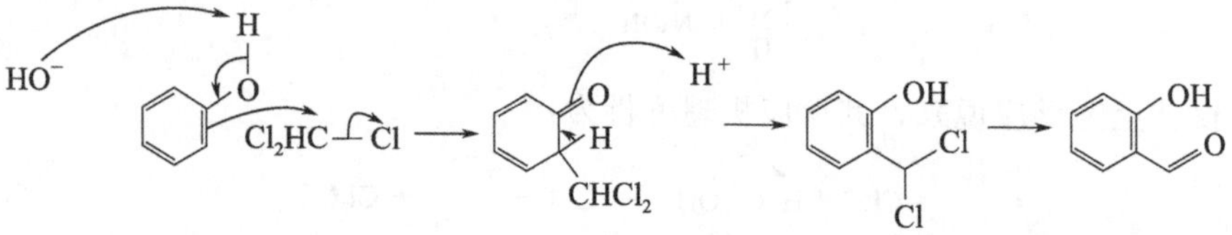

上述两种机理同样难以否定其一，若将其视为混合机理也容易为人们所接受。

**例 49**：烯烃与溴素的加成反应机理如下：

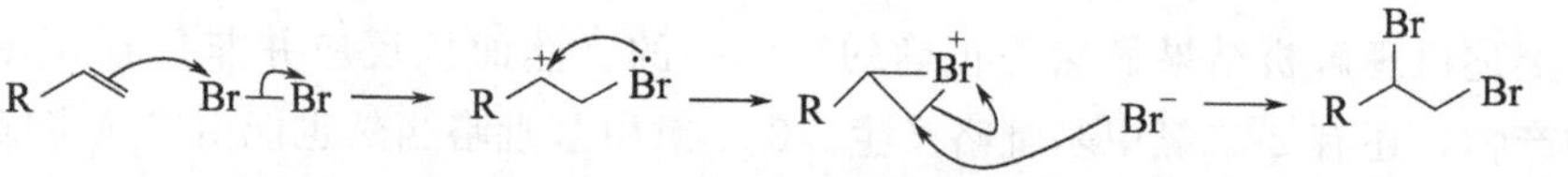

上述机理也并非是该反应的唯一可能，溴鎓正离子不是必须产生的，在游离溴负离子与正碳离子处于足够近距离的情况下，下述反应的发生同样是不可避免的：

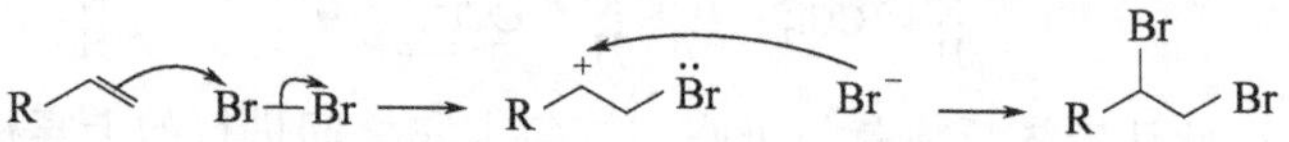

两个机理比较，前者有距离优势，因而以前者为主，但不能否定后者的存在。如溴与（Z）-2-丁烯加成反应得到 99％的苏式外消旋体，而仍然存在 1％的赤式结构就是证明。

由同一中间体生成不同的产物表明：混合机理是客观存在的，当对于同一反应出现两种或两种以上机理解析时，不应轻易地否定某一个。

### 1.4.5　极性反应三要素的动态观察

遵循富电体与缺电体之间结合成键这一极性反应基本规律，我们能够认识和解析若干反应机理。对于此规律的认识，还需动态的把握反应进程中瞬间存在的电子云密度变化。也就是说，所谓"富电"与"缺电"均为瞬时的概念，只要在反应瞬间符合缺电体与富电体的条件，它们之间便可结合成键。

**例 50**：取代苯磺酸的脱磺酸反应：

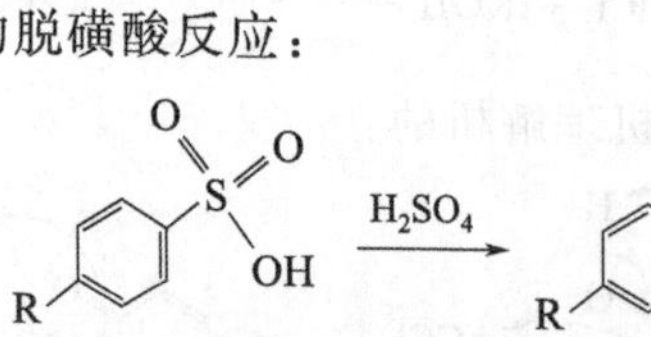

上述脱磺酸反应是在稀硫酸介质中加热条件下完成的。很明显，按照基团电负性的次序，磺基远比苯基大，磺基率先离去再与亲核试剂成键似乎合理：

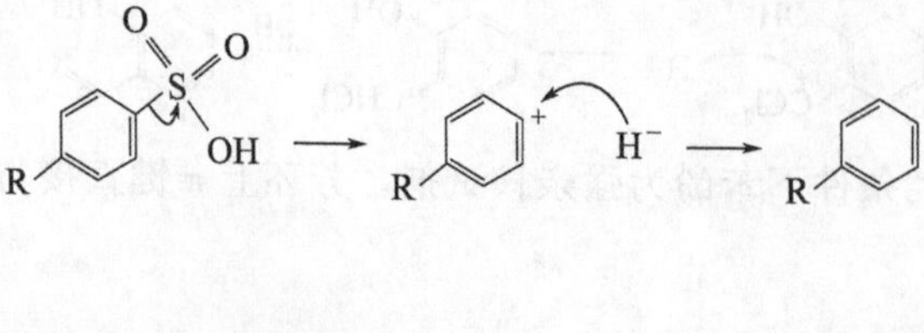

　　然而按照上式推理，需要有能够转移的负氢才有可能。而脱去的磺基是能够生成亚硫酸而提供负氢转移并与苯基正离子成键的：

　　然而，由于反应体系内的亚硫酸浓度实在太低而难以定量完成反应，且苯基正离子与水的成键既不可避免又占有优势：

　　然而，这与实验结果不符，反应体系内基本没有酚类的生成，故上述机理缺乏有力的证据。

　　如此看来，这种直接地、简单化地研究反应过程的思维方式，难以找到反应过程的内在规律，只有在缜密观察反应物的分子结构并深入分析反应发生的外在条件基础上，才能理解此反应的真实过程。

　　首先观察分子结构，芳烃上的 π 键是富电体-亲核试剂，磺酸基上的氢原子是缺电体-亲电试剂，与氢相连的磺酸基上氧原子为离去基，具备了分子内极性反应的基本条件。其分步进行的反应机理为：

　　按照上述反应机理，亲核试剂——芳烃上 π 键与亲电试剂-质子成键是不难理解的和容易进行的；在其中间状态下，碳正离子的电负性是远强于磺基负离子的，芳基正离子离去而生成卡宾理所当然；而后进行的分子内的重排反应就容易理解了。

　　反应体系内水的作用就是与三氧化硫反应生成硫酸，同时也稀释了硫酸，使其不具备逆向磺化反应的条件。反应之所以需要一百几十摄氏度的高温条件，是由于芳环上存在磺酸基使芳环上 π 键亲核活性下降之故，只有在高温条件下才能使芳烃上的双键打开；以稀硫酸为溶剂一方面是为了提供较高反应温度，另一方面是提供水与生成的三氧化硫成键。

　　苯磺酸水解反应机理说明：反应机理解析过程不仅要找到亲核试剂、亲电试剂与离去基，还需动态地、逐步地、全面地观察和推导反应过程分子结构的瞬间变化，还应综合考虑可能生成的副产物。

　　在本章中，概括性地提出了机理解析的新概念和新方法，并论证了不同方法的利弊得失。供读者比较、选择与应用。

# 参 考 文 献

【1】 顾振鹏，王勇. 制备芳香族甲醚化合物的方法，北京：中国发明专利，201210589021. 2，2013，04，03.

【2】 Bell T W, Firestone A. J Org Chem, 1986. 51, 764.

【3】 Jie Jack Li 著. 有机人名反应及机理，荣国斌译. 上海：华东理工大学出版社，2003. a，42；b，107；c，198；d，256；e，307；f，389；g，450；h，194，I，217；j，322.

【4】 Sakkas V A, et al. J Chromatogr A 2002, 95：215～227.

【5】 Michael B. Smith Jerry March 编著，李艳梅译. March 高等有机化学——反应、机理与结构，北京：化学工业出版社，2009. a，324；b，106；c，195.

【6】 邢其毅，裴伟伟，徐瑞秋，裴坚. 基础有机化学（第三版），北京：高等教育出版社，2003. a，461；b，320；c，404；d，252～253；e，257.

【7】 Boeckman R K. Org, Synth, 1999, 77. 141.

【8】 Paquette L A. Angew Chem, 1990, 102, 642.

【9】 陈荣业著. 分子结构与反应活性，北京：化学工业出版社，2008，a，11.

【10】 Perkow W, Ullrich K, Meyer F. Nasturwiss, 1952, 39, 353.

【11】 Von Braun J. Ber Chem Ges, 1907, 40, 3914.

【12】 Chambert S, Thamosson F, Decout J-L. J Org Chem, 2002, 67, 1898.

【13】 Hofmann A W, Martius C A. Ber, 1964, 20, 2717.

【14】 Mitsunobu O. Synthesis, 1981, 1. (Review).

【15】 Mukaiyama T, Usui M, Shimada E, Saigo K. Chem Lett, 1975, 1045.

【16】 Josey A D, Tuite R J, Snyder H R. J Am Chem Soc, 1963, 82, 1597.

# 第2章

# 反应机理解析的理论基础

化学反应过程是电子的有序运动或有序转移过程，它必然遵循电子运动的一般规律。正如第 1 章所论述的，富电体亲核试剂与缺电体亲电试剂的相互吸引、接近、成键是极性反应最本质的特征。也正因为如此，反应机理解析过程不能离开电子有序转移这个主题，机理解析过程必须始终基于如下理论基础。

## 2.1 元素电负性与基团电负性

在两个元素间形成的共价键上，成键的一对电子是否偏移取决于两元素间电负性的相对大小。毫无疑问，独对电子偏移于电负性较大的元素一方。常见元素的电负性由表 2-1 给出[1]。

**表 2-1 常见元素的电负性**

| H<br>2.20 | | | | | | |
|---|---|---|---|---|---|---|
| Li<br>0.98 | Be<br>1.57 | B<br>2.04 | C<br>2.55 | N<br>3.04 | O<br>3.44 | F<br>3.98 |
| Na<br>0.93 | Mg<br>1.31 | Al<br>1.61 | Si<br>1.90 | P<br>2.19 | S<br>2.58 | Cl<br>3.16 |
| K<br>0.80 | Ca<br>1.00 | | | | | Br<br>2.96 |
| | | | | | | I<br>2.66 |

然而对于结构复杂的有机分子，元素的电负性不能不受到与其成键的其他元素的影响，这些影响往往是通过诱导效应、共轭效应来实现的，因此元素的电负性已经不能描述两元素间共价键的偏移方向与偏移程度了，化学家们不得不关注于基团电负性的概念[2]。

在结构复杂的有机分子中，受各基团诱导效应、共轭效应等因素的综合影响，元素的电负性会发生很大变化。一般规律为：与吸电基成键的元素其电负性增大，而与供电基成键的元素其电负性减小。

例如：中心元素同为碳原子的基团，其电负性不同，（—$CF_3$ 3.64，—$CH_3$ 2.63）。

而中心元素同为氮原子的基团，其电负性也不同，（—$NO_2$ 3.49，—$NH_2$ 2.78）。

因此，基团电负性较元素电负性更能准确描述其吸引电子的能力。常见的基团电负性由表 2-2 给出[3a]。

表 2-2　常见的基团电负性

| 基团 | 电负性 | 基团 | 电负性 | 基团 | 电负性 | 基团 | 电负性 |
|------|--------|------|--------|------|--------|------|--------|
| —$CF_3$ | 3.64 | —COOH | 3.12 | —$OCH_3$ | 2.81 | —$C_2H_5$ | 2.64 |
| —$NO_2$ | 3.49 | —OH | 3.08 | —$NH_2$ | 2.78 | —$CH_3$ | 2.63 |
| —NO | 3.42 | —CN | 2.96 | —SH | 2.77 | | |
| —$CCl_3$ | 3.28 | —CHO | 2.96 | —OPh | 2.75 | | |
| —NCO | 3.18 | —$OCOCH_3$ | 2.91 | —Ph | 2.67 | | |

容易理解：在两个基团间形成的共价键上，成键的一对电子将向基团电负性较大的元素方向偏移，这是由电负性均衡原理决定的。

基团电负性的概念十分重要，它决定了共价键上电子对的偏移方向，这为判断极性反应三要素提供了理论根据。由于离去基是带着一对电子离去的，其基团电负性必然大于与其成键的亲电试剂，至少在离去基离去的瞬间是如此。此外，亲电试剂之所以成为缺电体，也与离去基的电负性相对较强直接相关。

**例 1**：硫酸二甲酯容易水解的原因。

硫酸二甲酯之所以容易水解，是由于碳氧键上独对电子显著偏向于硫酸根上氧原子一方，此时，甲基碳原子成了缺电体-亲电试剂，而硫酸根是较强的离去基，当存在亲核试剂-水时，极性反应的三要素均已具备，反应容易发生：

由此可见，运用基团电负性的概念容易辨别碳—氧 σ 键上独对电子的偏移方向。

影响基团电负性的因素较多，如诱导效应、共轭效应等。而影响基团电负性最显著的因素当属基团中心元素所带的电荷。

例如：氨基的电负性（2.780）远远小于硝基的电负性（3.49），而得到质子的氨基正离子的电负性却大于硝基，由此可见中心元素所带电荷对其电负性的影响极其显著。

## 2.1.1　负离子的电负性显著减小

所有与氢原子成键的元素带着一对电子从氢原子上离去生成负离子后，其电负性都十分显著地下降了。

一个最简单的例子，烧碱负离子的结构是氧负离子与氢原子之间成共价键的，此结构上的氢原子已经不是缺电体-亲电试剂了，不能再与亲核试剂成键。这是由于氧负离子的电负性并不比氢原子更强。纵观所有带有负电荷的元素，均不属于离去基，没有例外。

**例2**：Ciamician-Dennsted 重排反应：

氯仿上的氢原子为缺电体-亲电试剂，在与碱成键的同时三氯甲基带着一对电子离去了；离去的三氯甲基上的碳负离子电负性显著降低，因而吸引共价键上独对电子的能力下降，因此与其相连的氯原子便容易带着一对电子离去而产生二氯卡宾[4]：

碱性条件下氯仿能与吡咯发生扩环反应而生成间氯吡啶：

由于基团电负性与其所带电荷的关系所决定，二氯卡宾之所以容易生成，是由于中心元素上带有负电荷后其电负性显著下降之缘故。这是负离子的电负性显著下降这一结论最典型的实例和最有力的证明。

类似上述这种生成卡宾的反应，即离去基从带有负电荷的原子上离去的例子非常之多，及其普遍，属于负离子最具代表性的性质之一。

**例3**：Arndt-Eistert 同系化反应[5]：

反应机理为[6a]：

这又是一个典型的实例，它们所揭示的是同一个原理，就是中心碳负离子与强电负性的离去基之间的共价键是不稳定的而容易异裂。按照这个原理举一反三，我们可以认识和解决诸多实际问题。

**例 4**：Wittig 反应所用的叶立德试剂是不稳定的。

Wittig 反应所用的磷叶立德试剂是这样制备的[7a]：

$$Ph_3\overset{+}{P} \overset{H}{—} \quad\quad Ph—Li \longrightarrow Ph_3\overset{+}{P}—\overset{-}{C}H_2$$

磷叶立德试剂的制备与应用必须在低温条件下进行，否则磷叶立德试剂容易分解成卡宾：

$$H_2\bar{C}—\overset{+}{P}Ph_3 \longrightarrow H_2C^{\pm}$$

而由于卡宾结构上既带有正电荷又带有负电荷，既是极强的亲核试剂又是极强的亲电试剂，容易导致更多、更复杂的副反应发生。

**容易理解**：如果生成的带有单位负电荷的中心元素与共轭体系相连，则此负电荷与共轭体系之间的共振就不可避免，在其共振位置上也能产生单位负电荷，若在该负离子上存在着离去基，则该离去基也容易离去，只不过该位置的离去活性有所减弱而已。笔者直接发现的芳烃上的卤素重排反应就属此类。

**例 5**：有一液晶材料中间体 2-氟-4-溴苯酚在后续的醚化反应过程中有重排副产物生成：

重排反应的机理解析如下：

由此证明：处于负离子共振位置上的离去基也容易离去。因此，苯酚、苯胺的邻对位上若存在活性较强的离去基，则该产物一定不如间位异构体那样稳定。

**例 6**：与例 5 类似，另一液晶材料的中间体 3-氟-4-碘苯酚也同样容易重排：

重排反应是按下述反应机理进行的：

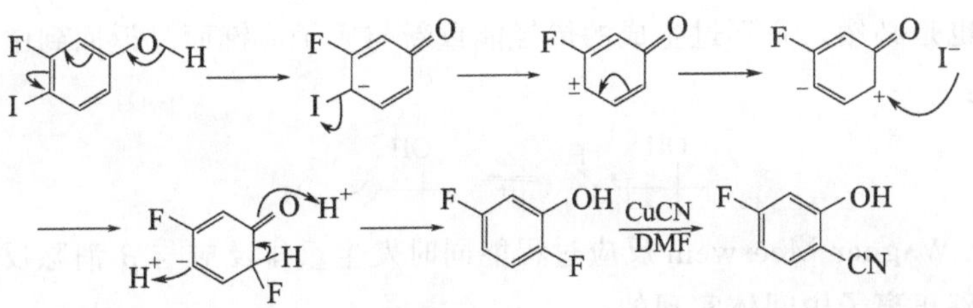

由前述两例容易发现，只要元素上带有负电荷，其电负性就远远低于原有元素，该负离子上的离去基就容易离去。

容易推论，如果上述两例中的离去基处于羟基或氨基的间位，则重排反应可能不会发生。

## 2.1.2 正离子的电负性显著增大

与中心元素带有负电荷相反，若在基团的中心元素上带有正电荷，则其电负性将显著增强，其对于共价键上电子的引力增加，共用电子对将向带正电荷的元素方向偏移。而带有正电荷的中心元素又分为两种情况。

### 2.1.2.1 路易斯酸型正离子

路易斯酸型正离子就是带有空轨道的正离子，其中最典型的就是碳正离子，它的电负性远远大于烷基碳原子，具有极强的电负性即吸电子能力。由于其最外层电子总数为 6 而呈不饱和状态，存在着一个缺电的空轨道，容易吸引并接受一对电子进入而成键，故它是极强的亲电试剂，几乎能与所有带有独对电子的亲核试剂成键。它不仅容易与一般的亲核试剂成键，对于分子内邻位的 σ 键上的独对电子，它也具有极强的吸引力，与其成键而发生缺电子重排反应、消除反应、卡宾重排反应等。

**例 7**：Pinacol 重排[8]是二醇在酸的催化作用下，脱水后烷基迁移生成酮的反应：

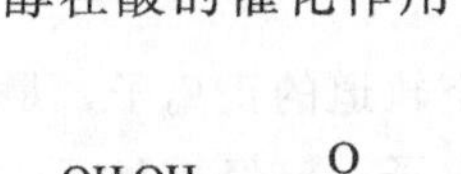

上述反应就是典型的缺电子重排反应机理，是碳正离子对于邻位 σ 键的吸引成键：

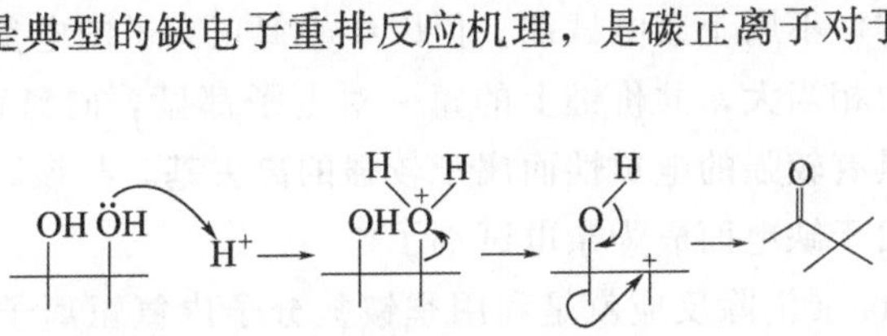

从上例可见：碳正离子的亲电活性是如此之强，以至于能够将本不属于亲核试剂的碳-碳 σ 键转化成亲核试剂了。

容易理解：作为活性中间体的碳正离子与邻位的 α-位碳-氢 σ 键成键，发生消除反应也是必然，只不过生成的烯烃能重新与质子成键而又返回到中间体碳正离子状态：

**例 8**：Wagner-Meerwein 反应过程能同时发生重排反应与 β-消除反应[9][7b]，它是通过碳正离子中间体实现的：

这种碳正离子既能与其 α-位的碳—氢 σ 键成键，也能与其 α-位的碳—碳 σ 键成键：

由此可见，碳正离子的亲电活性是如此之强，以至于能吸引邻位碳-氢 σ 键上的独对电子成键，而将碳-氢 σ 键转化成亲核试剂了。

**例 9**：芳烃亲核试剂与亲电试剂的反应，以甲苯硝化为例：

在上述极性反应的中间状态下，正是由于碳正离子超强的亲电活性才导致后续消除反应发生的。

综上所述，路易斯酸型正离子具有较大的电负性，容易吸引独对电子成键，该种正离子更显著地体现在其亲电活性上。

### 2.1.2.2 离去基型正离子

离去基型正离子就是没有空轨道的正离子，最典型的就是季铵盐类化合物上的氮正离子，其最外层有 8 个电子，已经满足了八隅率的要求。它既没有能与独对电子成键的空轨道，也没有能够腾出空轨道的离去基，因而不能与具有独对电子的亲核试剂成键，不属于亲电试剂。但因中心氮正离子的电负性相当高，对其周围共价键的引力相当大，共价键上的每一对电子都显著向氮正离子方向偏移，因而此种正离子具有较强的电负性而属于较强的离去基，与该离去基成键的元素也就自然而然地由于缺电而成为亲电试剂了。

**例 10**：Hofmann 消除反应就是利用季铵盐分子内氮正离子的强电负性与强离去活性完成的[6b]：

上述实例说明，生成正离子后的中心元素，由于满足了八隅律的稳定结构，因而并非亲电试剂，其电负性显著增强的分子结构导致其离去活性显著增加，因而属于离去基。

**例 11：** Sommelet-Hauser 重排反应就是季铵盐用碱处理发生的[6c]：

反应机理解析如下[10]：

式中的 [2,3]-σ 重排反应就是利用氮正离子的强电负性作用，从缺电体亲电试剂上离去而完成后续反应的。

**例 12：** 取代苄胺的氰化反应经历如下两个步骤：

前一步反应生成季铵盐，是后一步取代反应的离去基。如若没有这前一步，后一步则不具备反应条件，氰基不能取代二甲胺基。因为：

在生成中间状态后，二甲胺基重新与苄基碳原子成键，而氰基离去，从而返回到初始的原料状态，不会有反应产物生成。这是由于二甲胺基负离子的亲核活性远远强于氰基负离子；而其离去活性又远远弱于氰基的缘故。因此，无论是在热力学因素上还是在动力学因素上均对上述逆反应有利，正向反应不可能有产物生成。

所有带正电荷元素的电负性均显著增加，没有例外。

容易推论，在叶立德试剂的结构上，碳负离子是与带正电荷的杂原子成键的，而带有正电荷的杂原子的最外层又恰恰处于 8 电子的稳定状态而成为强离去基，因此共价键容易异裂，容易生成极具反应活性的卡宾：

之所以凡是生成叶立德试剂的反应，都只能在较低温度条件下进行，抑制叶立德试剂的 α-消除，避免其生成卡宾是主要原因之一。

综上所述，两种正离子的电负性均较其不带电元素显著增强。两者的区别在于：具有空轨道的路易斯酸型正离子的特征为极强的亲电试剂，而外层电子处于饱和状态的离去基型正离子的特征为极强的离去基。

### 2.1.3 基团电负性的动态观察

在理解正负电荷对于电负性的影响趋势基础上，就能够观察到动态条件下的电荷分布，及其瞬间出现的极性反应三要素的活性变化。

**例 13**：间硝基三氟甲苯与 2-硝基-4-三氟甲基氯苯混合物在混酸中进行硝化反应：

上述的 $P_1$ 与 $P_2$ 两个硝化反应产物，哪一种容易生成呢？

似乎含有氯原子的芳烃不易反应，因为芳环上增加了一个较强电负性的氯原子，芳环上的电子云密度降低，因而使其亲核活性降低。其实不然，笔者的实验结果证明：活化能较低的反应恰恰是含有氯原子的芳烃，原因是在两个强吸电基诱导效应、共轭效应的共同影响下，硝化反应活性中间体上碳正离子的电负性强于氯原子，致使氯原子吸电子的诱导效应减弱而供电子的共轭效应增强，从而向碳正离子方向供电的缘故。

显然，在此种条件下具有 $-I+C$ 电子效应的氯原子成了供电基，分散了所生成的中间体碳正离子上的电荷，使其能量降低，因而相对地活化了硝化反应。

由此可见，氯原子在芳烃上具有电容器的性质，这与基团间的瞬间相对电负性相关。

**例 14**：取代苯磺酸的脱磺基反应是在稀硫酸加热条件下进行的：

与苯环相连的是电负性较强的磺基，如若简单地考虑，磺基的电负性强于芳烃，硫—碳间的共价键应该向硫原子方向偏移，最后非均裂生成苯基正离子才对。然而如若这样，则只有与氢负离子成键才能再生成芳烃：

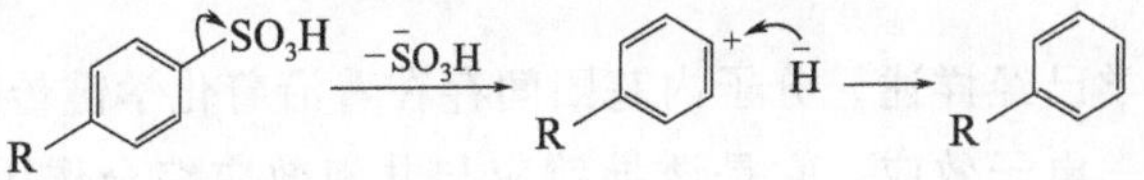

然而，体系内能够提供负氢转移的，唯有脱去的磺基转化成的亚硫酸分子才有可能：

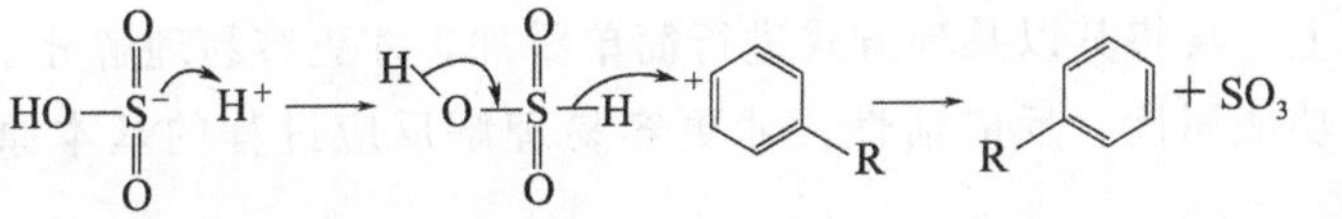

然而，如若是按照如上机理进行的，则芳基正离子容易与浓度更大的水分子成键生成酚：

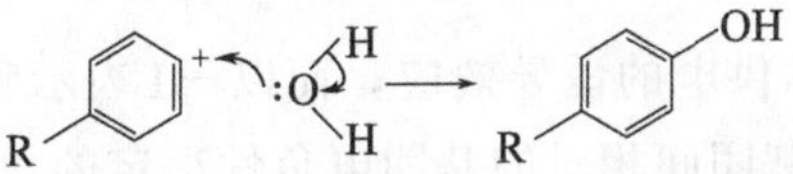

正是由于体系内几乎没有酚的生成而否定了上述机理的存在。那么，苯磺酸脱磺基反应是怎样完成的呢？

这是由于取代苯磺酸分子内存在着极性反应的三要素：亲核试剂芳环上 π 键、亲电试剂磺酸上的活泼氢、离去基与活泼氢相连的磺酸基。分子内容易发生极性反应而生成了如下活性中间体：

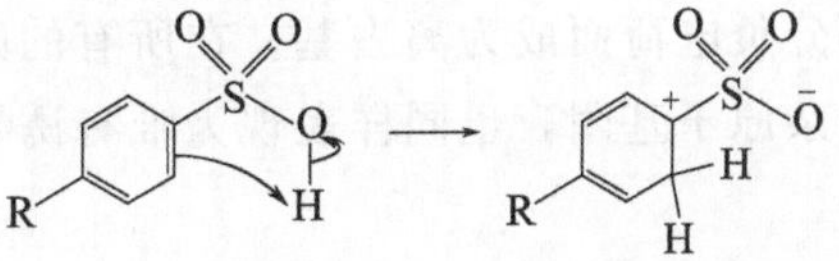

在上述活性中间体状态下，碳正离子的电负性显著增强，而与负氧相连的硫原子的电负性显著减弱，这一增一减、此消彼长的结果导致了碳与磺基负离子间相对电负性的颠倒，共用电子对向电负性较大的碳正离子方向偏移，因而导致共价键异裂生成了卡宾，再经过质子转移与重排生成芳烃：

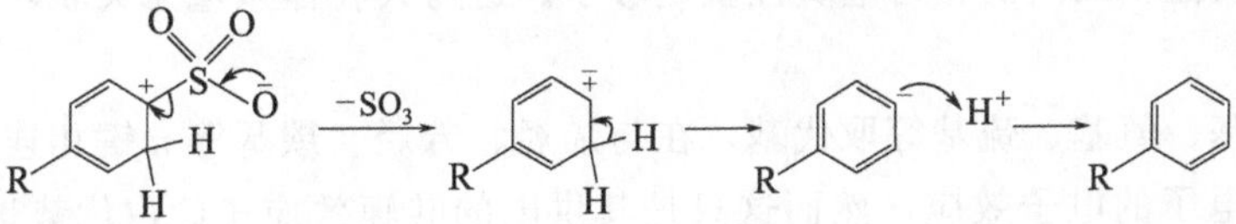

由此看来，表面上反常的现象实属正常，这是符合极性反应客观规律的必然结果。

综上所述，元素上所带电荷的不同对于该元素电负性的影响说来，可以认为是根本性质的改变。正确地观察分子结构，动态地分析中间状态，才能认识极性反应的规律，而不至于被表面现象所迷惑。

## 2.2 诱导效应与共轭效应

基础有机化学已经详述，分子内基团间存在着沿着化学键传播的、影响电荷分布的作用力——电子效应，它是诱导效应与共轭效应综合作用的结果。然而，人们更希望将诱导效应与共轭效应分开，以弄清分子内的电荷分布、物理性质、化学性质及其它们之间的因果关系。而只有在独立讨论诱导效应与共轭效应各自特点的基础上，再将其以某种方式进行简单叠加，才更容易理解分子内各元素的电荷分布、功能属性、反应活性，才更容易理解反应过程的基本原理及其内在规律。

### 2.2.1 诱导效应的孤立观察

人们通常以＋I表示供电的诱导效应，而以－I表示吸电的诱导效应。显然，供电还是吸电是由两个基团间相对的基团电负性决定的。

在烷烃类脂肪族化合物中，由于不存在共轭体系，诱导效应成了唯一的电子效应。此种状态下，所有电负性大于碳原子的基团，在与烷烃碳原子成键状态下都属于吸电基－I，如羟基、胺基、巯基、卤素等杂原子，它们与碳原子间的共价键上独对电子均是向着较高电负性的杂原子一方偏移的，故这些杂原子都属于吸电基。由于该共价键上电子的偏移，使得碳原子上带有部分正电荷而成为亲电试剂，杂原子上带有部分负电荷而成为离去基。在所有的四面体结构中，如羰基加成产物上不带电荷的杂原子基团，也同样表现为唯有诱导效应的吸电子基－I，因而也成了离去基Y。

上述这些具有吸电诱导效应的杂原子离去基，尽管有些离去活性不强，因其结构上具有独对电子，能与空轨道的酸性试剂缔合或络合成键（或半成键），这就催化了这些杂原子的离去活性。

因此，在非共轭体系中，我们没有必要讨论共轭效应问题，只需关注其诱导效应，即关注基团间的相对电负性就足够了。这与共轭体系毫无关联，切不可与此混淆。

像羟基、氨基、巯基等取代基，在与烯烃、芳烃、羰基等π键相连时，往往体现为供电子的电子效应，然而这只是其供电的共轭效应＋C占优势地位所致，它们原本具有的吸电的诱导效应－I并未改变。

鉴于上述，如果孤立地讨论诱导效应对于共轭体系内电子云密度的影响，则－I基团总是降低共轭体系内电子云密度的。鉴于共轭体系内的电子云密度分布主要受共轭效应影响，可以大致地认为：**诱导效应相当于平均地降低了共轭体系**

内各元素的电子云密度，而并未显著影响共轭体系内各元素间的电子云密度分布。

## 2.2.2 共轭效应的孤立观察

人们通常以＋C表示供电的或推电子的共轭效应，而以－C表示吸电的或拉电子的共轭效应。然而在共轭体系内，共轭效应是与诱导效应同时存在的，这使得孤立地研究共轭效应不便，然而我们仍然能找到区别两种效应的突破口。

首先研究作为亲核试剂的取代芳烃与亲电试剂成键的定位规律。

容易发现：**在芳环上供电的或推电子的共轭效应＋C总是第一类定位基——邻对位定位基；而吸电的或拉电子的共轭效应－C总是第二类定位基——间位定位基；没有例外。**

如此看来，定位规律与诱导效应（＋I或－I）并无较大关联，以诱导效应、共轭效应叠加起来的所谓电子效应决定芳烃定位规律的结论显然错误，而芳烃定位规律主要由共轭效应决定的。正是基团的共轭效应决定了 π 键上的电子云密度分布，也正是电子云密度较大位置才是富电体亲核试剂。按上述观点去研究芳烃取代基定位规律，就不存在过去曾说的卤代芳烃属于特例了，因而也更能反映出分子结构与反应活性之间关系的内在规律。

从定位规律看出：**取代芳烃的定位规律取决于芳烃上的电子云密度分布，而该密度分布主要取决于共轭效应。**

其次研究取代芳烃芳环上的电子云密度。

前已述及，作为亲核试剂的取代芳烃与亲电试剂成键的位置恰是其相对电荷密度较高位置。单取代苯的 $^{13}C$ 化学位移 $\delta_C$ 由表 2-3 给出[3b]。

表 2-3 单取代苯的 $^{13}C$ 化学位移 $\delta_C$

| 取代基 X | $\delta_{C,1}$ | $\delta_{C,o}$ | $\delta_{C,m}$ | $\delta_{C,p}$ | 诱导效应 | 共轭效应 | 分布作用 |
|---|---|---|---|---|---|---|---|
| -F | 162.9 | 115.5 | 130.4 | 124.4 | －I | ＋C | 推电 |
| -Cl | 134.3 | 128.9 | 130.2 | 126.9 | －I | ＋C | 推电 |
| -Br | 123.1 | 131.7 | 131.0 | 127.0 | －I | ＋C | 推电 |
| -I | 94.4 | 137.6 | 130.4 | 127.7 | －I | ＋C | 推电 |
| -H | 127.4 | 127.4 | 127.4 | 127.4 | o | o | o |
| -OH | 158.5 | 115.9 | 130.2 | 121.4 | －I | ＋C | 推电 |
| -NH₂ | 148.4 | 116.3 | 129.6 | 118.8 | －I | ＋C | 推电 |
| -CH₃ | 138.4 | 129.1 | 128.7 | 125.8 | ＋I | ＋C | 推电 |
| -CN | 112.6 | 132.2 | 129.5 | 133.3 | －I | －C | 拉电 |

表中，$^{13}C$ 化学位移值 $\delta_C$ 的下标 1、o、m、p 分别代表芳环上取代基的直

连碳原子及其邻位、间位、对位。表中数据充分证明：芳环上的电子云密度分布主要由共轭效应决定。对于以取代芳烃为亲核试剂的反应说来，反应发生于其电子云密度相对较大之处；对于以缺电芳烃为亲电试剂的反应说来，反应发生于其电子云密度相对较小之处；没有例外。

共轭效应除了影响 π 键两端的电子云密度分布之外，还有一个使电荷平均化的效应：即参与共轭的 π 键越多；共轭体系越大，其电荷的增减幅度就越小。

如在羰—烯共轭体系中，羰基上所带正电荷分散于羰基碳原子及其烯烃的共振位置：

这就相当于共轭体系分散了原有的正电荷，显然其亲电活性降低。总之，共轭效应是使电荷平均化的效应，对于分子内电荷分布的影响是个普遍规律，没有例外。

### 2.2.3 诱导效应、共轭效应的叠加

由于作用方式不同，很难将诱导效应、共轭效应简单叠加。约定俗成的所谓电子效应，也仅反映了基团对芳环上总的电子云密度增减，并不能证明其定位规律，故此概念的应用受到了限制。为了综合研究诱导效应、共轭效应，我们尝试两种效应、三种作用的叠加方法。

我们不妨采用反证法研究诱导效应、共轭效应的叠加。首先假设一个结论，再按此思路推理，最后用实验结果验证假设结论。若实验结果与假设一致，则承认此假设结论成立，反之则否定。

设定在取代芳烃上存在着两种效应、三种作用：第一种是诱导效应 I，它的作用是能使芳环上电子云密度比较均匀地增加或减少；第二种是共轭效应 C，它的作用是使芳环上电子云密度比较均匀地增加或减少；第三种是共轭效应对于 π 键电子云的分配作用，是它决定了 π 键的偏移方向。在芳环上的总的电子云密度是三者的叠加。

容易发现：上述假设与实验结果十分吻合，没有矛盾。

#### 2.2.3.1 以芳烃为亲核试剂的反应

所有的 +I+C 基团，皆为供电基团，其对位碳原子的电子云密度均值都大于间位。而其间位的电子云密度均低于标准值（以苯分子 [13]C 化学位移值 $\delta_C$ 为 127.4 标准）。

所有的 -I+C 基团，无论是供电基还是吸电基，其对位电子云密度总是大于间位。而其间位的电子云密度也低于标准值。

所有的 -I-C 基团，均为吸电基团，其间位的电子云密度大于对位。

　　上述结果完全符合前面设定的取代基的两种效应、三种作用叠加结论。以卤代芳烃为例，其诱导效应远低于硝基，但其间位的电子云密度却比硝基更低。这正是由于在其间位上既存在卤素诱导效应、共轭效应的吸电，又存在共轭效应将其间位电子推向对位，这些作用的叠加使卤代芳烃的间位更加缺电。而硝基苯则不同，尽管硝基吸电的诱导效应和共轭效应均大于卤原子，但其对 π 键电子的分布作用是将对位拉向间位，因而部分地补充了间位上的电子。

　　在取代芳烃分子上，诱导效应、共轭效应对于邻位的影响与对位相同。之所以暂未提及邻位，是因为除了诱导效应、共轭效应之外，还有分子内空间诱导效应在显著地影响着邻位，其影响因素更为复杂而不易作简单的类比，详情请参见本章 2.5 中的讨论。

　　由上述电子云密度分布所决定，以芳烃为亲核试剂的反应过程，其定位规律主要由其共轭效应决定，即推电子的共轭效应＋C 为邻对位定位基，而拉电子的共轭效应为—C 为间位定位基，没有例外。

### 2.2.3.2　以芳烃为亲电试剂的反应

　　这不同于以芳烃为亲核试剂的反应。芳烃上 π 键的一端成了缺电体-亲电试剂的条件要求芳环上必须存在较强的吸电取代基。在连有强吸电取代基的芳烃邻对位，特别是在硝基、氰基、三氟甲基这三大吸电基的邻对位，是显著缺电的位置，同时又存在着 π 键离去基，则此位置正是缺电的亲电试剂，易与亲核试剂成键。

　　**例 15**：Meisenheimer 反应可视为以芳烃为亲电试剂与亲核试剂成键的典型代表[11]：

　　其反应机理可以简化地解析为：

　　Meisenheimer 反应之所以能够进行，强吸电取代基处于离去基的邻位或对位是最根本的原因。

　　上述反应机理解析之所以称之为简化的反应机理，是省略了其中并不重要的中间体分子内平衡可逆的共振过程：

实际上，缺电芳烃与亲核试剂成键的位置不一定非要带有离去基，只要在其共振位置（间位）带有离去基便可能完成反应。

**例 16**：ANRORC 反应，是亲核试剂加成，开环和闭环反应（Addtion of Nucleophiles，Ring and Ring Closure）。

反应生成了两个不同的产物：

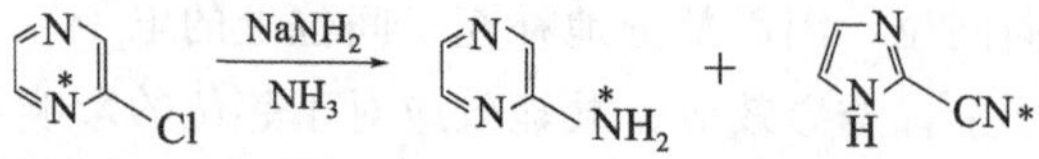

两个不同产物的生成是源于亲电试剂的共振位置存在着离去基，由此生成了开环化合物——共同的氰中间体：

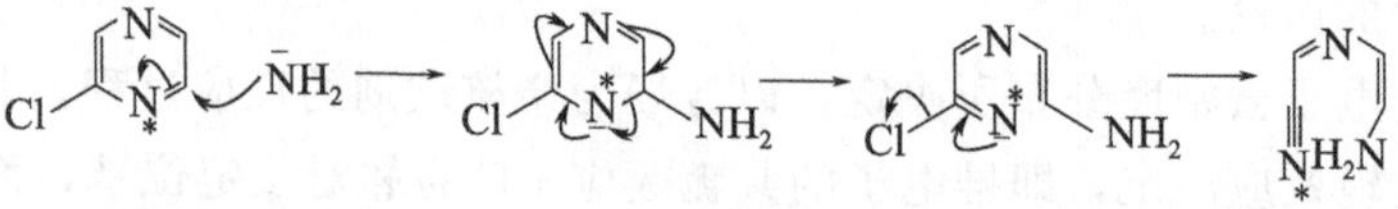

由此中间体内的同一亲核试剂氨基分别与分子内的两个不同的亲电试剂成键，因而能生成了两种不同的产物：

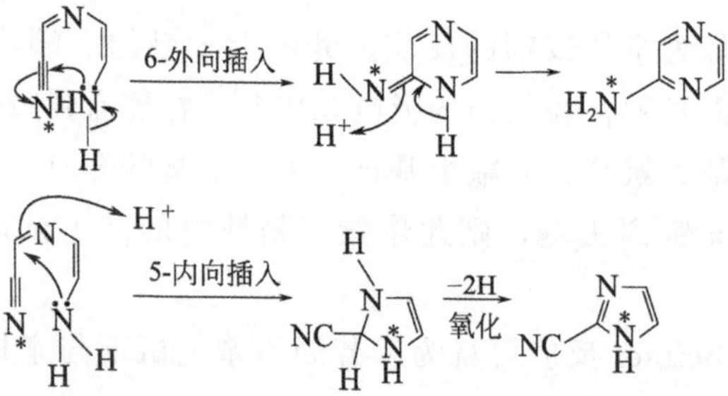

由此可见，芳烃作为亲电试剂的位置并非必须带有离去基，因为 π 键本身就是离去基，在缺电元素的共振位置上带有离去基，则缺电元素就可能与亲核试剂成键。

### 2.2.3.3　多卤芳烃上的亲电试剂

前已述及，卤代芳烃间位的电子云密度最低，这从表 2-3 中不难发现。因此卤代芳烃间位上若存在离去基才是亲电试剂的位置。之所以如此，是因为卤素是 −I＋C 基团，其共轭效应＋C 的分布作用决定了间位电子云密度更低。这从表面上看似乎与其他吸电基不同，而从芳环上的电子云密度及其分布的基本规律上，并不存在特殊性，只要掌握芳烃上电子云密度分布规律，就容易预测化学反应可能发生的位置。

然而，单一的卤代芳烃并非具有较强的亲电活性，即便在其最为缺电的间位上也缺电不多，难以成为亲电试剂。只有在多卤取代芳烃上，多个卤原子共同作用的结果才使得其中某个"间位"更加缺电，才能成为亲电试剂与亲核试剂成键。

**例 17**：1,2,3,5-四氟苯与亲核试剂成键的位置，是由芳环上不同位置的电子云密度分布决定的。

由于 1,2,3,5-四氟苯分子内的四个氟原子均有其共轭效应，然而不同的氟原子对于电子云密度的分布只有两个不同的方向，考虑到处于邻位的两个氟原子的共轭效应相反而相互抵消，总的共轭效应由相同方向共轭效应的多数氟原子所决定，其电子云密度分布为[3c]：

由于 1-位碳原子比其 2-位更缺电，亲核取代反应主要发生在 1-位上：

综上所述，只有孤立地研究诱导效应、共轭效应，再将两者叠加的方法研究总的电子效应，才能认清两种效应各自的作用和取代基团的性质，才能理解共轭体系内的电子云密度分布的规律，才能把握分子结构与反应活性的关系。

## 2.3 共轭体系内的共振状态

对于有机分子说来，同一分子有时难以用一种结构表示出来，这是由于电荷并非是在某个位置上定域的，而是处于两个或多个原子之间的离域状态。

对于芳烃说来，经常将其表示成环己三烯的形式，因为这种形式便于反应机理解析。然而环己三烯的表示方法与苯的实际结构并不相符。按环己三烯的结构，其双键键长应与单键键长不同，而实际上根本不是所谓的单键与双键相间状态，共轭状态使两者完全平均化了，其实际的键长是大于双键而小于单键，实际键级不是 1 级也不是 2 级，而恰恰是 1.5 级。

再以 DMF 为例，在常温条件下测得的质子化学位移值 $\delta_H$ 与低温条件不同[12]：

DMF 两种共振结构的稳定存在，证明了在共轭体系内存在着电子的离域，即共振状态。这种共振状态有如下两种形式。

## 2.3.1　化学键上的共振状态

这种共振是沿着化学键发生的。这种共振有三种类型：

### 2.3.1.1　环状共轭体系内的共振

在环状共轭体系内，π 电子呈高度离域状态。如：

由于共振结构的存在，人们无法区分不同位置的两个相同元素，故往往以上式右端的共振杂化体来象征性地表示其分子结构。然而不应将上述共振杂化体理解为环上电荷的平均分布，因为在空间电场的极化作用之下，电荷能够重新集中起来的，即电荷处于分散与集中的可逆平衡状态，正如前面所表述的。

只有这样认识分子内的动态变化，才能理解纷繁复杂的化学反应现象。

### 2.3.1.2　p—π 共轭体系内的共振

若带有独对 p 电子（包括负离子）的元素与共轭体系（π 键）成键，则该独对电子能与 π 键共振。例如：

硝基式　　　　假酸式

容易推论，若干共振状态是可能存在的，区别仅在于平衡常数的大小不同。如：

容易理解，只要独对 p 电子与 π 键处于共轭状态，共振状态就不可避免。

在化学反应进行的中间阶段，即中间体生成后的短暂瞬间，只要属于 p—π 共轭体系，就容易发生共振。如：

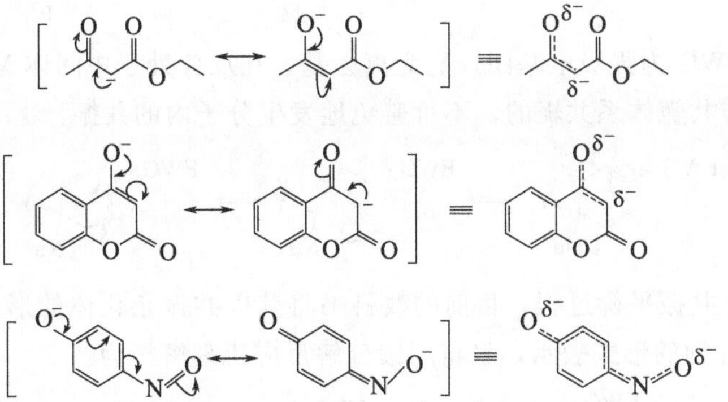

**例18**：碱催化作用下的酮醛缩合反应：

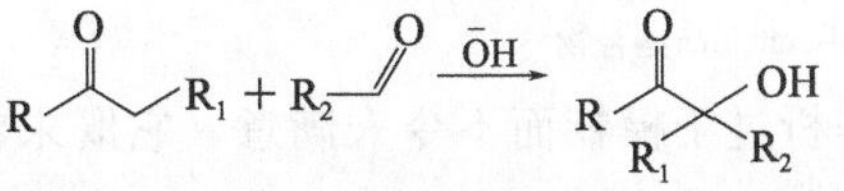

首先发生的是酮羰基上 $\alpha$-位氢原子与碱成键，离去基上带有碳负离子，生成的碳负离子是与 $\pi$ 键共轭的，因此必然出现如下共振结构：

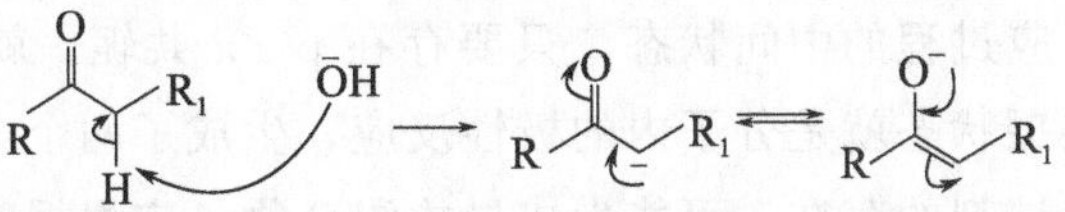

人们通常将上述两种共振结构简单地表示为单一的烯氧基负离子结构，这并非说明此种烯氧基结构是唯一的，只是在此种共振平衡条件下以烯氧基结构为主。根据共振论，负电荷主要集中在电负性较大的元素上。

上述的两种共振结构均为亲核试剂，故具有两可亲核试剂性质，均可以与亲电试剂成键。然而实际产物中往往只见碳负离子与亲电试剂的成键产物，而未见氧负离子与亲电试剂的反应产物。这是由于两个产物的稳定性不同，烯氧基具有较大的离去活性而不易稳定存在：

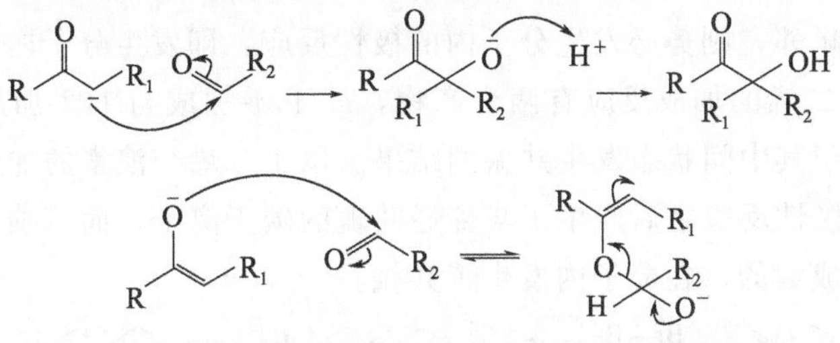

**例19**：芳烃作为亲电试剂参与极性反应的反应机理为：

式中，EWG 为强吸电基团，Y 为离去基。在反应处于中间体 M 阶段，由于碳负离子是与共轭体系共轭的，不可避免地发生分子内的共振：

对于如上共振平衡过程，目前的教科书将其以共振杂化体的形式，即 Meisenheimer 络合物的形式表示，且将后续分解反应机理解析为：

Meisenheimer络合物

这样的反应机理解析过于模糊而不令人满意，它既未将此极性反应过程的三要素表示清楚，也未将负电荷的重新集中这一平衡过程描述清楚。只有分散了的负电荷重新集中起来生成碳负离子，才具有相对较强的亲核活性进而导致离去基的离去：

由此可见，反应过程的中间状态，只要存在 p—π 共轭，就必然存在多种共振状态。而这种共振状态就是分子内的极性反应，生成了两个或两个以上亲核试剂，这种两可亲核试剂的存在，可能生成异构混合物，应根据产物的热力学稳定性来分析评价。

显然，对于芳烃上取代反应机理的解析过程，分子间的电子转移过程才是重点、要点和关键，显然比分子内的共振过程更为重要，因为分子内的共振过程并不影响最终结果。

### 2.3.1.3 空轨道与 π 键的共振

众所周知，根据 Lewis 酸碱理论，具有空轨道的分子可归属为路易斯酸，由于它并未满足八隅律的稳定结构，因而是极强的亲电试剂。若路易斯酸与作为亲核试剂的 π 键毗邻，则势必发生分子内的极性反应，即发生分子内的共振。

**例 20**：丁二烯的加成反应有两个产物，即 1,4-加成与 1,2-加成产物，之所以如此，概出于其中间状态发生共振的结果。以丁二烯与溴素的加成反应为例：

在第一步极性反应之后产生了与烯烃共轭的碳正离子，而该碳正离子是与离域的烯烃 π 键成键的，在分子内发生了共振：

上式中的两种共振异构体都存在着碳正离子亲电试剂，故此共振体系为两可亲电试剂，均可与亲核试剂成键。

由于共轭效应本身就是使电荷平均化的效应，上述共振异构体系的存在是一个普遍规律。这种共振过程也可以表示成共振杂化体的形式：

**例 21**：芳烃作为亲核试剂与亲电试剂反应的活性中间状态，目前国内外教科书中的机理解析均为[7c]：

上述所谓反应机理解析过程未见其电子转移的标注，因而并不完善。实际的、简化的反应机理为：

对于上述简化的反应机理，已有学者将 Friedel-Crafts 酰基化反应机理解析为[13]：

上述简化了的自 M 至 P 的机理解析过程，突出了 β-消除反应过程最重要的条件，就是正电荷具有再集中的条件与必要性。

当以芳烃为亲核试剂的反应处于中间体 M 阶段时，由于碳正离子是与共轭体系相连的，不可避免地发生分子内共振状态：

此种共振状态相当于正电荷被部分地分散了。然而毫无疑问，上述共振状态是平衡可逆的。只有在正电荷重新聚集于初始状态时，才有利于分子内 β-消除反应而重新生成芳烃大 π 键共轭结构。因此，反应过程的活性中间体 M 上的正电荷处于分散与集中的平衡状态，这才符合反应进行的客观规律。

之所以认为原有机理解析不完善，是因其既未解析芳烃与亲电试剂的成键过程，也未解析活性中间体的消除脱质子过程，这里回避了最重要的分子间电子转移这一化学反应最本质的过程，这是其一。即便对于分子内共振状态的表述，也仅仅表述了电荷的分散过程而没有表述电荷的再集中过程，这是其二。

**例 22**：酸催化的 4,4-二取代环己二烯酮重排为 3,4-二取代酚的反应，就是共振产生的碳正离子导致烷基迁移的：

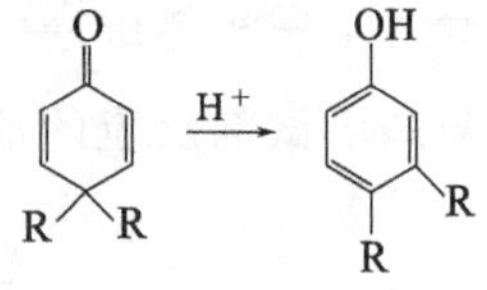

反应机理为[14]：

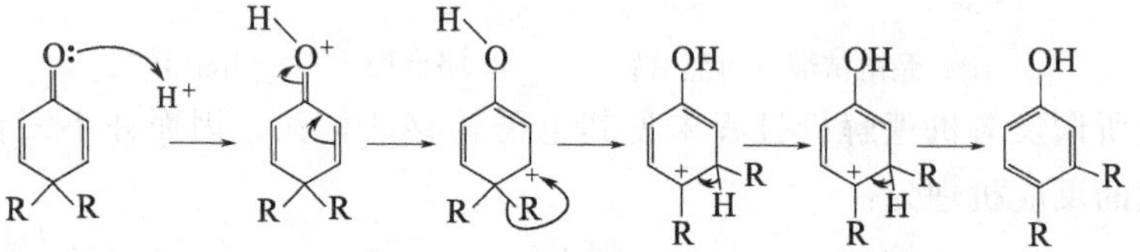

正是共振状态产生的碳正离子，才是更强的亲电试剂，才能与邻位碳-碳 $\sigma$ 键成键。

### 2.3.1.4 自由基与 π 键的共振

若自由基与 π 键相邻，活性极强的自由基极易与 π 键成键而产生新的 π 键和新的自由基，且两者自然处于平衡可逆状态：

**例 23**：如下结构的杀菌剂长期储存不稳定，特别是在光照条件下[15]：

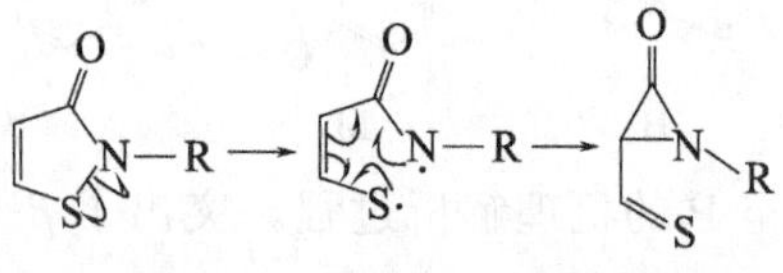

这种键长较长且电负性差距不大的共价键的离解能较低，容易在光、热或引发剂存在下均裂而生成自由基[3d]，生成的自由基是与分子内共轭体系临近的，因而极易发生分子内重排反应。

综上所述，正离子、负离子、自由基等活性中间状态，均容易与分子内相邻的 π 键发生电子转移，即发生化学反应，结果是处于两种或多种结构的共振状态。

## 2.3.2 分子内的空间共振

电子的离域状态不仅发生在化学键上，当分子内带有部分异性电荷的两个原子距离足够近时，可以出现空间的电子离域也称空间共振状态。比如药品 Pyrithione zinc 的中间体即以两种空间共振结构存在[3e],[16]：

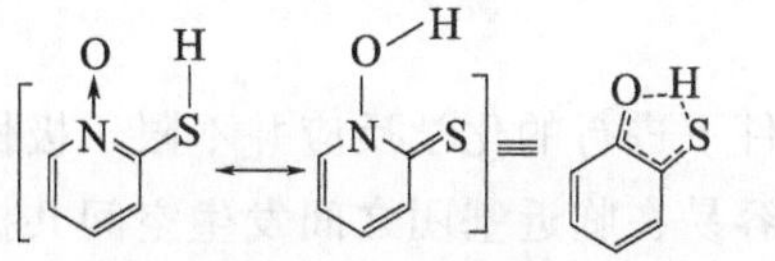

在芳烃的邻位如果存在亲核试剂与亲电试剂的话，容易进行极性反应。如果属于几个极性反应协同进行的，则将其称之为周环反应。

**例 24**：Boekelheide 反应，是 2-甲基吡啶氮氧化物酰基化后的重排、水解反应[3]：

反应机理为：

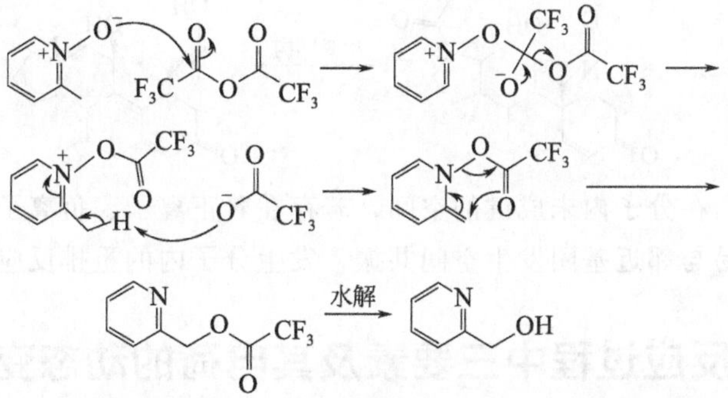

显然，此 [3,3]-重排反应过程只能发生在邻位基团之间，而间位与对位均不具备反应所需要的空间条件。上述反应的发生也并不是非用三氟乙酸酐不可，乙酸酐已经满足要求，正像医药阿格列汀中间体的合成那样：

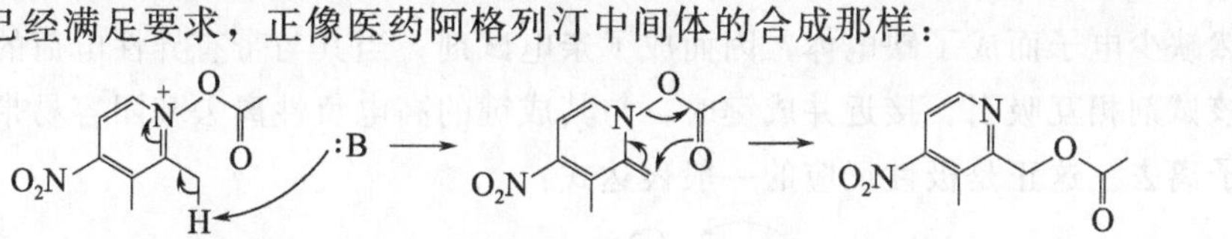

**例 25**：$\beta$-酮酸的脱羧反应。

脱羧反应一般是在碱性条件下实现的：

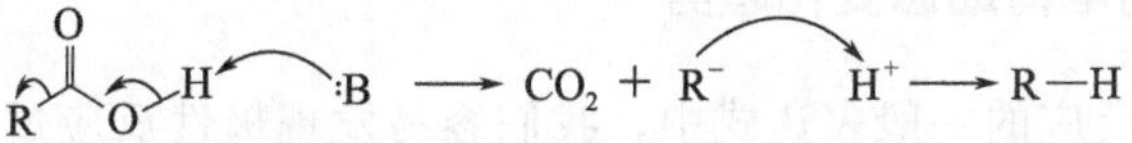

然而 $\beta$-酮酸的脱羧反应却并不需要碱性条件，可以通过分子内空间共振，即通过周环反应过程来实现。反应机理为：

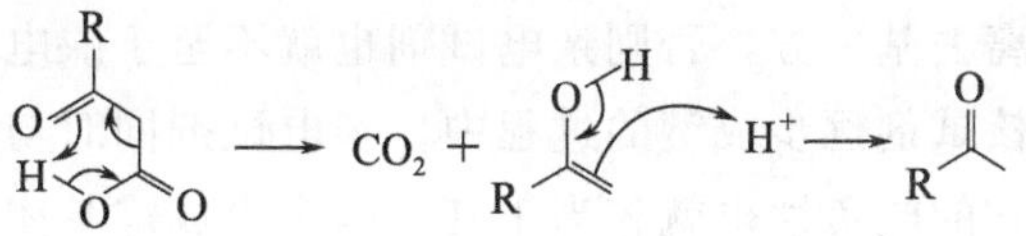

可以理解：既然极性反应是亲核试剂与亲电试剂相互吸引、接近、成键的过程，那么在分子空间结构上已经处于接近位置的亲核试剂与亲电试剂之间当然容易成键了。

能够在空间共振条件下进行的化学反应并不限于极性反应和周环反应，作为活性中间体的自由基也容易在临近基团之间发生空间共振而进行自由基的转换。

**例 26：** Barton 光解反应是将亚硝酸酯光解成 $\gamma$-肟醇[3f]。反应机理为：

综上所述，在分子内未成键的空间，若存在着正离子、负离子、自由基等活性基团，就容易与邻近基团发生空间共振，发生分子内的重排反应。

## 2.4 极性反应过程中三要素及其电荷的动态变化

极性反应是共价键异裂过程，其根本原因是共价键两端的基团电负性差异较大，致使独对电子向电负性较大的一方偏移，此时电负性较小的一方的中心元素必然缺少电子而成了缺电体，因而成了亲电试剂；当其与带有异性电荷的富电体亲核试剂相互吸引、接近并成键时，与其成键的高电负性离去基团容易带着一对电子离去。这正是极性反应的一般表达式：

$$Nu^- + E \frown Y \longrightarrow Nu{-}E + Y^-$$

### 2.4.1 三要素的电荷动态变化趋势

从上述极性反应的一般表达式中，我们容易发现极性反应过程中三要素的动态变化：

第一，离去基本来就是具有相对较强电负性的基团，其与亲电试剂的共用电子对本来就偏向于离去基一方，否则亲电试剂也就不至于缺电。

第二，在与亲核试剂逐步成键的过程中，亲电试剂同时与亲核试剂和离去基呈部分成键状态，它的电负性也就相当于其与两个半成键基团的加和。由于逐步得到了来自于亲核试剂的部分电子而使其对于离去基的电负性呈逐渐下降趋势，因而逐渐丧失了其对该共价键上独对电子的控制力，最后由离去基将此共价键上的独对电子带走。

第三，在离去基离去过程中，因其所带有的负电荷逐渐增加，而逐步转化为富电体，其亲核性活性势必逐步增强。此时，离去基逐渐转化为亲核试剂，它既可能回攻原有亲电试剂，也可能与其他邻近亲电试剂成键。

第四，亲核试剂势必会随着其所带电荷的减少而亲核活性呈逐渐减弱趋势，相应地其离去活性也呈逐渐增强趋势。

动态地分析极性反应过程中三要素电荷的变化趋势，有利于理解极性反应过程与结果，为什么有的反应能够进行到底，有些反应处于可逆平衡状态，而有些反应则没有产物生成。

在共价键异裂这种极性反应过程中，极性反应既可发生在分子之间，也能发生在分子之内；极性反应可能一步完成，而更多的往往是多步反应串联完成的。

**例 27**：乙酰乙酸乙酯在乙醇钠催化条件下与卤代烃的缩合反应。

反应机理如下：

在上述第一步反应过程中，乙氧基为亲核试剂，两羰基之间亚甲基上的 α—位氢原子为亲电试剂，其余为离去基。如此看来，亲电试剂未必具有较大的质量，而离去基也未必质量较小。

第二步极性反应也是发生在分子间的。其中碳负离子为亲核试剂，与卤素成键的碳原子为亲电试剂，卤素为离去基，反应到此完成。

应该指出：上述反应机理是个简化的机理。在其中间体 M 状态下，由于碳负离子与 π 键共轭，必然导致分子内的共振，因而存在着如下可逆的共振重排反应过程：

上述共振重排反应过程是可逆的，且可逆的两个反应均是分子内的极性反应，故在上述机理解析过程中省略掉了，此种省略是为了简化反应机理解析过程。在正向反应过程中：失去质子的碳负离子为亲核试剂，邻位的酮羰基碳原子为亲电试剂，酮羰基上的碳氧双键（π键）为离去基。在逆向反应过程中，氧负离子为亲核试剂，与其成键的碳原子为亲电试剂，烯醇中的π键为离去基。尽管上述反应是平衡可逆的，但根据共振论负电荷主要集中于电负性较大的原子一方，由于碱性条件下生成的烯醇式结构相对稳定，故文献中往往以烯醇式表达上述中间结构。

从上述平衡可逆反应过程可以看出：此种结构具有两可亲核试剂的性质，至于未见氧负离子为亲核试剂的反应产物是因其离去活性较强之故。正是由于存在如上共振结构，就相当于负电荷在分子内得到了一定程度的分散，相当于生成了电荷分散的、相对稳定的杂化异构体。

由于上述分子内的共振重排反应是平衡的，分散的电荷在一定条件下能够重新集中起来生成了碳负离子，为后续极性反应提供了能量和条件。

例27具有一般性。即一步完成的极性基元反应并不多见，多数极性反应往往是几步极性反应串联完成的。

上述实例中，所有亲核试剂均为富电体，均带有单位或部分负电荷；而所有亲电试剂均为缺电体，一般带有单位或部分正电荷；而离去基在其离去的瞬间，其电负性总是大于亲电试剂的，没有例外。

迄今为止的现有文献中，一般将共振异构过程导入主反应机理解析式中，再将两个解析式合并处理：

就反应机理解析结果说来，这种机理解析没有不合理之处，且更符合共振论结构，因此为广大专家、学者所接受，已经成为约定俗成之方法。但对于初学者说来，应特别注意几个概念以避免误读：一是并非所有的碳负离子均转化成了烯醇式，而是两种结构是同时共存、共处平衡，也就是说碳负离子也是客观存在的；二是电荷的分散与集中也是个可逆平衡过程，分散的电荷是能够重新集中起来的。三是作为两可亲核试剂的上述共振结构均可发生极性反应，未见氧负离子作为亲核试剂产物是因其离去活性较强之故。四是在其与亲电试剂成键的瞬间，负电荷是重新集合于碳原子上的。

笔者习惯并推荐采用碳负离子的表达方式，旨在分清主次、全面理解、避免误读。因为分子内的共振结构并不影响反应机理的解析结果，反倒容易淡化反应过程中至关重要的分子间电子转移过程描述。

在上述机理解析过程中，无论采用何种方法，其三要素的一般性原理均贯穿始终。

## 2.4.2 电荷分布与反应机理的关系

前已述及，酸碱性对于有机反应过程是十分重要的，它能改变极性反应三要素的性质，能将同一基团的一种功能或属性改变为另一种功能或属性。因此，何时质子化、何时脱质子不是表示方法问题，也不是可以任意表述的。它涉及了化学反应中最本质因素——三要素的性质与活性问题。

### 2.4.2.1 含有活泼氢亲核试剂的反应机理

当氮、氧、硫、卤等杂原子与氢原子成键时，由于其与氢原子之间较大的电负性差距，其共价键上的独对电子远离氢原子而靠近杂原子，此时这些杂原子相对带有负电荷，因而成为较强的亲核试剂。在其与亲电试剂相互吸引、接近并逐步成键过程中，也就逐渐将共价键上独对电子吸引过来，氢原子也就逐渐失去电子而转化成游离的质子了。

这就说明游离的质子是协同地生成的，而不可能是提前或者延后生成的。我们简单地以醇类氧原子上独对电子与卤代烃碳原子成键的过程为例，通过其中间过渡态的活性，来判断反应进行的方向，最终证明脱质子的时机。

**例 28**：不同烷氧基的亲核性比较：

先以乙醇钠与溴乙烷生成乙醚的反应为例，其生成中间过渡态及其后续反应的机理为：

在中间过渡态 M 结构上，作为亲核试剂中心元素的氧原子仍然带有部分负电荷，仍具有较强的亲核活性，能够继续与亲电试剂成键，因而能够完成反应过程。

再以乙醚与溴乙烷的反应为例，看其反应中间过渡状态便容易预测最终结果。反应机理为：

在中间过渡态 M 结构中，中心氧原子上已经带有部分正电荷，其亲核活性下降且其离去活性增强。此时溴原子的亲核活性反倒比乙醚中心氧原子更强，离去活性却不及带有部分正电荷的氧原子，因而反应只能朝相反方向进行，只能从中间过渡状态 M 返回到初始的原料状态而不会生成任何产物。

最后研究乙醇与溴乙烷的反应：

假设乙氧基是先从氢原子上离去的，则反应速度应与乙醇钠一致，而实际上反应速度远远低于乙醇钠，这就与前面假设矛盾，故质子并非是先脱去的。

假设乙氧基是后从氢原子上离去的，则在中间状态下，氧中心元素上应带部分正电荷，这就接近于乙醚与溴乙烷的反应，反应可能没有产物，这又与假设的前提矛盾，说明质子并非后脱去的。

既然乙醇的亲核活性是既不同于乙醇钠也不同于乙醚，质子就不是预先脱去的也不是后来脱去的，则只有协同脱去这一种可能性了。反应机理及其中间过渡状态应为：

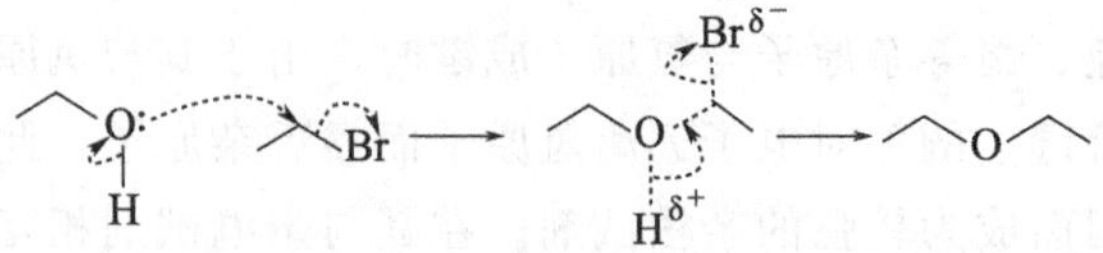

在中间过渡态分子结构上，作为亲核试剂的中心氧原子始终不带电荷，因而始终保持着一定的亲核活性，而氢氧键的断裂与碳氧键的生成是协同进行的。

实际上，醇类与溴代烷烃的反应确实是个平衡可逆过程，醚类是能够与溴化氢生成溴代烷烃与醇的：

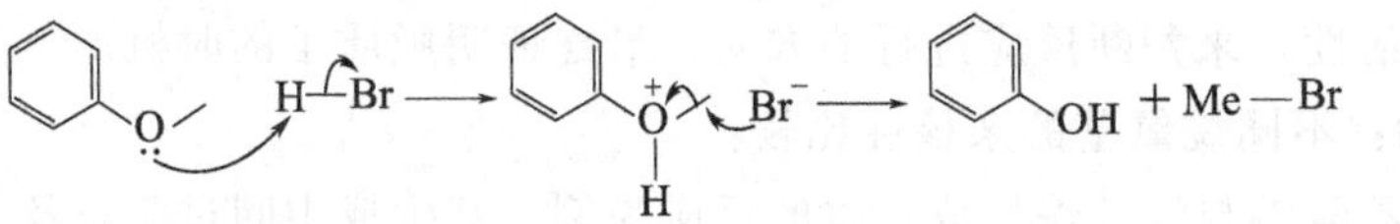

由此可见，质子的离去次序与试剂活性相关，它是不能任意解释的。若干文献中那些模糊质子转移次序的机理解析应予否定，由于这种质子转移次序解析的任意性颠倒了三要素的活性次序，误导了分子结构与反应活性之间的对应关系。

**例29**：Pinner 合成，是由腈转化为亚胺基醚，再继续转化为一个酯或脒的反应：

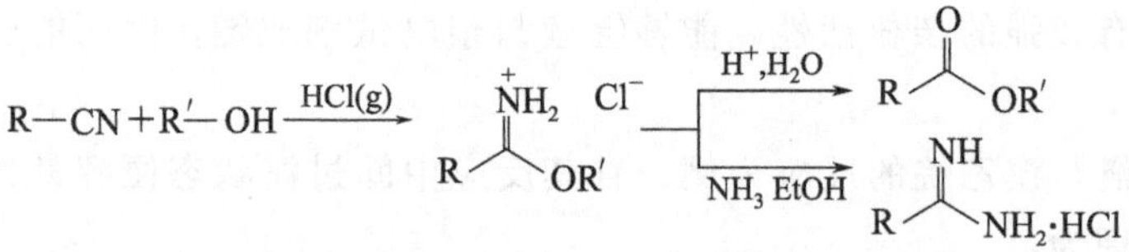

显然，生成酯的反应是在酸性条件下完成的，而生成脒的反应是在碱性条件下完成的。

现有的机理解析认为首先生成了一个共同中间体：

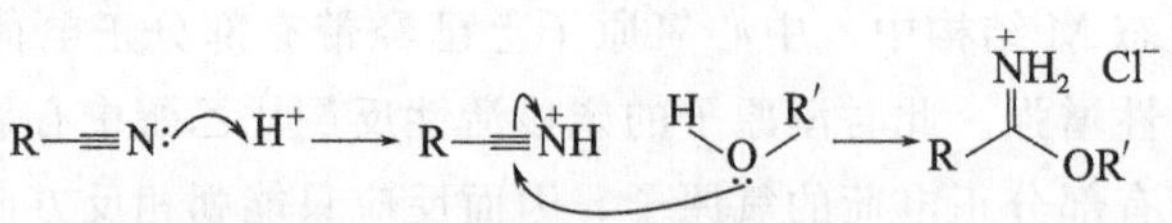

上述过程的后部分应该按如下表述才更加规范：

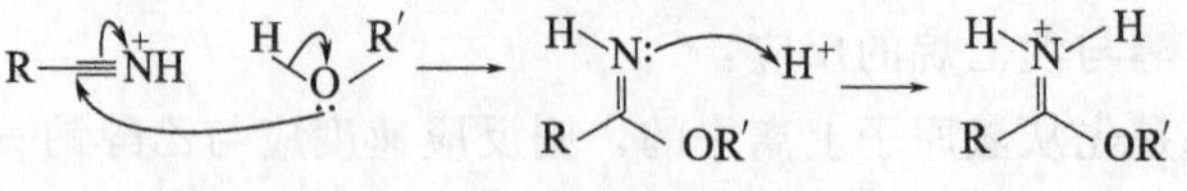

　　因为醇羟基氧原子上独对电子与氰基碳原子成键的同时氧原子协同地从氢氧共价键上收回了一对电子。

　　而后续过程的机理解析，就严重脱离离去基活性与其所带电荷关系的基本原理了。

　　原有的酸性条件下水解反应机理解析为：

$$
\underset{R}{\overset{\overset{+}{N}H_2\ Cl^-\ H-\ddot{O}H}{\big|}}\ \text{OR}' \longrightarrow H_2\overset{+}{N}\underset{R}{\overset{OH}{\big|}}\text{OR}'\ H \longrightarrow R-\overset{O}{\overset{\|}{C}}-\text{OR}'
$$

　　这里问题多多，最主要的问题是氨基上独对电子是什么时候与质子成键的，不可能在离去之后，也不可能是协同进行，必须是在离去之前，否则烷氧基的离去活性大于氨基，就不可能是氨基优先离去了。规范的反应机理应解析为：

$$
\underset{R}{\overset{\overset{+}{H_2N}\ H\ H-\ddot{O}H}{\big|}}\text{OR}' \longrightarrow HO\underset{R}{\overset{NH_2}{\big|}}\text{OR}'\ H^+ \longrightarrow H-\overset{+}{O}\underset{R}{\overset{NH_3}{\big|}}\text{OR}' \longrightarrow R-\overset{O}{\overset{\|}{C}}-\text{OR}'
$$

　　原有的碱性条件下氨基取代反应机理解析为：

$$
\underset{R}{\overset{\overset{+}{N}H_2\ Cl^-}{\big|}}\text{OR}'\ :NH_3 \longrightarrow HCl\cdot H_2N\underset{R}{\overset{H-NH}{\big|}}\text{OR}' \longrightarrow R-\overset{NH}{\overset{\|}{C}}-NH_2\cdot HCl
$$

　　这里问题多多，最主要的问题是氨基在成盐状态下，氨基正离子的离去活性竟然低于烷氧基。这颠倒了离去基的离去活性次序，违反了结活关系最基本的常识。规范的反应机理应解析为：

$$
\underset{R}{\overset{\overset{+}{H}N\ H}{\big|}}\text{OR}'\ :NH_3 \longrightarrow \underset{R}{\overset{HN}{\big|}}\text{OR}'\ H-NH_2 \longrightarrow H_2N\underset{R}{\overset{NH}{\big|}}\text{OR}' \longrightarrow R-\overset{N-H}{\overset{\|}{C}}-NH_2
$$

　　这种脒类产物只有在低温、酸性条件下才能生成盐酸盐：

$$
\underset{R}{\overset{H\cdot N:}{\overset{\|}{C}}}-NH_2\ H^+ \longrightarrow \underset{R}{\overset{H\cdot\overset{+}{N}\cdot H}{\overset{\|}{C}}}-NH_2\ H^+ \longrightarrow \underset{R}{\overset{H\cdot\overset{+}{N}\cdot H}{\overset{\|}{C}}}-\overset{+}{N}H_3
$$

　　比较两种不同的机理解析结果，容易判断真伪与优劣。在不同的酸碱性条件下，氨基与羟基的离去活性不同，因而最终产物不同。由这一基本规律容易推测，基团的质子化与脱质子次序不可能是任意的，也绝不可以任意表述。

### 2.4.2.2　含活泼氢芳烃的反应机理

　　含有一个协同脱除的活泼氢，是含氢亲核试剂较强活性的主要原因，脂肪族化合物是如此，芳香族化合物也是如此。

　　例如：苯酚、苯胺的亲核活性之所以较其他芳烃更强，其原因可从其反应机理解析过程中观察到。以苯酚为例，分子上含有三个亲核质点——氧独对电子、羟基邻位与羟基对位。其共振结构为：

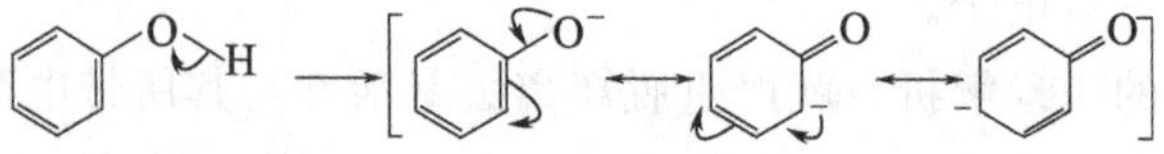

苯酚与溴素的反应机理为：

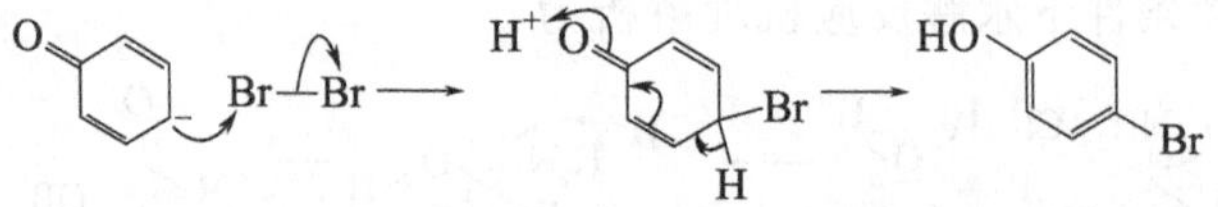

反应进行的是如此之迅速，连路易斯酸的催化作用也不需要了，皆由于作为亲核试剂的中心碳原子始终不带有正电荷，因而亲核活性较强之缘故。

可以理解为：以芳胺为亲核试剂的反应遵循与上述类似的机理，且具有类似的反应活性。

可以理解为：只有芳胺与苯酚这两类芳烃的强亲核试剂才能与重氮盐成键生成偶氮化合物，是因其亲核试剂活性较强，能与尚未分解的重氮亲电试剂成键之故。

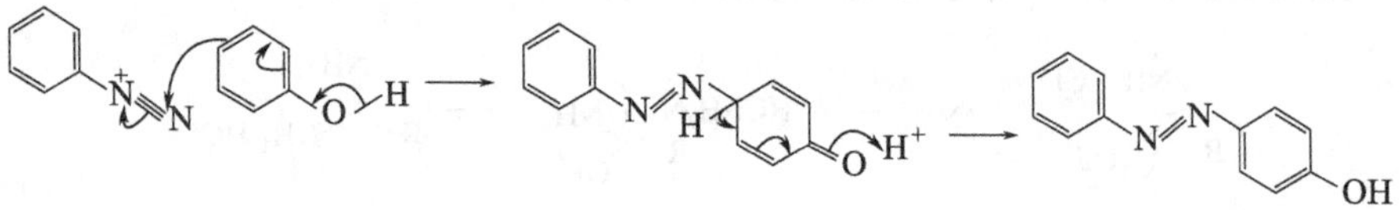

而当其他芳烃具备反应活性时，重氮盐已经热分解成了芳基正离子，因而不能生成偶氮化合物。

可以理解为甲苯相对其他芳烃活泼，也存在类似的共振结构[16]：

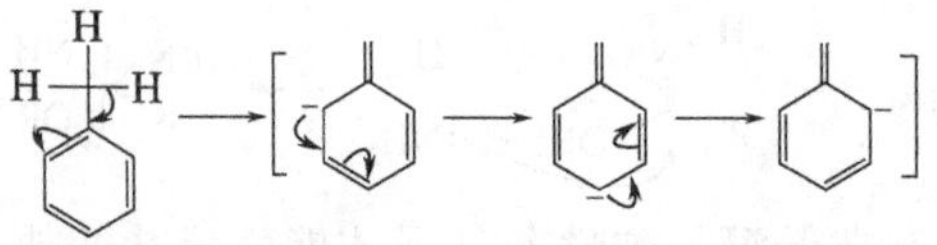

由此可见，含活泼氢亲核试剂之所以活泼，是由其质子协同脱去的反应机理决定的。

综上所述，认识和把握亲核试剂与亲电试剂成键过程中各元素的电荷变化，特别是含有活泼氢亲核试剂的电荷变化，对于认识和评价三要素的反应活性至关重要，是正确解析反应机理的理论基础。

## 2.5 分子内空间诱导效应

在分子内空间距离不超过范德华半径之和的两个未成键原子间，存在着一种同性相斥、异性相吸的静电作用力，此现象被定义为分子内空间诱导效应。它直接影响分子内电子云密度分布，因而对分子的物理性质、化学性质均产生显著的影响。

### 2.5.1 分子内空间诱导效应的起源、特点、作用与形式

有机分子是共价键化合物。共价键是以一定杂化轨道的原子间形成的，它有一定的键角与键长，由此容易想象出它们的空间结构与距离。

原子间距离的概念非常重要，因为无论是万有引力还是电荷之间的引力，无不与质点间距离相关，且距离越近的质点间的作用力也就越大。原子间距离不能无限制缩小，因为当它们之间的距离小于它们的成键半径之和时，原子核间电子云密度增加形成斥力，该斥力会使原子核彼此远离至成键的平衡位置——共价半径的位置，因此讨论小于共价半径的原子间距离没有意义。当原子间距离足够大，大于两原子的范德华半径之和时，原子间的作用力很小，对化合物的物理化学性质影响很小甚至可以忽略不计，故讨论大于范德华半径之和的原子间距离也无必要。

我们将要讨论的是原子间距离大于原子的成键半径之和因而未成键，而又小于原子间的范德华半径之和而又未彼此远离，因而相互间作用力，无论是引力还是斥力，均不容忽视分子内空间诱导效应的作用。

由分子内空间诱导效应的定义可以得出：

- 它是分子内处于范德华半径距离以内的未成键原子间的静电作用力，是分子内两个带电的原子间形成了空间电场，根据两质点所带电荷的差异，同性相吸、异性相斥。

- 既然是在两质点间形成的空间电场，则分子内空间诱导效应不是沿着化学键传播而是在空间沿着直线传播的，故原子间距离只能按原子间的空间距离计算。

- 未成键原子间异性电荷引力的存在，相当于两原子间处于半成键或部分成键状态，显著地影响了分子内的电子云密度分布，进而影响该分子的物理性质和化学性质。

- 这种分子内未成键原子间的静电作用，体现为多种影响方式。目前所见到的相关现象，如氢键效应、$\gamma$-位效应、邻位基效应等，均属于分子内空间诱导效应的不同形式。

由此看来，分子内空间诱导效应涉及概念之广、影响范围之深，均属不容忽视的、非常重要的客观现象。

对于分子内空间诱导效应之影响，邻位基效应可作为典型实例。在芳烃邻位未成键的原子处于空间五元环或空间六元环条件下，由于共价键的转动和振动，总有一个时刻使得两元素间距离最小化，此时未成键两个原子 X、Y 间处于半成键或部分成键状态，此种状态下分子内空间诱导效应也最显著：

### 2.5.2　分子内空间诱导效应与分子内氢键

氢键的概念为人们所熟知：当氢原子与强电负性原子（如氟、氧、氮）形成共价键时，由于电负性的较大差异使共用电子对偏向于电负性较大的原子一方，氢原子便带有部分正电荷而形成活泼氢；由于活泼氢的原子半径小、屏蔽效应小，容易与另一电负性大的原子（如氟、氧、氮）的非共用独对电子间产生静电引力而形成氢键。氢键是个比较强的静电作用力，远比范德华力大，能量范围在 2～10kcal/mol 之间，氢键能够发生在分子间，也能发生在分子内而形成分子内氢键。

分子内氢键的概念承认了分子内不同原子间异性电荷的相互吸引，这与分子内空间诱导效应的概念十分契合。然而两者仍有区别：

一是分子内氢键所关注的是几个最强电负性原子（N、O、F）与活泼氢之间的静电作用力，并未涉及其它较强电负性原子和非活泼氢原子。

二是分子内氢键所关注的是 2～10kcal/mol 之间的较强的静电作用力，而能量范围小于 2kcal/mol 的不够强的静电作用力并未涵盖其中。

由此可见，分子内空间诱导效应的概念是对于分子内氢键概念的拓展与延伸，它涵盖了氢键的概念又不限于氢键的范围。而恰恰此种拓展与延伸具有十分重要的意义，因为只有分子内空间诱导效应，才能解释分子内电子云密度分布规律，才能解释不同异构体物理性质规律，才能解释异构化合物的不同化学性质。

**例 30**：甲基吡啶的邻、间、对位异构体在光氯化反应过程中，只有邻甲基吡啶可以制成氯甲基、二氯甲基和三氯甲基吡啶化合物，其余两个异构体在光氯化反应过程中结焦。

因为吡啶的分子结构比较特殊，尽管 N 原子的杂化轨道为 $sp^2$ 杂化，基于这点其碱性不应太强，但因 N 原子具有较大的电负性，使得芳环上大 π 键显著向 N 原子方向偏移，致使吡啶上 N 原子具有较大的碱性，因此具有较大的亲核性，是较强的亲核试剂。

当间位或者对位的甲基上发生氯代反应而生成氯甲基后，氯甲基上碳原子就成了含有离去基的较强的亲电试剂了，故分子间缩合反应能够发生，必然导致多分子聚合而结焦[17]。以间甲基吡啶为例，其氯代物不会稳定，反应机理为：

对甲基吡啶与此类似，而邻甲基吡啶就不同了。由于邻位甲基上的氢原子与吡啶环上氮原子间存在着分子内空间诱导效应，致使其原料、一氯代产物、二氯代产物的亲核活性下降而化学性质比较稳定：

在邻二氯甲基吡啶生成邻三氯甲基吡啶后，虽然分子内空间诱导效应消失，但此时生成的三氯甲基是高电负性基团，具有较大的诱导效应，其位置也刚好处于吡啶氮原子的邻位，其吸电的诱导效应显著减少了邻位氮原子上的电子云密度，致使其亲核活性明显下降。故邻三氯甲基吡啶的碱性与亲核活性显著地减弱了，化学性质也相对稳定。

容易理解：对位三氯甲基吡啶的化学稳定性高于间位三氯甲基吡啶。

本例证明：空间诱导效应对于化学性质的影响十分显著，是不容忽视的静电作用力。这是用氢键概念所无法解释的，因为此种结构下并不存在活泼氢，也就不存在氢键。

由此可见，分子内空间诱导效应是分子内氢键概念的拓展和延伸，分子内氢键是分子内空间诱导效应的特殊形式，这就是两者之间的区别与内在联系。

## 2.5.3 分子内空间诱导效应与场效应

场效应（Field effect，记作 F）的概念是国外学者戈尔登与斯托克提出来的，因其屡屡出现在国内外的教科书或学术专著上而闻名于世。然而，所有文献总是列举那么两个相同的实例，且场效应概念本身也经不起理论上的推敲，在实践上又未见其对于研究化学反应过程的指导作用。

场效应通常以如下两句话描述：

• 场效应是直接通过空间或溶剂分子传递的电子效应，是一种长距离的极性相互作用，是作用距离超过两个 C—C 键长时的极性效应。

• 化学中的场效应是指空间的分子内静电作用，即某一取代基在空间产生一个电场，它对另一处反应中心发生影响。

关于场效应的概念也认为：场效应的方向与诱导效应的方向往往相同，一般很难将两种效应区别开。

上述所谓的场效应概念，在其起源、传播、作用等各个方面，均具有模模糊糊的神秘色彩。

场效应概念提出的依据是发现如下两个实例：

一是如下结构的化合物，当取代基 X 为卤素或氢原子的不同结构状态下，羧酸水溶液中 $pK_a$ 值差异较大：

二是如下不同空间异构体的 $pK_a$ 值差异较大：

在用场效应的概念解释如上实例中基团之间的相互关系时，认为生成分子内氢键的可能性小，而 X 与 COOH 之间距离较远，相当于 4 个化学单键的距离。

上述关于场效应的讨论是缺乏理论依据的：

• 在场效应的起源上，说是"某一取代基在空间产生电场，它对另一反应中心发生影响"。那么，电场是否需要正负两极呢？是某个取代基还是分子内两个未成键的带电的原子间？

• 在电场的传播方式上，所谓"空间的分子内静电作用"未免过于模糊与抽象了，而"直接通过空间或溶剂传播"更让人产生无穷的想象空间。

• 在场效应的作用距离上，是"超过两个 C—C 键长"。这个键长的标准是什么？是沿着化学键测量的折线还是空间距离的直线？研究空间作用力而不采用空间距离显然不合适。

• 在场效应的作用上，是"对另一处反应中心发生影响"。是什么样的影响？影响的趋势是什么均无答案。

由于场效应概念的模糊与错误使得人们无法沿袭使用，只有运用分子内空间诱导效应的概念，才能准确地解释上述实例的因果关系：

对于例 1 来说，将化合物结构改写为如下结构：

从此分子的空间结构观察，芳环上 X 原子与羧基上的活泼 H 原子间的空间距离已经处于两个未成键元素范德华半径之和的范围内了，再考虑到上述结构中两芳环之间并非平面，而是带有 109°的角度，实际两元素的空间距离就更加接近，两者之间范德华力的作用——分子内空间诱导效应更为显著。当 X 为较强电负性基团时，其与氢原子之间的相互引力形成了空间环状结构，使得"环上"各元素间的电子云密度趋于平均，因而抑制了羧基的离解，因而酸性势必弱些。

总之，此化合物的空间作用力并不复杂，就是作用于 X 原子与羧基 H 原子之间的空间诱导效应。

对于例二说来，将化合物结构改写为如下结构：

改写后分子的空间结构已经表明：羧基的活泼氢原子与氯原子间的空间距离已经处于两元素的范德华半径之和范围内，同样是"空间环状结构"抑制了羧基的离解，归根结底是 Cl 或 H 原子与羧基 H 的作用力方向完全不同所导致的差异。

由此可见，场效应的概念并未发现和解释分子结构的内在规律，仅仅是对于分子内空间诱导效应做出了模糊的、错误的解释。

由此可见，空间诱导效应的概念无论在其起源、传播、影响、作用的各个方面都是具体的、明确的和科学的。对于结构简单的芳烃说来，邻对位异构体之间物理性质、化学性质的差异概出于此。请参见相关文献【3】。

### 2.5.4 分子内空间诱导效应对于反应活性的影响

分子内空间诱导效应显著影响分子内带电原子的电荷分布，因而势必影响反应活性。

所有基团都有一定的体积因而占有一定空间，所有的基团总是比氢原子的体积大得多。故从空间障碍角度看，芳烃邻位的反应活性无疑是占劣势的，因其受到了空间障碍的影响。然而，空间障碍只是影响因素之一，还有电子因素的影响存在着，纵观芳烃作为亲电试剂的反应，两个邻位取代基间能够形成五元环或六元环的芳烃，取代基邻位上的反应活性往往高于对位异构体。

**例 31**：医药 Sulfalene 原料的合成[18]：

这是由于分子内空间诱导效应之影响决定的，空间诱导效应的作用相当于生成了五元环状的共振杂化体：

当邻位活泼氢与溴原子间相互吸引而形成空间诱导效应时，相当于溴与氢间处于半成键状态，这同时也削弱了原有的溴-碳 σ 键。

即便在两个邻位取代基所带电荷相同时，由于它们之间的距离足够接近，在其振动或转动的过程中，其距离在范德华半径范围内甚至已经接近于成键半径，此时两元素间的电子云呈部分重合或部分交盖状态，已经具有半成键的特点，邻位基的反应活性势必增强。

上述这种由于两个未成键元素之间电子云的部分重合而导致的反应活性的增加，我们称之为空间共振的另一种形式，空间共振现象仍使得半成环状态的电子云密度趋于平均，从而使得反应活性增强。

例 32：$S,S$-(2,8)-二氮杂双环［4,3,0］壬烷结构中，两个氮原子（N，N*）在药物合成过程中的亲核活性差异甚大：

这是由于空间诱导效应影响的必然结果。观察下面分子结构：

显然，N 原子上的独对电子为裸露的独对电子，具有较强的碱性也具有较强的亲核活性，而 N* 原子的独对电子与氢原子之间处于空间诱导效应状态下，其碱性与亲核活性显著降低。正是 N 与 N* 在分子内的空间诱导效应不同，决定了亲核活性的较大差异。在独对电子与邻位氢原子生成不规范的空间五元环状的空间诱导效应时，其亲核活性显著降低。

无独有偶，对氨基说来，其范德华半径距离范围内存在另一原子时，容易与氨基之间形成分子内空间诱导效应：

• 如果氨基邻位为缺电体如活泼氢，则其与氨基独对电子之间处于半成键状态而减弱了氨基的碱性。

• 如果氨基邻位为较大电负性的元素，则其与氨基上活泼氢处于半成键状态也减弱了氨基的碱性。

总之氨基邻位的所有基团均减弱其碱性。一般来说，碱性越强，其亲核活性也就越强。既然分子内空间诱导效应均减弱了有机胺的碱性，则势必减小其亲核活性。

例 33：环丙沙星的合成机理如下：

在二甲基哌嗪结构上，甲基上的氢原子与其邻位氮原子上的独对电子之间形成了分子内空间诱导效应，因而使其碱性与亲核活性均显著下降。而邻位无甲基的氮原子的亲核活性则不受影响，反应过程没有异构体产生。

**例 34**：在制备格氏试剂过程中，经常采用四氢呋喃为溶剂参与络合反应的。

为了解决四氢呋喃难于回收之问题，人们试图以甲基四氢呋喃代替四氢呋喃，然而成功的案例甚少。只要了解了空间诱导效应的概念就很容易辨别两者差异。甲基四氢呋喃的碱性与亲核活性远小于四氢呋喃，这是其不能代替四氢呋喃的主要原因：

邻位基之间的分子内空间诱导效应是比较容易观察到的。而更复杂的分子结构则需了解其空间状态。

本章强调了化学反应机理解析的理论基础，反应机理解析不能偏离这些基本原理。

## 参 考 文 献

【1】 Dickerson R E，Gray H B，Haight G P. Chemical Principles. 3rd edition. Amsterdam：Bemjamin Publishing，1979.

【2】 Sanderson R T. Polar Covalence，New York：Academic Press，1983：37～44.

【3】 陈荣业. 分子结构与反应活性，北京：化学工业出版社，2008. a，3；b，21；c，26；d，282～285；e，11；f，292.

【4】 Josey A D，Tuite R J，Snyder H R. J Am Chem Soc，1963，82，1597.

【5】 Arndt F，Eistert B. Ber Dtsch Chem Ges，1935，68，200.

【6】 Jack Li. Name Reactions A Collection of Detailed Reaction Mechanisms. 荣国斌译，上海：华东理工大学出版社，2003，a，11；b，450；c，383.

【7】 邢其毅，裴伟伟，徐瑞秋，裴坚. 基础有机化学，北京：高等教育出版社，2005，a，544；b，277；c，461.

【8】 Marson C M，Oare C A. Tetrahedron Lett，2003，44，141.

【9】 Guizzardi B，Mella M，Fagnoni M，Albini A. J Org Chem，2003，68，1067.

【10】 Endo Y，Uchida T，Shudo K. Tetrahedron Lett，1997，57，5034.

【11】 Meisenheimer J. Justus Ann, Chem. 1902，323，205.

【12】 朱淮武. 有机分子结构波谱分析. 北京：化学工业出版社，2005，90，102.

【13】 Schriesheim A，Kirshenbaum I. Chemtech，1978，8，310.

【14】 Zimmerman H E，Cirkva V J Org Chem，2001，66，1839.

【15】 Sakkas V A，et al J Chromatogr，A 959，2002，215～227.

【16】 Machael B Smith，Jerry March. March. 高等有机化学，李艳梅译，北京：化学工业出版社，
2013，36.

【17】 刘广生，贾铁成，刘占龙. 2-氯-X-三氟甲基吡啶系列化合物合成反应规律研究，北京：当代化工，
2014，43（5）：709～711.

【18】 Kleemann A，Engel J. Pharmacetical Substances. 4th Edition. Thieme Publishing Group. 1927.

# 第3章

# 极性反应的基本规律

反应机理解析是人们对于逐个基元反应过程的电子转移描述，其中体现了人们对于化学反应原理、规律的理解和认识。换句话说，人们所能理解、认识和把握的化学反应规律，均体现在反应机理解析过程之中。为了使反应机理解析这一主观认识符合化学反应的客观实际，需要了解和掌握化学反应过程的原理和规律，反应机理解析过程必须遵循这种规律。

古往今来，化学界的科学家们不断从具体的实验结果中总结和发现抽象的化学反应规律，由此构成了如今相对完善的化学理论体系。然而在反应机理解析过程的基本思路上、在分子结构与反应活性的对应关系的认识上、在化学反应过程中物理化学规律的应用上，需要补充、修改、总结和概括。

## 3.1 遵循电子转移规律解析反应机理

纵观所有化学反应，无一不是电子的定向转移过程。在电子的定向转移过程中，存在着两种基本形式：

### 3.1.1 以往的极性反应机理解析之概念

既然化学反应的本质特征是电子转移过程，那么用于解析反应机理的相关概念就应该与反应元素所带电荷的性质相关。如若定义并采用了一些与电荷无关的概念来解析反应机理，就偏离了反应机理解析过程的主方向，容易导致机理解析概念的混乱和过程的复杂，以往的极性反应机理解析的概念就是如此。

#### 3.1.1.1 底物、进攻试剂概念

古往今来，约定俗成地将参与极性反应过程的两个基团做了如下区分：一个是反应的主体化合物——底物，而这个底物往往就是有机碳化合物，如取代烷烃、烯烃、芳烃等；另一个则为进攻试剂[1a]。表3-1给出了反应底物、进攻试

剂及其带电属性。

**表 3-1　反应底物、进攻试剂及其带电属性**

| 有机物结构 | 取代烷烃 | 烯烃 | 芳烃 |
|---|---|---|---|
| 进攻试剂 | $Nu^-$ | $\overset{\delta+}{X-H}$ | $E^+$ |
| 底物 | $\overset{\delta+}{E}-Y$ | $R\diagup\diagdown^{\delta-}$ | $R\diagdown\bigcirc^{\delta-}$ |
| 带电属性 | 缺电体 | 富电体 | 富电体 |

表 3-1 中，$Nu^-$ 代表亲核试剂，$E^+$ 代表亲电试剂，Y 代表离去基，X 代表卤素，R 代表烷基。底物与进攻试剂概念的人为设定，脱离了化学反应过程中电子转移的本质特征，因为无论是底物还是进攻试剂均未体现基团的带电属性，底物或进攻试剂中既包括缺电子的亲电试剂，又包括富电子的亲核试剂，设定这种与电荷无关的概念无论在理论上还是在实用上都没有任何价值。

理论上，设定和区别底物与进攻试剂本身不够科学，因为同性相斥、异性相吸乃自然界的普遍规律，并无主动与被动之分，带有异性电荷的两个基团间是相互吸引、接近而最终成键的。

由于底物与进攻试剂概念未能体现反应的本质特征——基团的带电属性，而不含基团带电属性的缺陷，就不得不增加与带电属性相关的概念，如亲核反应与亲电反应的概念，予以弥补，这又带来了概念的多层次和复杂化。

### 3.1.1.2 亲核反应、亲电反应概念

在约定俗成的极性反应机理解析过程中，往往将极性反应命名为亲核反应（如亲核取代、亲核加成等）和亲电反应（如亲电取代、亲电加成等）。几个典型的极性反应及其命名如表 3-2 给出。

**表 3-2　极性反应的命名**

| 有机物结构 | 取代烷烃 | 烯烃 | 芳烃 |
|---|---|---|---|
| 进攻试剂 | $N\bar{u}$ | $\overset{\delta+}{X-H}$ | $E^+$ |
| 底物 | $\overset{\delta+}{E}-Y$ | $R\diagup\diagdown^{\delta-}$ | $R\diagdown\bigcirc^{\delta-}$ |
| 带电性质 | 缺电体 | 富电体 | 富电体 |
| 机理命名 | 亲核取代 | 亲电加成 | 亲电取代 |
| 产物 | E—Nu | $R\overset{X}{\diagup\diagdown}$ | $R\diagdown\bigcirc^{E}$ |

之所以如此命名，是由于提前确定了底物与进攻试剂概念的缘故，两者互为

条件、相辅相成。然而正像底物与进攻试剂并不能体现化学反应的本质特征一样，亲核反应与亲电反应也没有任何科学依据。若将所谓亲核反应的两个试剂倒过来，即将所谓底物与进攻试剂颠倒个位置，不就成亲电反应了吗？反之，若将亲电反应过程的所谓底物与进攻试剂颠倒个位置，不就成了亲核反应了吗？两种试剂的吸引、接近与成键并无主动与被动之分。

如此看来，所谓亲电反应或亲核反应只不过是底物与进攻试剂这种多余概念的衍生品。这种人为设定的概念使得本来可以简单地解析反应机理变得复杂化了，不利于人们学习、理解、记忆和应用。

底物与进攻试剂的概念、亲核反应与亲电反应的概念不仅没能很好地解析反应机理，还增加了若干不必要的麻烦。因为由此带来了若干概念之间的矛盾，造成反应机理解析过程的尴尬与无奈。

### 3.1.1.3 亲电反应的概念与电子转移

在反应机理解析过程中，弯箭头是表述一对电子转移的，它形象地描述了一对电子的转移方向和起始位置，最能体现化学反应的本质特征。然而这样的电子转移过程描述却不能用于所谓"亲电反应"过程之中。

**例1**：烯烃与卤化氢的"亲电加成"反应，其反应机理被约定俗成地表示为：

$$R \diagup \diagdown \quad H{-}Br \longrightarrow R \diagup \diagdown \overset{+}{} \; + \; \overset{-}{Br} \longrightarrow R \diagup \overset{Br}{\diagdown}$$

这是分两步进行的极性反应，上式中只有第二步才标注了电子转移过程。那么为什么在第一步反应过程不能标注电子转移呢？这就是"亲电加成"概念所导致的尴尬。

由于是亲电加成，在第一个反应过程中烯烃为底物，卤化氢分子上的质子应为进攻试剂。从进攻试剂这一概念出发，弯箭头应以质子为起始点而以烯烃上富电的碳原子为终到位置：

$$R \diagup \diagdown \quad \overset{+}{H} \longrightarrow R \diagup \diagdown \overset{+}{}$$

然而此种弯箭头的表述不对，因为弯箭头还有一个定义，就是代表一对供成键的电子转移，可是在质子上并没有可供成键的独对电子，因此弯箭头不能画出。

如果弯箭头以烯烃 π 键为起始点，以卤化氢分子上氢原子为终到位置，卤原子协同地离去。这是可以划出代表电子转移的弯箭头的：

$$R \diagup \diagdown \quad H{\frown}X \longrightarrow R \diagup \overset{+}{\diagdown} \; + \; X^-$$

然而，这还能称之为亲电加成吗？这显然与亲电加成的概念矛盾。

如此看来，在解析第一步极性反应机理过程中，回避弯箭头的标注实属无奈之选择。显然，在所谓"亲电加成"的第一步极性反应过程中，按照约定俗成的传统概念解析机理，是无法用弯箭头表述至关重要的电子转移的，这不能不归结于"亲电反应"概念的设定错误。这种回避化学反应过程至关重要的本质特征，回避电子转移的方法、概念，显然是存在重大缺陷的。

**例2**：所谓芳烃的"亲电取代"反应，其反应机理被约定俗成地表示为[1b]，[2a]：

苯　亲电试剂　π络合物　σ络合物　一取代苯

在上述反应机理解析式中，均未见分子间的电子转移过程描述，不能不说是一种重大缺憾，究其原因也是"亲电取代"概念的弊端所致。

按照亲电取代的概念，正离子为进攻试剂，芳烃为底物，弯箭头应该以正离子为起始点而终到芳烃上富电的碳原子上。

可是，"进攻试剂"正离子所提供的是空轨道，并不具有可供成键的独对电子，这显然不符合弯箭头的基本概念，故弯箭头无法画出。

如若弯箭头起始于芳烃上的π键，终止于正离子的空轨道内，倒可以表示出电子转移过程：

然而这又与亲电取代反应的概念相矛盾。

显然，对于所谓芳烃的"亲电取代"反应机理，按照原有约定俗成的传统概念进行机理解析，是无法表述至关重要的代表一对电子转移的弯箭头的，这不能不归结于基本概念设定的局限与错误。这种回避化学反应过程至关重要的基本特征——电子转移的方法、概念，也是不成熟的和有缺陷的。

因此，底物、进攻试剂的概念，亲核反应与亲电反应的概念既复杂化又不科学，有必要更换和采用其他更科学的概念来解析极性反应机理。

### 3.1.2　极性反应机理的简化与改进

如前所述，以有机物为主体化合物底物而另一反应物为进攻试剂的概念，漠视了富电体与缺电体区别以及电子转移这一化学反应的本质特征，进而不得不增加亲电反应与亲核反应的概念以弥补原有概念的不足，尽管如此还存在着与独对电子转移相矛盾之问题。因此，简化反应机理解析的概念，改进延续多年的、约定俗成的机理解析方法十分必要。

### 3.1.2.1 极性反应一般表达式与三要素

所有极性反应均具有共性的规律，可以采用一般表达式来抽象地概括，它类似于原有的所谓 $S_N2$ 反应机理：

$$\overset{\frown}{Nu} + E\overset{\frown}{\phantom{x}}Y \longrightarrow Nu—E + Y^-$$

式中，Nu 为亲核试剂，E 为亲电试剂，Y 为离去基。

纵观所有极性反应，无一不是由这三要素构成的。因此上述极性反应的一般表达式具有广泛的代表性，不仅仅局限于所谓 $S_N2$ 反应机理，它概括了所有极性反应类型。

解析极性反应的一般表达式，必须认识和识别极性反应三要素各自的结构特征。

亲核试剂：

它是以其独对电子与亲电试剂成键的，故带有一对独对电子是亲核试剂的基本特征。既然带有独对电子，亲核试剂的中心元素上就必然聚集相对较多的电子，故亲核试剂属于富电体，因而应该或多或少带有部分负电荷而具有碱性的特征，能以其独对电子与缺电体亲电试剂相互吸引、接近而最终成键。

亲电试剂：

它是接受亲核试剂上独对电子成键的，故必须具有空轨道或者在亲核试剂接近时能够腾出空轨道，因而具有酸性特征。不仅如此，亲电试剂与亲核试剂成键的必备条件是相互吸引与接近，故亲电试剂中心元素上必然具有较少的电子成为缺电体，带有部分正电荷，因此才能与亲核试剂相互吸引、接近、成键。

离去基：

它总是与亲电试剂成对出现的。正是由于离去基的离去才能腾出亲电试剂上的空轨道（路易斯酸除外）；而离去基之所以能够带着一对电子离去而腾出亲电试剂上的空轨道，是因为离去基比亲电试剂具有相对较大的电负性，至少在离去的瞬间是如此；也正是由于离去基具有相对较大的电负性才使得亲电试剂成了缺电体。

所有极性反应均与上述三要素相关，三要素之间的相互依存、相互作用才是极性反应的基本规律，只有认识和把握极性反应三要素的结构、功能或属性，才能认识和把握极性反应机理解析的关键。

### 3.1.2.2 极性反应过程的三要素识别

极性反应的一般表达式和三要素的结构特点，反映了极性反应的本质特征，是极性反应的科学抽象，概括了所有极性反应机理与过程。而具体的不同极性反应的区别仅仅在于反应过程次序的不同排列与组合。

在极性反应过程中，一步完成的反应称之为基元反应。而在实际反应过程中，基元反应并不多见，而更多极性反应表现为多步基元反应的串联过程。

**例3**：Zaitsev 消除反应[3]的机理与讨论：

这是两个极性反应的串联过程：

在上述先后进行的两步极性反应过程中，其第一步为分子间的极性反应，其中的亲核试剂为烷氧基负离子，亲电试剂为 $\alpha$-位氢原子，与 $\alpha$-位氢原子成键的其余部分为离去基。而第二步极性反应是在前一步反应的离去基分子内进行的，其中碳负离子为亲核试剂，与溴相连的碳原子为亲电试剂，溴原子为离去基。

如此可见，所谓双分子消除反应实质上就是两个极性反应的串联过程。

**例4**：烯烃与溴化氢的加成反应机理解析与讨论：

在上述先后进行的两步极性反应过程中，第一步反应的亲核试剂为烯烃 $\pi$ 键，亲电试剂为溴化氢分子上的氢原子，而溴原子带着一对电子离去了。在第二步极性反应过程中，前一步离去的溴负离子为亲核试剂，前一步 $\pi$ 键离去后生成的碳正离子为亲电试剂，离去基正是前一步反应作为亲核试剂的 $\pi$ 键。由此可见，所谓烯烃加成反应也是两个极性反应的串联过程。

由于极性反应三要素概念的准确性和科学性，用这些概念解析反应机理，就能够准确地描述化学反应至关重要的电子转移过程，揭示化学反应过程中最本质、最内在的规律。没有例外。

**例5**：芳烃上的取代反应机理解析与讨论。以芳烃的混酸硝化反应为例，描述其分子间电子转移的反应机理可简要的表示为：

这也是两步极性反应的串联过程。在反应过程的第一步，芳烃上 $\pi$ 键为亲核试剂，带有空轨道的硝酰正离子为亲电试剂，离去基是在生成硝酰正离子之前离去的水。即：

在芳烃硝化的第二步极性反应过程中，与碳正离子相邻的碳-氢 σ 键为亲核试剂，碳正离子为亲电试剂，离去基正是第一步反应过程作为亲核试剂的 π 键。正是上述这些关系到电子转移、基团转移的两个核心步骤，才是芳烃极性反应解析的重点和关键。

不能否认，在上述反应过程的中间阶段，在第一步反应完成后的瞬间，由于生成的碳正离子是与共轭体系相连的，分子内发生共振不可避免：

然而，上述分子内的极性反应即共振过程是平衡可逆的。在第二步消除反应进行的瞬间，分散的电荷会重新集中起来为消除反应创造了条件。因此可将碳正离子的共振理解为两个过程，一个是共振过程产生了三个异构体处于共存状态而相当于正电荷被分散的过程，另一个是分散的正电荷瞬间重新集中起来为消除反应创造条件的过程。

我们可用反证法证明上述共振的平衡可逆过程：在第二个极性反应即消除反应发生过程中，碳—氢 σ 键上的一对电子能够显著地向碳原子方向偏移是其成为亲核试剂的先决条件，只有得到这对电子的碳原子才具有亲电试剂的性质。而这只有在碳—氢 σ 键与具有单位正电荷的碳正离子相邻条件下才能满足，而不是仅仅具有部分正电荷所能满足的。

此例再度证明，三要素及其各自结构的概念才是解析极性反应的基础，它能描述反应全过程的电子转移，无论是分子间还是分子内的；它能说明极性反应过程中三个要素中结构与活性之间的关系，为人们认识反应过程打开方便之门；它能简化化学反应机理解析过程，将原来划分的多种极性反应类型抽象地概括为同一种。

### 3.1.2.3 三要素是极性反应机理解析之基础

既然三要素概念是极性反应过程的科学抽象，那么所有极性反应均应在三要素基本条件具备条件下进行，不应有任何例外，这在反应机理解析过程中是一项基本准则。换句话说，解析极性反应的前提是必须找到三要素，并每个要素的结构均符合该要素的基本条件，否则便属于无理解析。用这样的原理、概念和标准，便容易认识和判别机理解析正确与否，便容易解析实际反应过程的反应机理。

**例6**：芳烃的磺化与芳基磺酸的脱磺基反应机理解析。

芳烃磺化反应机理，若省略其中间体的共振状态描述，则可简要地解析为：

而对于芳基磺酸的脱磺基反应机理，若干文献[2b]将其视作磺化反应的可逆过程，实则不然。因为脱磺基反应与磺化反应是按照不同的反应机理进行的，它们的反应活性中间状态不同，反应活化能不同，反应条件也不同[4]。

芳基磺酸脱磺基反应的反应机理，只有根据三要素结构的概念才能准确解析出来。而且运用三要素结构的概念还能准确评价、排除和否定错误的反应机理解析结果。

如：芳基磺酸不可能按照如下机理脱去磺基：

之所以认定这个机理解析不合逻辑，是因为磺基的电负性大于芳烃，共价键上独对电子偏移方向不对，不符合共价键异裂的基本条件，故此中间体不能生成，此反应机理不成立。

而根据三要素的基本概念与结构特征，芳基磺酸的脱磺基反应存在两种可能的机理。

可能机理之一为：

在芳基磺酸分子结构上，芳环上π键本身就是富电体-亲核试剂，而磺酸上缺电的活泼氢为亲电试剂，与活泼氢相连的相对电负性较大的磺基氧原子为离去基。这样在苯磺酸分子内，极性反应的三要素已经具备，极性反应便如此发生了，生成 $M_1$ 中间体。

在 $M_1$ 中间体结构上，与磺基成键的碳原子由于带有单位正电荷而其电负性显著增强；加之磺基上氧负离子供电的亲核作用，致使磺基硫原子的电负性显著下降；上述这一增一减、此消彼长的结果彻底改变了磺基与芳基间的相对电负性，彻底改变了独对电子的偏移方向和偏移程度，最终导致异裂而生成卡宾中间体 $M_2$。这符合电负性均衡原理、共价键异裂规律和离去基结构特征。

上述两个过程是芳基磺酸脱磺基反应之关键。随后进行的分子内重排反应便简单了和容易理解了。

可能机理之二为：

首先进行的是磺基质子化反应，这就进一步增加了磺酸基的电负性，在加热状态下可能异裂生成芳基正离子；接着离去的磺基负离子转化成了亲核试剂，在得到质子后生成了亚硫酸，为负氢转移创造了条件；最后实现负氢转移而脱磺基反应完成。

然而，如若芳基磺酸脱磺基反应是按照如上机理进行的，则芳基正离子容易与浓度更大的亲核试剂水分子成键生成酚：

正是由于体系内几乎没有酚的生成而否定了上述机理的存在，故芳基磺酸脱磺基反应机理只能是前述的反应机理之一。尽管在如上的反应机理之二的解析过程中，所有共价键的异裂均与电负性偏移方向相符，均符合电子转移的一般原理，然而实际产物的组成并不支持此一反应机理的成立。

**例 7**：烯烃与无机酸加成反应过程及马氏规则评价。

烯烃与无机酸加成反应的定位规律，马氏规则将其总结概括为：氢原子总是加在含氢较多的碳原子上。即：

式中，B 为无机酸的共轭碱。

若干学者对上述马氏规则给予了理论上的解释：只有当正电荷处于含氢较少的碳原子上时，其正电荷才容易分散而相对稳定。

很多烯烃与氢卤酸的加成反应也似乎符合马氏规则，如在取代基 R 为烷基、卤素等具有推电子共轭效应基团的情况下。

然而，若烯烃上的取代基为拉电子基（如三氟甲基），氢原子并非加到含氢较多的碳原子上，而是恰恰相反：

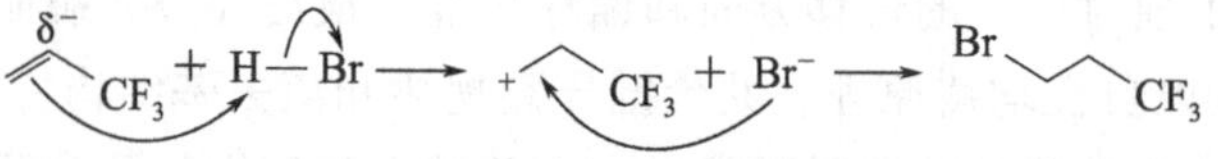

这显然否定了马氏规则的正确性，也否定了"正电荷因分散而稳定"的所谓"理论依据"。其实，所谓马氏规则本身并不存在任何理论基础，它只不过是一个有限的、部分实验结果的统计而已，该规则具有局限性实属正常。

而真正能够解释烯烃加成反应定位规律的只有极性反应一般表达式及其三要素的结构特征，这才是极性反应机理理论化之精华。基于亲核试剂为富电体的概念，烯烃的哪一端更相对地带有较多电子（带有部分负电荷），哪一端才是亲核试剂，这才是烯烃加成反应定位规律的理论依据。只有依据这一理论，才能正确地认识烯烃加成反应的定位规律。

毫无疑问，烯烃 π 键向哪一方向偏移，显然与烯烃上取代基的共轭效应与诱导效应之影响相关。

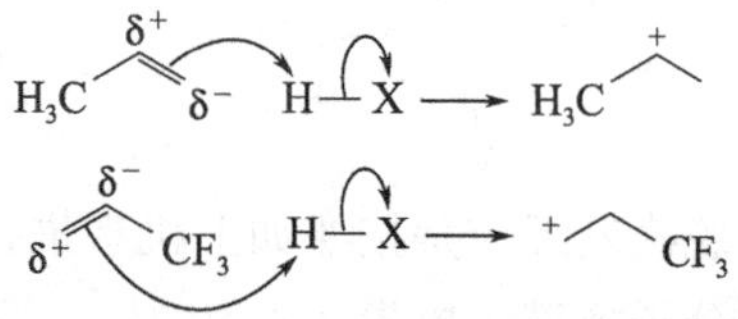

由此可见，烯烃加成反应的定位规律与烯烃两端碳原子的含氢多少并无关联，而是取决于 π 键两端哪个碳原子上带有相对较多的电子。这才符合化学反应的本质特征和一般规律。

综上所述，三要素的存在才是极性反应发生的内因，解析反应机理是不能脱离和违背三要素结构特征的。

**例 8**：Perkow 反应机理讨论。其反应方程为[5]：

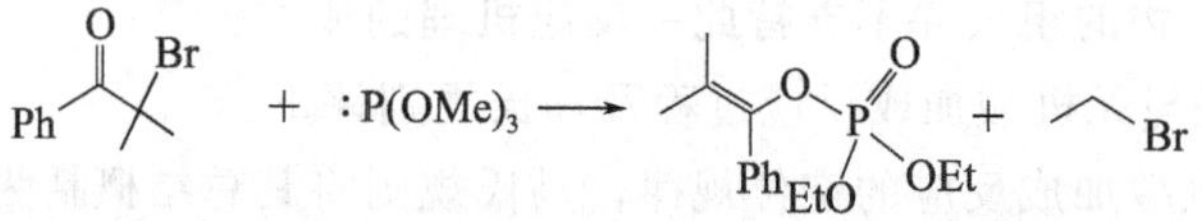

现有的 Perkow 反应机理是这样解析[6a]的：

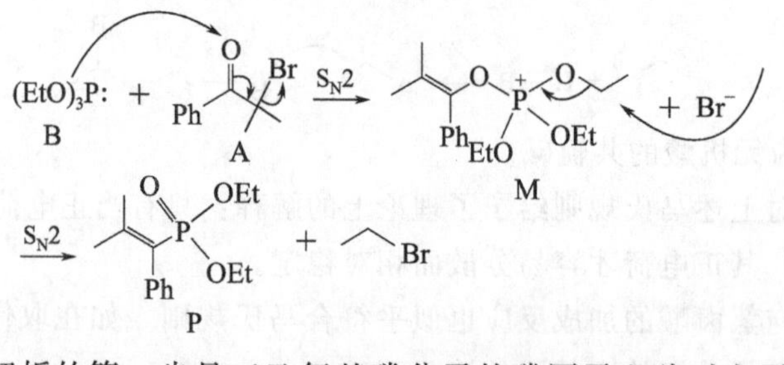

上述机理解析的第一步是三乙氧基磷分子的磷原子上独对电子亲核试剂与羰基氧原子成键了，这显然违背了极性反应三要素的基本规律。因为只有在亲核试剂与亲电试剂之间才可能成键，而羰基上的氧原子在任何条件下均属于富电体而

仅仅具有亲核试剂的基本属性，在这样两个亲核试剂之间成键的设想不能实现。

观察 $\alpha$-卤代酮的分子结构，分子上存在卤碳原子与羰基碳原子两个亲电试剂，只有它们才可能与亲核试剂成键。通过两者亲电活性比较，与溴成键的 $\alpha$-碳原子的亲电活性相对较高[7a]，因而具有较低的活化能，在较低温度条件下便能优先与亲核试剂成键，故 Perkow 反应机理应该改为：

这才符合极性反应三要素的结构特征和极性反应一般表达式，体现了化学反应最本质的特征和最基本的规律。

## 3.2 分子结构、反应机理、反应活性与催化作用之间的对应关系

极性反应三要素中的任一要素均有其结构特征、活性次序和催化方式，且在结构特征、活性次序和催化方式之间存在着一一对应关系。

### 3.2.1 三要素中同一要素的活性比较

讨论最简单的实例，可以从中得出一般性规律。

**例 9**：酸碱中和反应的机理解析：

在上述平衡可逆进行的反应机理解析式中，亲核试剂总是带有独对电子的氧原子，呈碱性；亲电试剂总是缺电的、与强电负性元素相连的氢原子，呈酸性；离去基总是具有较大电负性的氧原子，它能带着氢氧共价键上的独对电子离去。这完全符合极性反应三要素的结构特征。

在上述平衡可逆进行的反应机理解析式中，下标 1、2 分别代表该种属性试剂的活性次序，从其活性次序容易发现下述规律：

$$Nu: \quad ^-OH \quad > \quad H_2O \quad > \quad H_3O^+$$
$$E\text{—}Y: \quad H\text{—}\overset{+}{O}H_2 \quad > \quad H\text{—}OH \quad > \quad H\text{—}O^-$$

从上述各种属性试剂的活性对比可以发现：

第一，同为以氧原子为中心元素的离去基，其离去活性并不相同，取决于该基团上中心元素所带的电荷，带正电荷的（酸催化的）离去基活性较强。

第二，同为水分子上缺电的氢原子作为亲电试剂，其亲电活性也不相同，其活性与离去基的离去活性一致，质子化的（酸催化的）离去基活性更强。

第三，同为氧原子上带有独对电子的亲核试剂，其亲核活性也不相同，取决于其中心元素所带的电荷，带有负电荷的亲核试剂活性更强。

水分子既是具有独对电子的亲核试剂，也是具有离去基的亲电试剂，其在不同的酸碱性条件下的反应活性有如下规律，见表 3-3。

表 3-3　水分子在不同酸碱性条件下的反应活性

| 分子结构 | HO$^-$ | H$_2$O | H$_3$O$^+$ |
|---|---|---|---|
| 氧原子亲核活性 | 强 | 弱 | 无 |
| 氢原子亲电活性 | 无 | 弱 | 强 |

水分子在不同酸碱性条件下的结构及其亲核活性、亲电活性的变化，具有典型的和广泛的代表性，它客观体现了极性反应的一般规律。

### 3.2.2　同类试剂催化作用原理

由极性反应的一般表达式：

$$\overset{-}{Nu} + E\frown Y \longrightarrow Nu\text{—}E + Y^-$$
亲核试剂　　　　　　　　　亲核试剂

容易推导出同类试剂催化作用原理。

#### 3.2.2.1　碱为独对电子亲核试剂，它只能催化亲核试剂

由极性反应的一般表达式容易发现：离去基 Y$^-$ 在离去之前，该基团上未必带有孤立的独对电子，因而未必属于亲核试剂，如季铵盐上氮原子在离去之前并不具有独对电子、碳原子在离去之前也并非碳负离子。有的离去基即便带有独对电子在其离去之前也只有较弱的亲核活性，甚至不具有亲核活性，如卤代烃分子内的卤原子、羰基 π 键等，它们的亲核活性均较弱。

只有在另一亲核试剂与亲电试剂成键后离去后的离去基 Y$^-$，才真正地带走了一对电子离去而转化成了带有独对电子的活性较强的亲核试剂。

显而易见，这种离去基转化成亲核试剂的过程或条件，恰恰是在另一亲核试剂（一般为带有独对电子的碱）与亲电试剂成键条件下实现的。换句话说，离去

基在离去之前未必就是且往往并非亲核试剂，它是由另一亲核试剂在极性反应发生之后转化而成的，这就相当于由另一亲核试剂转化生成的。

由此不难推论：具有独对电子的碱（亲核试剂）能且仅能催化亲核试剂，没有例外。之所以用碱来催化亲核试剂，实际上是以碱为亲核试剂与亲电试剂成键过程中产生了具有独对电子的离去基，该离去基转化成了另一亲核试剂：

$$\bar{B} \quad E{-}Y \longrightarrow B{-}E + Y^-$$

由此可见，催化产生的亲核试剂实际上就是以碱为亲核试剂进行极性反应所生成的离去基，没有例外。

**例 10**：Michael 加成反应是在碱催化条件下进行的[8]，反应机理为：

实际上，碳负离子亲核试剂只是碱催化反应生成的离去基：

当然，生成的这种离去基上的负离子是与共轭体系相连的，必然在分子内发生极性反应而出现共振异构，两者间达到平衡：

因此，所有这种烯醇式结构化合物均为两可亲核试剂，只是所生成的产物稳定性不同。

从分子结构不难发现：碱仅仅对亲核试剂具有催化作用，不可能催化亲电试剂；反过来说，凡是催化亲核试剂的反应，一定是碱性的亲核试剂。没有例外。

### 3.2.2.2　酸为空轨道亲电试剂，它只能催化亲电试剂

路易斯酸对亲电试剂的催化作用，也可以按照下式形象地表述为：

$$E{-}Y \quad AlCl_3 \longrightarrow E^+ + Y\bar{A}lCl_3$$

上述的离去基 Y 在其转移的同时也是亲核试剂，与路易斯酸亲电试剂成键了。

容易发现：被催化前的中性分子中的亲电试剂活性较弱，原因是其与离去基以共价键形式成键而并未真正具有空轨道。在体系内存在路易斯酸条件下，离去

基带着独对电子转化为亲核试剂与路易斯酸成键了，由此产生了一个新的正离子，该正离子因存在空轨道而具有路易斯酸结构，因而具有更强的亲电活性。

由此可见，路易斯酸催化过程是一种空轨道亲电试剂转化为另一种空轨道亲电试剂的转化过程。质子酸与路易斯酸的催化作用并无本质上的差别，也相当于提供了空轨道，可以理解为：质子上存在一个失去了电子的空轨道。

由此不难推论：具有空轨道的酸性亲电试剂能且仅能催化亲电试剂。反过来说，凡是催化亲电试剂的反应，一定是酸性的亲电试剂。没有例外。

上述实例说明：用酸催化亲电试剂的过程实际上是通过催化离去基活性来实现的：

$$E-Y: \quad H^+ \longrightarrow E-Y-H \longrightarrow E^+ + Y-H$$

容易理解：催化离去基与催化亲电试剂是同一个过程的两个方面，前者为因后者为果，两者是因果关系且影响因素相同。

**例 11**：频哪醇合成反应是在酸催化作用下实现的，反应机理为：

由此可见，双氧水上独对电子是作为亲核试剂与质子成键的，成键之后带有正电荷的氧原子电负性显著增强，便转化为离去基了。而与其成键的另一氧原子受高电负性的氧正离子诱导效应的影响而成了缺电体-亲电试剂。这相当于用质子催化生成了带有空轨道的氧正离子：

这是一个典型的、一般性的亲电试剂相互转化过程。

综上所述的这些对应关系，酸对亲电试剂的催化作用、碱对亲核试剂的催化作用可概括为同类试剂催化作用原理。

### 3.2.3　结构、机理、活性、催化之间的一一对应关系

从前述讨论的实例中抽象地概括出分子结构、反应机理、反应活性、催化作用之间的一一对应关系：

**具有独对电子的元素属于碱，它属于富电体而具有亲核试剂的基本属性，它只能催化亲核试剂的活性。**

**具有空轨道或能够腾出空轨道的元素属于酸，它属于缺电体而具有亲电试剂**

的基本属性，它只能催化亲电试剂的活性。

例 12：双氧水在不同酸碱性条件下氧原子的功能转化为：

$$H—O—O^-_{Nu1} \xleftarrow{^-OH} H—O—O—H \xrightarrow{H^+} H—O—O^+—H_{Y} \atop \substack{Nu2\\Nu2} E}$$

由此可见，双氧水分子上的氧原子在中性条件下体现为亲核试剂的属性，在碱性条件下其亲核活性显著增强；而在酸性条件下，它就转化成带有离去基的亲电试剂了。

由此不难得出一般性的结论：碱对于亲核试剂的催化作用与酸对于亲电试剂的催化作用，均为一一对应的、互为条件的和相辅相成的。没有例外。

概括起来，分子结构、反应机理、反应活性与催化作用间存在着如下简单的一一对应关系：

**缺电体——空轨道或能腾出空轨道——酸——亲电试剂——只能催化亲电试剂。**

**富电体——带有独对电子——碱—亲核试剂——只能催化亲核试剂。**

由此可见，只有把握分子结构、反应机理、反应活性与催化作用之间的一一对应关系，才不至于混淆不同试剂、不同基团的属性与功能，也就不至于颠倒不同基团的活性次序。

既然分子结构、反应机理、反应活性与催化作用之间存在着前述简单的一一对应关系，则所有反应机理解析结果就必须符合这些对应关系，而只有运用这些对应关系解析反应机理，才是理论化、科学化、简单化之方法。反之，如若脱离上述对应关系，就不可能正确解析反应机理；如若违背这些对应关系来解析反应机理，必然造成理论上、逻辑上的混乱。

例 13：芳烃磺化反应过程中，亲电试剂的识别与判断。

在现有的教科书中，均认为芳烃磺化反应过程的亲电试剂为三氧化硫，该结论正确与否可通过亲电试剂的生成机理和前述的对应关系来评价和判断。

硫酸分子之间能够发生如下极性反应：

比较两个硫酸分子之间发生极性反应生成了如上 $E_1$、$E_2$、$E_3$ 三种亲电试剂结构，显然磺酰正离子 $E_1$ 才是活性最强的亲电试剂，它相当于酸催化了的三氧化硫：

在有的文献【1c】中，将磺化反应过程的亲电试剂改写成三氧化硫共振异构体的形式：

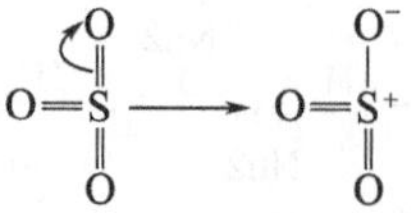

但其亲电活性仍比磺酰正离子弱，两者的差距就是酸催化了与否：

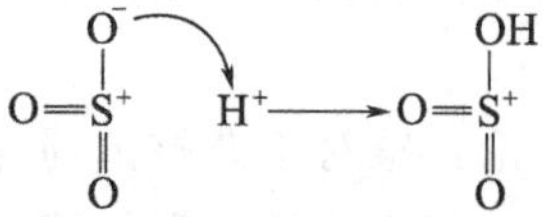

由此可见，正确理解和认识分子结构、反应机理、反应活性与催化作用之间存在着的简单的一一对应关系，是理解、认识和评价反应机理及其活性试剂结构的基础，其作用与意义十分重大。

**例 14**：酸性催化条件下，丙酮的卤代反应机理。

有的文献【1d】对于酸性条件下丙酮卤代反应的机理解析为：

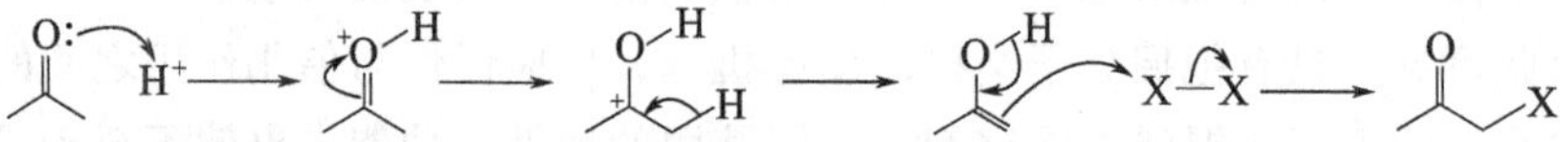

这种机理解析经不起实践的检验与理论的推敲。

在实践上，酮式与烯醇式的互变异构确与酸碱性相关，但酸性条件是趋向于生成酮式结构而并非生成烯醇式结构的，这在 HPLC 分析过程中已是众所周知的常识。如 4—羟基香豆素在 HPLC 分析过程中出现等面积的两个峰，为了准确地定量分析其纯度，往往在色谱流动相中加入磷酸，使烯醇式转化为酮式：

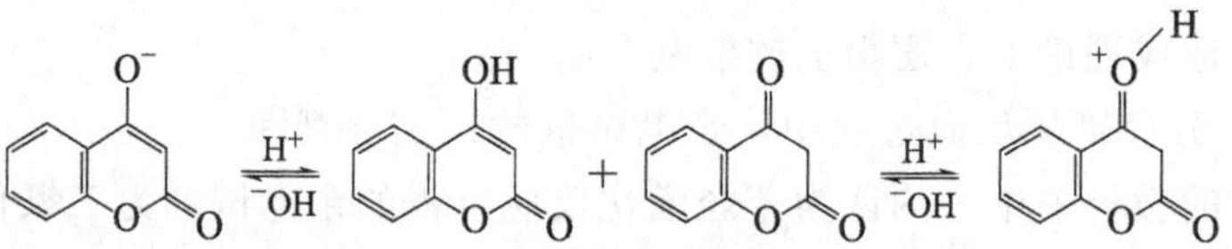

其它酮式与烯醇式共振结构的转化规律均与此类同，没有例外。因此将酸性作为酮式向烯醇式转化的条件，完全与实验结果相违。

在理论上，酸催化酮羰基成烯醇式的说法违背了本章所揭示的同类试剂催化作用原理。因为酸性条件能且仅能催化亲电试剂，而不能催化亲核试剂。之所以如此是由于烯醇式结构与质子成键之缘故：

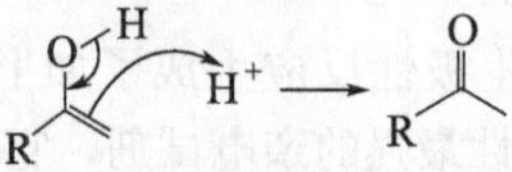

尽管酸性条件确实催化了丙酮的卤代反应，但其所催化的并非亲核试剂。根据同类试剂催化作用原理，根据三要素各自的一一对应关系，酸只能催化亲电试剂：

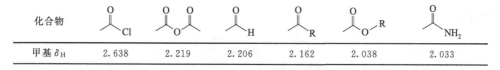

如此看来，酸只能是催化亲电试剂的因素，这才符合分子结构、反应机理、反应活性与催化作用之间的一一对应关系，该对应关系概括了极性反应各个要素的客观规律，不可能有任何例外。

酸将卤素催化成亲电试剂的作用，也可以通过酸性溶剂来实现。

**例 15**：2,3,4—三氟苯胺的溴代反应就是在冰醋酸溶剂中实现的：

而用其他非酸性溶剂则不会发生上述反应，至少在相同温度条件下是如此。

总之，分子结构、反应机理、反应活性与催化作用之间客观存在着一一对应关系，这是不可违背的基本原理，适用于所有极性反应的机理解析过程。

## 3.3 应用物理化学理论解析极性反应机理

在参与极性反应过程的各种试剂中，往往不止一种亲核试剂或一种亲电试剂，那么哪一种试剂反应的活化能较低而具有较高的反应活性，就涉及同一要素的反应活性排序问题，这是分子结构与反应活性关系（简称结活关系）的基本问题。

### 3.3.1 结活关系排序的难度与障碍

然而，认识和把握结活关系并非易事，往往不是通过简单的实验就能比较和验证的。例如下述羰基化合物的亲电活性次序自左至右依次减小[7b]：

之所以如此排序，主要依据核磁共振谱中不同乙酰基化合物上甲基氢原子的化学位移 $\delta_H$ 值[9]、[10]：

**羰基化合物的亲电活性比较**

| 化合物 | O‖—Cl | O‖O‖—O— | O‖—H | O‖—R | O‖—O—R | O‖—NH₂ |
|---|---|---|---|---|---|---|
| 甲基 $\delta_H$ | 2.638 | 2.219 | 2.206 | 2.162 | 2.038 | 2.033 |

此外，通过比较红外光谱图中不同乙酰基化合物的羰基 π 键伸缩振动频率，

也能证明上述结论[7b]：

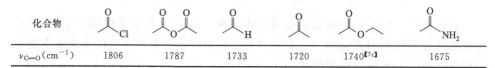

乙酰基化合物羰基伸缩振动频率 $\nu_{C=O}$（cm$^{-1}$）

| 化合物 | Cl | O O | H | | OEt[7c] | NH$_2$ |
|---|---|---|---|---|---|---|
| $\nu_{C=O}$(cm$^{-1}$) | 1806 | 1787 | 1733 | 1720 | 1740[7c] | 1675 |

　　然而，上述结活关系排序并不容易通过简单的实验而对比出来的。实际反应过程中会遇到若干难解之谜。如：所有羰基化合物均是亲电试剂，为什么不能与较强亲核试剂（如 I$^-$）成键而生成反应产物？若按上述次序来排序羰基化合物的亲电活性，那么为什么醛与酮不能与水生成稳定的反应产物？醇与酸的酯化反应为什么会有两种不同的反应机理和不同的脱水方式？为什么有些反应的离去基并非按照离去基的活性次序离去？如 Cannizzaro 反应等。

　　凡此种种问题，迄今未见文献中给予理论上的解释。恰是这些矛盾的存在，影响了人们对于反应机理的解析和结活关系的辨别。然而，若运用物理化学理论解析化学反应机理，即运用反应动力学理论对应地研究结活关系和反应速度，运用反应热力学理论对应地研究产物的稳定性和反应的平衡移动，就能理解和解释这些问题。

### 3.3.2　用物理化学理论解析反应的活性中间状态

　　反应动力学理论完美地解释了影响化学反应速度的相关因素及其影响趋势[4]。然而长期以来，人们往往只能将反应动力学理论运用于具有产物生成的反应过程，并不包括生成不稳定活性中间状态的速度描述，这实质上是将反应动力学研究设置了一个范围，就是以反应热力学有利为前提条件。

　　然而，若将反应动力学与反应热力学概念分开，暂不考虑整个反应过程是否有稳定的、新的化合物生成，而仅仅讨论某一步特定的基元反应，特别是没有产物生成的反应过程。也就是运用反应动力学的相关概念，研究反应活性中间状态的生成过程，则对于反应机理与结活关系研究就会取得理论上的突破。

　　**例 16**：光气与碘负离子的反应过程分析。

　　碘负离子被公认为强亲核试剂，光气被公认为强亲电试剂，而光气分子上的羰基 π 键又是强离去基，那么碘负离子与光气分子内的羰基碳原子成键就是必然的：

O          Cl   O$^-$

Cl   Cl  I$^-$ ⟶   Cl  I

　　之所以认为上述反应必然发生，是由于极性反应的三要素存在，且三要素中的任何一个要素的反应活性均强，没有理由不生成上式中的活性中间状态。

然而，在上述反应生成的活性中间体结构上，氧负离子本身又是强亲核试剂；与其成键的碳原子自身又严重缺电，为强亲电试剂；亲电试剂上又连有一碘两氯共三个离去基，该活性中间状态自身又存在极性反应三要素，因此为不稳定结构，继续发生极性反应也是必然的：

碘负离子优先离去的原因是其离去活性强于氯负离子的缘故。

上述两个反应既是串联的也是可逆的，说它串联是因为若没有第一个反应则就没有第二个反应；说它可逆是因为第二个反应发生后又回到了第一个反应发生前的初始状态。尽管如此，上述反应过程确实是不可否定地存在着的，而绝非未曾发生，这就是对无产物的化学反应概念的实例讨论。

所谓无产物的化学反应就是上述的串联可逆反应过程，它科学地概括了反应的真实过程，也只有用这种概念才能完美的解释客观存在的若干反应现象，才能完成极性反应三要素的活性排序，才能科学解释若干反应过程的因果关系。

**例17**：邻甲基苯甲酰氯与氯气之间的光氯化反应结果讨论。

邻甲基苯甲酰氯与氯气之间的光氯化反应过程，生成了邻三氯甲基苯甲酰氯：

由于有氯化氢的生成，氯—氢共价键的独对电子向氯原子方向偏移，因而属于氯原子属于亲核试剂，而苯甲酰氯上的羰基碳原子为亲电试剂，羰基 π 键为离去基，极性反应三要素具备，发生如下极性反应理所当然：

然而，所生成的四面体结构仍具有活性极强的三要素而呈不稳定状态，发生分子内极性反应而返回到初始的原料状态不可避免：

这个反应恰是前一个反应的逆过程，两者为串联可逆反应过程，且实际上该两个反应也是动态平衡进行的。然而，对于上述串联可逆反应过程，并未见到反应产物及中间状态，可否认为该反应未曾发生呢？结论是否定的，如下异构产物的生成证明了上述串联可逆反应的客观存在：

正是由于氯负离子与羰基化合物成键生成的氧负离子，才能与三氯甲基上缺电碳原子成键，而另一氯原子带着一对电子离去了。这有力地证明了羰基碳原子与较强亲核试剂成键的必然性，证明了具有较强亲核活性也同时具有较强离去活性的亲核试剂与羰基之间串联可逆反应的存在。

由此证明：有必要将动力学与热力学概念分别地、孤立地讨论，这样才容易理解和把握极性反应过程的客观规律。

### 3.3.3 反应动力学、反应热力学与极性反应三要素的对应关系

反应进行的方向与限度属于反应热力学理论的范畴，其与极性反应的哪些要素相关，是否存在着彼此对应的因果关系？这正是本节将要讨论的要点之一。化学反应速度属于反应动力学范畴，其又与极性反应的哪些要素相关，是否也存在着彼此对应的因果关系？这是本节将要讨论的要点之二。

这种将有机化学理论与物理化学理论相结合的讨论，有利于认识和解析反应机理，有利于认识和把握结活关系。概括起来，客观存在着如下对应关系与基本规律。

#### 3.3.3.1 反应速度仅由亲核试剂与亲电试剂的活性决定

首先剔除热力学因素的影响，不考虑反应是否生成了稳定的产物，仅仅考虑单步基元反应的动力学因素，则容易得出反应动力学结论：反应速度仅由亲核试剂与亲电试剂的反应活性决定。这里有两层含义。

**一是只要亲核试剂与亲电试剂在一定条件下具备反应活性，两者就必然成键。**

按照这一概念，我们不仅能认识和发现能够进行到底的、可逆平衡进行的反应，还能认识和发现未见产物的串联可逆反应。所谓未见产物的串联可逆反应，就是在反应进行至生成活性中间体后，由于没有活性更强的离去基离去，而只能是亲核试剂自身离去，从而返回到初始的原料状态。如溴负离子与光气、碘负离子与氯化亚砜等的反应均属此类。恰恰是这些未见产物反应的存在和认知，为我们认识和排序亲核试剂、亲电试剂的反应活性提供了理论依据。

**二是亲核试剂与亲电试剂能否成键，取决于两者的活性加和。**

按照这一概念，极强的亲核试剂能与较弱的亲电试剂反应，如极强亲核活性的正丁基锂能与本来不属于亲电试剂的氮气成键。而极强的亲电试剂碳正离子能与其 $\alpha$-位的碳—氢 $\sigma$ 键或碳—碳 $\sigma$ 键成键。因此，同一种试剂是否能够成键，与带有异性电荷的相对应的试剂活性相关。这就是活性加和的概念。

按照如上反应动力学概念，我们能够将若干反应结果与反应过程有机地联系起来。

**例 18**：羰基化合物在酸性条件下的水解反应，是两步串联的极性反应。不同的羰基化合物的第一个反应机理没有区别、均易发生：

式中，—X 分别代表—Cl，—OCOCH$_3$，—H，—R(烷基)，—OR，—NH$_2$。

上述反应能够发生的依据：

一是由于水是活性较强的亲核试剂，羰基碳原子为活性较强的亲电试剂，而羰基 $\pi$ 键为活性较强的离去基。极性反应三要素的活性均强，没有理由不发生极性反应。

二是由于最不活泼的酰胺上的羰基都能够发生极性反应并能生成另一产物，这就客观上证明了上述羰基加成反应的存在。容易推理，比酰胺更活泼的其它羰基化合物，如醛、酮等，羰基与水的加成反应势必容易发生。

三是能否生成新的产物，并非由羰基与水的加成反应所决定，而是由后续的消除反应决定的，而与第一步加成反应无关。

基于上述推理，将先后进行的两个不同的反应步骤分开，即将羰基的加成反应与消除反应分开，这也就将反应动力学与反应热力学因素分开了，因此能观察到不同过程、不同要素各自不同的影响因素了。

上述羰基化合物水解反应的区别和差异，并非体现在前述的第一步加成反应上，即并非与反应动力学因素相关。其差异仅仅在于生成了不稳定的、活性的四面体结构之后，分子内接续进行的消除反应上。该反应总的方向和限度，是只与离去基活性与平衡移动等热力学因素相关的。

### 3.3.3.2 反应产物结构取决于离去基的相对活性与平衡移动

对于具有多个离去基的活性中间状态，哪一个离去基最终离去则遵循如下两个规则。

**一是相对活性较强的离去基先行离去。**

在例 18 中，在羰基加成后生成的四面体结构上，均为亲核试剂与离去基与同一亲电的碳原子成键的结构，这样极性反应三要素齐备而具备分子内极性反应发生的条件，因而该种四面体结构为不稳定结构，后续的消除反应必然发生。

在上述四面体结构的分子内，存在着两个羟基和一个 X 基团。其中一个羟基为亲核试剂，另一个羟基具有一定的离去活性就只能作为离去基了；而 X 基团是否具有离去活性则需根据该基团的结构确定。

如果 X 为离去基，则在活性四面体结构上就存在—OH 与—X 两个离去基，哪一离去基率先离去取决于 X 与羟基的相对离去活性。

容易理解：哪一个离去基的离去活性更强，则哪一离去基就率先离去。正是离去基的相对离去活性，决定了最终产物的稳定结构，这就是反应过程的热力学因素之一。

在例 18 列举的六种结构中，当 X＝Cl，$OCOCH_3$，OEt 情况下，它们的离去活性均强于 OH[7]，故有如下反应发生：

在酸性条件下，质子化的氨基的离去活性也强于羟基，因此酰胺也能水解：

在醛、酮与水加成的活性中间状态，即 X＝H，R（烷基）情况下，它们的离去活性均比羟基更弱，因而在四面体中间结构上，羟基成了最具活性的离去基，羟基自身离去是最容易的，因而其后续消除反应容易返回到初始的原料状态：

水与醛、酮的加成反应从表观上看似乎并未发生，而实际上是两个串联可逆的反应过程。

根据反应动力学因素与反应热力学因素的不同影响，醛与酮同其他羰基化合物的区别不在于羰基的加成过程的动力学因素，因为这仅由亲核试剂与亲电试剂的活性决定。它们的区别仅在于活性四面体结构的消除，它取决于不同离去基的相对活性，这才是反应的热力学因素。

然而，羟基毕竟还不是很强的离去基，带有两个羟基的四面体结构还算相对稳定，因而在反应体系内水合醛、半缩醛、半缩酮还能在一定条件下稳定存在。而更强的离去基，如除氟之外的卤负离子等，与羰基加成的中间状态是瞬间消除而不能检测到的。尽管如此，根据反应动力学与反应热力学理论容易推测，该活性中间体的生成是必然的和不可避免的。

**例 19**：酰胺加成的四面体结构在不同的酸碱性条件下的消除反应。

酰胺与水加成的活性中间产物，在不同的酸碱性条件下其结构不同，且两种结构状态均属于三要素齐备的不稳定状态，而正是基于不同酸碱性条件下的离去基活性不同，生成的产物也就不同。

碱性条件下的酰胺水解反应。由于羟基的离去活性强于氨基，只能是羟基离去而返回到初始的原料状态，这是典型的串联可逆反应过程：

酸性条件下的酰胺水解反应：

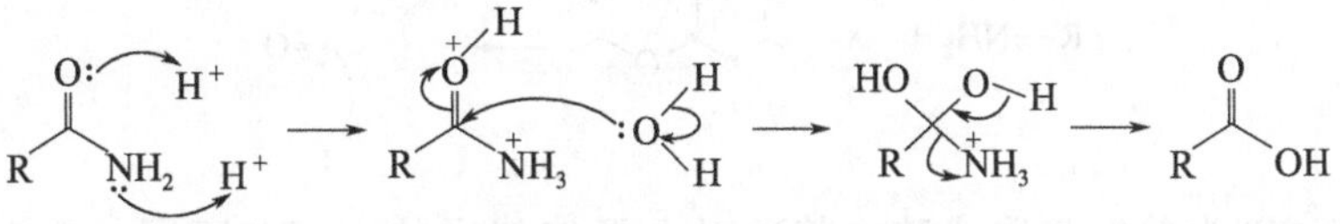

显然，带有正电荷的氨基电负性更强，离去活性也强于羟基，因而为活性更强的离去基而率先离去。由此可见：上述不同离去基的离去活性排序为：

$$—NH_3 > —{}^-OH > —{}^-NH_2$$

这也验证了 3.2 中所揭示的分子结构与反应活性之间对应关系的一般结论：酸性条件催化了离去基的活性，而间接地催化了亲电试剂的亲电活性。而酸性对于亲核试剂与离去基的催化作用恰恰相反，酸性钝化了亲核试剂的活性。没有例外。

**例 20**：Krapcho 脱羧基反应为 $\beta$-酮酯、$\beta$-氰基酯、丙二酸酯、$\beta$-砜酯的脱羧基反应，一个典型的实例为[11]：

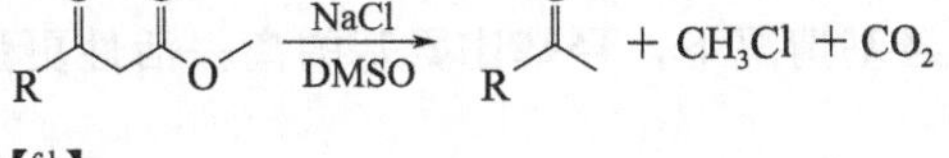

反应机理解析为[6b]：

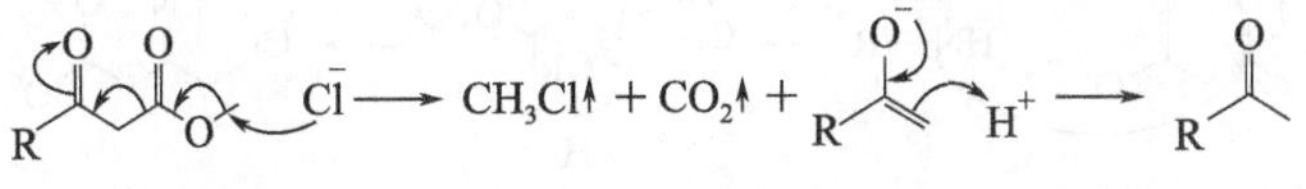

在上述结构分子内存在三个亲电试剂，它们的亲电活性由强到弱的次序为：酮羰基碳原子＞酯羰基碳原子＞甲基碳原子。即：

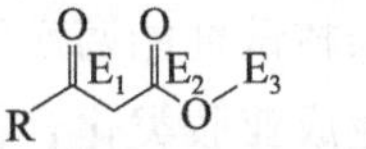

从动力学角度观察具有较强亲核活性的氯负离子与羰基成键不成问题且应率先进行，然而氯原子本身又具有较强的离去活性，在其与羰基加成的四面体结构中存在亲核试剂-氧负离子，因而当氧负离子重新与羰基碳原子成键时，氯负离

子率先离去了，这仍属于串联可逆过程而返回到初始的原料状态：

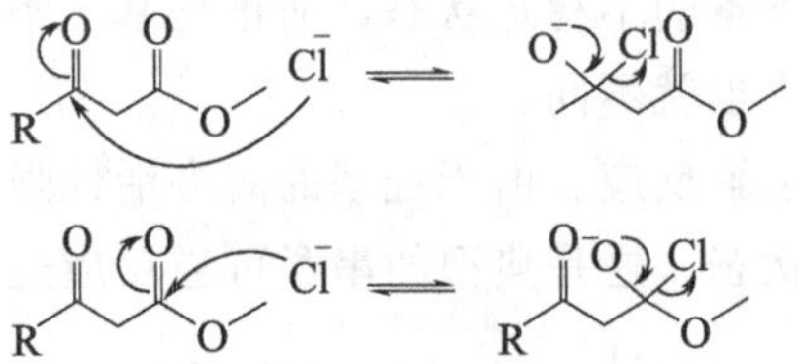

因而唯有氯负离子与甲基成键，而 $\beta$-酮酸离去才是唯一热力学有利的、能生成另一新产物的反应过程，正像前述机理解析的那样。

**例 21**：试评价如下合成工艺构思的可行性：

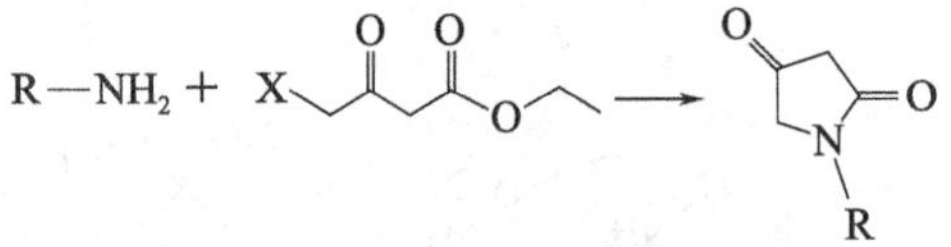

亲核试剂为单烷基取代胺，其独对电子按怎样的次序与不同的亲电试剂成键，则取决于各个亲电试剂的活性次序；而成键之后能否可逆地返回到初始的原料状态则取决于离去基的相对活性。对于氯代乙酰乙酸乙酯说来，其多位亲电试剂的活性次序为[7a]：

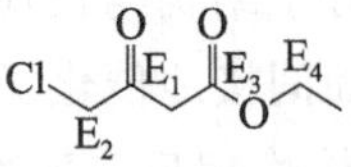

其与亲核试剂的反应只能按此次序进行，除非属于串联可逆反应的状态。

而恰恰含有两个氢原子的氨基不易发生串联可逆反应。由于亲核试剂上含有两个氢原子，在生成半缩胺活性四面体的中间状态下，成键的氨基并非只是离去基而仍为亲核试剂，且其亲核活性还强于羟基。在氨基与羟基又均为离去基，且氨基的离去活性弱于羟基情况下，羟基比氨基的离去活性更强，因而反应平衡向生成亚胺方向移动：

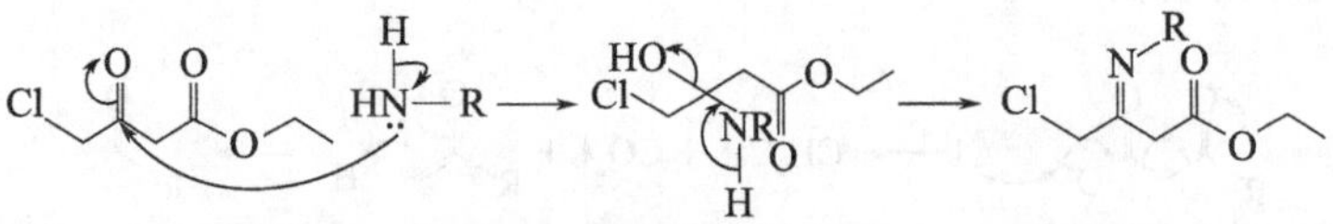

由此看来，原有合成工艺路线构思是不可行的，它违背了亲电试剂的活性排序。

正是由于具有双氢的氨基亲核试剂能两次发挥其亲核试剂作用，因而与羰基化合物的反应能够打破平衡而生成亚胺类化合物。也正因为如此，带有两个氢原子的氨基属于通用型亲核试剂，排序亲电试剂的活性正是（也只能是）以双氢胺亲核试剂为比较标准的[7]。

综上所述，从反应动力学角度观察，在多种亲核试剂或多种亲电试剂共存条件下，最活泼的亲核试剂与最活泼的亲电试剂必然优先成键，亲核试剂与亲电试剂成键严格遵循试剂的反应活性次序。但是否有稳定的新的化合物生成，则取决于后续反应过程中离去基的相对活性。

容易理解，若作为亲核试剂氮原子上连有单个氢原子，其与羰基碳原子的反应就处于可逆平衡状态而没有产物生成了：

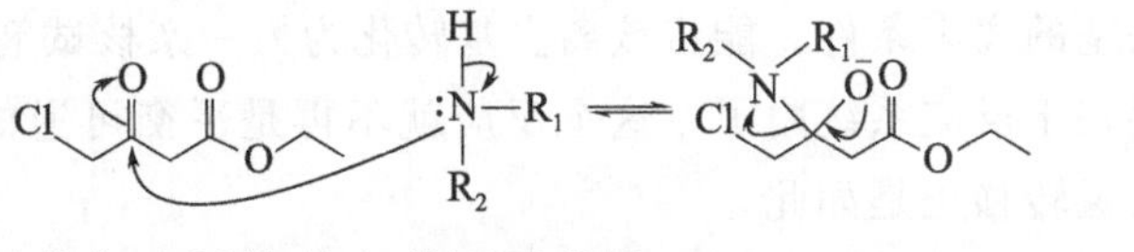

此种情况下只能与次活泼的卤碳原子成键：

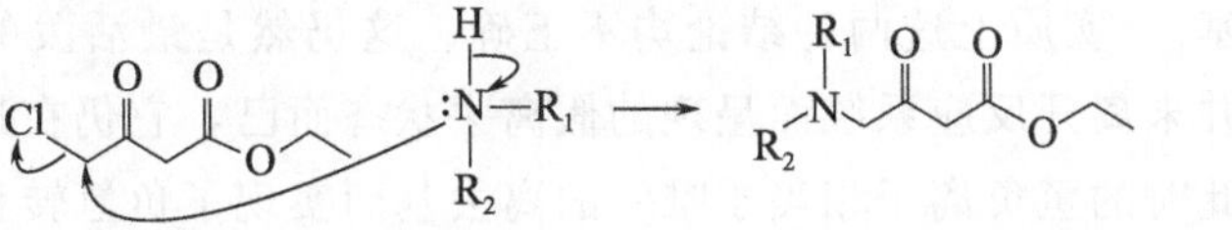

由此可见，尽管亲核试剂的结构不同，只要运用反应动力学和热力学概念，就容易解析反应的产物结构。

**二是离去基是否离去取决于其是否真正离开反应体系。**

如前所述，若在同一缺元素上连有两个或两个以上离去基，则当亲核试剂与该亲电试剂成键时，活性较强的离去基就会率先离去以腾出空轨道，为亲核试剂上的独对电子让出位置。然而，若干反应机理的表观结果并非如此简单。

**例 22**：Cannizzaro 歧化反应，是碱性催化条件下醛基自身的氧化还原反应[12]。

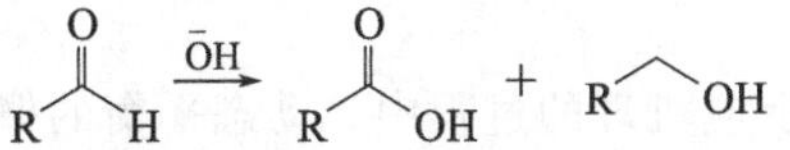

反应机理为[6c]：

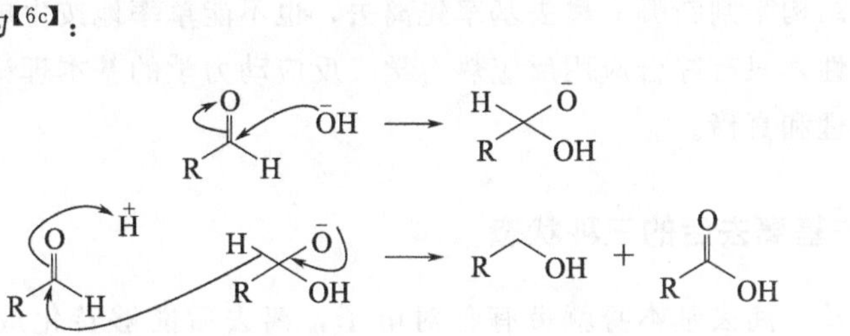

在氧负离子亲核试剂重新与其成键的碳原子亲电试剂成键时，在亲电试剂上存在着比氢原子离去活性更强的羟基，该羟基率先离去理所当然：

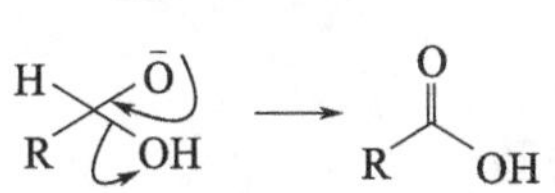

然而，这只是发生了串联可逆反应而已，结果返回到初始的原料状态。而离去的氢氧根也并未离开反应体系，它还会再与醛羰基成键导致 π 键离去而重新生

成四面体结构的。

由此看来，带有负电荷的氢氧根仅仅是从分子上离去了，而并非从反应体系离去，它仍在反应系统内处于平衡可逆反应状态。此种情况下，我们可将此离去基看做"假离去"过程。

若在此时还存在另一离去基，尽管其离去活性相对较弱，只要在反应体系内具备这个离去基的离去条件，能将该离去基转化为另一亲核试剂而移走，则该离去基就不再存在于反应系统内了，这个反应就不再是平衡可逆的了，Cannizzaro歧化反应的负氢转移正是如此。

从表观上看似乎是"不活泼的离去基率先离去了"，或者是"氢原子的离去活性强于羟基"，实质上这两种结论均不正确。这仍然是最活泼的离去基率先离去，只是其并未离开反应系统而呈现的假离去状态而已，它仍在进行着动态平衡反应过程。此时的氢负离子相当于唯一的离去基而实现了负氢转移。

Cannizzaro歧化反应的负氢转移之所以能够完成，是由于与氧负离子成键的碳原子，受到了来自于氧负离子亲核试剂的进攻，本身得到部分电子而电负性下降，碳氢共价键上的独对电子便向氢原子方向偏移，当带有部分负电荷的氢原子与另一缺电的羰基碳原子接近时，负氢离去基就瞬间转化成亲核试剂而实现负氢转移了，Cannizzaro歧化反应正是这样完成的。

这一实例体现了一般性规律，具有普遍的代表性意义。判断离去基是否离去，不仅要看其是否能从分子上离去，还要看离去后是否离开反应体系，还要看该离去基转化成的亲核试剂是否还具有亲核活性。这是判断离去基"真""假"离去的理论依据。

综上所述，在研究反应机理的过程中，动态平衡的概念必不可少，不能简单地根据产物结构来判断哪一离去基率先离去，也不能草率地按生成的产物结构来排序离去活性，只有综合应用反应热力学、反应动力学的基本理论，才能认清化学反应的原理和真谛。

### 3.3.4　离去基离去后的三种状态

前已述及，离去基本身就带有独对电子，离去后能够转化成亲核试剂。那么，离去基在何种状态下真正离去，何种状态下处于可逆循环的假离去状态，何种状态下平衡转移离去，与离去基的性质及反应体系内是否含有另一活性亲电试剂相关。

#### 3.3.4.1　亲核活性较弱的离去基

有些离去基虽然带有独对电子，但其碱性或可极化度较弱，其亲核活性势必较弱，因而一旦离去后很难作为亲核试剂再与亲电试剂成键。如磺酸根、硫酸根、磷酸根、氯负离子、氟负离子等。如：

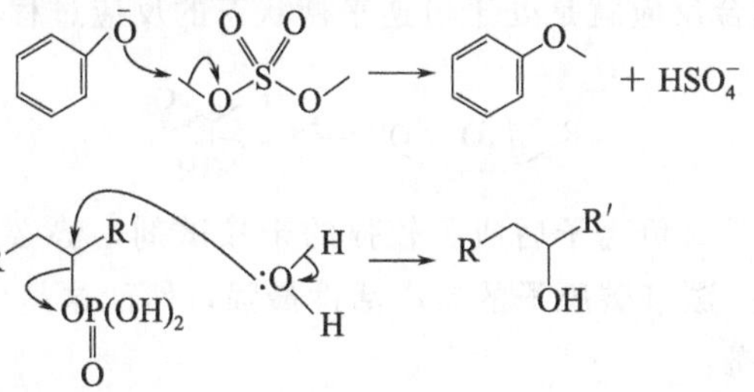

正是由于此类离去基的亲核活性较弱，一般不具备再与亲电试剂成键的能力，故在此种离去基上进行的极性反应一般能够进行到底，离去基"真的"离去了。

### 3.3.4.2　亲核活性较强离去基的平衡移动

有些离去基离去后，其所带有的独对电子具有相当强的亲核活性，容易与体系内的其他亲电试剂成键，正因为如此该种离去基才能真正地从原来与其成键的亲电试剂上离去。

**例 23**：碱催化条件下乙酰乙酸乙酯与卤代烷烃的反应：

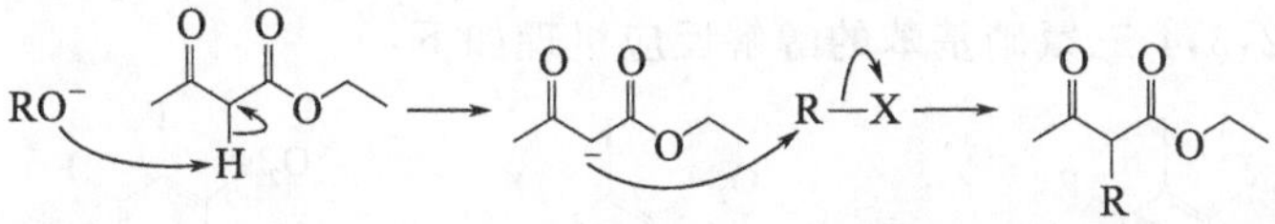

显然，反应体系内另一亲电试剂-卤代烷烃的存在，是离去基平衡转移的必要条件。如若不存在此种亲电试剂，则在酸性条件下离去基能够与质子成键而重新返回到初始的原料状态。

**例 24**：Michael 加成反应就是离去基转化为亲核试剂的反应：

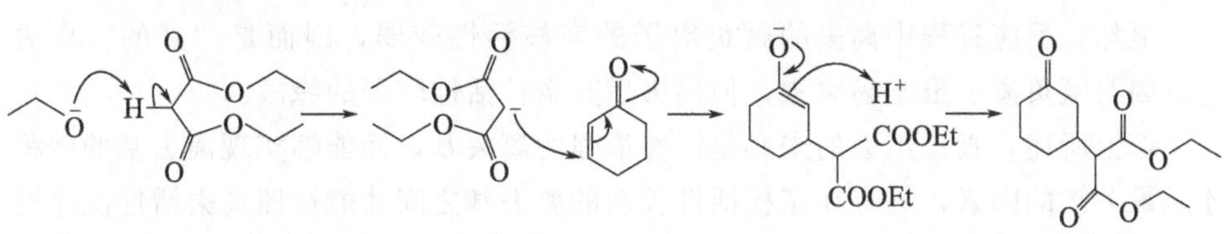

这里存在两个离去基转化成亲核试剂过程：一是碱与丙二酸二乙酯分子内亚甲基上氢原子的成键过程，离去的碳负离子与缺电烯烃成键了。二是 π 键离去后生成的碳负离子与质子成键了。正是反应体系内另一亲电试剂的存在，才促使了具有较强亲核活性的离去基的平衡转移。

### 3.3.4.3　难于转移的较强亲核活性的离去基

有些离去基虽然能够离去，离去后也能转化为亲核试剂，但在不存在其它较强亲电试剂的情况下，它并不具备转移的条件，只能与原先成键的亲电试剂再成键，此种情况下反应处于可逆平衡状态甚至可能返回到初始的原料状态。

例 25：醛基水合反应就是处于可逆平衡状态的反应过程：

离去的 π 键生成氧负离子后成了较强的亲核试剂，势必寻找亲电试剂成键，此种反应体系内另一羰基碳原子的亲电活性最强，然而这是生成了极不稳定结构而必然重返原料状态：

故此种氧负离子亲核试剂不能与羰基碳原子生成稳定的共价键而只能返回到初始状态。这种离去基并没有真正地离去，而只能说是处于"假离去"状态。

#### 3.3.4.4 离去基离去的决定因素

在分子内具有两个以上离去基的情况下，如若最具离去活性的离去基处于"假离去"状态，则其相当于并未离去且不能离去，此时离去活性居次的离去基便成为最具活性的真正的离去基了。

例 26：2,3,4-三氟硝基苯的醇解反应机理如下：

显然，在 π 键离去后生成的活性四面体结构 M 内，乙氧基才是分子内最具活性的离去基，它的离去活性强于氟原子，只是其处于可逆平衡的"假离去"状态而并未真正离开反应系统而已。

显然，反应过程中离去的氟负离子的亲核活性较弱，因而是"真的"离去了。因为氟负离子虽不易离去，但离去后其亲核活性较弱的缘故。

综上所述，真正离去的未必是活性最强的离去基，而能够实现离去基的转移才是最关键的因素，只有在亲核活性较弱的离去基之间才能按照离去活性次序选择性地离去。

回顾本章内容：反应机理解析应与电子的有序转移规律相对应；与分子结构、反应机理、反应活性与催化作用之间的关系相对应；极性反应三要素与反应动力学、反应热力学理论相对应。理解了如上三个对应，就容易破解反应机理解析过程之难题。

#### 参 考 文 献

【1】 邢其毅，裴伟伟，徐瑞秋，裴坚. 基础有机化学. 第三版. 北京：高等教育出版社，2005. a，251；

b，467；c，476；d，539.

【2】 Michael B，Smith. Jerry March：＜March，s Advanced Organic Chemistry＞Reaction，Mechanisms，and Structure. 李艳梅译. 北京：化学工业出版社，2009. a，322；b，350.

【3】 Brown H C，Wheeler O h. J Am Chem Soc，1956，78：2199.

【4】 陈荣业. 有机合成工艺优化. 北京：化学工业出版社，2006. 63

【5】 Perkou W，Ullrich K，Meyer F. Nasturwiss，1952，39：353.

【6】 Jie Jack Li. 有机人名反应及机理. 荣国斌译. 上海：华东理工大学出版社，2003. a，307；b，230.

【7】 陈荣业. 分子结构与反应活性. 北京：化学工业出版社，2008. a，102；b，42；c，43.

【8】 Michael A. J Prakt Chem，1887，35：349.

【9】 孙喜龙. 基团电子效应定量计算研究，张家口师专学报（自然科学版），1992（2）：27～30.

【10】 朱淮武. 有机分子结构波谱解析，北京：化学工业出版社，2005. 32～38.

【11】 Krapcho A P，Glynn G A，Grenon B J. Tetrahedron Lett，1967，215.

【12】 Cannizzaro S. Justus Liebigs Ann Chem，1853，88：129.

# 第4章

# 亲核试剂

所有极性反应，无不涉及到了三要素的分子结构与反应活性之间关系（简称结活关系）问题，由分子结构的千变万化所决定，定量地排序所有结构中各个要素的反应活性次序实际上并不可能，但这并不否认分子结构与反应活性关系存在的规律性。自本章开始的连续三章中，将分别讨论三要素的基本结构及其活性比较与排序问题。

由亲核试剂的富电体结构所决定，它在分子内拥有相对较多的电子。这与其具有相对较大的电负性，因而控制电子的能力较强相关，至少在某一特定的瞬间是如此。一些富电体是天然存在的，如各种非金属负离子等；有些则是由共价键的异裂瞬间产生的，如碳负离子等。有些是容易极化的 π 键，如烯烃、芳烃等；有些则是容易获得共价键上独对电子的高电负性基团，如醇类、胺类等。凡是拥有独对电子的元素或基团，均应具有亲核活性，其差别仅仅在于其亲核活性的不同。

## 4.1 杂原子亲核试剂及其反应活性

比较亲核试剂的反应活性，我们首先从最简单的带有负电荷的杂原子或杂原子基团开始，从中可观察到若干一般性的规律。

所有带有独对电子的富电体均为亲核试剂，其中最典型的例子是具有较大电负性的元素，如 O、N、S、X（卤素）等杂原子，它们在有机或无机化合物结构中往往带有未成键的独对电子，因而具有亲核试剂的基本属性，其亲核试剂的活性次序有如下规律性[1]。

### 4.1.1 所带电荷对亲核试剂反应活性的影响

比较氯甲烷被取代的速度，带有负电荷的元素总是快于不带电荷的元素，而不带电荷的元素也总是快于带正电荷的元素，且带有正电荷的元素并不具有亲核活性。所带不同电荷的不同杂原子的亲核试剂的反应活性次序为：

$$\bar{N}H_2 > \ddot{N}H_3 > \overset{+}{N}H_4$$

$$\bar{O}H > H_2\ddot{O} > H_3O^+$$

$$\bar{S}H > H_2\ddot{S}$$

$$\bar{O}\diagup > OH\diagup > \overset{H}{\underset{H}{\overset{+}{O}}}\diagup$$

### 4.1.2 不同周期元素、不同碱性基团亲核试剂的反应活性

以第二、第三周期元素为例，其亲核活性次序为：

$$\bar{C}H_3 > \bar{N}H_2 > \bar{O}H > F^-$$

$$\bar{S}iH_3 > \bar{P}H_2 > \bar{S}H > Cl^-$$

一般情况下，亲核活性随着碱性增加而增加。然而，亲核活性并不是碱性的单元函数，它还与基团的可极化度等因素相关。

### 4.1.3 可极化度对亲核活性的影响

可极化度是分子或基团周围电子在外界电场影响下极化变形的难易程度，易变形者可极化度就大。以第6与第7主族元素为例，其可极化度与亲核试剂的反应活性关系为：

$$F^- < Cl^- < Br^- < I^-$$

$$H_2O < H_2S < H_2Se$$

用可极化度的概念容易理解为什么烯烃具有较强的亲核活性，也能理解为什么负氢离子（NaH）具有强碱性而不具有亲核活性。

### 4.1.4 空间位阻对亲核活性的影响

亲核试剂的体积增加，空间位阻就增加，这不利于其与缺电体-亲电试剂的成键。一个典型的例子，碱性的排序为：

$$\bar{O}CH_3 < \bar{O}\diagup < \bar{O}\diagdown\diagup < \bar{O}\diagup\diagdown$$

若按照碱性与亲核活性的关系，亲核活性应该与碱性一致才对，然而实际上却出现了相反的结果。亲核试剂的反应活性排序为：

$$\bar{O}CH_3 > \bar{O}\diagup > \bar{O}\diagdown\diagup > \bar{O}\diagup\diagdown$$

胺类、醇类的亲核活性均表现出如下规律性：

$$伯醇 > 仲醇 > 叔醇$$

伯胺 ＞ 仲胺 ＞叔胺

显然这是由于空间位阻因素影响的结果。

之所以以杂原子亲核试剂举例，是因其具有广泛的代表性。影响杂原子亲核试剂反应活性的因素同样适用于其它亲核试剂，这些是影响亲核试剂反应活性的一般性规律。

## 4.2 π 键亲核试剂

由于 π 键上的电子是离域化的，其可极化度相对较大，本身又是个富电体，因而具有较强的亲核活性，是个较强的亲核试剂。在现今所有的教科书中均将烯烃、芳烃上的取代反应命名为亲电取代反应，这反证了烯烃、芳烃作为亲核试剂的基本属性。

### 4.2.1 烯烃亲核试剂的结构、反应活性、反应机理与定位规律

#### 4.2.1.1 烯烃亲核试剂的结构、反应活性与反应机理

烯烃上的两个共价键并不相同，一个是由两个 $sp^2$ 杂化轨道构成的 σ 键，另一个则是两个 p 电子重合构成的 π 键。其中 σ 键是定域的共价键，而 π 键则是离域的共价键，顾名思义就是该对电子容易游离于两个碳原子之间，结果导致其中一个碳原子上电子云密度增加较多，因而成为较高活性的富电体-亲核试剂。

长期以来，人们约定俗成地将烯烃上的加成反应命名为亲电加成反应，这里人为地定义烯烃为反应的主体化合物——底物，而将另一与其成键的亲电试剂定义为进攻试剂。正是这种人为地规定为人们解析反应机理造成了人为的困难，让人们无法表达烯烃加成反应过程中电子的定向转移，因而难以确切表达反应机理。

**例 1**：原有的烯烃与溴素的加成反应机理，不能表述电子的转移[2a]：

上述反应的第一步之所以未能标出电子转移过程，是亲电加成概念导致的两难情况造成的。由于命名为亲电加成，则溴正离子才是进攻试剂，由于溴正离子上只存在空轨道，并不具备成键的独对电子，因此不能画出弯箭头表述电子转移；若将代表一对电子转移的弯箭头起始于烯烃 π 键而终到溴正离子，则存在着成键的独对电子转移，但这又与亲电加成的概念相矛盾。然而，回避电子转移的描述，也就脱离了化学反应的本质特征，这样的机理解析也就失去意义了。

对于极性反应说来，归根结底是亲核试剂与亲电试剂的相互吸引而最终导致

成键过程。既然如此，哪种试剂属于主动的进攻试剂，哪种试剂处于被动受攻状态并没那么重要。而恰恰是这种不必要的规定为人们解析反应机理造成了人为的困难。本书之所以不采用亲核反应与亲电反应的概念和底物与进攻试剂的概念，原因概出于此。

对于带有取代基的大多数烯烃，一般是不对称的，烯烃的两端具有不均等的电子云密度分布，其电子云密度相对较大的一端具有亲核试剂的基本属性，容易与亲电试剂生成共价键化合物。将烯烃看作亲核试剂，则其加成反应的机理容易表述。

**例 2**：丙烯与氯气的加成反应是两个极性反应的串联：

在第一个反应过程中，烯烃的 π 键为亲核试剂，极化后带部分正电荷的氯原子为亲电试剂，而另一氯原子带着一对电子离去；在第二个反应过程中，第一个反应过程离去的氯负离子为亲核试剂，π 键离去后生成的碳正离子为亲电试剂，而离去基正是第一个反应过程中离去的 π 键，也是第一个反应的亲核试剂。这两个反应过程是离去基与亲核试剂相互转化过程，由此可见两者之间的联系与区别。

**例 3**：丙烯与溴化氢的加成反应，在以往教科书中均称之为亲电加成，在此种命名基础上无法划出电子转移的弯箭头[3a]：

这同样是亲电加成反应的命名所造成。由亲电加成的概念所决定，进攻烯烃的应该是质子，可质子上并不带有独对电子，无法用代表一对电子的弯箭头来表示电子转移；若将弯箭头始于烯烃 π 键而终到质子则符合电子转移的客观规律，但这又与亲电加成的概念相矛盾。因而回避电子转移是个无奈的选择。

如若取消亲电反应的概念，则反应机理容易表述：

总之，简单地将烯烃视作亲核试剂就容易解析反应机理。如此看来，不采用底物与进攻试剂以及亲核反应、亲电反应的概念十分必要。采用极性反应三要素的简单概念就能解析极性反应的所有机理，且更简单、更能反映出化学反应的本质特征。

富电体烯烃作为亲核试剂能与诸多亲电试剂发生极性反应。

**例 4**：烯烃与酰基氯的反应结果为：

这是典型的烯烃亲核试剂与羰基亲电试剂的反应。反应机理为：

由此可见富电体烯烃的亲核试剂性质。

#### 4.2.1.2 烯烃亲核试剂的定位规律

烯烃的哪一端作为亲核试剂是由其电子云密度分布决定的。然而，流行多年的马氏规则是这样描述的："酸中的氢原子总是加到含氢较多的双键碳原子上。"若干学者为了证明马氏规则，用超共轭效应理论对其解释为："生成的产物与活性中间体稳定状态相关，二级碳正离子比一级碳正离子的正电荷更容易分散，因而更稳定"。观察例3的产物结构，似乎马氏规则确有道理，然而若在烯烃上连有拉电子基团，即共轭效应为—C的基团，则马氏规则显然不成立。

**例5**：三氟甲基乙烯与溴化氢的加成反应，机理解析为：

由此看来，酸中质子只是个亲电试剂，加到什么位置仅仅由亲核试剂决定，在烯烃结构的两个双键碳原子上，哪个碳原子带有较多负电荷，哪个碳原子就是亲核试剂而优先与亲电试剂成键。

而马氏规则是建立在部分实验的统计结果，根本不具备理论依据，因而是片面的、不成立的。曾有的那些对于马氏规则的理论解释，也显然证据不足。

正负电荷之间的相互吸引与成键，才是化学反应之铁律，没有例外。

### 4.2.2 芳烃亲核试剂的结构、活性与定位规律

#### 4.2.2.1 芳烃亲核试剂的结构与活性

芳烃是由 $sp^2$ 杂化轨道元素构成的具有 $4N+2$ 个 $\pi$ 电子的平面结构，其中以苯最为典型。由单、双键相间的共轭体系所决定，芳烃属于富电体-亲核试剂，现今教科书中均将芳烃与带有正电荷的亲电试剂成键称之为亲电取代反应，也反证了芳烃作为亲核试剂的基本属性。

在苯分子的单双键交替相间的环己三烯结构内，分子内的极性反应，即共轭双键之间的离域状态，分子内的周环反应，非常容易发生：

上述共振结构总的结果是使得本来具有的单键与双键趋于一致，实际测得的苯分子上相邻碳原子之间的键级并非 1 级和 2 级，其真实的键级为 1.5 级，每两个相邻碳原子间的距离完全相等，且键长小于单键而又大于双键。尽管如此，采用环己三烯表达方式容易更形象地表示独对电子的转移过程，容易更理论化地解析反应机理。

长期以来，人们约定俗成地将芳烃上的取代反应命名为亲电取代反应，其中人为地定义芳烃为反应的主体化合物——底物，而将另一亲电试剂定义为进攻试剂。正是这种规定为人们解析反应机理造成了困难，让人们无法表达芳烃上取代反应过程电子的定向转移，因而难以确切表达反应机理。比如：在教科书中，均将芳烃上氢原子被取代的反应命名为亲电取代反应，因而电子转移过程无法表达[2b]：

亲电试剂 　　Π络合物 　　σ络合物 　　一元取代物

如上所述，所有的电子转移过程均没有描述。之所以存在如此弊端，皆因底物的概念、亲电取代的概念所造成。按照正离子为进攻试剂的概念，弯箭头应始于亲电试剂-正离子而终到于亲核试剂-芳烃，可正离子上并不具有成键的独对电子，故无法用弯箭头表述一对电子的转移；若调转弯箭头的方向，始于芳烃 π 键终到于亲电试剂-正离子，则代表一对电子转移的弯箭头能够表示出来，但这又与亲电反应的命名相矛盾。

人们应该反思：反应过程的命名真的那么重要吗？显然不是，完整地表达电子的定向转移，规律性地描述反应过程才是更重要的。

将上述芳烃上的取代反应理解为芳烃为亲核试剂的反应，按照极性反应三要素的基本关系式，机理解析就十分简单。

**例 6**：烷基苯硝化反应机理解析：

上述的反应机理解析，是个简化了的机理解析，之所以作此简化是因其更容易表述旧键断裂与新键生成的电子转移过程，方便人们对于反应主要过程的理解。

然而简化毕竟是简化，有其利也有其弊，在上述机理解析基础上，附加说明中间状态所生成的碳正离子在共轭体系内的共振状态则更加完整：

这里的碳正离子在共轭体系内与 π 键的共振状态，实际上就是具有亲电活性的碳正离子与亲核试剂 π 键在分子内的平衡、可逆、快速反应过程，分子内的极性反应三要素具备是极性反应发生的充分且必要条件。

容易理解：共振状态是反应过程的真实状态，因为共轭效应本身就是使电荷平均化的一种效应，其电荷的平均化分布与电荷在一定条件下的瞬间集中都是反应体系内的正常现象，且不仅生成的正电荷是如此，生成的负电荷也是如此。对此，以往的教科书中侧重描述了电荷的分散，而忽略了电荷的极化集中，这对于后续反应过程的解析缺少了理论上的支持。

尽管存在上述共振状态，用简化的反应机理描述反应机理确有其优势，就是更为直观地描述独对电子的转移，也更容易为读者所理解。

芳烃作为亲核试剂时，其反应活性与芳环上电子云密度相对应。芳环上电子云密度越高，其亲核性就越强。但当芳环上的取代基含有活泼氢时，取代基为羟基或氨基，由于氧、氮原子容易得到其与氢原子共价键上的独对电子，其亲核活性更强，以至于能按另一反应机理与较弱的亲电试剂发生反应。

**例 7**：苯酚与重氮盐的反应机理：

在整个反应过程中，直至其中间体 M 状态，亲核试剂结构上始终未见正电荷出现，表明亲核试剂的反应活性始终保持在较强状态。能与重氮盐反应的芳烃只有酚类和芳胺类，足以说明含有活泼氢亲核试剂的特殊机理与更高活性。

芳烃作为通用的亲核试剂，能与诸多亲电试剂成键，而绝不仅限于硝化、磺化、烷基化、酰基化、卤化等，上述列举的与重氮盐的反应就是其中一例，尚有更多芳烃与亲电试剂的反应实例。

**例 8**：Bradsher 反应是邻酰基二芳基甲烷经酸性催化环化脱氢，生成蒽化物的反应[4]：

反应机理为[5]：

这是芳烃为亲核试剂、质子化后的羰基为亲电试剂的反应过程。实际上，芳烃几乎能与所有较强亲电试剂发生反应。

**例9**：邻氟对溴联苯是由邻氟对溴苯胺的重氮盐与苯反应生成的，反应机理为：

在上述反应过程中，是以苯分子上 π 键为亲核试剂的。

**例10**：苯酚在酸的催化作用下与羰基、羟基的反应实例。反应过程与机理为：

上述的各阶段反应产物均已检出，苯酚与质子化的羟基、质子化的羰基之间的反应一目了然，芳烃作为富电体-亲核试剂的反应特征及其明显。

实际上，芳烃几乎能与所有的羰基化合物反应，如在 Skraup 喹啉合成反应中能与醛基反应生成加成产物[6]，在 Simonis 色酮环化反应[7]中与酯基生成酮类产物等。

### 4.2.2.2 芳烃亲核试剂的定位规律

毫无疑问，在取代芳烃上的不同位置，电子云密度是不均等的，作为亲核试剂的芳烃，其反应过程的定位规律必然与此相关。由于芳环上的电子云密度分布主要决定于取代基团的共轭效应 C，则其定位规律也理应如此：

共轭效应为+C 的推电子基团，该基团的邻位和对位的电子云密度较大，芳烃作为亲核试剂的反应主要发生在邻位和对位，没有例外。

共轭效应为−C 的拉电子基团，该基团间位的电子云密度相对较大，芳烃作为亲核试剂的反应主要发生在间位，也没有例外。即便如此，在−C 基团的间位碳原子上，因其电子云密度较小之故，反应活性一般不高。

对于某些共轭效应不显著的取代基，只能观察其诱导效应，供电的+I 基团为邻对位定位基，吸电的−I 基团为间位定位基，也没有例外。

而在目前的教科书中，均是以所谓电子效应即诱导效应 I 与共轭效应 C 之和来描述芳烃的定位规律的，由于未将两种效应分开讨论因而混淆了两种效应对定位规律的影响，因而出现了所谓"卤素属于特殊情况，它是吸电基，却属于邻对位定位基"的例外。

按照定位规律主要由共轭效应所决定这一概念，就不存在卤素在芳烃上定位规律属于例外了，卤素在芳烃共轭体系上是+C 基团，其邻位与对位的电子云密度相对于间位较大，当然属于邻对位定位基。

由此可见，芳烃上反应的定位规律是如此之简单：富电位置就是亲核试剂位置，反之，缺电位置就只能成为亲电试剂了。动态地观察芳环上的电子云密度分布，就能预测反应的定位规律。

### 4.2.3 烯醇结构亲核试剂及其共振状态

在羰基类化合物中，如若在其 $\alpha$-碳上存在着氢原子，则羰基能够部分地转化成其共振式-烯醇式结构：

这就是所谓的酮式-烯醇式互变异构体系。上述体系在一定条件下是稳定存在的，在高压液相色谱中往往可以分离出来；两种互变异构体的比例随分子结构的不同而异；即便是同一化合物，互变异构体比例也随着酸碱性的变化而变，碱性条件下总是有利于烯醇式生成，而酸性条件下总是有利于酮式结构生成。之所以如此规律，从如上两种结构的功能或属性便容易理解：烯醇式属于亲核试剂，容易与亲电试剂——质子成键生成酮式；而酮式结构上的 $\alpha$-氢属于亲电试剂，容易与亲核试剂——碱成键生成烯醇式：

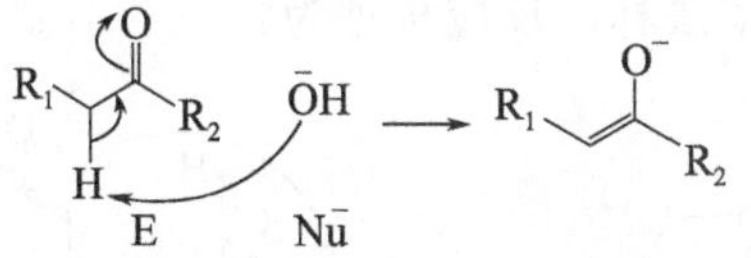

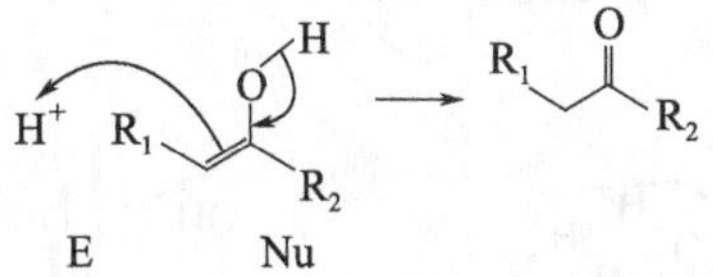

在有机化合物的 HPLC 分析过程中，为了将异构混合物的双峰转化为单一结构的单峰，正是采取加入酸的办法使烯醇式转化成酮式的。

观察上述平衡式中的烯醇式结构，烯烃是与含活泼氢的亲核试剂羟基成键的，当高电负性的氧原子从氢氧共价键上收回一对电子转而与其相邻碳原子成键时，π键离去而转化成为较强的碳负离子亲核试剂，碳负离子更容易与亲电试剂成键。

在酸性条件下，尽管烯醇式结构向酮式结构转化，但这种转化不可能完全，残留的、微量的烯醇式结构就能够作为亲核试剂与亲电试剂成键，在此过程中由于原有平衡被打破，酮式结构也就源源不断地向烯醇式转化，最终仍可完成反应过程。

**例 11**：4-羟基香豆素是个典型的互变异构混合物，在中性条件下烯醇式结构与酮式结构各占一半：

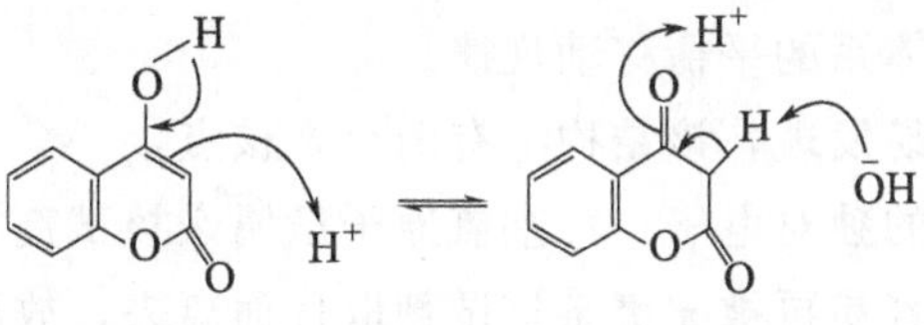

尽管在酸性条件下 4-羟基香豆素以酮式为主，微量的烯醇式结构仍能满足其作为亲核试剂的要求，其与 $\alpha$-四氢萘醇合成立克命（Racumin）的反应机理如下：

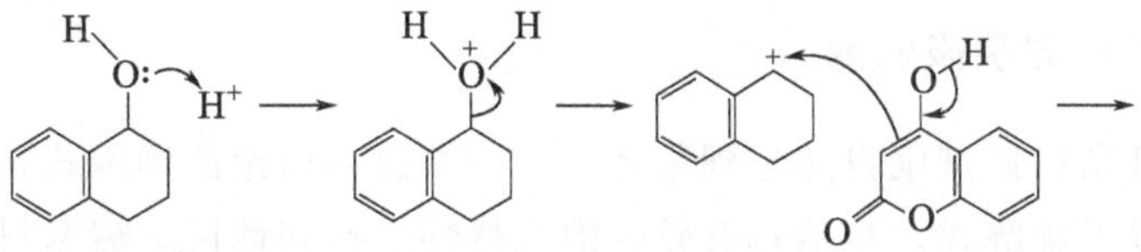

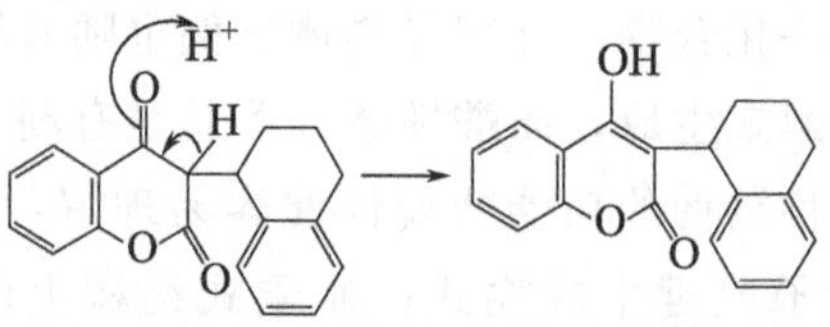

**例 12**：4-羟基香豆素与亚苄基丙酮（苄叉丙酮）的反应也是在酸性条件下进行的，生成抗凝血剂-华法林。反应机理为：

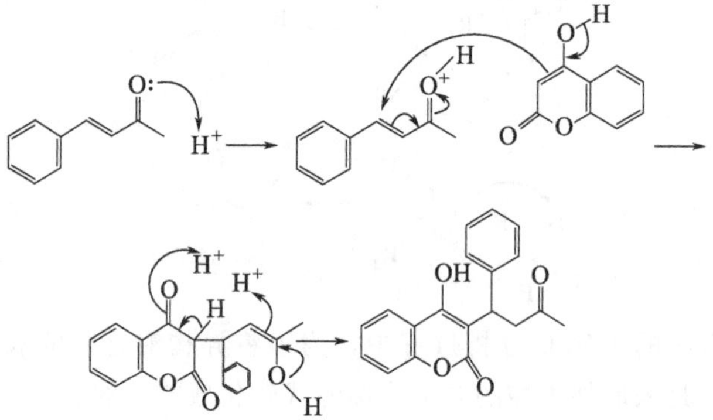

容易看出，上述反应过程所采用酸催化剂并非是催化亲核试剂的，而恰恰相反其对于烯醇式的生成并不有利。酸所催化的只能是亲电试剂。

烯醇式结构作为强亲核试剂具有一般性。

**例 13**：环己酮与醛基的反应就是以环己酮的烯醇式为亲核试剂的。反应机理为：

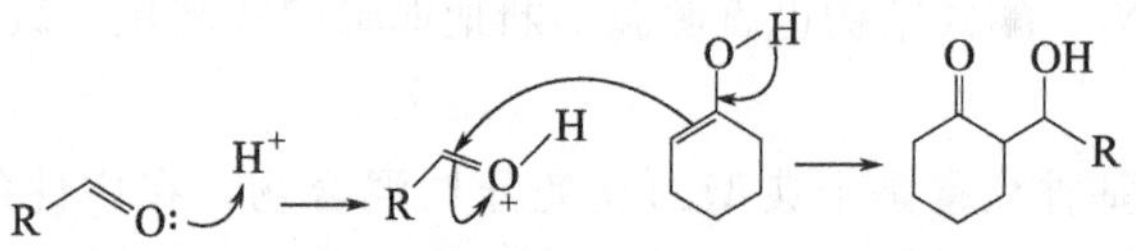

同理，酸催化了亲电试剂，微量的烯醇式结构仍能完成与亲电试剂的反应，这就体现了互变异构体系的平衡移动规律。

从烯醇式结构容易发现，该结构上有两个亲核点：一个是烯醇上的 π 键，另一个是羟基氧原子上的独对电子。羟基氧原子虽属亲核试剂，但因其在反应产物中的离去活性较强，容易再被 π 键亲核试剂取代而离去，故以烯醇分子内的氧原子为亲核试剂生成稳定产物的确实不多，但不能排除特殊条件下烯醇式结构上羟基的亲核试剂性质，若干以羰基氧为亲核试剂的反应实际上是以烯醇式结构上的羟基为亲核试剂的反应。

### 4.2.4 其他 π 键亲核试剂

提及 π 键亲核试剂则自然想到羰基，上一节我们讨论的烯醇式亲核试剂，是将羰基转化成了烯醇式，当然具有较强的亲核性。换句话说，羰基只有转化成烯醇式时才具有较强的亲核活性。

例 14：Bischler-Napieralski 反应是 $\beta$—苯乙酰胺环合生成二氢异喹啉的反应[8]：

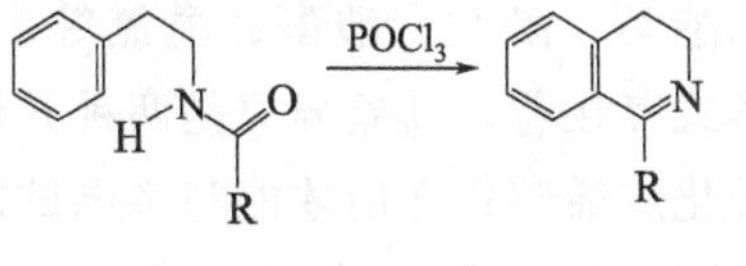

反应机理为：

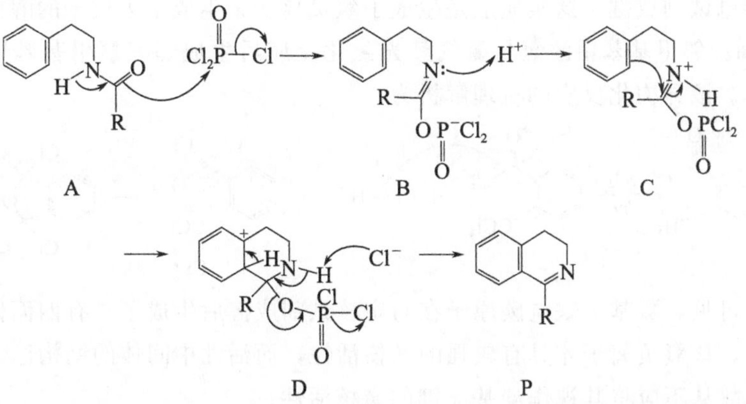

由此可见，自 A 至 B 过程是两个极性反应的串联。第一步反应是氮—氢键上独对电子为亲核试剂（羰基$\alpha$-位含活泼氢），羰基碳原子为亲电试剂，碳—氧$\pi$键为离去基；第二步反应中，由第一步反应离去的碳—氧$\pi$键为亲核试剂，三氯氧磷中磷原子为亲电试剂，氯负离子为离去基。由此可见，羰基氧只有处于烯醇式结构状态才是亲核试剂（与质子、路易斯酸的络合成键除外）。

上述实例说明：羰基能向烯醇式转化的并不局限于醛、酮类，所有在其$\alpha$-位上存在氢原子的羰基化合物，均是以共振混合物的形式存在的。

例 15：下述酰胺式结构在碱性条件下与亲电试剂反应生成了两个异构体：

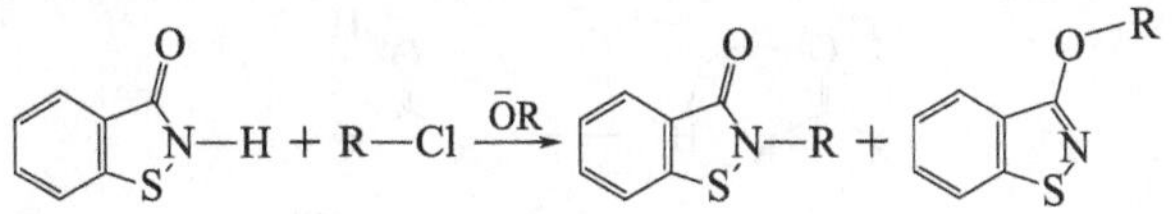

这是由亲核试剂的互变异构体系决定的：

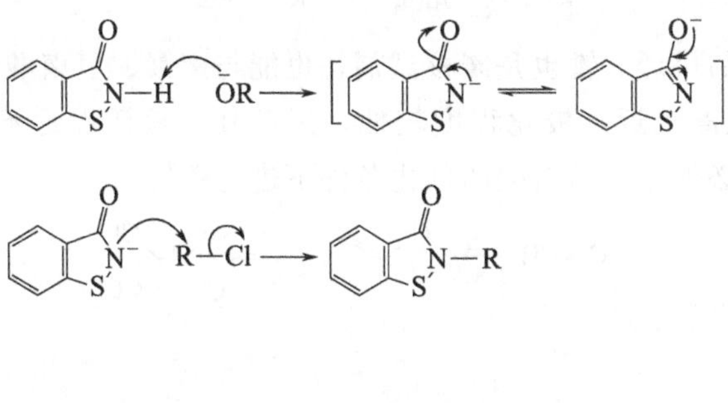

其它羰基化合物，如酯类、酰胺、酸酐、酰氯等，只要在其 $\alpha$-位存在氢原子，均能以互变异构的形式存在着，其差异只是两种异构体比例的不同[3b]。

羰基化合物除了在转化成烯醇式之后才能与亲电试剂成键之外，还有一种情况就是羰基碳原子与亲核试剂成键后，$\pi$ 键离去所生成的四面体结构中的氧负离子能与亲电试剂成键，这实质上是生成了氧负离子，生成了去质子的醇类。

**例 16**：邻甲基苯甲酰氯与氯气经光氯化反应后生成邻三氯甲基苯甲酰氯和其异构体。该异构化反应的机理解析为：

由此可见，羰基上缺电碳原子在与亲核试剂成键后生成了具有四面体结构的氧负离子，该氧负离子才具有较强的亲核活性，而活性中间体的结构已经不是羰基氧了，故从不应将其视作羰基 $\pi$ 键的亲核活性。

不难理解，羰基的 $\pi$ 键与烯烃不同，其 $\pi$ 键并不易与亲电试剂生成稳定的共价键，这主要因为其与亲电试剂成键之后，自身离去活性过强之故。如若羰基 $\alpha$-位存在氢原子，或羰基碳原子能与另一亲核试剂成键的条件下，则羰基 $\pi$ 键亲核试剂才可能与亲电试剂生成稳定的共价键。

若不是羰基上碳原子与另一亲核试剂成键而生成四面体结构的负氧离子（相当于去质子的醇），则羰基上 $\pi$ 键的亲核活性是十分微弱的且离去活性很强。此时羰基氧原子上独对电子只能与最强的亲核试剂-质子或路易斯酸生成相对稳定的共价键：

与烯烃类似的炔烃 $\pi$ 键也是亲核试剂，也能与卤素、氢卤酸和水加成。但由于 sp 杂化轨道距离较近，极化程度较低，因而其亲核活性远不如那么强。如：炔烃与氯的加成必须在路易斯酸的催化条件下进行[2c]：

炔烃的亲核活性低于烯烃，这在两基团共存于同一化合物时与溴素的加成反应结果体现得更清楚[2c]：

亚胺的 π 键结构、反应活性、异构状态等均类似于羰基，此处不再进行详细讨论和实例评点。

## 4.3 碳负离子亲核试剂

碳负离子具有极强的亲核活性，因而其不可能天然地存在着。根据碳负离子的产生方法，将碳负离子亲核试剂分为三类。

### 4.3.1 金属有机化合物

金属有机化合物的结构特点就是金属原子直接与碳原子成键。由于碳原子的电负性远大于金属原子的电负性，共价键上独对电子显著向碳原子方向偏移，致使碳原子上凝聚了更多负电荷，因而成为富电体-亲核试剂。常见的金属有机化合物有锂试剂、镁试剂（格氏试剂）、锌试剂等。

由此可见，实际上在金属有机化合物的碳原子上，并不具有真正意义上的单位负电荷。然而，我们可以近似地将其视作具有单位负电荷的碳负离子，比较容易与亲电试剂成键。

金属有机化合物上碳原子的亲核活性次序与其相对电负性相关，相对电负性差距越大，碳原子上聚集的电子越多，其亲核活性也就越强。如上述三种金属有机化合物的亲核活性次序一般为：

锂试剂 ＞ 镁试剂 ＞ 锌试剂

显然，这种活性排序与碳原子所带有的电荷大小相关。也正是因为如此，有机锂化物作为亲核试剂的反应活性极强，为了抑制其与其他亲电试剂的副反应，总是选择在更低的温度条件下进行。

**例 17**：正丁基锂总是制成正己烷溶液，为什么？

正丁基锂分子内的碳—锂共价键的电子因其电负性的巨大差距而及其显著地向碳原子方向偏移，因而碳原子上接近带有单位负电荷，是极强的亲核试剂，几乎能与所有亲电试剂反应。例如其与四氢呋喃之间的极性反应不可避免：

为了避免副反应的发生，只能将正丁基锂溶解在不含有亲电试剂的烷烃试剂中。

由于不同金属有机化合物的碳原子上所带有的负电荷不等，因而反应活性不同，导致反应的选择性也会不同。

**例 18**：甲基硼酸可以由甲基格氏试剂与硼酸三甲酯合成，但总会生成一定量的三甲基硼在酸化步骤引起燃烧。三甲基硼生成的反应机理为：

在上述反应进程中，各步反应活化能差距较小，难以控制在一取代阶段，三甲基硼产生不可避免。

**例 19**：甲基硼酸可以由甲基锂与硼酸三甲酯合成，低温条件下不易产生易燃烧的三甲基硼。反应机理为：

结果表明：硼酸三甲酯的一取代反应活化能远低于二取代反应，于低温条件下反应容易控制在一取代阶段。

无独有偶，在低温条件下几乎所有锂化物的选择性都高于格氏试剂。故对于价格较高的亲电试剂说来，选择锂试剂为亲核试剂比采用格氏试剂成本更低。

### 4.3.2  共轭状态的碳负离子

当羰基的 $\alpha$-位碳原子上含有氢原子时，该氢原子受羰基强电负性的影响而略显酸性，在强碱作用下容易生成碳负离子：

这种碳负离子由于与共轭体系相连，更容易生成另一种共振异构体而趋于稳定：

这是由于碳负离子本身就是极强亲核试剂，与分子内的亲电试剂成键不可避免。这种共振异构体的生成相当于负电荷被分散了，是碳负离子稳定之基础。在上述共振体系的平衡式中，其烯氧基负离子的比例远大于碳负离子，即碱性有利于烯醇式生成。很明显这种烯醇式结构属于两可亲核试剂。然而无论是碳负离子还是其烯醇式共振异构体，我们均可将其简单地视作碳负离子。这是因为：尽管氧负离子也是亲核试剂，但由于烯氧基为较强离去基，生成的烯氧基化合物难以稳定存在之故。

谈及此种碳负离子，就必然涉及到上节所述的酮式-烯醇式互变异构体系问题，两者的相同之处是结构相似与互变异构体系相似。两者不同之处之一是所处环境的酸碱度不同，因而导致烯醇式与酮式的比例不同，酸性总是有利于酮式的生成，而碱性总是有利于烯醇式的生成；两者不同之处之二是两者亲核试剂的活性不同，酸性条件下两个互变异构体中最强的亲核试剂是烯醇式结构，碱性条件下两个互变异构体中最强的亲核试剂是碳负离子，很明显拥有单位负电荷的碳负离子具有更强的亲核活性。由于这种碳负离子是在碱性条件下生成的，这又说明了碱性条件下是催化了亲核试剂的。

正是由于烯醇式与碳负离子之间亲核活性的较大差异，本书将烯醇式视作 π 键亲核试剂，而将碱性条件下生成的碳负离子列入碳负离子亲核试剂。

这种在碱性条件下生成的碳负离子是相当强的亲核试剂，一般在室温或更低温度条件下便能发生极性反应。

**例 20**：亚苄基丙酮的合成：

反应机理为：

上述反应是在室温条件下进行的，足以证明反应进行之容易。

在上述反应过程中生成的亚苄基丙酮分子上与羰基共轭的烯烃已经不是富电体亲核试剂了，而是转化为缺电体-亲电试剂了，其原因将在亲电试剂章节中再具体讨论。

**例 21**：甲醇钠催化条件下，甲基叔丁基酮与邻苯二甲酸二甲酯的反应机理：

　　在上述反应过程中甲基叔丁基酮的自身缩合不可避免，因为作为亲电试剂的酮羰基比酯羰基的亲电活性更强：

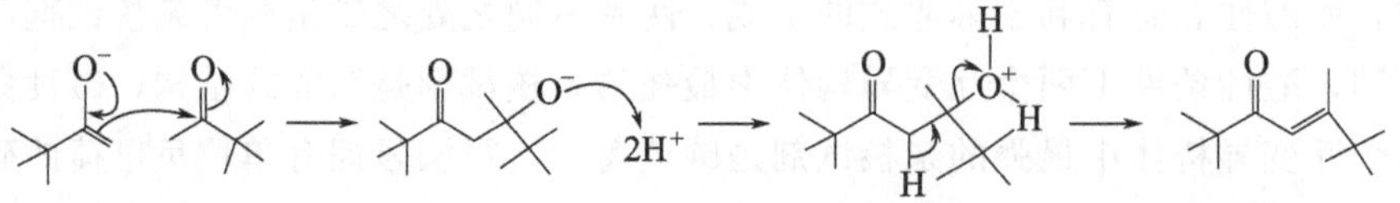

　　为抑制上述副反应，需要采用滴加甲基叔丁基酮的方式，旨在降低其在反应体系内的浓度。

　　上述两实例均是在碱性条件下生成烯醇式与碳负离子的共振体系作为亲核试剂的反应。之所以在碱性条件下进行，是因为碱性条件下去质子而生成碳负离子，催化了亲核试剂，因而亲核活性更强。

　　上述所说的均是羰基 $\alpha$-位存在着氢原子条件下，与碱作用生成碳负离子的实例。如若一个亚甲基与两个羰基成键，即 $\beta$-二酮、$\beta$-二酯、$\beta$-酮酯等，亚甲基上氢原子的酸性就更强，在碱的作用下更容易生成碳负离子。

　　**例22**：2,4,5-三氟溴苯与丙二酸二甲酯与碱性条件下的缩合反应机理：

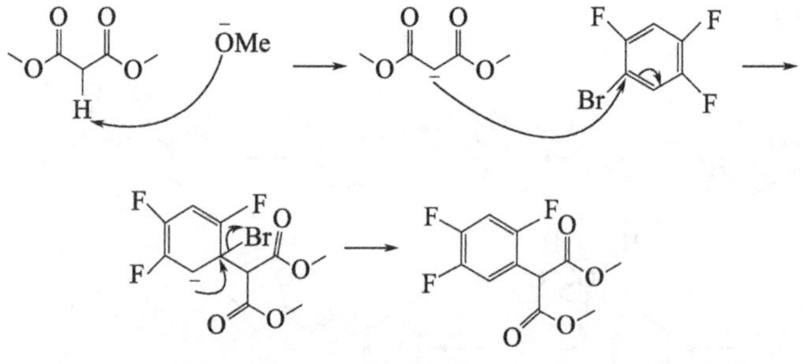

　　此处卤代芳烃上与溴原子相连的碳原子为亲电试剂，该亲电试剂的活性并不强，由此反证出碳负离子的亲核活性是相当之强。

　　**例23**：乙酰乙酸乙酯在碱性条件下与乙酰基水杨酰氯缩合反应是这样进行的：

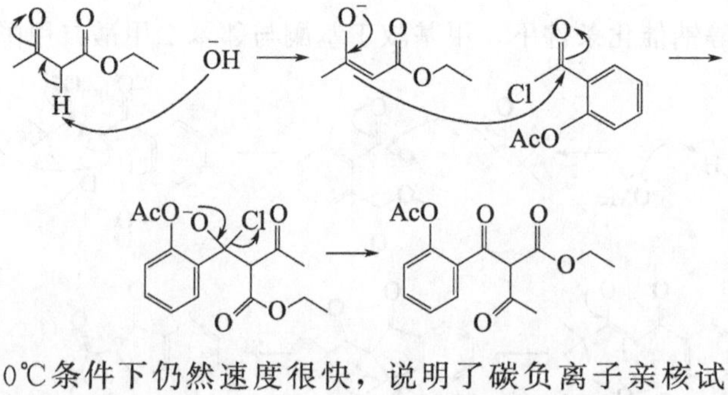

　　该反应在0℃条件下仍然速度很快，说明了碳负离子亲核试剂的反应活性极强。

**例 24**：三氟乙酰乙酸乙酯是这样合成的：

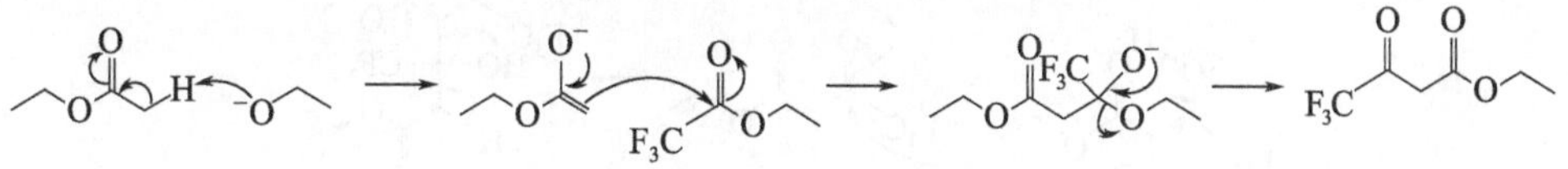

在上述反应过程中，三氟乙酸乙酯只是亲电试剂，而含有 α-氢的乙酸乙酯既是亲核试剂，又是亲电试剂，由于三氟乙酸乙酯的亲电活性更强，在低温条件下进行的主要是以三氟乙酸乙酯为亲电试剂的反应，但乙酸乙酯的自身的缩合反应仍不可避免：

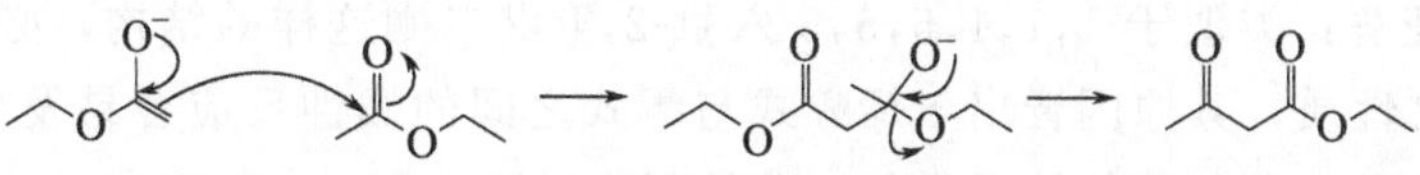

以碱亲核试剂与氢原子亲电试剂成键而碳负离子离去的反应并不限于羰基的 α-位，亚胺基、氰基、硝基等—I—C 基团的 α-位氢也为较强的亲电试剂，均能与碱性亲核试剂成键，离去的碳负离子转化为新的亲核试剂，故碱催化过程也是亲核试剂的转换过程。

**例 25**：在乙醇钠催化作用下，甲酸乙酯与乙腈的缩合反应：

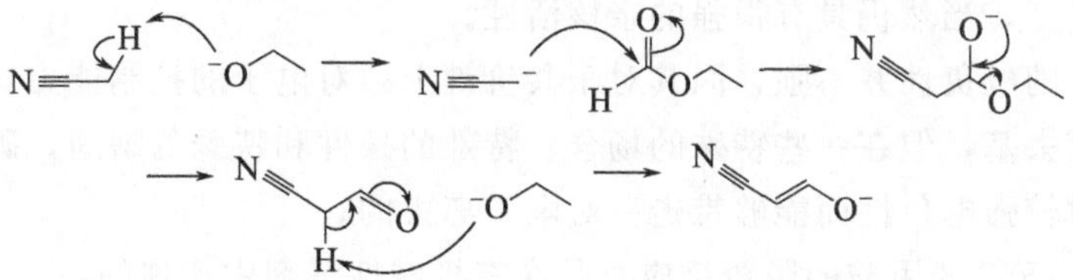

该反应也必须在低温条件下进行，否则乙氧基负离子与乙腈之间的缩合反应不可避免：

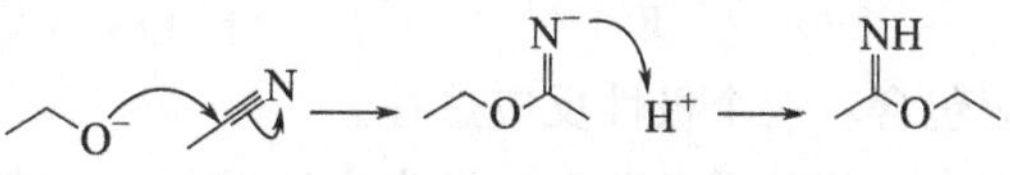

类似的所有这些 α-位含活泼氢的酮式结构化合物，在碱性条件下也都必须维持在低温条件，否则均存在着分子之间的极性反应。

容易理解：即便在非碱性条件下，那些 β-二酮式结构化合物，因为其中烯醇式与酮式均占有相当大的比例，且烯醇式的 α-位碳原子具有亲核试剂属性，而酮式的羰基碳原子具有亲电试剂属性，两者之间在较高温度下吸引、接近、成键便容易发生。

**例 26**：三氟乙酰乙酸乙酯的精馏过程必须在较高真空度和较低温度条件下进行，这是由于存在着烯醇式亲核试剂与酮式亲电试剂之间的反应：

容易理解：类似于 1,1,1,5,5,5-六氟-2,4-戊二酮这样的结构，必然存在着热不稳定之性质，其原因皆出于烯醇式与酮式之间的极性反应容易发生之缘故，其与三氟乙酰乙酸乙酯的性质类似，此处不再讨论。

### 4.3.3  其他碳负离子

上节讨论的与羰基共轭的碳负离子本身就是前步极性反应的离去基，它是在亲核试剂——强碱与亲电试剂——羰基 $\alpha$-位的氢原子成键过程离去的，由于此类碳负离子为数较多而专题做了讨论。本节将再补充另外几种反应过程生成的碳负离子离去基，当然仍具有很强的亲核活性。

碳原子的电负性并不强，因其对于共价键上独对电子的控制能力有限，一般很难成为离去基，但在一些特殊的场合、特殊的条件和特殊的瞬间，碳原子有可能具有相对较强电负性而能够带走一对电子离去的。

**例 27**：五氟苯甲酸的脱羧反应，是在有机碱性溶剂中实现的：

显然，上述反应包含着三个极性反应过程。

第一个反应过程中，胺分子上独对电子为亲核试剂，活泼氢为亲电试剂，苯羧氧基负离子为离去基。

第二个反应过程是发生在离去基内部的，氧负离子为亲核试剂，羧基碳原子为亲电试剂，而就在亲核试剂与亲电试剂成键的这一瞬间，就在这种动态条件下，五氟苯的电负性显著大于羧基碳原子的电负性，造成五氟苯基带着一对电子离去了。

第三个反应过程为：五氟苯基碳负离子为亲核试剂，铵盐上的氢原子为亲电试剂，氨基为离去基。

容易理解：苯基负离子亲核试剂是能与绝大多数亲电试剂成键的，但在上述反应体系内的亲电试剂唯有质子，因而生成五氟苯是唯一的选择。

例 28：4—羟基香豆素的中间体化合物的脱乙酰基反应是这样进行的：

在自 A 至 C 的脱乙酰基反应阶段，是乙酰基缺电碳原子与碱加成后生成了含有氧负离子基团的四面体结构，在氧负离子重新与羰基碳原子成键时，原有羰基碳原子的电负性下降并显著低于与其成键的碳原子，故与其成键碳原子带着一对电子离去了。

离去的碳负离子仍为强亲核试剂，能与诸多亲电试剂成键，但在反应体系内不存在其它活性亲电试剂，与质子成键是其唯一选择。

上述列举的是碳—碳共价键的异裂过程，也是碳负离子的离去过程。其实碳负离子不仅能从碳—碳共价键上异裂离去，只要在动态条件下的瞬间实现碳原子相对较强的电负性，它就可能带着一对电子离去。

例 29：苯磺酸的脱磺基的反应机理解析。

苯磺酸分子上存在着碳—硫共价键，且磺基的电负性大于苯基，然而在某种条件下苯基离去仍有可能。从分子结构出发，动态地研究极性反应三要素的变化，反应就可能按照苯基离去的反应机理进行：

在取代芳烃分子内，芳环 π 键本身就是富电体-亲核试剂，缺电的活泼氢显然是亲电试剂而磺酸根就是离去基，这样分子内具备了发生极性反应的条件。

一旦上述反应发生，则可改变磺基与苯基电负性的对比，从而改变其共价键上独对电子的偏移方向：与磺基成键的苯基碳原子由于失去了 π 键独对电子而成为碳正离子，其电负性剧增；而磺基因去质子化而电负性骤减；此消彼长的结果使得苯基碳原子的电负性大于磺基硫原子的电负性了，其共价键上独对电子必然向碳原子方向偏移，在氧负离子上的独对电子与磺基硫原子成键之时，硫原子电负性进一步下降并难以控制其与苯正离子之间的独对电子，故苯基正离子带着一对电子离去了。

在上述反应过程中离去的芳烃具有卡宾结构，重排成芳烃的反应比较简单，遵循极性反应的一般原理便容易解释反应过程。

上述介绍的所有碳负离子均是在亲核试剂作用下产生的，均是亲核试剂与亲电试剂成键后产生的离去基，这符合极性反应的一般规律。

**例 30：** 某医药中间体的合成过程经过如下烯烃加成反应：

此结构上由于烯烃与强吸电基羰基共轭，因而成为缺电体-亲电试剂了，当氨基上独对电子与缺电较多的 $\beta$-位烯烃碳原子成键时，$\pi$ 键离去生成碳负离子。当然此碳负离子还会与其邻位的羰基碳原子成键生成烯氧基负离子，两者处于可逆的共振平衡状态。这种碳负离子具有很强的亲核活性，在反应系统内容易与活泼氢生成共价键而相当于氨基对于烯烃的加成反应。

故此反应也是两个极性反应的串联过程：在第一个反应过程中，氨基独对电子是亲核试剂，缺电烯烃碳原子为亲电试剂，离去基为 $\pi$ 键本身生成了碳负离子，第二个反应过程是以碳负离子为亲核试剂，质子为亲电试剂，离去基为与质子缔合的酸根。

**例 31：** 2,3,4-三氟硝基苯的醇解反应机理如下：

在上述首步反应过程中，乙氧基为亲核试剂，硝基邻、对位与氟原子成键的缺电碳原子均为亲电试剂，此时活性较强的离去基为 $\pi$ 键，$\pi$ 键离去后便生成了碳负离子。在第二步反应过程中，亲核试剂是首步反应 $\pi$ 键离去后生成的碳负离子，亲电试剂是与首步反应同一个缺电碳原子，而此时氟原子带着一对电子离去了。

实际上，上述机理解析仍是一种简化的解析方法。因为作为活性中间体的碳负离子是与共轭体系相连的，分子内的极性反应三要素具备，生成共振异构体是必然结果：

尽管如此，还是前述简化的机理解析更有意义，它更直观地反映出电子转移所需要的条件，而只有电荷的集中才能增强其亲核活性，这是一般性规律。至于共振混合物的解析，只需要做一般性了解，懂得活性中间体与 π 键的共振规律便可。

通过如上碳负离子的离去过程解析，容易深化地认识极性反应过程的客观规律。若再参阅下一节负氢亲核试剂的产生与活性解析，就更容易理解和掌握极性反应的规律了。

## 4.4 负氢亲核试剂的结构与活性

氢作为亲核试剂与亲电试剂成键，就是人所共知的还原反应。

亲核试剂的一个主要特征就是具有独对电子。对于氢原子说来，只有一个电子轨道，装满了也就是一对电子，含有一对电子的氢负离子才是亲核试剂。然而，由于亲核试剂的亲核活性不仅取决于碱性强弱，还与其可极化度相关，而恰恰具有最小原子半径的氢负离子实在是太小了，根本不可变形、不可极化，这就决定了真正的氢负离子并没有亲核活性。氢化钠在有机合成过程中，只能作为一种强碱，而没有用作亲核试剂的可能和先例，这就是氢负离子本身并非亲核试剂的有利证明。那么，什么样的结构才能成为氢负离子亲核试剂呢？

能够成为氢负离子亲核试剂必须满足两个条件：一是氢原子在带走一对电子而成为负氢之前必须是与其他基团结合成键的，否则其可极化度太小就不能成为亲核试剂；二是与其成键的基团电负性必须是小于氢原子的，否则就不能在非均裂过程中产生负氢。而符合上述标准的负氢亲核试剂只有两类。

### 4.4.1 与低电负性元素成键的氢化物

为了使氢元素相对地具有较大的电负性，只能是电负性更低的基团与氢成键。氢化铝锂、氢化硼钠等还原剂正是这种结构，它同时满足负氢亲核试剂的两个条件。该还原剂的阴离子结构为：

$$R_2-\overset{\overset{\displaystyle R_1}{|}}{\underset{\underset{\displaystyle R_3}{|}}{B}}-H \qquad R_2-\overset{\overset{\displaystyle R_1}{|}}{\underset{\underset{\displaystyle R_3}{|}}{Al}}-H \qquad R_2-\overset{\overset{\displaystyle R_1}{|}}{\underset{\underset{\displaystyle R_3}{|}}{Pd}}-H$$

相对于氢负离子，上述化合物体积显然增大了许多，可极化度明显增加。相对于中心元素，氢原子显然具有相对较大的电负性，故容易发生异裂而产生并转移负氢。

有文献，如 Rosenmund 还原反应，将金属钯的催化作用解释为二氢钯烷结构[5b]：

$$H-\overset{\overset{\displaystyle H}{|}}{Pd}$$

由于 Pd 原子的电负性为 2.20，大于氢原子的电负性 2.04，因而并不满足氢原子具有较大电负性的条件。只有当钯原子的空轨道再得到电子或与独对电子络合，而转化成为钯负离子条件下，其电负性才能显著降低，氢原子才可能带走一对电子转移。

**例 32：** 2,3,5,6-四氟苯甲酸甲酯在四氢呋喃溶剂中与氢化硼钠反应生成四氟苄醇。

由此可见：2,3,5,6-四氟苯甲醛是中间产物，是整个反应过程必然经过的阶段。

从上述机理解析看出，四氢化硼负离子经还原反应之后生成了硼烷。硼烷本身是不能直接作为负氢亲核试剂的，从如下结构可看出其差别：

就可极化度而言，两者差距并不大，看不出明显差距，但就氢原子与硼原子间的电负性说来差异甚大。在硼烷分子中，尽管氢原子的电负性大于硼，但差距并不大，（氢原子为 2.20，硼原子为 2.04），而在四氢化硼负离子中，中心元素硼是带有单位负电荷的，根据电负性与其所带电荷的关系，硼负离子的电负性将显著下降，也正因为如此四氢化硼负离子在接近亲电试剂时负氢才能转移，故硼负离子上的氢原子才是亲核试剂。

通过如上分子结构分析，硼烷远比四氢化硼的亲核活性弱，甚至不具有亲核活性，很难成为负氢亲核试剂。况且硼烷本身又是路易斯酸，已经成为很强的亲电试剂了。而同一基团往往很难同时兼有较强亲核试剂与较强亲电试剂两种属性的，既然是强亲电试剂，一般就不会是强亲核试剂了，从这个意义上说硼烷也不可能成为强亲核试剂。

然而，亲电试剂是能够转化为亲核试剂的，带有独对电子的偶极溶剂，如四氢呋喃，正是起着这样的作用。如此看来，溶剂本身还兼有反应物-亲核试剂的功能，这正是选择醚类溶剂的原因，使得生成的路易斯酸又重新转化为硼负离子，这样中心硼原子的电负性下降，因而重新生成了负氢亲核试剂。由此可见，溶剂分子上独对电子进入硼烷的空轨道生成络合物，是硼烷上剩余氢原子转化成负氢的必要条件。

在笔者的直接经验中，四氢化硼负离子中的四个氢原子中有三个能作为负氢使用，而最后一个氢原子较难生成负氢，只能与更强的亲电试剂——质子成键。其原因可能是由于中心负硼原子受到三个正氧原子强吸电基影响的缘故。

容易理解：四氢化硼负离子在其还原反应过程中，各种负氢亲核试剂的亲核活性为：

容易理解：中心元素所带负电荷的多少与负氢亲核试剂的亲核活性相关：

容易理解：中心元素电负性的大小、可极化度的大小均影响负氢亲核试剂的亲核活性。如：铝的电负性为 1.6114，小于硼的电负性 2.046。两者的亲核活性为：

综上所述，低电负性元素氢化物的反应活性主要取决于氢原子与中心元素的电负性差，且电负性差越大，越容易产生负氢亲核试剂；此外还与其可极化度相关。

然而，凡事总是具有两重性，实际的还原反应并非只考虑还原反应活性，既不是反应活性越高越好，也不是能转移的负氢越多越好。反应选择性才是首要的、最优先考虑的因素。正因为如此，越来越多的此类还原剂被研制出来。

**例 33**：文献中某一还原反应选择了二乙基硼烷为还原剂，经查阅物理化学性质得知该化合物为易燃品，能否安全地使用该还原剂并达到预定的反应目标呢？

二乙基硼烷虽然易燃，但溶解于四氢呋喃之后便稳定了：

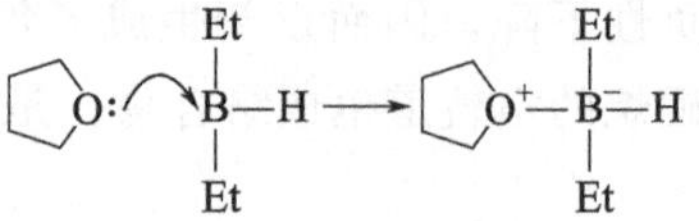

所生成的离子型化合物不易挥发，因而安全、稳定。此种络合物生成之后，不必担心其还原性，因为二乙基硼烷与四氢呋喃络合后，负硼离子的电负性更低，负氢也才更容易生成。换句话说，硼负离子的生成是负氢产生的必要条件。

**例34**：Gribble 吲哚还原反应，是用氰基氢化硼钠作为还原剂的[9]：

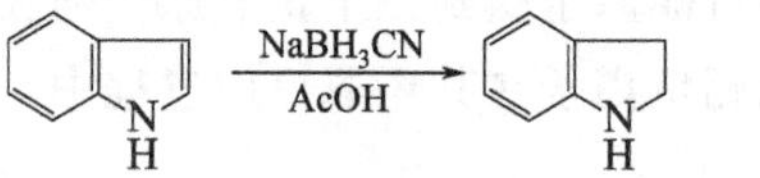

反应机理应为：

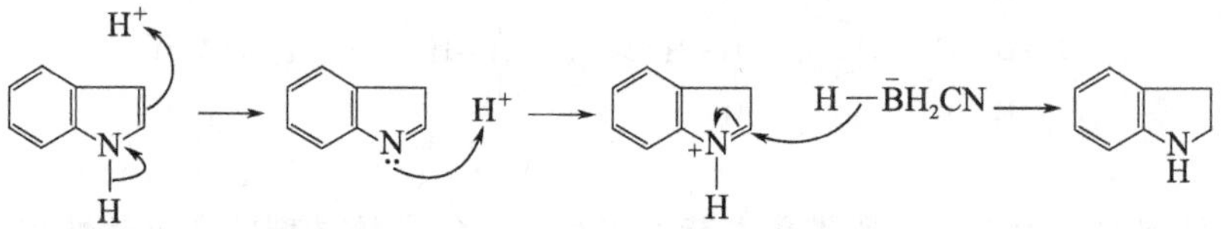

上述反应如果采用硼氢化钠还原的话，有 N-烷基化产物生成。之所以如此，是由于硼氢化钠的碱性较强而生成了氮负离子之故：

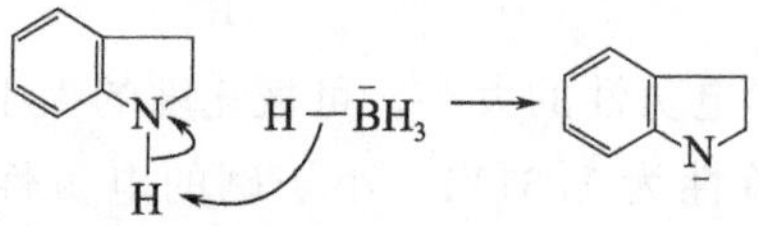

**例35**：Gribble 二芳基酮还原反应。是用氢化硼钠在三氟乙酸中还原二芳基酮和二芳基甲醇为二芳基甲烷[9]：

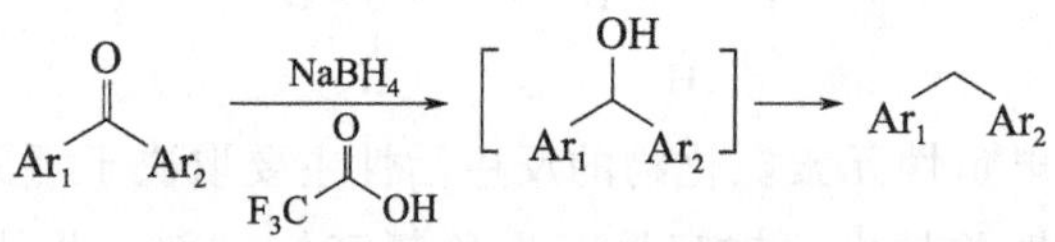

反应机理为：

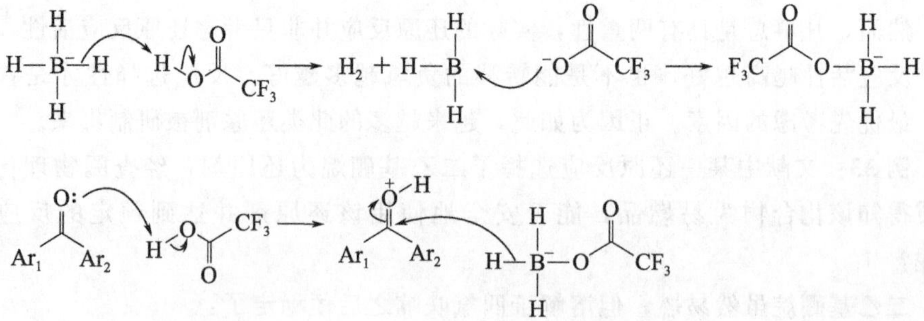

显然，硼烷的三氟乙酸络合物比其四氢呋喃络合物更容易实现负氢转移。如此看来，低电负性元素氢化物类还原剂有很多种选择，不同的氢化物的反应选择性不同。

### 4.4.2 与亲核试剂成键的氢化物

能使氢元素相对地具有较大的电负性的结构，必然是氢原子与电负性较低的元素成键。如若某元素是与亲核试剂成键的，则在亲核试剂上独对电子与其再成键过程中，容易导致该元素的电负性显著下降，此时与该元素成键的氢原子的电负性相对较大，负氢转移便成为可能。

此类能够实现负氢转移的还原剂的一般结构及负氢转移通式为：

上述结构中，H 表示氢，O 表示氧，M 代表 C、P、S、N 等其他元素，R 代表其他基团，E 代表亲电试剂。

实际上，负氢转移与烷基、芳基作为离去基的离去方式类似。在四面体结构的中心元素上同时与氢原子和负离子亲核试剂成键时，在该负离子再与中心元素成键过程中，中心元素逐渐得到了来自亲核试剂的电子而成为富电元素，从而导致其电负性下降，负氢转移便成为可能了，特别是当亲电试剂临近富电的氢原子时。

用半对电子转移则能更形象地表示负氢转移的中间状态：

这种中心元素中间状态的变化趋势，体现在所有极性反应过程之中，氢负离子离去是如此，碳负离子离去是如此，所有其它离去基的离去均为如此，没有例外。

此类还原剂包括但不限于如下结构：

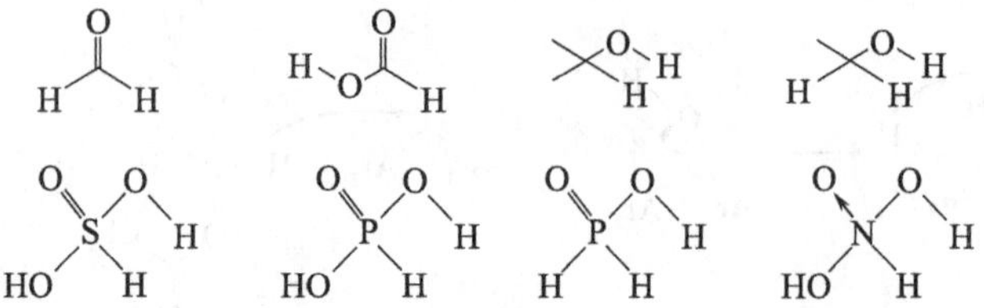

上述这些中心元素若直接与负离子成键时，负氢便能够转移。

**例 36**：Cannizzaro 反应是醛基发生自氧化自还原反应过程[10]：

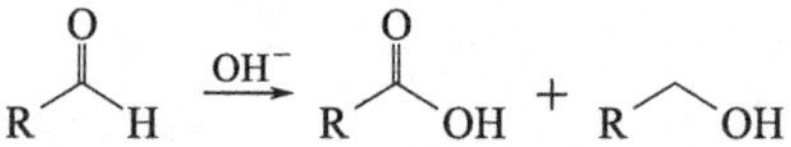

这里羰基首先与碱加成生成 $M_1$，$M_1$ 还可能去质子化生成 $M_2$[11]。

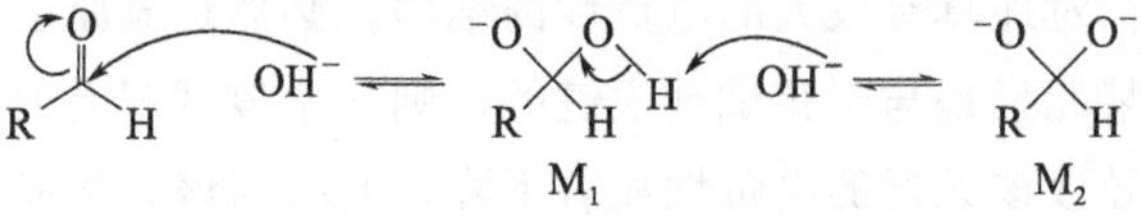

对于 Cannizzaro 反应机理，如下的两种反应均有可能：

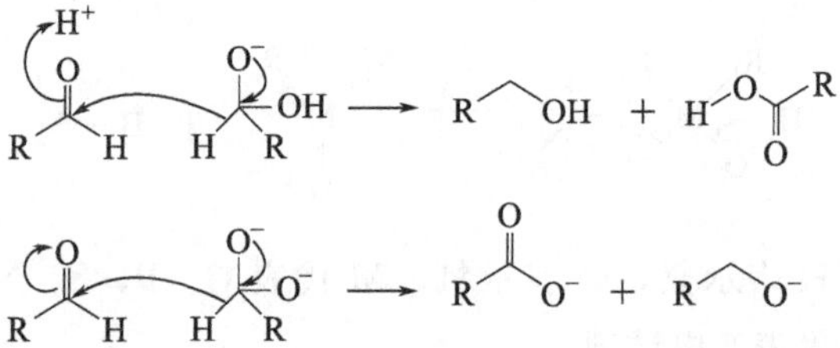

无论上述两种机理的哪一种，均符合负氢产生与转移的必要且充分条件，均离不开强碱的催化作用。

**例 37**：2,3,4-三氟-6-溴苯基重氮盐的还原反应：

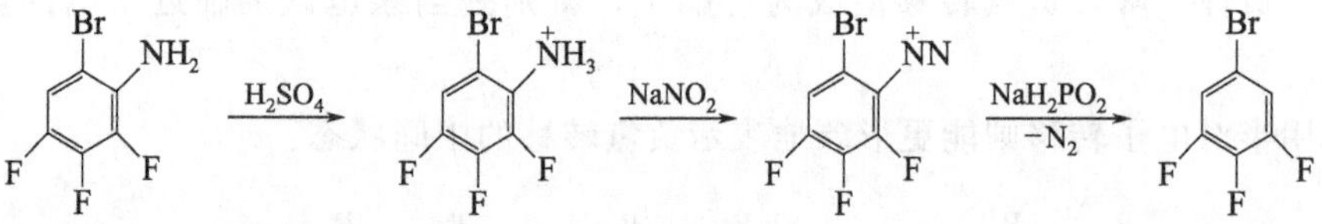

其重氮盐还原步骤的反应机理为：

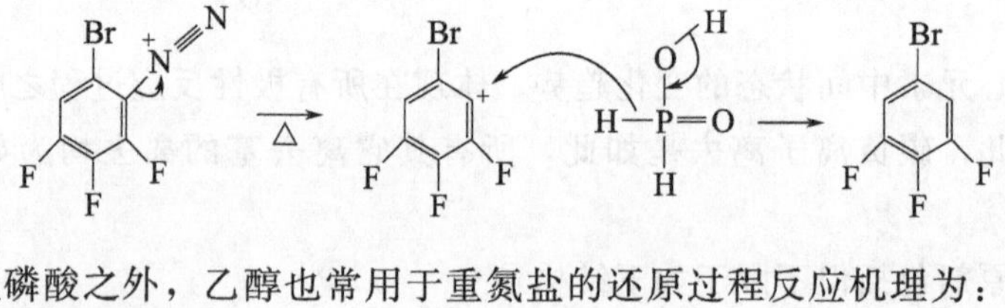

除了次磷酸之外，乙醇也常用于重氮盐的还原过程反应机理为：

容易理解：异丙醇也能将重氮盐还原成相应的芳烃。

只有当亲核试剂与中心元素成键，向中心元素供电时，此中心元素才可能成为富电体，该元素电负性才可能瞬间显著降低，从而导致负氢原子的转移。

**例38**：3-氯-4-甲基氟苯合成过程中有不易分离的还原副产物 S 生成。

其中主副反应产物是由同一个活性中间体生成的：

这种中心元素与亲核试剂成键过程中的电负性变化是负氢转移的必要前提。

### 4.4.3 按周环反应机理进行的负氢转移

这种负氢转移与前述极性反应不同，它是不同分子间协同进行的电子转移过程。之所以协同进行，就是这种反应体系内的亲核试剂与亲电试剂的活性较弱，两者不能独立地成键，只有几对独对电子协同地联动，才能实现几对电子的协同转移。尽管如此，周环反应仍与极性反应三要素相关，可视作极性反应的特殊类型。

按周环反应机理完成负氢转移的反应，典型的实例是以异丙醇铝、甲酸为还原剂的。

**例39**：Clark-Eschweiler 反应是胺的还原烷基化反应：

$$R-NH_2 + CH_2O + HCCOOH \longrightarrow R-N\diagdown$$

此反应过程中，甲酸作为还原剂，是负氢的供体。反应机理为[12]：

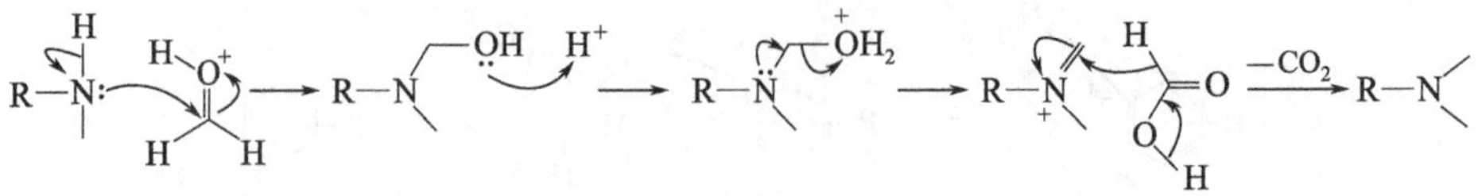

**例 40**：Meerwein-Ponndorf-Verley 还原反应，是用异丙醇铝还原酮成仲醇的反应。

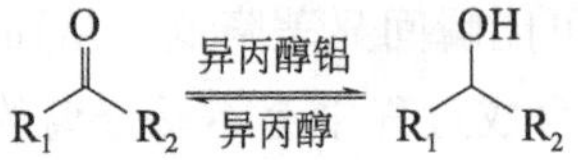

反应机理解析如下[13]：

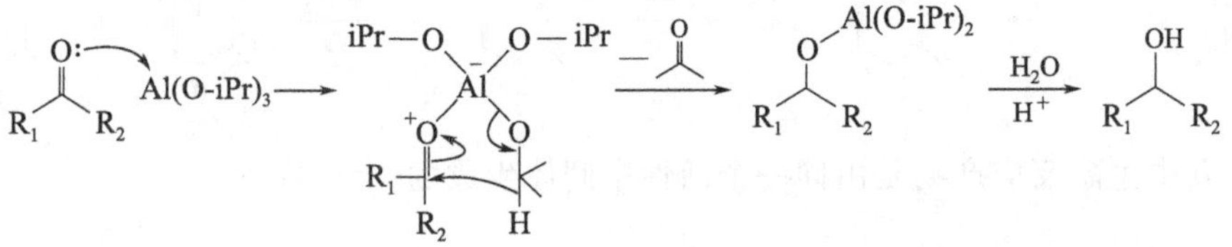

从如上机理解析式看出，与羟基成键碳原子上含氢是醇铝分子负氢转移的必要条件。由此不难推论：乙醇铝也是还原剂。

**例 41**：Tishchenko 反应是用醛与乙醇铝反应得到相应的酯和醇铝。

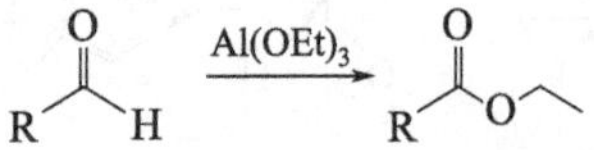

反应机理为[14]：

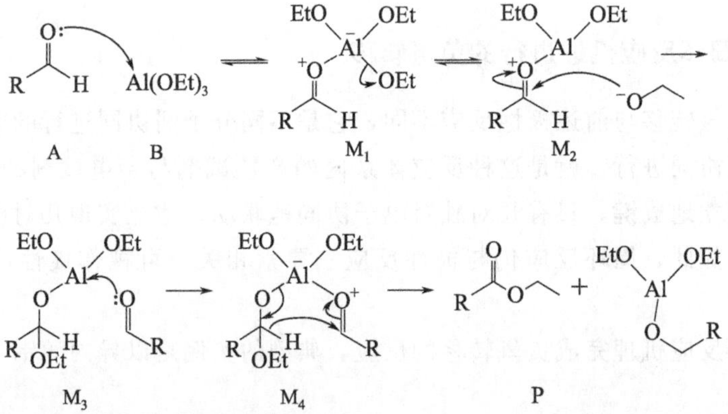

自 $M_4$ 至 P 明显见到负氢转移过程。

容易理解：叔醇铝分子上与羟基成键的碳原子上没有碳氢共价键，因而不可能存在负氢转移过程。

## 4.5 亲核试剂的催化与共振

为了准确解析反应机理并将其应用于有机反应优化过程，前提条件是能够识别与排序亲核试剂。这就要求首先找到亲核试剂，然后排序亲核试剂的活性，最后才是根据亲核试剂的活性次序推测反应机理。

因为任一极性反应总是最活泼的亲核试剂与最活泼的亲电试剂首先吸引、靠近、成键过程，它们之间的反应活化能才是最低的，在反应体系内含有两个或两个以上亲核试剂情况下，正确排序亲核试剂活性就显得格外重要了。

前已述及，亲核试剂的活性归根结底是由其富电子程度和可极化度决定的，这与其所带电荷及电子效应等直接相关。本节将侧重补充一些亲核试剂的催化及共振的相关内容。

## 4.5.1 两可亲核试剂

所谓两可亲核试剂并非是在同一分子上含有两个各自独立的亲核试剂，而是在同一基团上含有两个彼此影响、彼此关联的亲核质点，当其中一个亲核质点与亲电试剂成键后另一个亲核质点即刻消失。故所谓两可亲核试剂实质是一个亲核试剂可在两个位置与亲电试剂成键。

### 4.5.1.1 负离子与 π 键的共振结构

对于共轭体系说来，由于共轭效应是使电荷平均化的一种效应，因此作为富电体的亲核试剂会在其整个共轭体系内进行电荷再分布，从而形成双位或多位亲核试剂。

**例 42**：苯胺的溴化反应过程，既可生成邻位产物，也可生成对位产物。原因何在？

带有推电子共轭效应（＋C 基团）的芳烃均为邻对位定位基。之所以出现如上情况是由于共轭效应导致的共振状态所致。其中苯胺是最典型的代表：

这是由于亲核试剂上的独对电子与 π 键共轭，其独对电子极化了与其共轭的 π 键，使其转化成了亲电试剂与离去基，这样分子内具备了极性反应的三要素，因而分子内反应——共振必然发生。

容易理解：作为亲核试剂的氨基上的独对电子，也能与溴素成键，只不过苯胺的离去活性太强，产物不稳定而返回到初始的原料状态了：

容易理解：所有共轭体系都会存在上述共振状态，且共轭体系越大，亲核质点越多。

**例 43**：乙酰乙酸乙酯的烯醇式亲核试剂在与亲电试剂成键过程中，不同条件下会生成不同的异构产物【15】：

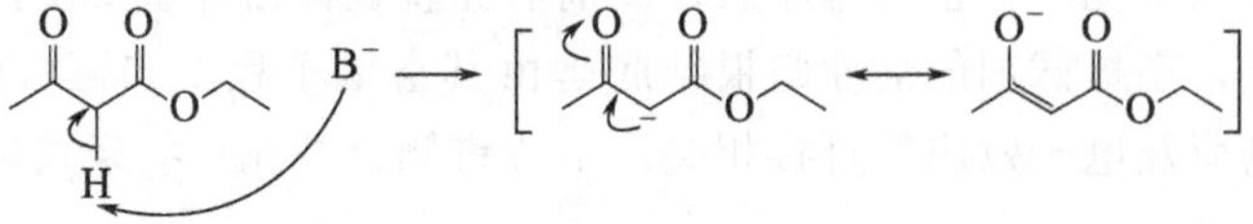

这里带有负电荷的两个位置均为亲核试剂，是典型的两可亲核试剂：

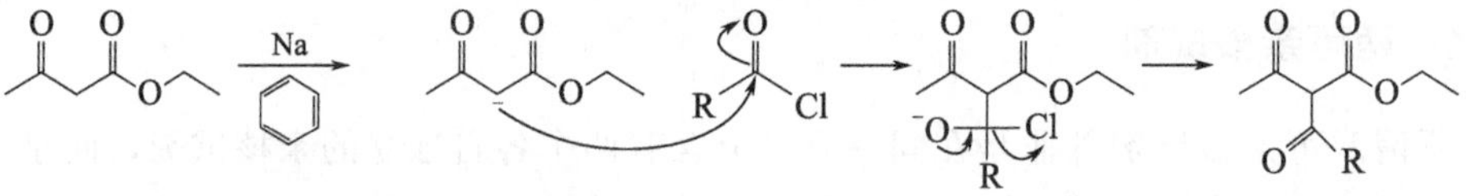

**例 44**：2-萘酚与溴苄的反应，在不同条件下生成不同的异构产物。

在碱性条件下于 DMF 溶剂中：

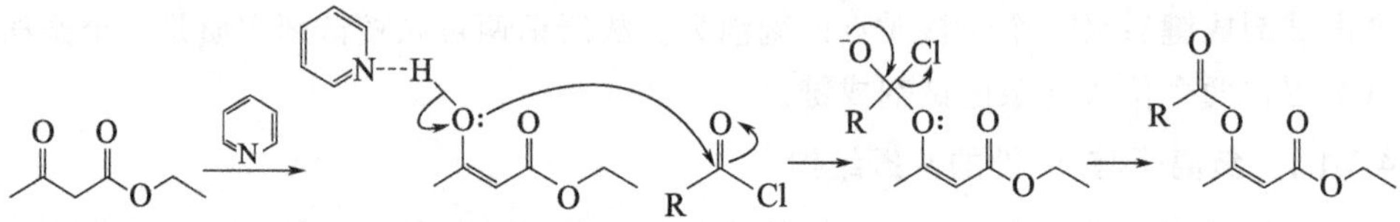

在酸性条件下于三氟乙酸溶剂中：

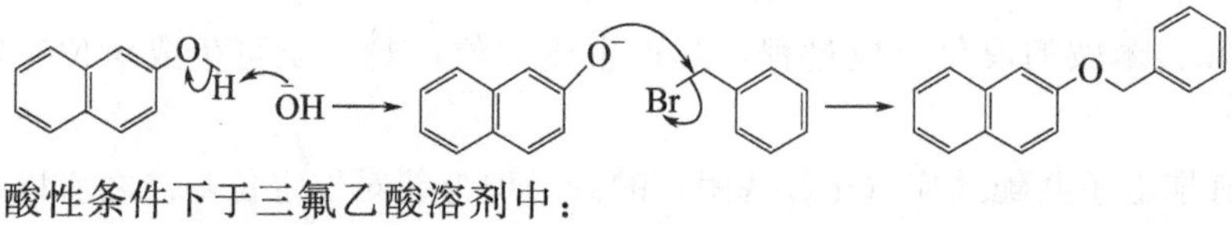

其它去质子化的负离子亲核试剂，如若与 π 键处于共轭位置，也必然出现共振状态，因而生成了带有负电荷的两种共振状态，即两可亲核试剂。

**例 45**：在合成某种杀菌剂过程中生成两个异构体：

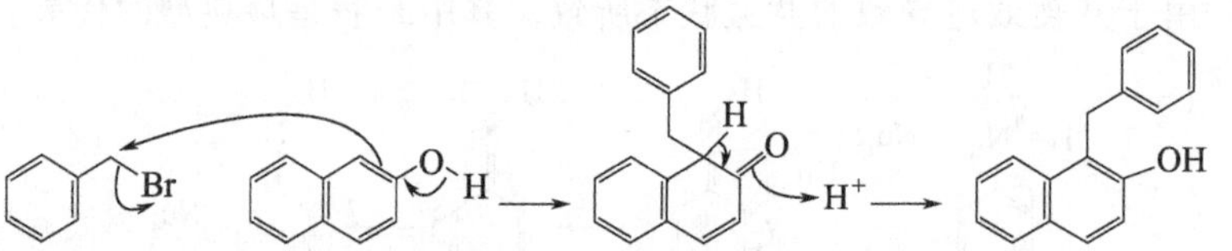

这是由于碱性条件下生成的负离子与 π 键共振所致：

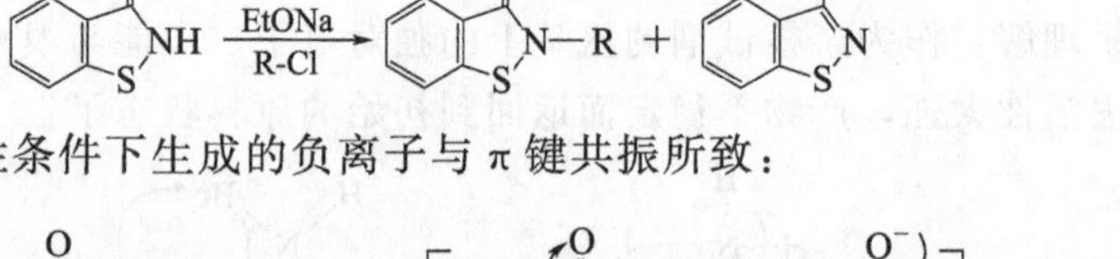

存在着共振的两可亲核试剂，势必产生两种异构体，没有例外，除非生成的某一种异构体不稳定。

综上所述，在负离子与 π 共轭条件下势必生成共振异构体。因而为两可亲核试剂。

### 4.5.1.2 与氧负离子成键的低价杂原子

两可亲核试剂的另一种结构形式为与负氧离子成键的低价杂原子。之所以成为两可亲核试剂，是由于氧负离子本身就是亲核试剂之一，它既可以直接与另一亲电试剂成键，也可以与其成键的杂原子再成键，使杂原子具有富电体性质，杂原子上的独对电子便成为亲核试剂了，由此产生了第二个亲核质点。之所以要求氧负离子与低价杂原子成键，又因为只有低价杂原子上才具有可能成为亲核试剂的独对电子，此种两可亲核试剂的结构与反应机理如下：

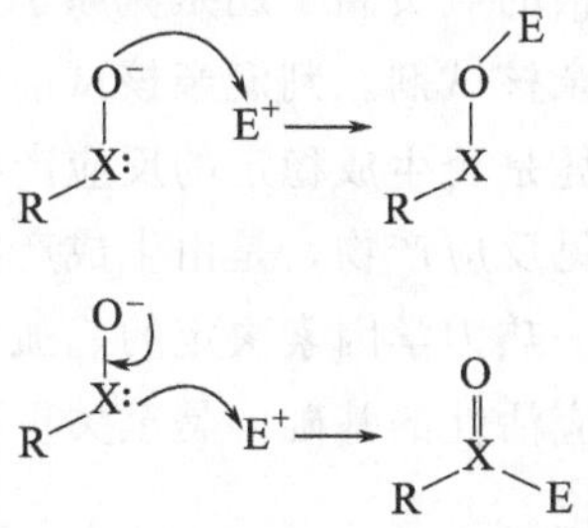

上述结构中：O 为氧原子；X 为低价杂原子，包括但不限于氮、硫、磷等；R 为其他取代基。

**例 46**：亚硝酸根负离子作为两可亲核试剂。氧负离子能与亲电试剂——质子成键：

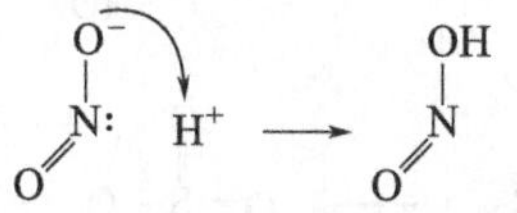

亚硝酸根氮原子上具有独对电子，在负氧离子与氮原子成键时独对电子便可成为亲核试剂了，正如亚硝酸根与卤代烷反应生成硝基烷烃那样。反应机理为：

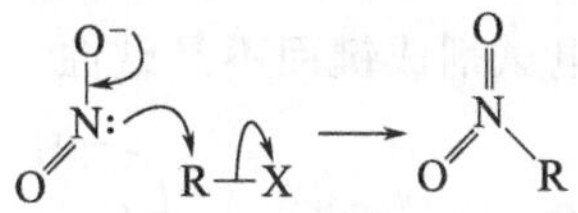

上述反应过程中，氮原子上独对电子在氧负离子与氮原子成键的条件下成为亲核试剂，该独对电子能与带有离去基的碳原子成键。

在部分文献中，仅将亚硝酸根中的负氧离子作为碱，只能与质子成键；而将亚硝酸根中氮原子作为亲核试剂，只与非质子的亲电试剂成键[2d]。这显然是片面的。

由于质子本身是亲电试剂之一，而且是最强亲电试剂，与氮原子上独对电子成键属于必然。只不过该反应处于平衡，而以逆向反应为主：

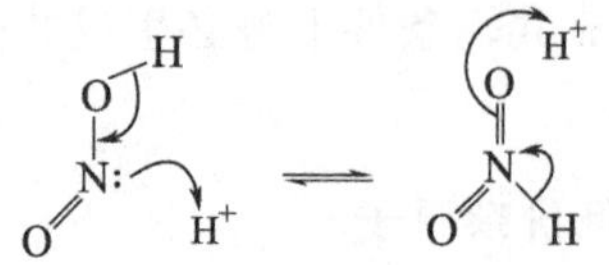

亚硝酸根上氧负离子也是富电体亲核试剂，必然与亲电试剂成键。只不过亚硝酸根的离去活性较强，因而并不稳定：

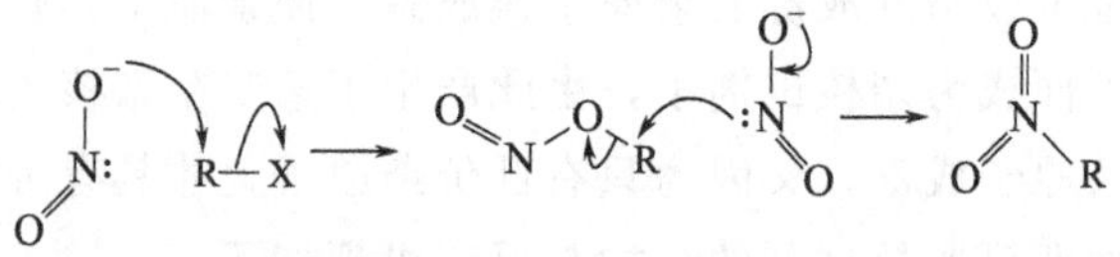

由此可见，无论亚硝酸根的氧负离子还是氮原子上的独对电子，均同时兼有碱性与亲核活性，属于两可亲核试剂。判定亲核试剂与亲电试剂应视其反应活性这一动力学因素，而不能仅凭是否生成稳定的反应产物这一热力学因素判断。一些客观存在的反应之所以未见反应产物，是由生成产物的不稳定性决定的，或者说是由离去基的离去活性这一热力学因素决定的。孤立地观察反应动力学与反应热力学因素是认识和排序反应活性的基础，是至关重要的理论依据，反之则势必得出片面的、以偏概全的结论。

**例 47**：与亚硝酸根类似，亚硫酸氢钠负离子也同样具有两可亲核试剂的性质：

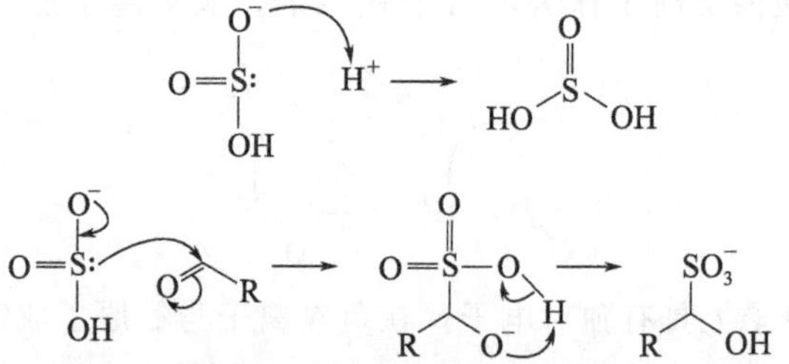

与亚硝酸根完全类似，亚硫酸根上氧负离子绝非仅仅能捕获质子而体现出碱性，硫原子也绝非只能与亲电试剂成键而不具碱性，下述反应照例存在：

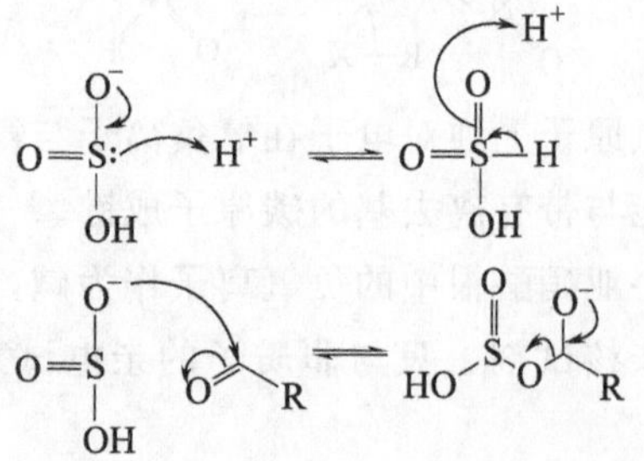

　　如上所述，只有孤立地研究反应热力学因素与反应动力学因素的基础上，才能全面理解和把握反应过程与反应结果。

　　此外，亚磷酸根、次磷酸根等既带有独对电子又与氧负离子成键的化合物，均具有两可亲核试剂的性质。此处不再举例，留给读者推敲。

### 4.5.1.3　其他两可亲核试剂

　　两可亲核试剂还应有更多的结构形式。若干文献将氰基视作具有两可反应性[2d]：

$$[:C≡N:]^-$$

亲核点　　亲电荷点

　　从分子结构分析，N、C 两元素均为富电体，成为两可亲核试剂是可能的。尽管氰化钠或氰化钾与卤代烷反应产物中只见腈而未见异腈生成，这也不能否认其两可亲核试剂的性质，因为异腈的离去活性较强，容易被其它亲核试剂取代：

$$\bar{C}≡N: \quad R{\frown}X \longrightarrow \bar{C}≡\overset{+}{N}{\frown}R \quad C≡N \longrightarrow R{-}CN$$

　　如此看来氰基是否两可亲核试剂，答案是不能否认，若能检测到中间体异腈的存在才是最有力的证明。而如今将氰基视作两可反应性的学者是以氰化银与卤代烷反应生成异腈来证明的：

$$R{\frown}X + AgCN \xrightarrow{S_N2} R{-}N≡C$$

　　然而，这种证明难以服人，因为氰化银与氰化钠并没有可比性。氰化钠是典型的离子键，而氰化银分子中的氰基与银元素之间的电负性之差较小，（氰基的电负性为 2.96，而银的电负性为 1.93），按照电负性差值 1.7 为界限判断，它们不是以离子键而是以共价键结合的，故氰化银并非氰基负离子。在氰化银分子上，碳原子已经不是亲核试剂了，分子内唯一的亲核试剂是氰基氮原子上的独对电子：

$$R{\frown}X \quad :N≡C{-}Ag \longrightarrow R{-}\overset{+}{N}≡C^-$$

　　上述生成物就是异腈的真正结构。

　　有些文献中将异腈划成配位键的形式，这可能来自于其合成反应的机理解析过程[16]。反应机理为：

　　这就是三键中配位键的来历。尽管如此，碳原子上照例应该具有负电荷，而氮原子上照样应有正电荷。而在此异腈结构中，碳、氮原子均为 sp 杂化轨道，显然 R-N-C 三元素在同一直线上，将此结构视作氮原子上 sp 杂化独对电子与 R 成键也可理解，这就与氰化银与卤代烷的产物结构一致了。故配位键划在三键上还是划在 N-R 单键上似乎没有区别，用什么方式表述，仅仅是个约定俗成的习惯，而以正负电荷标注异氰结构更能显示异腈的反应活性。

### 4.5.2 亲核试剂的碱催化过程

在一些极性反应的主原料中，亲核试剂并不存在，它是由碱性催化剂催化产生的。

#### 4.5.2.1 极性反应三要素与酸碱性的对应关系

存在三要素是极性反应进行的必要条件，而三要素及其活性与酸碱性之间存在着规律性的对应关系：亲核试剂是广义上的"碱"，亲电试剂是广义上的"酸"。

这从试剂结构便知，亲核试剂是带有独对电子的富电体，既然是富电体当然就是"碱性"了，而亲电试剂带有（或可腾出）空轨道的缺电体，当然就是"酸性"了。

**例 48**：酸碱中和反应本身就是极性反应的典型实例：

$$HO^- \quad H \quad O^+ \begin{smallmatrix} H \\ H \end{smallmatrix} \longrightarrow H_2O$$

式中，极性反应三要素与酸碱性的关系一清二楚。亲核试剂为碱，亲电试剂为酸，这在极性反应过程中已经成为铁律。

**例 49**：混酸硝化反应过程中硝酰正离子的生成：

其中第一步质子转移反应发生在硝酸与硫酸之间，显然提供独对电子的亲核试剂——硝酸为碱；而提供空轨道质子的硫酸为酸。上述酸碱作用的评价是针对反应试剂而不是产物的，切勿混淆。

**例 50**：磺化反应亲电试剂——磺酰正离子的生成：

其中第一步质子转移反应发生在两个硫酸分子之间，其中提供独对电子的硫酸分子（B）为碱，另一个提供质子的硫酸分子（A）为酸。

　　将亲核试剂定义为碱，而将亲电试剂定义为酸，不会造成概念上的混淆，没有例外。

### 4.5.2.2 碱性对亲核试剂的催化作用

　　上一节中提及：亲核试剂为碱。容易推论，当具有独对电子的碱从一个中性分子中得到一个质子后，一定生成另一个负离子-碱性亲核试剂：

$$B^- \quad H \overset{\frown}{\phantom{x}} X \longrightarrow B—H + X^-$$

　　这就意味着一个亲核试剂（$B^-$）的消失带来了另一个亲核试剂（$X^-$）的产生，实质上就是负离子-亲核试剂的交换过程。正是这种亲核试剂的交换，催化了另一亲核试剂的反应活性。

　　**例51**：在碱性条件下，丙酮溴化反应机理为：

　　丙酮的 $\alpha$-位碳原子在碱性条件下去质子化后，生成了碳负离子，这就是亲核试剂的碱催化过程。

　　实际上，已经生成的新碱—碳负离子仍然在催生另一亲核试剂。当然这是个可逆过程：

　　**例52**：在以醇为亲核试剂进行极性反应时，常常用到氢氧化钠醇溶液。实际上，这就是对于乙醇亲核试剂的催化过程：

　　生成的乙氧基负离子具有较强的亲核活性。

　　**例53**：将氟化氢溶解于吡啶或三乙胺溶液中以代替无水氟化氢作为亲核试剂，生成的裸露的氟负离子具有更强的亲核活性：

　　这也是碱性对于亲核试剂的催化作用。

　　总之，碱性总是催化亲核试剂活性的，这就是碱催化作用的对应关系，没有例外。在一定条件下，亲核试剂就是在碱的催化作用下产生的。

　　**例54**：二氧五环与醋酸酐的反应是在对甲基苯磺酸催化作用下进行的：

乍看起来，反应似乎不可能发生，因为环醚上的氧独对电子的亲核活性实在太低，只能与路易斯酸或质子成键，不能成为参与极性反应的亲核试剂。

然而，催化剂去质子后是能够生成共轭碱的，它可以作为亲核试剂催化上述极性反应的发生：

由此可见，识别亲核试剂并非易事，除了研究反应试剂分子结构之外，催化剂结构、溶剂结构均在反应机理解析范围之内。

### 4.5.2.3 亲核试剂的活性比较

影响亲核试剂活性的主要因素，已经在 4.1 中简要讨论过。由于分子结构的千变万化，排序所有的亲核试剂活性实际上是不可能的。

为了比较两个亲核试剂的亲核活性，让它们在同一体系内与同一亲电试剂反应，容易生成产物的亲核试剂其活性较强。

然而即便这样，也有其局限性。因为还有离去活性比较问题，还不能确定未生成产物的亲核试剂是否生成了中间状态而后离去了。故在讨论亲核试剂活性这一动力学问题时还要同时讨论该基团离去活性这一热力学问题。

尽管如此，依据影响亲核试剂活性的主要因素，能够一般性地判断亲核试剂结构与活性的关系。也只有正确地排序结构与活性关系，才能正确地解析反应机理，因为相对强的亲核试剂与相对强的亲电试剂的成键才是活化能最低、最容易进行且优先进行的反应。如若亲核试剂活性排序倒置，解析出的反应机理自然无理。

纵观错误的反应机理解析结果，往往不是在识别亲核试剂上出错，而是在排序亲核试剂反应活性上错误较多。

**例 55**：Auwers 反应是 2-溴-2-(α-溴苄基) 苯并呋喃酮经碱处理转变为黄酮醇的反应[17]：

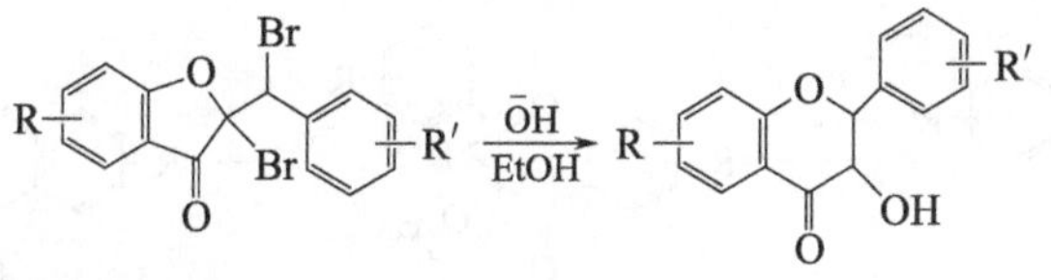

反应机理的原有解析为：

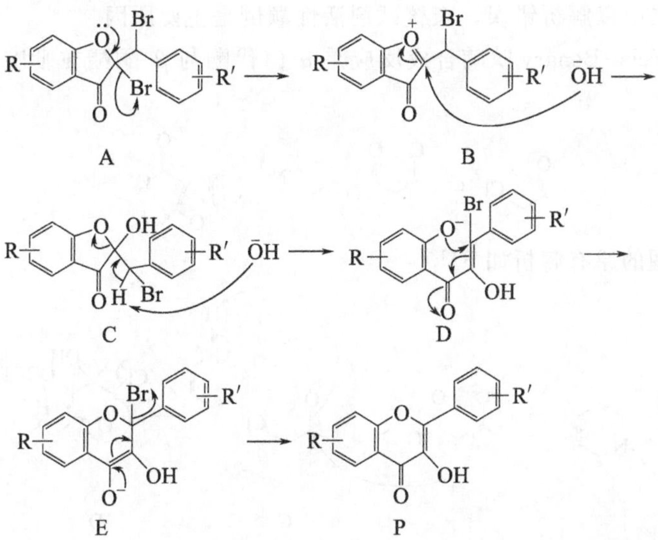

由 A 至 B 过程，以醚基团上氧的独对电子为亲核试剂是不合理的。系统内的碱远比醚基团上氧独对电子的亲核活性更强，即便乙醇的亲核活性也远高于醚，毕竟它还是含有活泼氢的亲核试剂。实际上，由碱直接与溴代碳原子成键就直接生成 C 结构了：

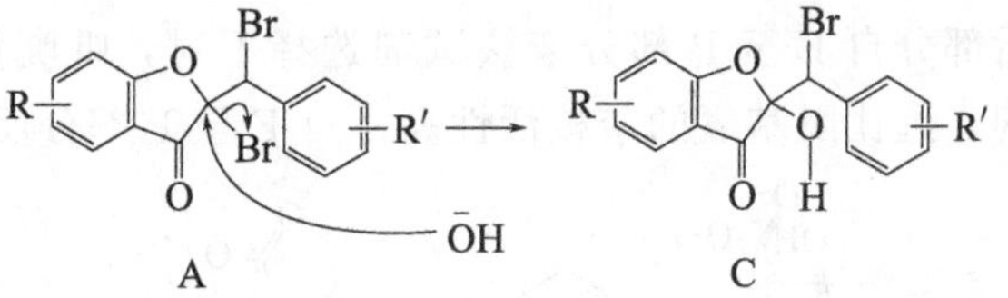

原机理解析的由 C 到 D 是由氢氧根再次与氢原子成键而实现消除，而开环又是不合理的，这是亲电试剂选择错误。C 结构上羟基的氢显然更活泼，而羟基去质子后所生成的氧负离子亲核试剂重新与其相连碳原子成键，导致苯氧基离去开环才更合理，因为这是半缩醛的不稳定结构：

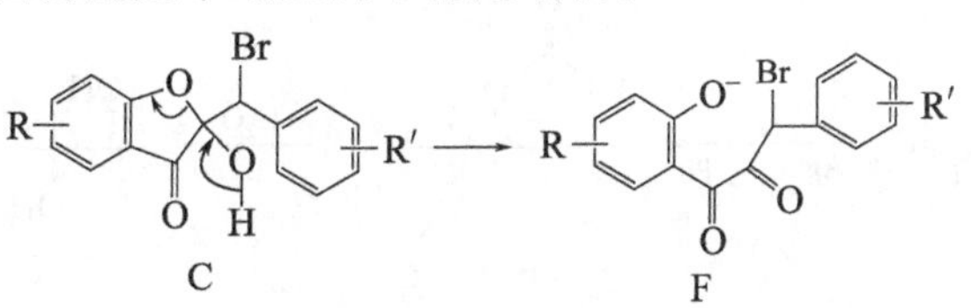

　　然后，由苯氧基负离子为亲核试剂与卤碳原子成键，溴素离去。最后重排成产物：

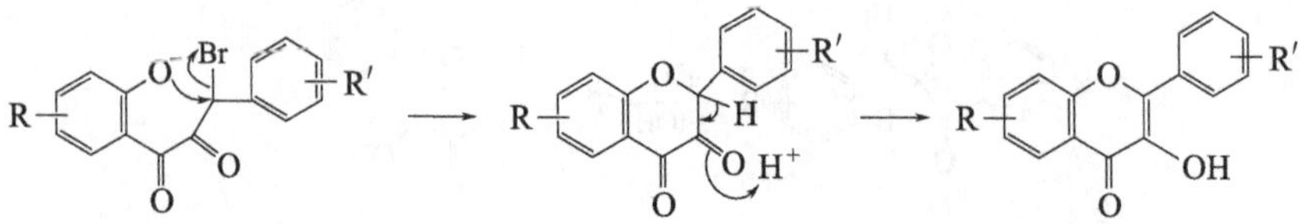

F　　　　　　　　　　　　　G　　　　　　　　　　　　　P

　　原机理之所以解析错误，亲核试剂活性颠倒是主要原因。

　　**例 56**：Feist-Benary 呋喃合成反应是 α-卤代酮与 β-酮酯在吡啶催化作用下完成的：

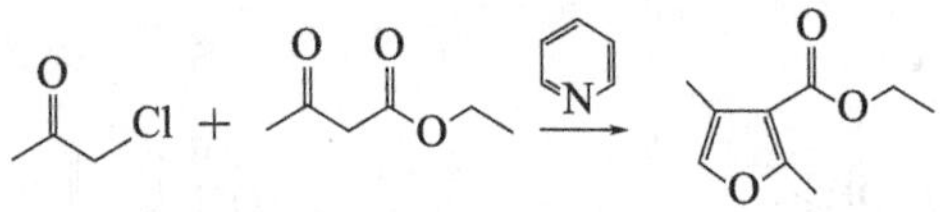

　　反应机理的原有解析如下[18]：

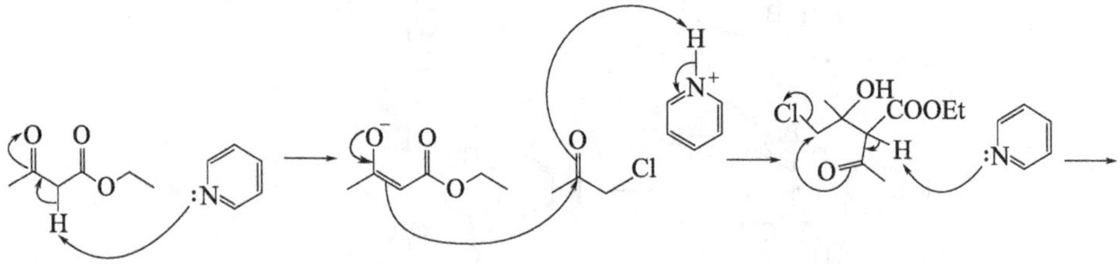

A　　　　　　　　　B　　　　　　　　　C　　　　　　　　　D

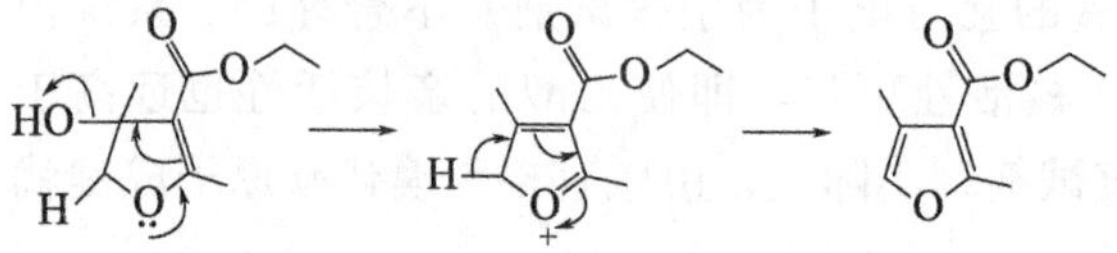

E　　　　　　　　　F　　　　　　　　　P

　　上述机理的后部分自 E 至 P 部分亲核试剂选择不对，吡啶氮上的独对电子是较强的亲核试剂，远比醚基氧的亲核活性高。自 E 至 P 部分反应机理修改为：

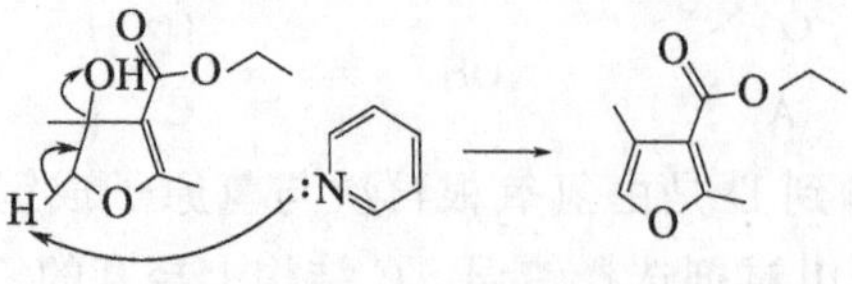

E　　　　　　　　　　　　　　　　　　P

　　**例 57**：Prevost-trans-二羟基化反应如下：

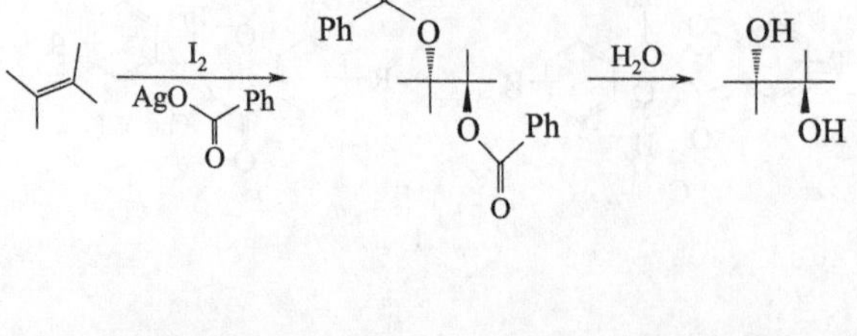

反应机理的原有解析为[19]：

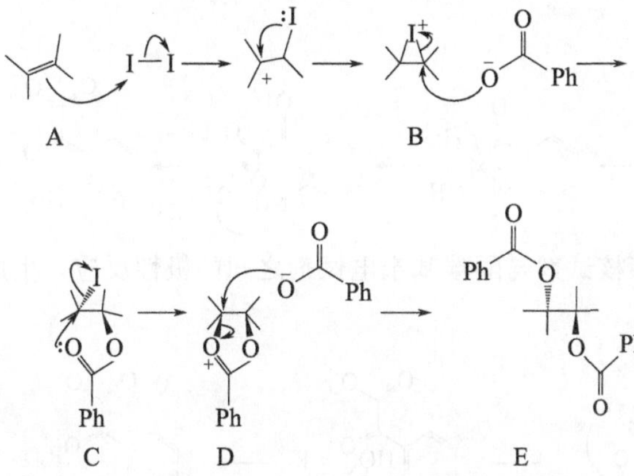

上述机理中，自 C 至 D 部分亲核试剂选择显然错误，因为羰基氧的亲核活性极弱，不可能与带有离去基的亲电试剂成键，而羰基成键的必要条件是生成氧负离子。故自 C 至 P 部分反应机理应为：

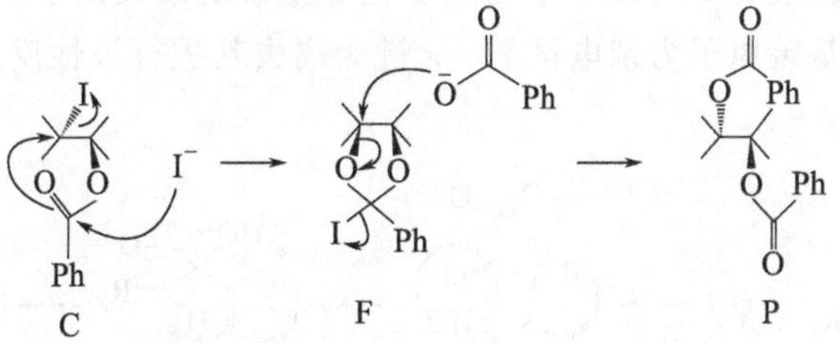

**例 58**：Pfitzinger 喹啉合成反应为：

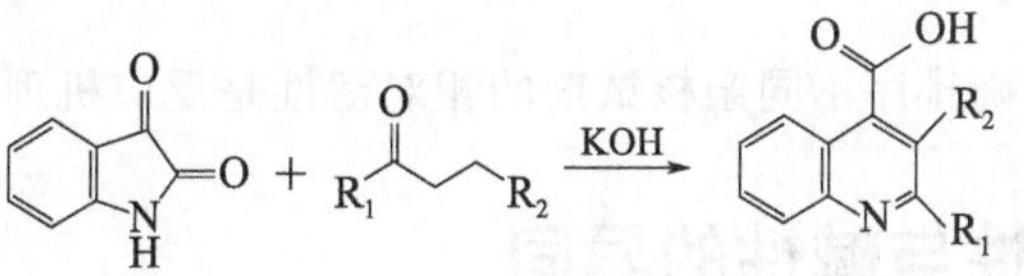

原有的机理解析为[20]：

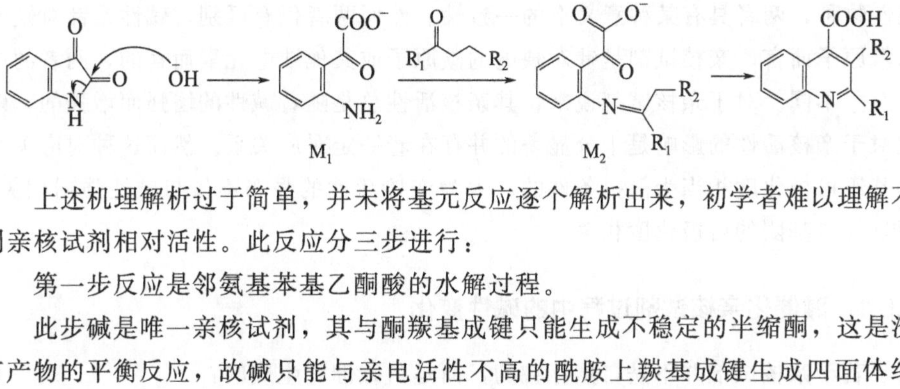

上述机理解析过于简单，并未将基元反应逐个解析出来，初学者难以理解不同亲核试剂相对活性。此反应分三步进行：

第一步反应是邻氨基苯基乙酮酸的水解过程。

此步碱是唯一亲核试剂，其与酮羰基成键只能生成不稳定的半缩酮，这是没有产物的平衡反应，故碱只能与亲电活性不高的酰胺上羰基成键生成四面体结构，然后氧负离子重新与其成键的碳原子再成键过程中导致芳胺离去、酰胺水解生成 $M_1$：

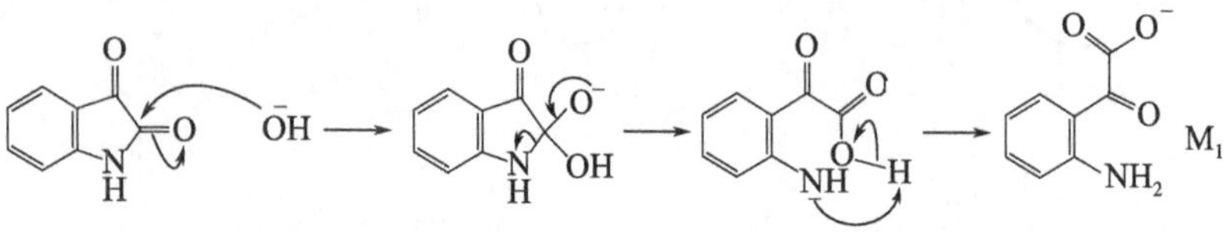

第二步反应是芳胺亲核试剂与酮羰基亲电试剂之间的极性反应，生成缩合产物 $M_2$：

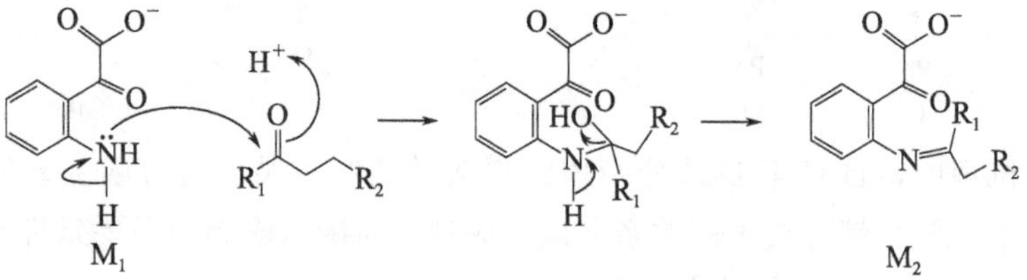

第三步是亚胺基的 $\alpha$-位碳原子去质子化后生成的碳负离子（或其共振结构）为亲核试剂、羰基碳原子为亲电试剂、$\pi$ 键为离去基进行极性反应的，环合后脱水成喹啉：

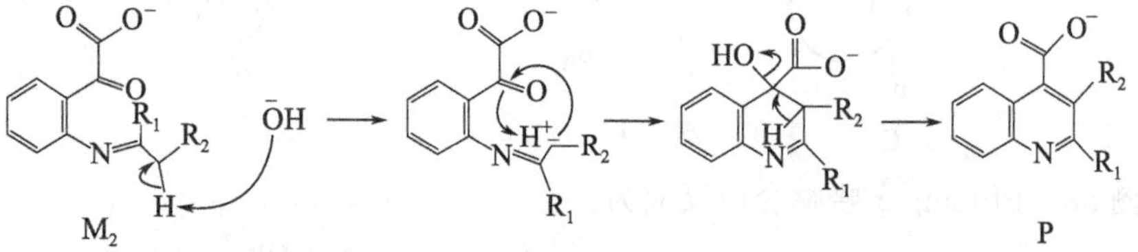

由此可见，正确排序不同亲核试剂的相对活性是反应机理解析的基础。

## 4.6 亲核活性与碱性的异同

前已述及，碱是具有独对电子的亲核性物种，亲核试剂也是具有独对电子的碱性物种，两者具有某种意义上的一致性。然而两者仍有区别，碱性是针对缺电的氢原子而言，亲核试剂是针对缺电的碳原子或其他缺电元素而言的，两者的成键对象不同。对于亲核试剂说来，其亲核活性总是随着碱性的增强而增强的，碱性对于亲核活性的影响是十分显著的并存在着一定对应关系。然而这种对应关系是基于可极化度相当为前提条件的，因为亲核活性的强弱不仅与碱性强弱相关，而且与该基团的可极化度相关。

### 4.6.1 碱催化亲核试剂过程中的碱性变化

若干亲核试剂并不是自然存在的，而是由碱催化生成的：

$$B^- \quad H - \overline{N}u \longrightarrow B - H + \overline{N}u$$

式中. B⁻代表碱，N̄u代表亲核试剂，H 代表缺电的氢原子。这里的碱 B⁻仍为广义上的亲核试剂，Nu⁻ 也是广义上的碱；H—Nu 为广义上的酸，而 H—B 为碱 B⁻的共轭酸。

由酸碱中和的一般概念得知：反应过程总是朝着生成弱酸、弱碱的方向进行的。因此，凡是通过碱催化过程离去的亲核试剂，其碱性总比催化剂用碱更弱。

**例 59**：碱催化乙酰乙酸乙酯分子的反应机理为：

根据酸碱中和的一般概念，生成的离去基的碱性要弱于氢氧根的碱性。

## 4.6.2 碱催化亲核试剂过程中的亲核活性变化

对于 4.6.1 所述的碱催化过程，尽管在碱性交换过程中碱性呈下降趋势，然而离去基的亲核活性变化趋势则与此不同，且往往相反，亲核活性是随着碱性的减弱而增强的。

如上例中的碱催化乙酰乙酸乙酯过程，其亲核活性的变化趋势为：

这是由于亲核活性既取决于碱性强弱，还与可极化度的显著影响相关。

在亲核试剂交换或称碱性催化过程中，碱性的减弱与亲核活性增强是个普遍趋势。

综上所述，亲核试剂是具有独对电子的碱性基团，其活性主要受碱性、可极化度、所带电荷影响，碱性基团催化产生的亲核试剂是由离去基转化的，离去活性强的亲核试剂难于生成稳定产物。

## 参 考 文 献

【1】 陈荣业. 分子结构与反应活性. 北京：化学工业出版社，2008. 142~143.

【2】 邢其毅，裴伟伟，徐瑞秋，裴坚. 基础有机化学（第三版）. 北京：高等教育出版社，2005. a，315；b，461；c，375；d，265~266.

【3】 Micheal B. Smith Jerry March. March 高等有机化学. 李艳梅译. 北京：化学工业出版社，2013. a，471；b，36~38.

【4】 Bradsher C K. J Am Chem Soc 1940，62：486.

【5】 Jie Jack Li. 有机人名反应及机理. 李艳梅译，上海：华东理工大学出版社，2003. a，51；b，343.

【6】 Theoclitou M E, Robinson L A. Tetrahedron Lett, 2002, 43: 3907.

【7】 Oyman U, Gunaydin K Bull. Soc Chim Belg 1994, 103: 763.

【8】 Miyatani K, Ohno M, Tatsumi K, et al. Heterocycles, 2001, 55: 589.

【9】 Gribble G W. Chem Soc Rev, 1998, 27: 395.

【10】 Cannizzro S. Justus Liebigs Ann Chem, 1853, 88: 129.

【11】 Sen Gupta A K. Tetrahedron Lett, 1968, 5205.

【12】 Rosenau T, Potthast A, Rohrling J, et al. Synth Common, 2002, 32: 457.

【13】 Jerome J E, Sergent R H. Chem Ind 2003, 89: 97.

【14】 Shirakawa S, TakaiJ, Miura T, Maruoka K. Heterocycles, 2003, 59: 57.

【15】 姚蒙正, 程侣柏, 王家儒. 精细化工产品合成原理, 北京: 中国石化出版社, 2000. 15~20.

【16】 孙牧. 甲酰化法合成异腈研究: [学位论文]. 南京: 南京理工大学, 2014. 3, 11.

【17】 Auwers K Ber Dtsch Chem Ges, 1908, 41: 4233.

【18】 Calter M, Zhu C, Lachicotte R. J Org Lett, 2002. 4: 20.

【19】 Sabat M, Johnson C R. Tetrahedron Lett, 2001, 42: 1209.

【20】 Pardasani R T, Pardasani P, Sherry D, Chaturvedi V. Indian J Chem, Sect. B. 2001, 40B. 1275.

# 第5章

# 亲电试剂

亲电试剂之所以亲电，是因其为缺电体的缘故，此处所谓的缺电体可分成两类：一类是指中心元素的外层轨道中存在空轨道，其中包括质子和路易斯酸等；另一类是在中心元素上存在着一个容易带着一对电子离去的、电负性相对较强的离去基团，该离去基团不易先行离去，而只能在亲核试剂与这个中心元素成键过程中协同地离去，我们可将其视为准路易斯酸。

上述的两种亲电试剂也可以这样描述，前者为天然存在的或预先生成的缺电体，后者只存在缺电趋势，而只有在亲核试剂与其成键过程中才表现出的缺电状态。无论哪种缺电体，缺的都不是一个而是一对电子。

## 5.1 空轨道型亲电试剂

此处所谓的空轨道型亲电试剂包括但不限于公认的路易斯酸，而且包括反应过程生成的、缺少一对电子的活性中间体。此类亲电试剂由于存在着空轨道而容易与亲核试剂上的独对电子成键。

### 5.1.1 路易斯酸亲电试剂

人们熟知的路易斯酸中最有代表性的来自于第三主族元素，其外层的三个电子与其他元素形成共价键后剩余了一个空轨道。硼、铝化合物正是路易斯酸类化合物的典型代表。

**例1**：三氯化铝与氯气的络合与裂解：

$$\text{Cl} - \text{Cl} : \curvearrowright \text{AlCl}_3 \longrightarrow \text{Cl} - \overset{+}{\underset{\downarrow}{\text{Cl}}} - \bar{\text{Al}}\text{Cl}_3 \longrightarrow \text{Cl}^+ + \bar{\text{Al}}\text{Cl}_4$$

这是一种简化的机理表达方式。在上述两步反应过程中，中间状态的活性络合物生成是必然的，至于氯—氯单键是否断裂，是否真正生成了独立、稳定的氯正离子，确切地只能说是存在这个趋势。无论如何，在实际反应过程中，氯原子的亲电活性确实是显著提高了，实验现象观察到的催化作用与前述机理解析并不矛盾，至于是生成了有缺电趋势的、部分缺电的氯原子，还是确实定量生成了独立存在的氯正离子也就不那么重要了。

由此可见，路易斯酸与氯分子生成氯正离子只是个形象地的表述方法，而这种表示方法确有其优势，就是直观地、形象地表示出了电子的转移过程，观察到了这是一种分子被路易斯酸催化后生成了另一种路易斯酸结构的过程，此处氯正离子正是另一种路易斯酸结构。

若将氯分子与三氯化铝络合反应以半对电子转移的中间状态表示出来，也能看到路易斯酸对于氯分子的催化作用与效果：

$$Cl-Cl \quad AlCl_3 \longrightarrow \overset{\delta^+}{Cl}\cdots Cl \cdots \overset{\delta^-}{AlCl_3}$$

这也同样地表明了三氯化铝的亲电试剂性质及其对于亲电试剂的催化作用，甚至有可能更真实。然而前者形象地表达方式更直观，更简单，也更容易理解。

路易斯酸三氯化铝对于卤代烃或酰基卤的催化作用，也可以类似形象地表述成生成碳正离子的形式：

$$R-\ddot{C}l: \quad AlCl_3 \longrightarrow R-\overset{+}{Cl}-\bar{A}lCl_3 \longrightarrow R^+ + \bar{A}lCl_4$$

$$\underset{R}{\overset{O}{\|}}C-\ddot{C}l: \quad AlCl_3 \longrightarrow \underset{R}{\overset{O}{\|}}C-\overset{+}{Cl}\ \bar{A}lCl_3 \xrightarrow{-\bar{A}lCl_4} \underset{R}{\overset{\overset{\cdot\cdot}{O:}}{\|}}C^+ \longrightarrow R-\equiv\overset{+}{O}$$

同理。三氟化硼的空轨道也是相当强的亲电试剂，能与很弱的醚类亲核试剂络合成键：

$$\diagdown\overset{\cdots}{O}\diagup \quad BF_3 \longrightarrow Et_2\overset{+}{O}-\bar{B}F_3$$

其它硼类化合物也是如此。由于路易斯酸是相当强的亲电试剂，因而容易与带有独对电子的亲核试剂成键，在非酸性条件下尤其如此，没有例外。

**例2**：某公司选择二乙基硼烷作为还原剂，在研究其安全性时发现其属于易燃物种，如何安全使用二乙基硼烷还原剂呢？

由于硼烷属于路易斯酸，其空轨道容易与独对电子络合：

$$\underset{}{\diagup\!\!\!\overset{\cdots}{O:}} \quad \underset{Et}{\overset{Et}{|}}B-H \longrightarrow \underset{}{\diagup\!\!\!\overset{+}{O}}-\underset{Et}{\overset{Et}{|}}B-H$$

生成的络合物分子量增大，不易挥发、较为安全。

那么上述生成的络合物是否还具有还原剂的性质呢？

第4章中已经述及，络合物的硼负离子电负性显著下降，便于氢原子带着一对电子离去，而恰恰能够离去的氢负离子才是真正的亲核试剂即还原剂。显然，硼负离子的生成恰恰是氢负离子产生的必要条件。

**例3**：甲基氯化镁与硼酸三甲酯反应，生成甲基硼酸的反应过程：

在反应之后的酸化步骤，溢出白色气体遇空气燃烧。原因何在？

若生成物完全是硼酸，无论是一取代硼酸还是二取代硼酸，因其极性较强所致，都不会挥发出来。故易挥发物一定是低沸点的、弱极性的连串副产物。反应机理为：

由上述机理容易理解：在碱性条件下，三甲基硼的空轨道是被甲氧基占据的，这种离子状态的化合物极性较强而不易挥发，只有在酸性条件下才能解离并挥发出来。这就是酸化后燃烧的原因。由此容易看到路易斯酸的一般性质，就是在碱性条件下路易斯酸外层空轨道已经被独对电子填满而处于络合状态，只有在酸性条件下才能游离出来：

$$R_3\bar{B}-Y + H^+ \underset{OH^-}{\overset{H^+}{\rightleftharpoons}} R_3B + Y-H$$

式中，Y为带有独对电子的亲核试剂。

除了硼、铝化合物外，三氯化铁、二氯化锌也是路易斯酸，其中二氯化锌的中心元素锌原子上存在着不是一个而是两个空轨道。类似地，格氏试剂或锌试剂上的镁、锌原子也都属于路易斯酸的性质，其中的空轨道能与醚类络合[1]：

还有一些公认的路易斯酸，如四氯化锡、四氯化钛、四氯化铅等，就其结构本身说来并非路易斯酸结构，因为并不存在天然的空轨道。这些化合物在若干反应过程中实际上起着路易斯酸的作用，原因是其中一个氯原子极易带着一对电子离去，故只能视作"准"路易斯酸，即在亲核试剂与其成键过程中容易腾出空轨道，反应机理将在本章后续章节讨论。

总之，空轨道的存在决定了路易斯酸具有较强的亲电试剂性质。

### 5.1.2 缺电正离子亲电试剂

所谓缺电正离子亲电试剂，特指杂原子的外层一个轨道缺少一对电子而呈正离子的状态。此处不包括碳正离子，碳正离子将在下节单独讨论。

**例 4**：芳烃硝化反应的亲电试剂。

正如第 4 章中所述，芳烃与带有正电荷的试剂发生反应时，本身为富电体亲核试剂，硝化反应亲电试剂的结构与生成机理为：

混酸中硫酸分子上的质子为亲电试剂的催化剂，质子对于亲电试剂的催化作用是一个普遍规律，它总是催化了亲电试剂的反应活性，没有例外。然而这种催化作用往往是通过催化离去基的离去活性而间接实现的，正如上述反应的第二步脱水反应需要预先质子化生成正氧离子那样。

**例 5**：芳烃磺化反应的亲电试剂结构。

长期以来，人们一直将三氧化硫作为磺化反应的亲电试剂，其依据之一是在反应体系中测出有微量 $SO_3$ 存在，其依据之二是以 $SO_3$ 为磺化剂比其它磺化剂的反应活性更高[2a]。然而，通过解析磺化剂的生成机理，就容易判断真正的磺化反应活性中间体结构：

显然，第一个中间体 $E_1$ 是硫酸的质子化产物，质子化后水的离去活性增强，此时的硫原子已经具有亲电活性了；$E_2$ 是 $E_1$ 的脱水产物，它是 $E_1$ 的水分子离去后生成的磺酰正离子，其亲电活性显然较 $E_1$ 明显增强；$E_3$ 是三氧化硫，它是 $E_2$ 磺酰正离子脱质子产物，由于质子化是催化亲电试剂活性的，故脱质子后的亲电试剂活性势必降低。由此可见，磺酰正离子才是系统内最具活性的亲电试剂，磺化反应主要发生在芳烃与磺酰正离子之间：

至于三氧化硫是最强的磺化剂的原因，不能只做简单、表面化地分析、理解，因为系统内芳烃中或多或少地含有水分之缘故，因而不能否定上述反应机理解析所得出之结论。

而磺酰正离子是三氧化硫及其共振化合物的质子化产物，因而其亲电活性势必最强：

显然，这才符合酸对于亲电试剂催化作用的一般原理。

**例 6**：2,3,4-三氟苯胺溴化反应机理。

由芳胺类所具有的活泼氢所决定，其亲核活性较强，但仍需催化反应过程，实例中用乙酸为溶剂本身就是对于亲电试剂溴素的催化过程。反应机理为：

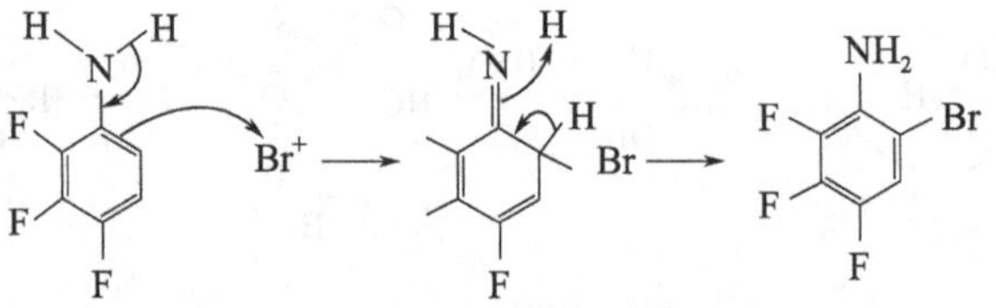

这与路易斯酸对于亲电试剂的催化作用类似，均是提供空轨道催化离去基，从而间接地催化了亲电试剂，只不过催化作用不及路易斯酸。用半对电子转移来描述质子酸对于卤素的催化作用也能看出亲电试剂的活性变化：

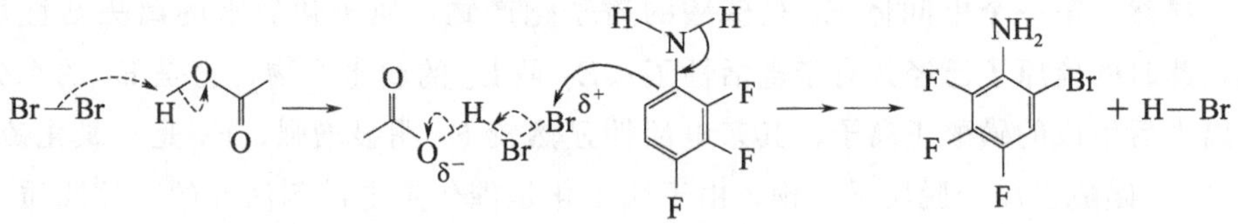

总之，缺电正离子亲电试剂总是在酸催化状态下生成的，总是生成了相当于带有单位正电荷的离子，该正离子因存在一个空轨道而具有路易斯酸的结构与性质，因而容易与亲核试剂成键[3]。

### 5.1.3 碳正离子亲电试剂

当碳原子与电负性较大的基团生成共价键时，在一定条件下能使电负性较大的基团离去而生成碳正离子，这种缺少一对电子的碳正离子仍属于路易斯酸型结构，是极强的缺电体-亲电试剂，非常容易与亲核试剂成键。

#### 5.1.3.1 $S_N1$ 机理生成的碳正离子

正如 $S_N1$ 反应机理所描述的，如果中心碳原子上的离去基容易离去，且生成的碳正离子又比较稳定，则碳正离子容易生成，该碳正离子具有很强的亲电活性。

**例 7**：TAB 合成过程中有重排副产物生成：

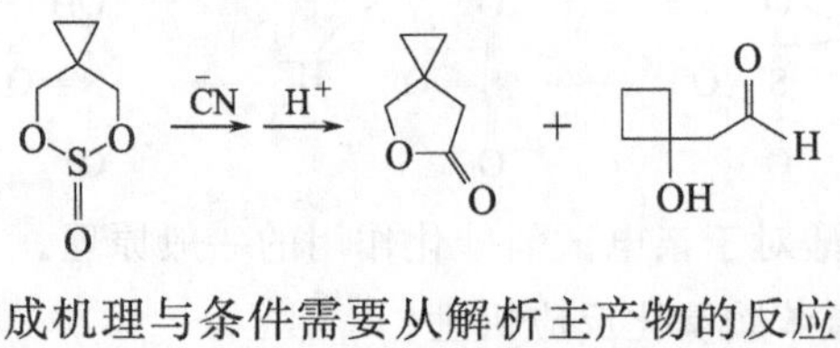

研究副产物的生成机理与条件需要从解析主产物的反应机理入手：

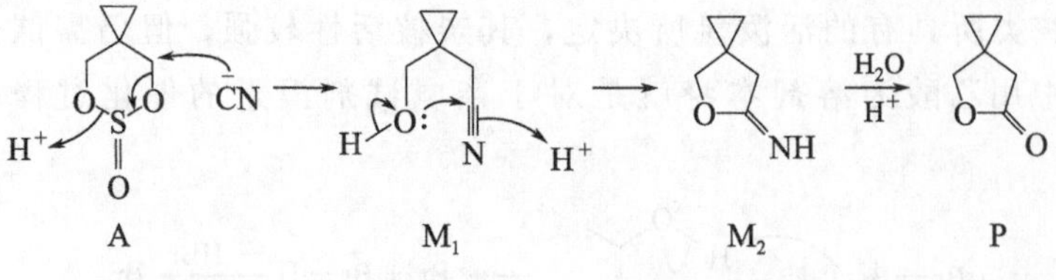

而重排副产物的生成恰恰是由水分子离去生成的碳正离子中间体 M 所致。

反应机理为：

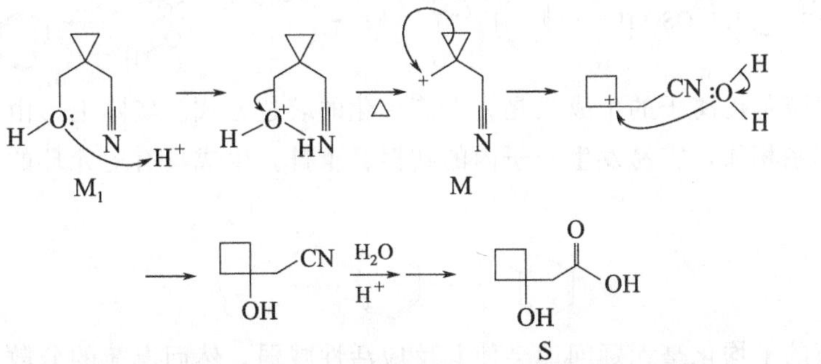

显然，酸化过度是重排反应发生的主要内因，而后续加热是重排反应发生的外因。

**例8**：3-氯-4-甲基苯胺的氢氟酸重氮盐的热分解反应，有几种主副产物生成：

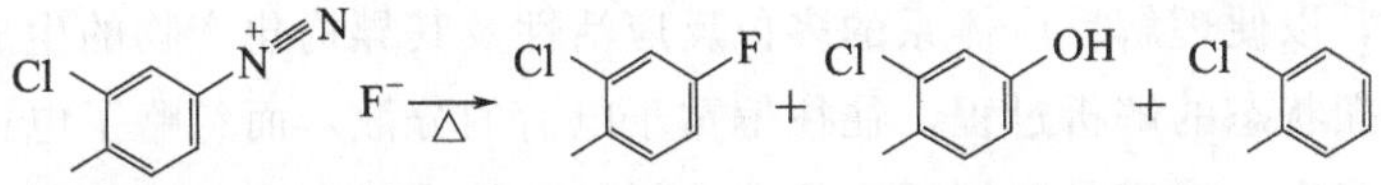

这些主副产物的生成是以同一亲电试剂芳基正离子为活性中间体的，区别仅仅是亲核试剂不同。反应机理为：

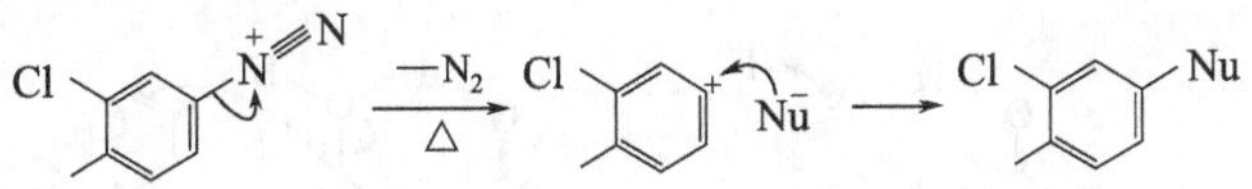

在上述反应过程中，亲核试剂分别为 $F^-$、$HO^-$、$H^-$ 时，则有不同产物生成。其中负氢的生成是亚硝酸钠过量所致。

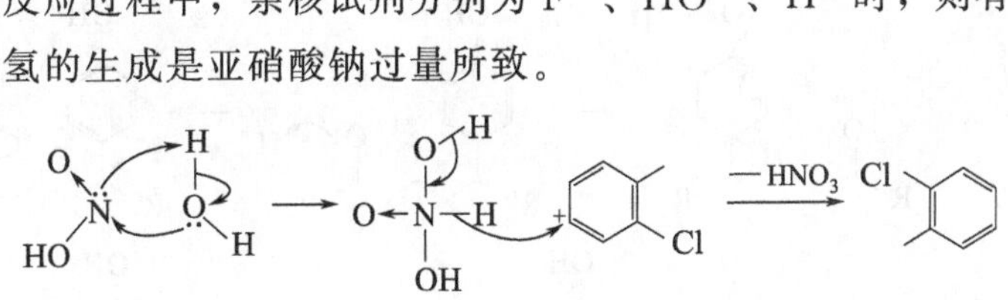

从上述反应机理容易推论：具有较强亲电活性的苯基碳正离子能与多种亲核试剂成键。

在芳烃重氮盐水解制备苯酚的反应过程中，之所以只选择硫酸重氮盐，就是因为硫酸根的亲核活性较弱而离去活性较强，因而不易与芳烃生成稳定的共价键之故。

质子本身就是一种亲电试剂，催化亲电试剂也只能用亲电试剂，催化亲电试剂的本质就是用一种亲电试剂换取另一种亲电试剂，或者说这是亲电试剂的交换。

**例9**：羧酸与苄醇的酯化反应就是羧基亲核试剂与碳正离子间的成键：

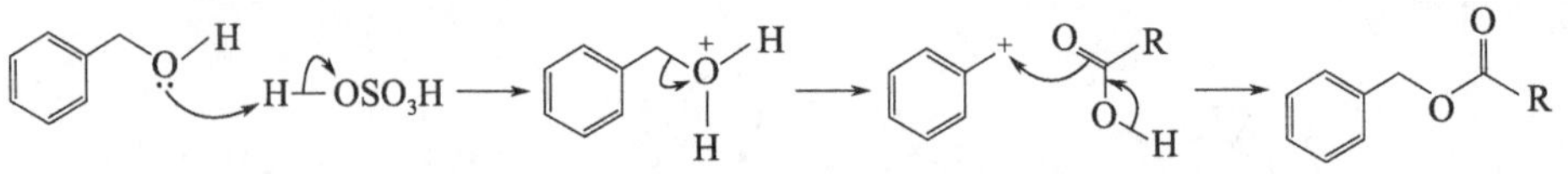

上述苄基正离子的生成只是一个简单化的表述方式。实际上，由于碳正离子与共轭体系相邻，容易发生分子内的共振、重排，生成具有七元环的环庚三烯正离子：

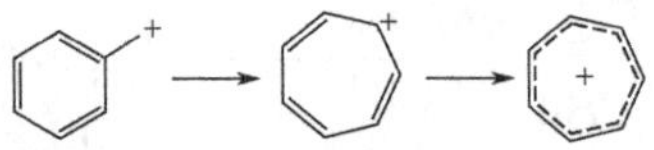

电荷的平均化毫无疑问地会使其反应活性减弱，然而电荷的分散与集中也是平衡可逆过程，对于反应机理解析说来，电荷的瞬间集中，往往是后续反应发生的必要条件。

本书之所以更关注于其简单化表述，因其客观反映了化学反应的活化状态，比较直观、形象，化学反应的一般性特征也更便于记忆。当然共振状态也需要做一般性了解，以便理解反应体系的多位反应活性及其异构化产物的生成。若干教科书对于共振状态的解析过程，往往偏重于电荷的分散，而忽略了电荷在一定条件下的重新集中，这容易颠倒反应机理解析过程的重要次序，难以突出分子间成键这一重点。

**例 10**：酚在酸催化作用下与醇、酮的缩合反应机理：

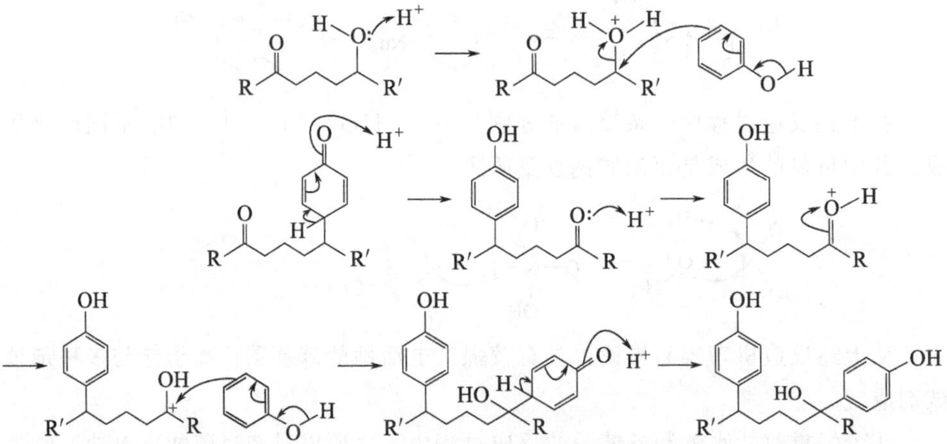

上述反应过程中，醇羟基质子化后水离去能生成碳正离子，羰基氧质子化后 π 键离去也可生成碳正离子，这些碳正离子虽然寿命较短，但都具有相当强的亲电活性。

#### 5.1.3.2　路易斯酸催化产生的碳正离子

前已述及，路易斯酸本身就是缺电体-亲电试剂，它能够通过接收亲核试剂的独对电子而导致生成另一种缺电体-亲电试剂，这也是亲电试剂的交换过程。

**例11**：2,4-二氯氟苯与二氯甲烷的反应。反应机理如下：

上述反应在50℃便可发生，由此可见此种碳正离子亲电活性之强。由上述反应机理所决定，连串副反应不可避免：

**例12**：2,4-二氯氟苯与乙酰氯的酰基化反应。反应机理为：

与烷基化反应不同，酰基化反应于130℃条件下还需要反应2h。对同一种亲核试剂而言，酰基化反应活性显然弱于烷基化反应，其原因是酰基碳正离子与氧之间的π键具有离域性，π电子向碳正离子方向部分转移供电，使碳原子的单位正电荷被部分补充为部分正电荷之故。

总之，碳正离子的正电荷若与π键或共轭体系相连，则势必分散原有电荷到共轭体系中，碳正离子也由此转换为部分正电荷，从而降低了其亲电活性。

### 5.1.3.3　π键离去后产生的碳正离子

**例13**：丙烯与溴素加成反应过程碳正离子的生成。

丙烯的π键与溴素成键后生成了一个碳正离子，该碳正离子竟然能与不带电的溴原子瞬间成键，充分表明碳正离子是极强的亲电试剂。

**例14**：芳烃作为亲核试剂，其π键与亲电试剂成键后瞬间也会生成的碳正离子，该碳正离子仍然具有相当强的亲电活性。反应机理为：

由此可见：碳正离子的亲电活性是如此之强，以至于能与本不属于亲核试剂

的邻位碳氢 σ 键成键。

上述机理仍然是一种简化的表达方式。实际上所生成的碳正离子是极强的亲电试剂，与邻近的 π 键亲核试剂成键而发生分子内的极性反应不可避免。也就是在共轭体系内发生共振，使得正电荷在芳环内处于一种电荷分散与集中的平衡状态：

$$\left[ \begin{array}{c} \overset{+}{\bigcirc}\overset{H}{\underset{E}{\diagdown}} \longrightarrow \bigcirc\overset{H}{\underset{E}{\diagdown}} \longrightarrow \bigcirc\overset{H}{\underset{E}{\diagdown}} \end{array} \right] \equiv \bigcirc\overset{H}{\underset{E}{\diagdown}}$$

这种平衡状态会由于亲核试剂的接近而打破，使其重新集中起来，并完成后续的反应过程。

总之，碳正离子为强亲电试剂，能与较弱亲核试剂发生反应。在反应发生之前，碳正离子的强电负性必然导致其周围电子向其部分转移，结果导致碳正离子由单位正电荷向部分正电荷的过渡。这种电荷转移越多，碳正离子的缺电量就越少，其化学性质就越趋稳定，其亲电活性也就越低。

### 5.1.4　质子亲电试剂

质子没有外层电子，这就相当于其外层是一个空轨道，从这个意义上可将其视作与路易斯酸同类。因为质子具有最小的体积和最大的电荷，是最强的亲电试剂，以至于质子不能孤立存在，总是与独对电子处于成键的缔合状态。换句话说，孤立的质子是不存在的，$H^+$ 只是一种简化的表述方式，人们常把水中的质子写成 $H_3O^+$，才是质子在水中的真实描述。

正是由于质子是最强亲电试剂，几乎所有独对电子均能与质子成键，也正因为如此，所有具有独对电子的试剂均对酸有较大的溶解度。

**例 15**：醚分子上中心氧原子上的独对电子，是个很弱的亲核试剂，除了能与路易斯酸络合外只能与质子缔合生成锡盐：

再如：α-位没有氢原子的酮类化合物，π 键是没有亲核性的，但氧原子上的独对电子却能够与质子成键：

总而言之，具有空轨道的质子也是最强的亲电试剂，因而质子也为催化其它亲电试剂的催化剂。

## 5.2 带有离去基的亲电试剂

在上节中讨论的是具有空轨道的路易斯酸型亲电试剂，此种亲电试剂容易从外观上明显看出其缺电体的特征。

本节将要讨论的是另一种亲电试剂，其中心元素周围满足了 8 电子稳定结构要求，但其中心元素是与较强电负性的离去基团成键的，当亲核试剂接近并与此中心元素逐步生成共价键时，离去基也就协同地离去了。我们称此种亲电试剂为准路易斯酸，或者称其为能够腾出空轨道的亲电试剂。

### 5.2.1 具有独立离去基的亲电试剂

此种亲电试剂表观上并不属缺电体，中心元素也满足 8 电子稳定结构，但其中的一个共价键上独对电子是容易被较大电负性基团带走离去的，一旦这对电子被带走则中心元素就成缺电体了，我们将其视作准路易斯酸。极性反应的基本型就属此类：

$$\overset{-}{Nu} \; + \; E \frown Y \longrightarrow Nu-E + Y^-$$

上节中谈及的四氯化锡、四氯化铅等亲电试剂均属于此种类型：

$$\overset{-}{Nu} \qquad Cl_3Pb \frown Cl \longrightarrow Nu-PbCl_3 + Cl^-$$

之所以离去基能够带着一对电子离去，因离去基团的电负性相对较大、碱性较弱（或酸性较强）、可极化度较大是主要原因。对于中心元素为碳原子的饱和烃类说来，与其成键的氮、氧、硫、卤素等基团，均具有较强的离去活性，是最常见的离去基团，带有这些基团的亲电试剂是极性反应最基本的形式。

**例 16**：卤代烃与吡啶类化合物的反应，就属于这种基本形式。反应机理为：

此类例子太多，不再举例。

### 5.2.2 缺电的不对称 π 键亲电试剂

不对称 π 键是一种极强的离去基，因而不对称 π 键缺电的那个元素便成了亲电试剂。所谓不对称 π 键，又可分为结构不对称 π 键和电子效应不对称 π 键。

#### 5.2.2.1 结构不对称 π 键

所谓结构不对称 π 键指的是 π 键两端由不同电负性的不同元素构成的，羰基 π 键就是结构不对称 π 键的典型代表，缺电的羰基碳原子容易与富电体-亲核试

剂成键而 π 键离去：

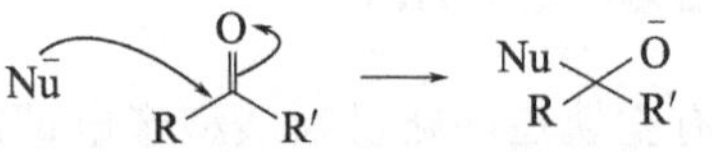

相对比较，羰基上的 π 键比羰基上的其他离去基更易离去，羰基上的缺电碳原子与亲核试剂成键时并不是其它离去基率先离去，而是率先 π 键离去而生成四面体结构，这就说明了 π 键离去基比其他离去基的离去活性相对更高。

**例 17**：邻三氯甲基苯甲酰氯与氯化氢的反应：

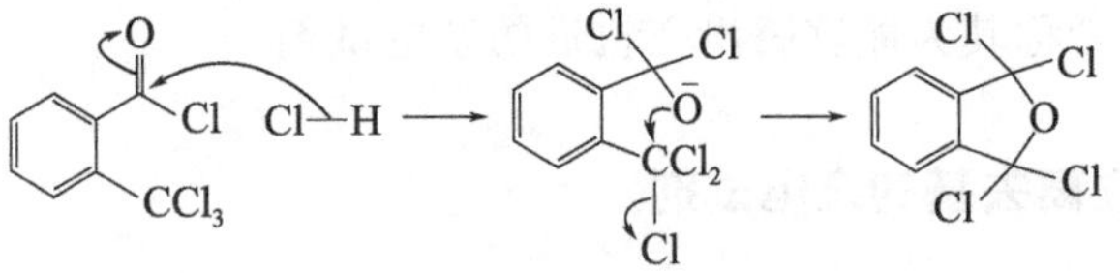

在氯负离子与羰基碳原子成键过程中，如若不是 π 键离去生成氧负离子，如若不是存在四面体结构，而是氯原子优先带着一对电子直接离去的话，则该反应就没有产物生成了。这显然与假设相矛盾，说明羰基 π 键是比氯原子更易离去的。

因此，在反应机理解析过程中，四面体结构的中间体是不可省略的，因为它直接反映了离去基的活性次序。

同羰基 π 键一样，亚氨基、氰基的 π 键也是较容易离去的，在其 π 键缺电子的一端，碳原子同样体现出亲电试剂性质。但氰基上的氮碳原子之间的 π 键是在两个 sp 杂化轨道的元素间形成的，其键长相对较短，π 键的离去活性就远不及 $sp^2$ 杂化轨道形成的羰基、亚氨基上的 π 键那样活泼。

**例 18**：甲基氯化镁的 THF 溶液与五氟苯腈反应后，酸性水解生成五氟苯乙酮。反应机理为：

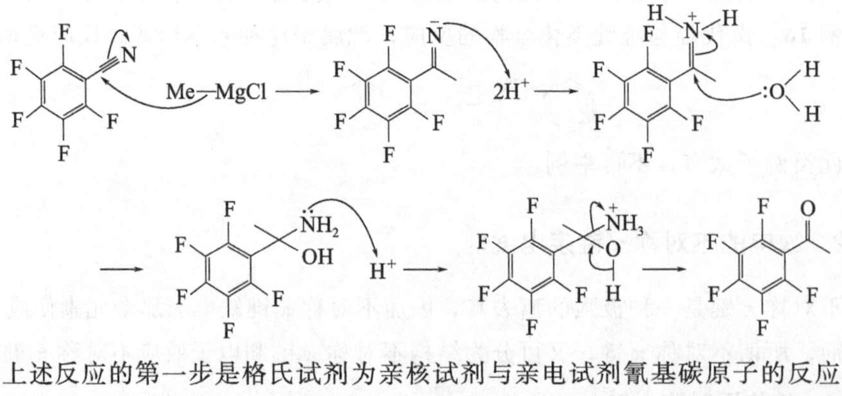

上述反应的第一步是格氏试剂为亲核试剂与亲电试剂氰基碳原子的反应，上述反应的第二步是水为亲核试剂与亲电试剂亚胺的反应。两者均存在不对称 π 键的离去过程。

其它不对称 π 键只要其一端缺电，与亲核试剂成键时 π 键就容易离去。此类

不对称 π 键包括但不限于异氰酸酯、硫氰酸酯等。

**例 19**：异氰酸酯作为亲电试剂能与胺、醇、水等诸多亲核试剂成键。其中与胺类反应产物为尿类化合物：

$$R-N=C=O \ + \ R'-NH_2 \longrightarrow R-\underset{H}{N}-\overset{O}{C}-\underset{H}{N}-R'$$

反应机理为：

表面上看是碳氮 π 键离去，而实际上首先离去的是碳氧 π 键，因为碳氧 π 键的键长更长极性更大而相对地更易离去。

如前所述，当我们将 π 键当作离去基去讨论不对称 π 键加成反应时，就已经将羰基加成反应规范到极性反应的基本类型之中了，也就属于一般性的极性反应了，这就是规范、抽象并简化地解析极性反应机理之优势。

### 5.2.2.2 电子效应不对称 π 键

所谓电子效应不对称 π 键，指的是 π 键两端元素相同，而 π 键至少一端连有吸电基团（−I−C，基团），由于吸电基团的诱导效应−I、共轭效应−C 分别导致了 π 键电子云的减少和 π 键电子的偏移，由此导致了烯烃的缺电和不对称性质。

烯烃本来是富电体的，属于亲核试剂。但当其一端与强吸电基团（−I−C 基团）成键时，烯烃 π 键向吸电基方向供电而减少了自身的电子云密度，同时 π 键上剩余的部分电子又向与吸电基成键的碳原子方向偏移，两者综合作用的结果，使得距离吸电基团较远的烯烃碳原子上部分缺电成了缺电体-亲电试剂。

由此可见，由电子云密度的量变可以最终导致烯烃基团功能或属性的质变。类似地这种质量互变在有机化学领域是一个普遍性的规律，在第 7 章讨论极性反应三要素之间关系时会经常涉及这个规律。

**例 20**：Baylis-Hillman 反应就是缺电烯烃在叔胺催化作用下与亲核性碳原子的反应[4]。

在叔胺催化作用下的反应机理如下[5]：

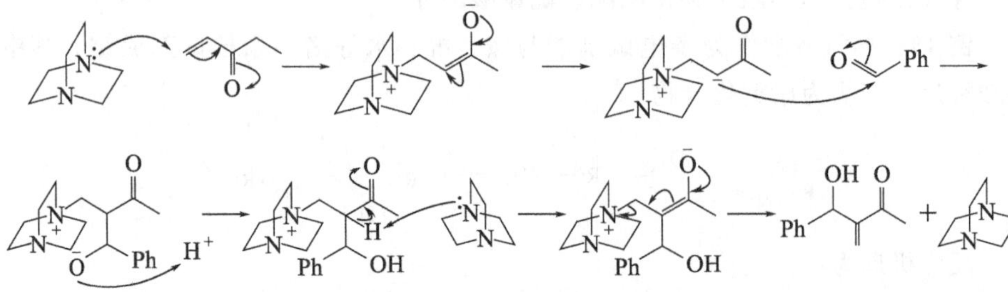

从上述反应机理容易看出，与吸电基相连的烯烃已经成为缺电体-亲电试剂了，烯烃上的 π 键总是从能与亲核试剂成键的缺电的碳原子处离去。就是因为该处缺电碳原子由于缺电而成了亲电试剂，才能与富电体亲核试剂相互吸引、接近和成键的。亲电试剂在逐步得到来自于亲核试剂的电子的同时，也逐渐地降低了自身的电负性，既逐渐地减小了对于共价键 π 电子的控制能力，该处的 π 键也就自然而然地离去了。

与烯烃类似，若芳烃上存在着—I—C 基团，如—$NO_2$、—CN、—$CF_3$ 等，总是将其邻位与对位的电子云密度减至最小：

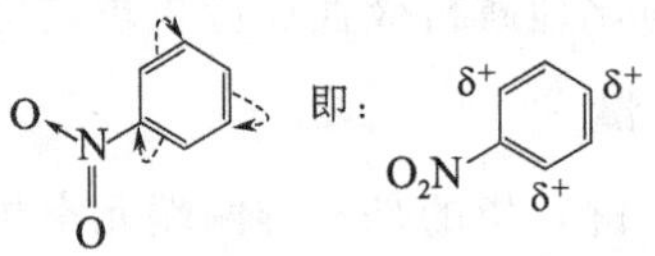

在芳烃电子云密度最小之处，特别是该处还连有离去基时，此离去基就容易被亲核试剂取代。

**例 21**：Meisenheimer 反应是缺电芳烃上的取代反应[6]：

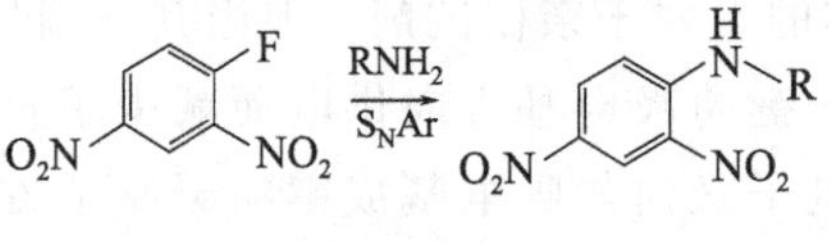

反应机理为[7]：

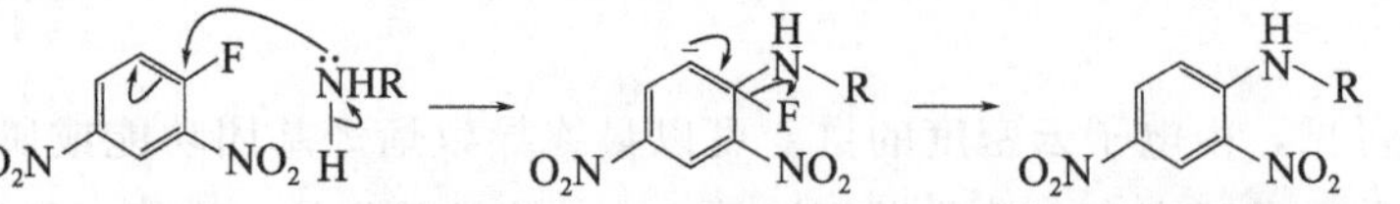

上式仍然是简化了的反应机理，因为生成的中间状态的碳负离子为强亲核试剂，在共轭体系内发生分子内极性反应而生成共振异构体不可避免：

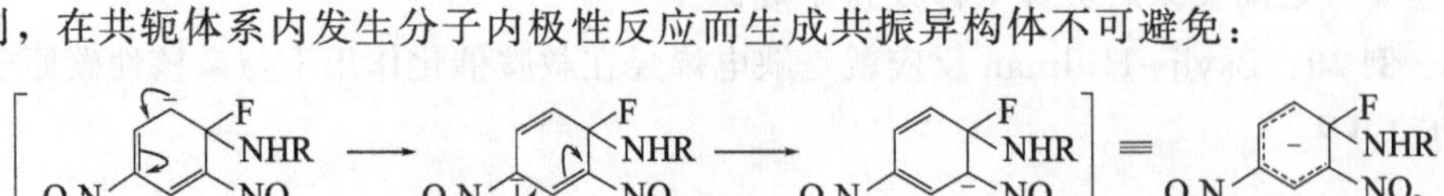

然而正如上式，分散的电荷在一定条件下的集中也不可避免，最终形成一种平衡，而恰恰是电荷的集中促进了反应的完成。

其实，芳烃上缺电位置本身就是亲电试剂，就能与亲核试剂反应，而无需存在离去基，但若不存在比亲核试剂更具活性的离去基，亲核试剂与亲电试剂成键生成中间体后往往又自身离去了，这又是一种没有产物的平衡可逆反应过程：

$$O_2N \overset{}{\diagdown} \overset{}{\diagup} NO_2 \quad Cl^- \rightleftharpoons \quad O_2N \overset{Cl}{\diagdown} \overset{}{\diagup} NO_2$$

故在芳烃缺电碳原子上有无离去基决定了能否生成产物。若在缺电位置存在着活性更强离去基，则反应的最终结果是离去基被亲核试剂取代；若不存在较强离去基则反应进行至中间状态生成活性中间体后亲核试剂自身离去，表观上未见化学反应发生。反应是否有产物生成，这是由离去基的相对活性决定的，这并不代表亲核试剂与亲电试剂的活性强弱。

从分子结构与反应活性的关系分析，只能得出如上结论。

如此看来：芳烃上缺电体-亲电试剂与亲核试剂的反应能否发生，并不是由缺电碳原子上是否带有离去基决定的。这符合经典物理学、化学反应热力学、化学反应动力学的一般规律，并不特殊。

由此看来，π键这一富电体在一定条件下是能够转化成缺电体的，而吸电基团的存在是促使这种转化的根本原因。当烯烃上连有−I−C的吸电基团时，烯烃上的π键自然而然地向吸电基团方向移动，致使远离吸电基团的双键碳原子成为缺电体-亲电试剂。

## 5.3 酸催化生成的亲电试剂

在前两节中讨论的亲电试剂，表观上已经具备了缺电体的性质，因而容易识别。本节将要讨论的是酸催化条件下才产生的亲电试剂。

### 5.3.1 酸催化产生亲电试剂的基本原理

所有的酸，包括质子酸与路易斯酸，均是以具有空轨道为特征的，当其空轨道接受一对电子成键时就相当于从拥有独对电子的元素那里得到了一个电子，而原来具有独对电子的元素就相当于失去一个电子而带有单位正电荷，因而电负性显著增加而成为吸电基，与该吸电基成键的共价键也就自然而然地向吸电基方向偏移，与该吸电基成键的这个元素便能转化为缺电体-亲电试剂。

### 5.3.2 非亲电试剂在酸性条件下的转化

在酸的催化作用下，一些本来不属于亲电试剂的原子或基团能够转化成亲电试剂。

**例 22**：四甲基乙烯于磷酸催化作用下与双氧水反应制备频那醇的反应：

$$\text{(CH}_3)_2\text{C=CH–CH}_3 + \text{H}_2\text{O}_2 \xrightarrow{\text{H}_3\text{PO}_4} \text{OHOH}$$

双氧水上氧原子本是带有独对电子的亲核试剂，烯烃也是亲核试剂，乍看起来没有亲电试剂的反应是不能发生的。但在酸的催化作用下就改变了双氧水原有的属性与功能：

此时，质子化的氧原子已经成为强离去基，而与其成键的氧原子便成为缺电体-亲电试剂了。人们熟知：双氧水在酸性条件下不稳定，容易分解放出氧气，其原因概出于此：

$$\text{H–O}^+\text{–O–H} \longrightarrow \text{O}^+\text{–H} \longrightarrow 1/2\text{O}_2$$

在上述反应过程中，双氧水上氧原子分别具有不同的功能。即分别具有亲核试剂、亲电试剂与离去基三种不同的功能或属性，容易看到极性反应三要素在不同酸碱性条件下的特点和变化。

**例 23**：2,3,4-三氟苯胺的溴化反应是在冰醋酸中进行的：

芳胺本身就是强亲核试剂，但溴素的亲电活性不高，需要催化亲电试剂。反应机理为：

如此看来，选择冰醋酸为溶剂旨在催化生成溴正离子，但这只是象征性的表示，其实际过程未必真能进行到生成溴正离子阶段。然而这并不重要，只要能将其中一个溴原子带有部分正电荷就足以催化反应进程。

**例 24**：酸催化作用下的丙酮溴化反应：

$$\text{CH}_3\text{COCH}_3 \xrightarrow[\text{H}^+]{\text{Br}_2} \text{CH}_3\text{COCH}_2\text{Br}$$

酸为缺电体-亲电试剂，按照同类试剂催化的对应关系，它只能催化亲电试剂。如若违背这一概念，也就违背了极性反应最基本的常识。

然而迄今，若干教科书均将丙酮溴化反应机理解析如下【1b】【8】：

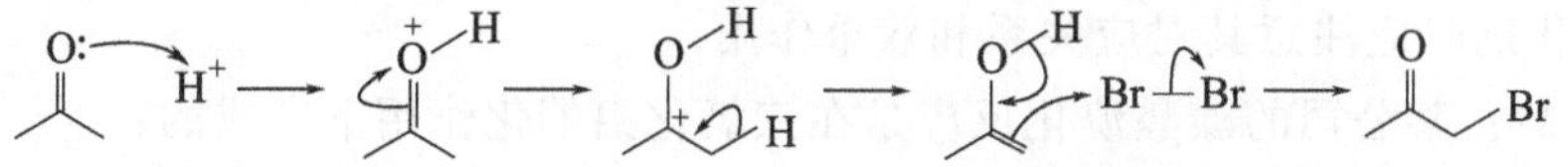

此种解析违背了结活关系最基本的常识。一方面是酸本身是亲电试剂，是不可能催化生成亲核试剂的；另一方面质子为强亲电试剂而容易与烯醇式成键生成酮式而淬灭烯醇式。故实际的酸催化条件下的丙酮溴化反应机理为【3b】：

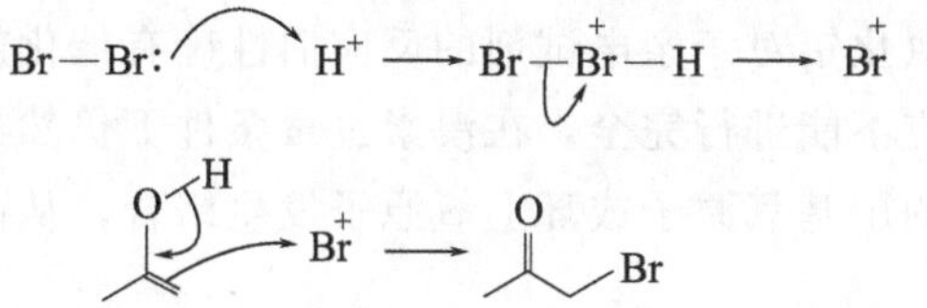

这才符合酸催化亲电剂活性的对应关系。

**例 25**：五氟苯溴化反应是采用三氯化铝催化作用生成溴正离子的。反应机理为：

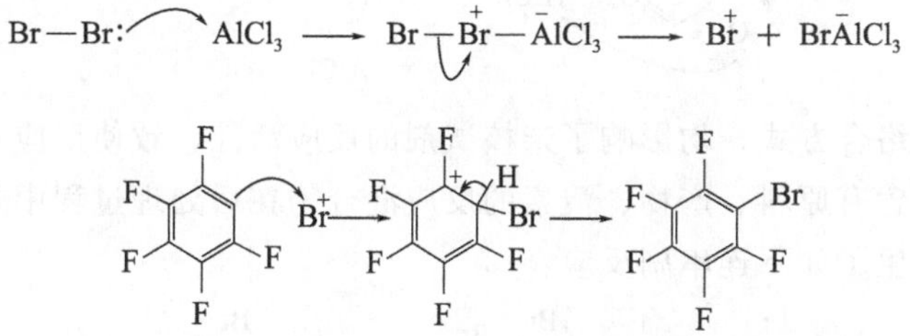

路易斯酸对溴素的催化作用与质子酸类同，但因其可极化度更大，催化活性往往更高。

**例 26**：例 23 中的芳胺溴化反应是否可以路易斯酸代替冰醋酸催化反应过程讨论。

所有的酸均对亲电试剂起着催化作用。路易斯酸对于溴素的催化作用效果毫无问题，甚至比冰醋酸条件更易生成溴正离子，正像例 25 中所描述的。

但同时应考虑到反应的另一要素——亲核试剂，芳胺的独对电子是容易进入路易斯酸空轨道而产生络合物的：

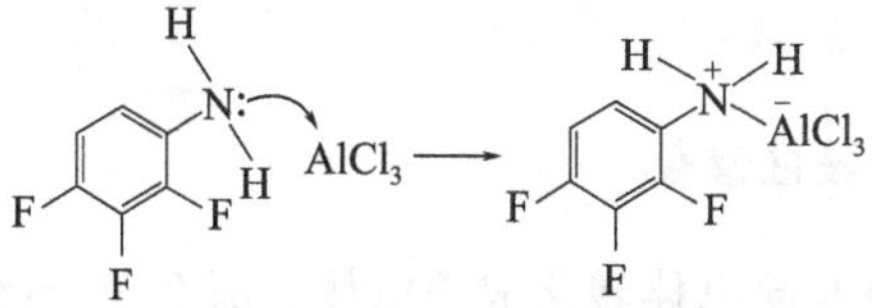

络合之后的中心元素变成了氮正离子，原有的氨基也由供电基变成吸电基，这势必降低亲核试剂的活性而使反应难以进行。即便在高温条件下反应能够发

生，由取代基共轭效应决定的芳烃亲核试剂的位置也会由邻对位定位基变为间位定位基，显然这是不可接受的。

此例告诉我们：亲电试剂的催化剂对于亲核试剂说来往往是反应的钝化剂，选择催化剂时应注意其对应关系和双重作用。

**例 27**：某公司的糠醛溴化反应是在三氯化铝催化作用下完成的：

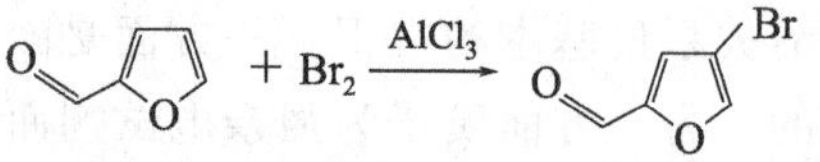

此处三氯化铝的加入旨在催化反应的进行，而在未加催化剂条件下反应确实不能进行，可见三氯化铝对于亲电试剂的反应活性确有催化效果。

然而，上述反应不能进行完全，在溴素过量条件下仍然如此。这是由于三氯化铝与糠醛分子上的羰基氧原子或环上氧原子发生络合，从而钝化了芳环亲核试剂的缘故：

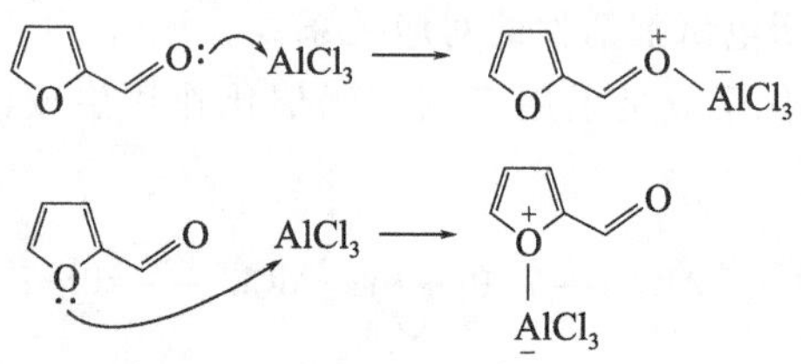

无论哪种络合方式，均影响了亲核试剂的反应活性，致使反应难以完成。

当将上述含有原料、产物、溴素的反应混合物在后处理过程中加入酸性水溶液淬灭时，发生了如下连串副反应：

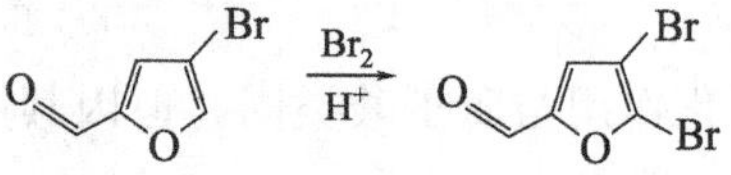

这连串副反应的发生既证明了路易斯酸对于亲核试剂的钝化作用，也证明了质子酸对于此反应亲电试剂的催化活性。故该反应采用质子酸催化或者采用质子溶剂倒是一种可能的选择：

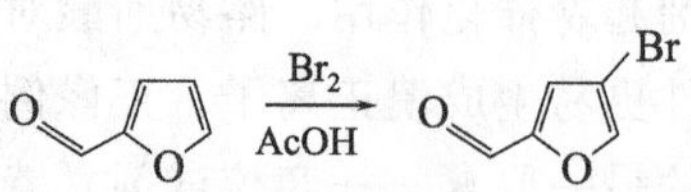

这说明了路易斯酸与质子酸催化作用的一致性和在一定范围内互代的可能性。

### 5.3.3 弱亲电试剂的酸性催化

既然酸性条件能将非缺电体转化成缺电体，那么对于已经缺电的基团说来就更能增大其缺电程度了。这里所指的酸是广义的酸，包括质子酸也包括路易斯酸，它们都是具有空轨道的缺电体。

**例 28**：2,3-二氟苯甲醚的裂解反应，是在溴化氢存在下完成的。反应机理为：

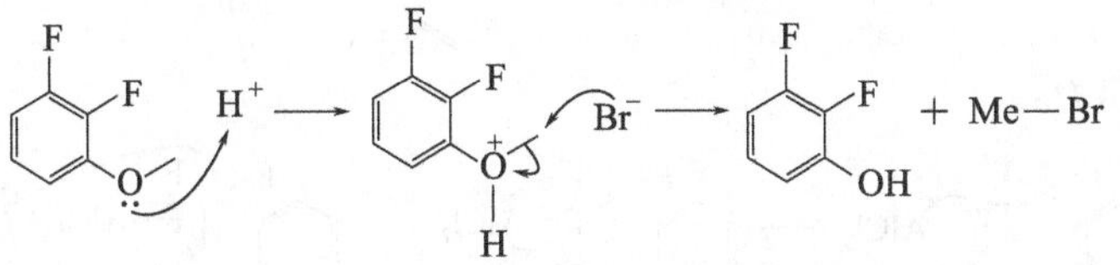

与氧成键的甲基虽属亲电试剂，但其亲电活性很弱，在非酸性条件下很难与亲核试剂成键。但当氧原子的独对电子与质子缔合成键后，氧正离子的电负性便显著增强，与其成键的甲基碳原子便成为较强的缺电体-亲电试剂了，因而其与亲核试剂之间便容易成键。

上述裂解反应也可通过三氯化铝和氯化钠催化完成。反应机理为：

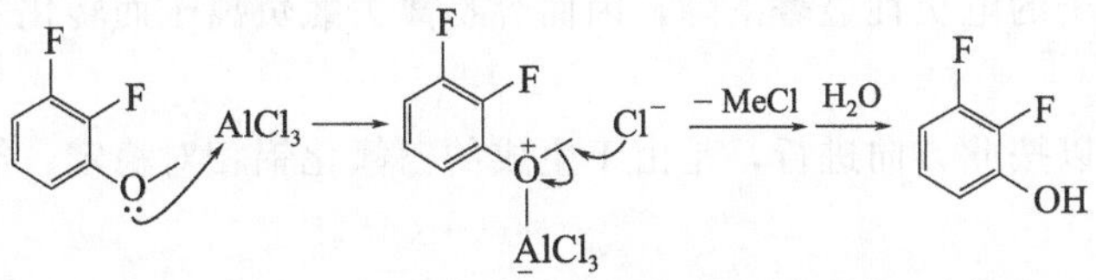

同样是生成了氧正离子，同样催化了甲基碳原子的亲电活性。此处氯化钠是提供氯负离子的亲核试剂，由它与亲电活性较强的甲基碳原子成键，从而完成此极性反应。

如此看来，质子酸与路易斯酸的作用机理确有其相似之处，其差异是路易斯酸的亲电活性更强。

**例 29**：三氯甲苯的氟代反应，采用氟化钾亲核试剂是不能生成产物的，而只有与氟化氢反应才能完成氟代反应：

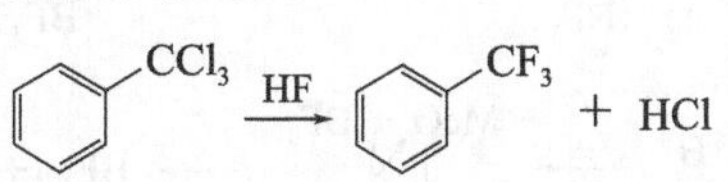

仅就亲核试剂说来，氟化钾是强于氟化氢的，因为氟负离子具有单位负电荷，而氟化氢分子的氟原子上只是带有部分负电荷。故此反应必定遵循如下机理：

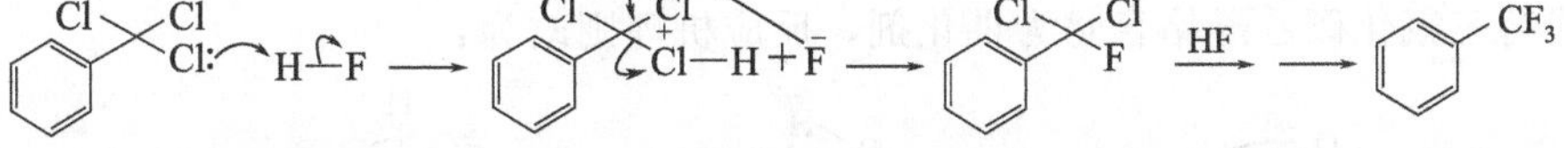

由于三氯甲基碳原子的亲电活性不强，而难于与弱亲核试剂氟负离子成键。而当三氯甲基上氯原子与氟化氢分子上的质子缔合成键后，三氯甲基上的碳原子亲电活性增强，其质子化的氯原子离去活性也增强，反应便可完成。

有同行学者介绍：采用氟化钾也能取代三氯甲基上氯原子，然而这是有条件的，它必须在酸催化条件下进行，如加入路易斯酸等，而这势必成为高成本的工艺路线，因而没有实际意义。

**例 30**：三氟甲苯与三氯化铝之间的氟氯交换反应：

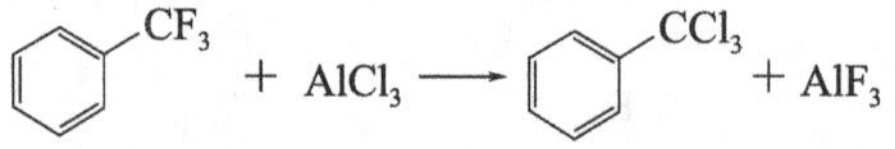

反应机理为：

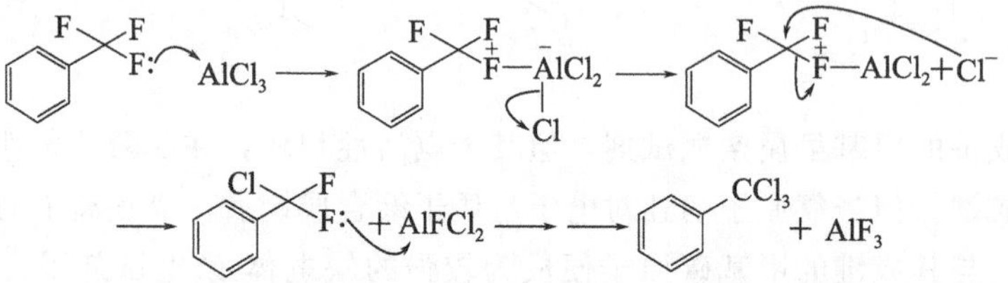

这里先后发生了两步极性反应，第一步反应是以路易斯酸的空轨道为亲电试剂的，第二步反应则是以三氟甲基上缺电碳原子为亲电试剂。第一步反应生成的中间体铝负离子的电负性显著下降，因而容易离去氯负离子而转化为第二步反应的亲核试剂。

此反应所以按此方向进行，是由于生成的三氟化铝相对稳定，氟负离子不易离去的缘故。

**例 31**：某公司的一个酯交换反应是在三氟化硼乙醚络合物催化条件下在苯溶剂中回流反应进行的，反应速率较慢，转化率较低，且反应时间过长。求解如上问题。

该酯交换反应是在路易斯酸催化条件下进行的。反应机理为：

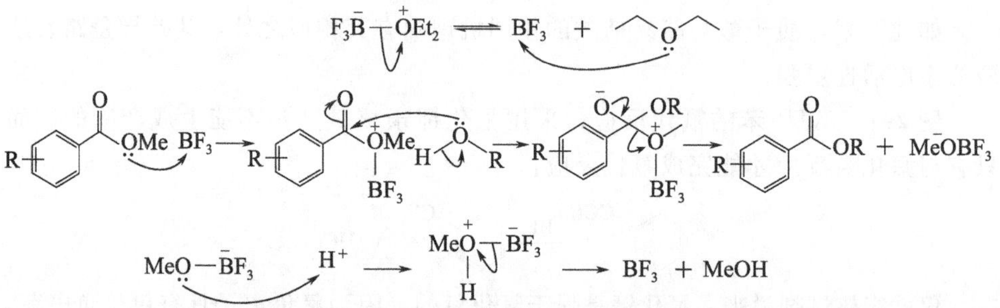

为了加快反应速率，以甲苯代替苯做溶剂。然而因三氟化硼乙醚络合物的沸点低于甲苯沸点，回流过程中催化剂的挥发损失影响了反应进行。若以对甲苯磺酸代替三氟化硼乙醚络合物为催化剂，反应机理则改为：

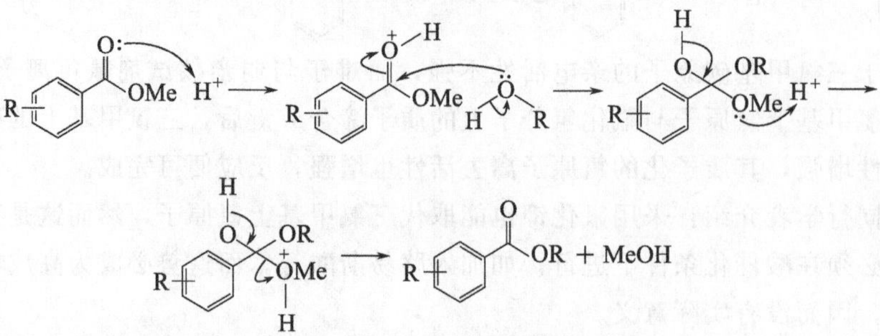

结果达到了加快反应速度、缩短反应时间、提高转化率的预期目的。

例 32：一种医药中间体的合成经过如下两个步骤的串联过程：

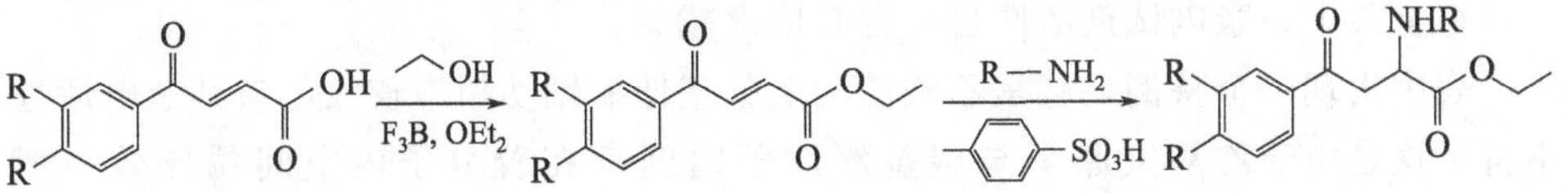

按照酸催化的一般原理，若能以同一种酸催化先后进行的两步反应，则两步反应就合并成一步反应了：

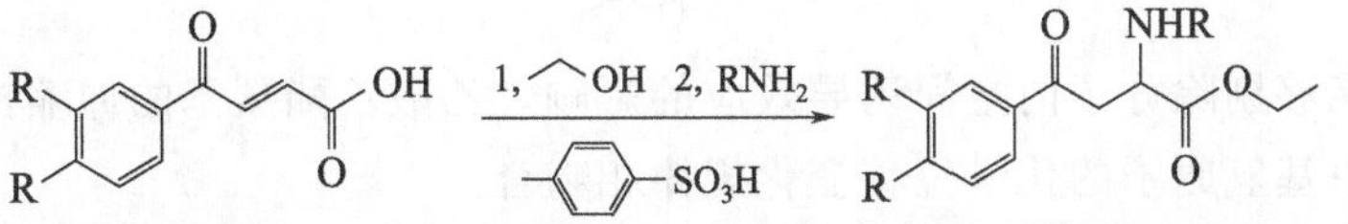

实验结果证明此种工艺明显简化了，减少了中间体分离处理步骤，同时减少了物料损失，收率显著提高。

综上所述，若干亲电试剂是由酸催化作用产生的，若干弱亲电试剂也是由酸催化激活的，质子酸与路易斯酸均对亲电试剂的活性发生影响，应在实践中关注和认识质子酸与路易斯酸的共性和区别。

## 5.4 亲电试剂的结构与活性

缺电体为亲电试剂，而缺电的多少决定了其亲电活性。反应的动力学因素，即反应的难易和反应速度，恰恰是由亲核试剂与亲电试剂的活性决定的。

### 5.4.1 羰基化合物的亲电活性

#### 5.4.1.1 羰基化合物的亲电活性次序

羰基化合物作为亲电试剂的活性次序必与羰基碳原子上的电子云密度相关。对于简单的羰基化合物如乙酰基化合物说来，通过其光谱数据就能比较出其羰基碳原子上的缺电程度[3c]。

在红外光谱中，容易查找碳氧双键的伸缩振动频率，碳氧双键之间的电子云密度差越大，力常数就越大，羰基伸缩振动频率就越大，羰基碳原子的亲电活性就越强。

在核磁共振氢谱中，容易查找与羰基相连的甲基上氢原子的化学位移 $\delta_H$ 值，其所受羰基的诱导效应越大，其化学位移也就越大，说明羰基的亲电活性越大。

各种乙酰基化合物的亲电试剂活性比较如下[9]、[10]：

化合物

| | | | | | | |
|---|---|---|---|---|---|---|
| 甲基 $\delta_H$ | 2.638 | 2.219 | 2.206 | 2.162 | 2.038 | 2.033 |
| 羰基 $\nu_{C=O}$（$cm^{-1}$） | 1806 | 1787 | 1733 | 1720 | 1740* | 1675 |

在上表中，亲电试剂活性自左至右依次减弱。

表中出现一个特例，就是乙酸乙酯上羰基伸缩振动频率较大，与其亲电活性不符。这是由于乙基氢原子与羰基氧原子之间存在着分子内空间诱导效应所致[3d]，它忽近忽远的变化加剧了碳氧双键的偶极矩变化：

如若能够剔除分子内空间诱导效应的影响，乙酸乙酯羰基的伸缩振动频率次序就会与甲基氢原子的化学位移变化规律相吻合。

### 5.4.1.2 羰基加成反应的动力学特点与热力学特点

上节所讨论的羰基化合物的亲电活性排序，正确地反映了其与亲核试剂成键的难易，实质上就是羰基加成反应的速度排序。

然而这种排序仅仅是基于生成了活性中间体阶段，而此种活性中间体是继续后续的反应还是返回到初始的原料状态，则不属于反应动力学范畴而是属于反应热力学范畴了。而影响反应热力学的决定因素并非亲核试剂与亲电试剂的反应活性，而是不同离去基的相对离去活性与平衡移动。

**例33**：羰基化合物与有机胺化合物的反应产物：

在上述列举的两种胺类亲核试剂中，二烷基胺分子上只有一个活泼氢原子，在与醛、酮加成为四面体结构之后，中心碳原子上只有一个亲核试剂——羟基和两个可能的离去基——羟基与胺基，这就是不稳定的半缩氨结构，在羟基氧重新与原羰基碳原子成键时，二烷基胺是唯一的离去基团因而离去了。这说明亲核试剂与亲电试剂的活性大小是不能以是否生成产物来衡量的，不能混淆热力学概念与动力学概念。

几乎相当的亲核活性，一烷基取代胺分子上有两个活泼氢原子，这样与羰基加成后的四面体结构上存在两个而是一个亲核试剂了，此时两个离去基中哪一个离去取决于两个离去基的相对活性。在非酸性条件下羟基比氨基的离去活性更强，因而脱去一分子水后有亚胺-席夫碱生成。

**例34**：Krapcho脱羧反应。是卤负离子与β-酮酯的反应[11]：

反应机理为[12]：

在分子内的所有三个亲电试剂中，甲基碳原子的亲电活性是最低的，但氯负离子只能与其成键才有产物生成，而与酮羰基、酯羰基成键虽然能够生成四面体结构的中间体，但因氯原子自身离去活性较强而不能生成产物，只能返回到初始的原料状态。

如此看来，能否生成产物并不能代表其亲核试剂与亲电试剂的反应活性强弱，而只能比较出离去基离去活性的强弱。为了比较和排序亲电试剂的活性，只能选择与各种亲电试剂均能成键且均有产物生成的通用型亲核试剂，这种亲核试剂非具有两个活泼氢的胺类莫属，它几乎能与所有带有离去基的亲电试剂成键且自身的离去能力较弱，因而可以观察到反应产物，容易比较出不同亲电试剂的活性强弱。

上述讨论的是羰基化合物的亲电活性这一动力学性质，而其反应方向与限度这一热力学概念是与离去基的离去活性及其平衡转移相关的，将在第6章中讨论。

正是基于具有双活泼氢胺类亲核试剂几乎能与所有亲电试剂生成稳定产物，亲电试剂的活性便可以按同一标准排序了。结果正如5.4.1.1所述。

## 5.4.2 不同种类亲电试剂的活性比较

### 5.4.2.1 亲电试剂活性排序方法

如前所述，由于存在着没有产物的化学反应，这为亲电试剂活性排序带来困难。解决这一难题需要采用通用型亲核试剂，因其能与每个亲电试剂生成产物，这就相当于剔除了热力学因素的影响，而容易比较不同亲电试剂的反应活性了。

如果使反应体系处于足够低的温度而不具备发生所有化学反应的条件，在缓慢升温过程中逐步达到某一反应发生的条件，则先生成产物的亲电试剂的亲电活性相对较高，反应活化能相对较低，没有例外。

按照上述方法，$\alpha$-氯代乙酰乙酸乙酯与烷基胺反应，各种缺电碳原子亲电试剂的活性次序为[3e]：

既然如此，反应过程活性次序就确定了，无论是哪一种亲核试剂与其反应，都是不能违背上述活性次序的。

**例35**：Pechmann 缩合反应。是在路易斯酸催化作用下苯酚与 $\beta$-酮酯缩合生成香豆素的反应[13]：

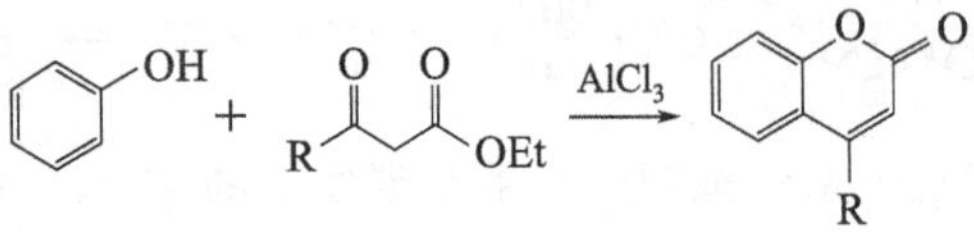

反应机理的原有解析为：

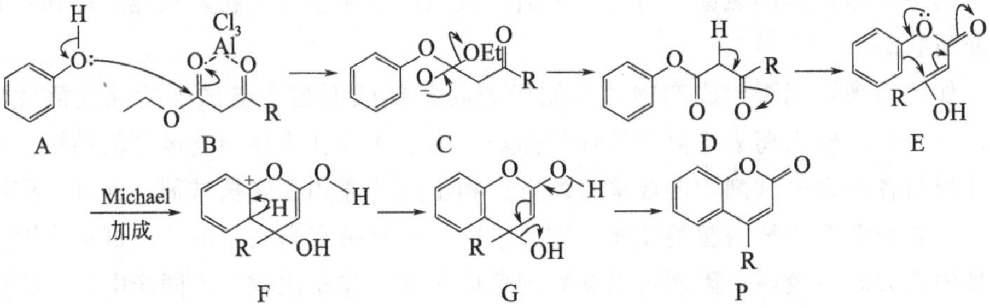

上述机理解析经不起推敲：

首先，酚羟基上氧原子本身只是分子上的亲核试剂之一，其邻对位均为富电体-亲核试剂，且在酸性条件下亲核活性往往略占优势。此处颠倒了亲核试剂的活性次序。

其次，即便是羟基氧原子优先与酯羰基生成四面体 C，因其离去活性远强于乙氧基，也不可能生成中间体 D。此处颠倒了苯氧基与烷氧基的离去活性次序。

再次，在羧酸苯酯分子上，邻位碳原子的亲核活性已经远远小于苯酚邻位，该反应活性相对较低，后续反应也不易进行。

最后，中间体 G 上羟基重新与其相连碳原子成键时，苯氧基的离去活性远强于羟基而应率先离去。

因此，原机理解析有多处不符合分子结构与反应活性的关系。Krapcho 脱羧反应机理应该修正为：

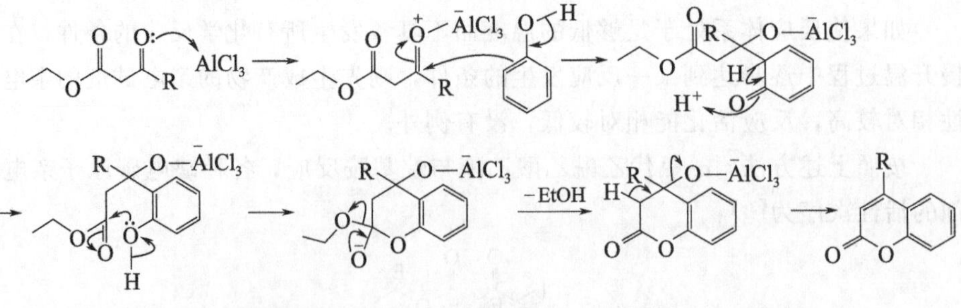

这既体现了亲电试剂的活性次序，又表明了乙氧基的离去原因。

**例 36**：某国外学者为国内某公司构思了下述目标化合物合成工艺，试判断其可行性：

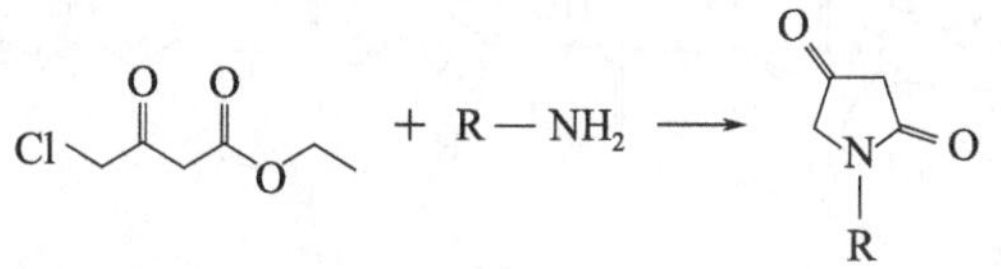

上述反应方程违背了亲电试剂的活性次序，因而是行不通的。此反应产物与反应机理为：

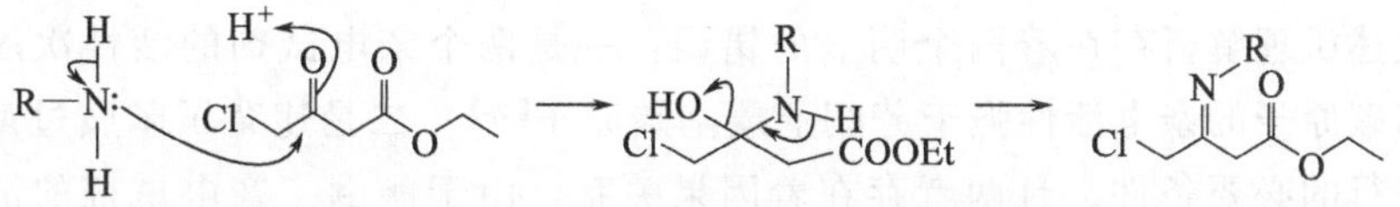

此反应结果无需实验验证，从相关文献中便容易查证。

若以二烷基胺为亲核试剂，反应也不会发生在酯羰基上，而会优先发生在卤碳原子上，这是由亲电试剂活性决定的：

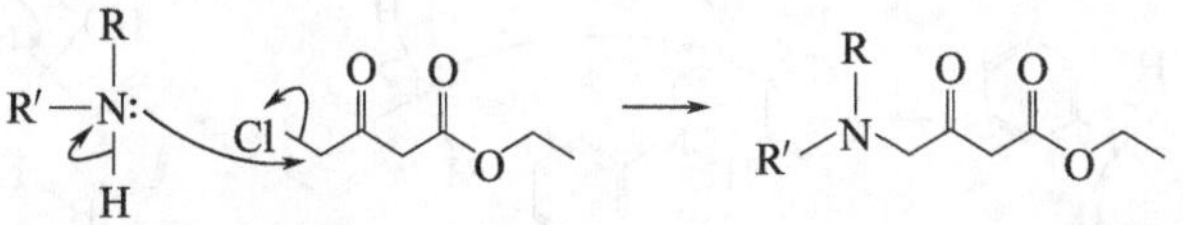

这是由于亲核试剂与酮羰基优先生成半缩胺型不稳定的活性四面体，在氧负离子重新与羰基碳原子成键时二烷基胺又离去了，因而没有产物生成。故亲核试剂只能与活性居次的亲电试剂成键而生成产物。

#### 5.4.2.2 亲电试剂活性次序随结构的改变

不同的亲电试剂的相对活性不是一成不变的，它会受分子内诱导效应、共轭效应的影响而变。如：羰基与卤（氯、溴）碳原子的相对亲电活性依分子结构的不同而不同[3e]：

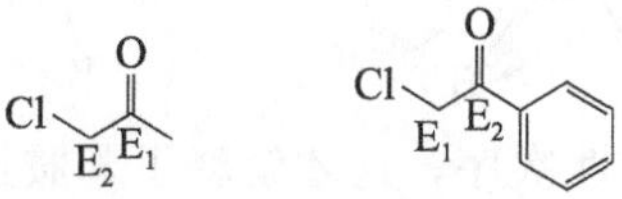

这是由于与羰基共轭的芳烃向羰基供电的缘故，此消彼长的结果使羰基碳原子的亲电活性弱于卤碳。

类似的情况及其普遍，由于分子结构的复杂性，若干亲电试剂的活性是难于排序的，而只能通过实验比较。

**例 37**：Bischler-Mohlau 反应，是以 α-溴代苯乙酮和过量的苯胺为原料加热生成 2-苯基吲哚[14]：

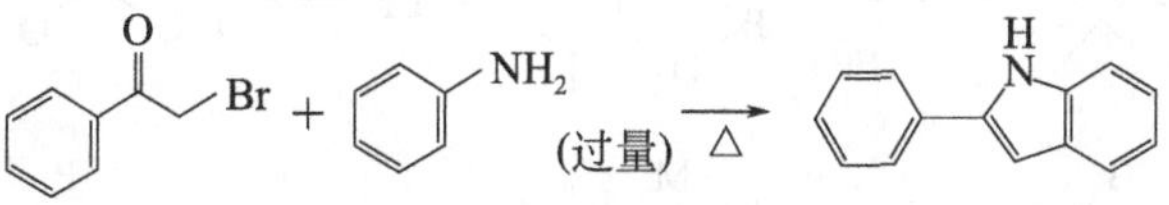

现有的 Bischler-Mohlau 反应机理解析为[13b]：

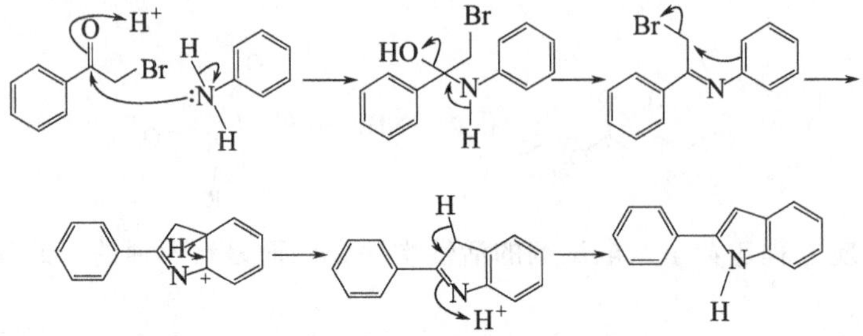

上述机理解析存在着两个明显的错误：一是两个亲电试剂的活性次序颠倒了，卤碳原子的亲电活性强于芳酮上羰基碳原子[15]；二是违背了苯胺过量这一反应进行的必要条件。且两者存在着因果关系，由于颠倒了亲电试剂的活性次序，也就必然无法解析苯胺过量这一必要条件了。

上述反应的机理解析应修正为[3f]：

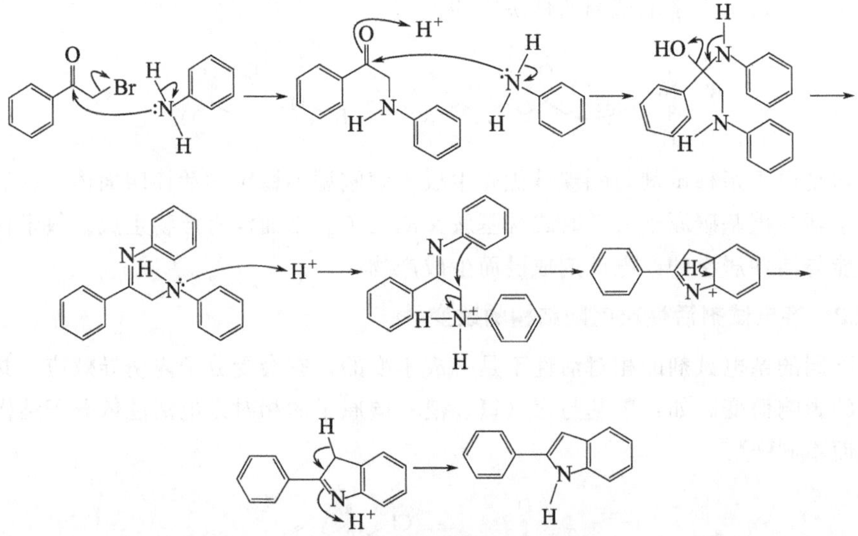

这才符合亲电试剂的活性次序，这才解释了苯胺过量的必要性。

**例 38**：Perkow 反应。是从卤代酮和亚磷酸三烷基酯合成磷酸烯醇酯[16]：

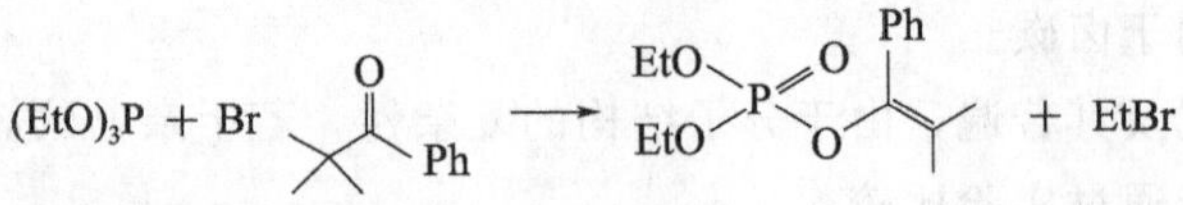

反应机理的原有解析为[17]：

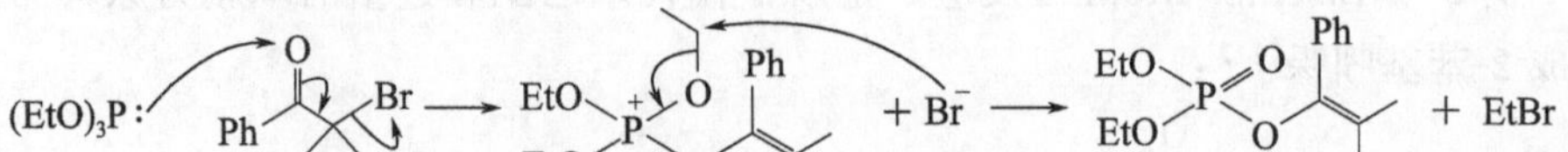

上述机理解析的第一步就错了，中间体 M 不会这样生成。其一，羰基氧原子不能是亲电试剂而只能是亲核试剂，反应发生在两个亲核试剂之间显然荒唐；其二，卤碳比芳酮的亲电活性更强，应是最活泼的亲电试剂。故上述反应的机理应为：

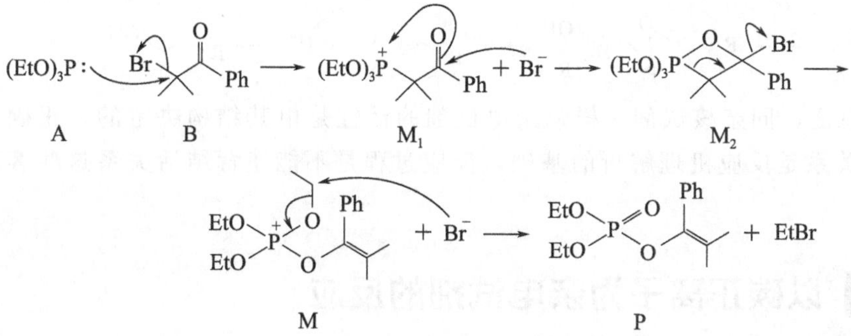

由此可见：正确识别亲电试剂、正确排序亲电试剂是反应机理解析的基础和关键。

### 5.4.2.3　亲电试剂活性排序对反应机理解析的影响

前述的 Perkow 反应、Bischler-Mohlau 反应机理的解析错误源于对亲电试剂的识别与活性排序认识不足所致，而恰恰此一问题具有广泛的代表性，纵观若干有机人名反应机理解析，容易在反应活性次序上出现颠倒。

**例 39**：Brown 硼氢化反应是烯烃与硼烷加成后经碱性氧化成醇的反应[18]：

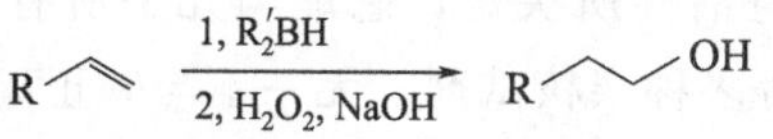

原有反应机理解析为：

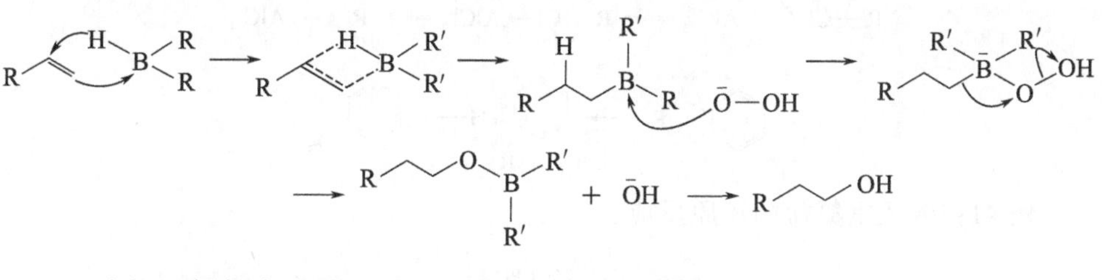

上述机理解析有两处不足：

一是烯烃与硼烷加成不会协同进行，而应分成两步，因为第一步反应完成后才创造了第二步的反应条件。也就是说，负氢转移既需要硼负离子的存在也需要正碳离子的存在：

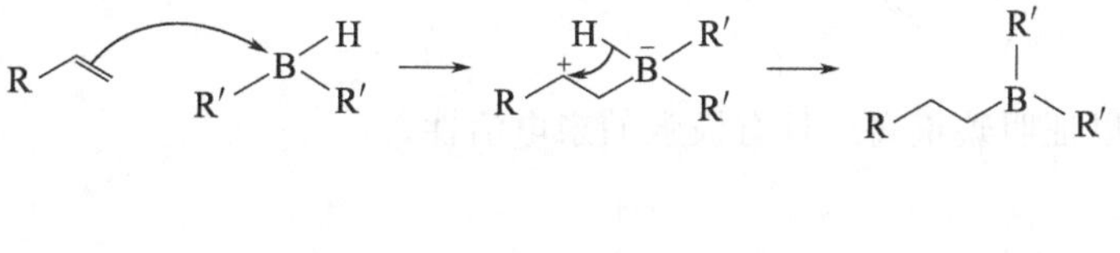

二是烷基转移的表示方法不对。应对其重排反应机理修正为：

$$R \begin{array}{c} R' \\ B \\ R' \end{array} \overset{\ominus}{O} - OH \longrightarrow R \begin{array}{c} R' \\ B \\ R' \end{array} \begin{array}{c} OH \\ O \end{array} \longrightarrow R \begin{array}{c} O \\ B \\ R' \end{array} \begin{array}{c} R' \\ B \\ R' \end{array} + \overset{-}{O}H$$

$$\longrightarrow R \begin{array}{c} O \\ B \\ R' \end{array} \begin{array}{c} OH \\ R' \end{array} \longrightarrow R \begin{array}{c} O \\ \end{array} \overset{\ominus}{} H^+ \longrightarrow R \begin{array}{c} OH \end{array}$$

总之，同亲核试剂一样，亲电试剂的活性是由其结构决定的，正确排序结活关系是反应机理解析的基础，反应过程是不能违背结活关系这些客观规律的。

# 5.5 以碳正离子为亲电试剂的反应

碳正离子是有机反应最常见、最典型的亲电试剂，它缺少一对电子的路易斯酸结构决定了其极强的亲核活性，它带有单位正电荷又决定了其极大的电负性，这就决定了它极高的反应活性。作为一个强亲电试剂，不但能与较强亲核试剂反应，也能与较弱亲核试剂反应；不但容易在分子间发生反应，也容易在分子内发生反应。

## 5.5.1 直接与亲核试剂成键

由碳正离子的强亲电活性所决定，它能与几乎所有亲核试剂反应，如含有 N、O、S、卤素、π 键等多种亲核试剂，无一不与碳正离子成键的。

**例 40**：付克烷基化反应机理：

$$R-Cl: \overset{\curvearrowright}{} AlCl_3 \rightleftharpoons R \overset{+}{\underset{}{Cl}} - \overset{-}{Al}Cl_3 \rightleftharpoons R^+ + \overset{-}{Al}Cl_4$$

**例 41**：芳烃重氮盐的还原反应：

反应机理为：

这些足以证明碳正离子具有极强的亲电活性。

### 5.5.2 吸引邻位 σ 键成键

正是由于带有空轨道的碳正离子具有极强的亲电活性，才能强烈吸引邻位 σ 键上独对电子，并最终与之成键。

#### 5.5.2.1 与邻位 *α*-氢原子的单分子消除反应 E$_1$

在碳正离子的邻位碳原子上存在氢原子状态下，碳正离子会强烈地吸引邻位的碳氢 σ 键上独对电子，致使 *α*-位氢原子成了活泼氢，此碳氢 σ 键便容易与碳正离子成键而生成烯烃。

**例 42：**溴代叔丁烷的单分子消除反应[2b]：

含有 α 氢的碳正离子，其单分子消除的产物难以避免，原因概出于此。

#### 5.2.2.2 与邻位 σ 键的缺电子重排

碳正离子的存在，会强烈吸引邻位 σ 键上独对电子，一定条件下能使烷基迁移而导致重排反应发生。

**例 43：**pinacol 重排反应机理[19]：

正是碳正离子的强亲电活性，致使邻位的 σ 键上独对电子的迁移。

**例 44：**Demjanov 重排反应。这是伯胺经重氮化后产生碳正离子水解成醇的反应[20]。反应机理为：

上述反应存在着异构化产物，其重排反应机理为：

在缺电子重排反应过程中，总是倾向于生成更稳定的碳正离子，显然，由迁移前的伯碳正离子重排成仲碳正离子，因电荷的分散而更趋稳定。

对于重排后生成的碳正离子，能与 *α*-位氢原子消除生成环戊烯是可能发生的：

**例 45**: 醇羟基的溴代重排反应[21]:

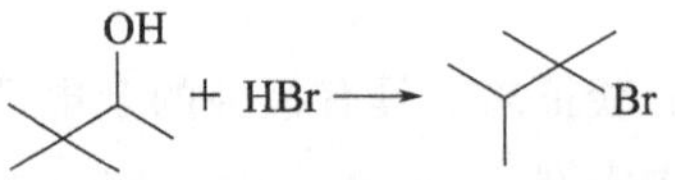

显然，在生成中间体碳正离子后，存在着烷基迁移的重排反应，作为亲核试剂的溴负离子与重排后生成的碳正离子成键了。反应机理为：

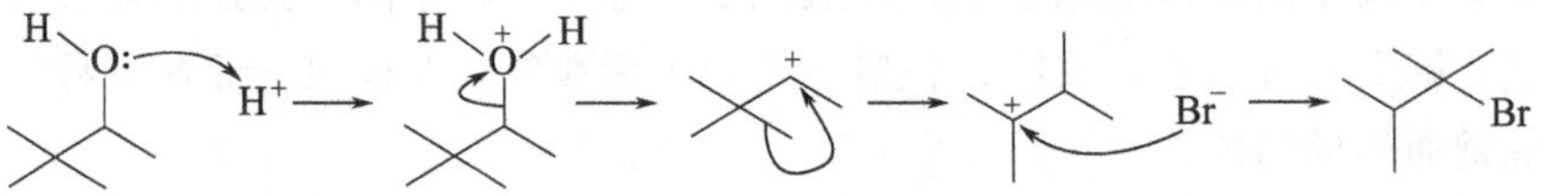

类似地，仲碳正离子重排成了更为稳定的仲碳正离子。碳正离子 $\alpha$-位的 $\sigma$ 键迁移的活性次序一般为：

$$芳基＞烷基（3＞2＞1）＞氢$$

这是与转移基团（亲核试剂）的分散性和稳定性相关的。

## 5.6 碳氢亲电试剂的差别

从广义上说，所有缺电的元素均属于亲电试剂。然而更具体地比较，缺电的氢原子与其他缺电元素仍有差别。缺电的氢原子主要表现为酸性特征，更易与碱性强的亲核试剂成键；而其他缺电元素主要表现为亲电试剂，容易与其成键的亲核试剂不仅与碱性相关，还与可极化度相关。

### 5.6.1 碳氢亲电试剂的活性比较

前已述及，在卤代乙酰乙酸乙酯分子内，存在着 4 个缺电的碳原子，它们的亲电活性次序为：

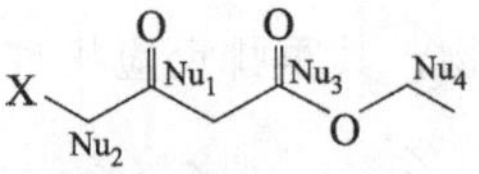

这里并未将所有亲电试剂活性排序出来，而仅排序了碳原子的亲电活性，其根本原因是亚甲基上缺电的氢原子与这些缺电的碳原子不同，它容易与碱性强的亲核试剂成键，而与缺电碳原子成键的亲核试剂不仅取决于碱性强弱，还与基团的可极化度相关。

因此碱性与亲核活性是有区别的，碱性指的是与缺电氢原子成键的难易，而亲核活性指的是与缺电碳原子及其他缺电元素成键的难易。

一个典型的例子就是氢化钠，富电的氢负离子的碱性极强，但因其可极化度极小而并不具有亲核活性，只能与卤代乙酰乙酸乙酯分子内的亚甲基上氢原子成键。容易与活泼氢成键的基团严格遵循碱性次序。如与卤代乙酰乙酸乙酯分子内亚甲基上氢原子的反应活性次序：

叔丁氧基＞异丙氧基＞乙氧基＞甲氧基

而与卤代乙酰乙酸乙酯分子内缺电的碳原子的反应活性次序则完全相反：

叔丁氧基＜异丙氧基＜乙氧基＜甲氧基

这就是为什么人们宁愿用价格较贵的强碱性的乙醇钠而不用更廉价的甲醇钠来催化亚甲基亲核试剂的原因：

在生产实践中，人们常常采用甲醇钠与乙醇钠的混合碱来催化亲核试剂，就是综合其亲核活性、碱性与原料成本的平衡结果。

## 5.6.2　多位亲电试剂的选择性

在含有 $\alpha$-氢原子的羰基化合物分子内，存在着羰基碳原子与 $\alpha$-氢两个或多个亲电试剂，在与碱性亲核试剂成键的过程中，这两种亲电试剂的反应选择性会由于亲核试剂的不同而异。这就是在 5.6.1 中卤代乙酰乙酸乙酯分子内碳与氢两类亲电试剂不能统一排序的原因。

由此可见，多位亲电试剂的选择性问题，即碳氢亲电试剂的区别问题，也就是碱性与亲核活性的区别问题，这是同一个问题的两个方面。

由于在含有 $\alpha$-氢的羰基化合物分子内，存在着 $\alpha$-氢与羰基碳两个亲电试剂；而在其烯醇式共振结构上，还存在着烯醇式亲核试剂，这种亲核试剂实际表现在 $\alpha$-碳原子上：

在用碱与 $\alpha$-氢原子成键来催化碳负离子生成时，碱性亲核试剂与羰基碳原子成键的加成反应往往也容易发生：

正因为如此，不同的碱类催化作用的效果不同，其区别往往就在其与羰基化合物的加成反应上。

**例 46**：某公司以乙醇钠催化生成叶立德试剂再与醛类化合物进行缩合反应：

反应之后的检测发现，有 10% 的醛类化合物并未转化，在补充叶立德试剂之后，未转化的醛基化合物仍未减少。

首先排除了平衡反应的可能，因为一旦叶立德试剂与羰基碳原子成键就不能再离去了：

在排除了平衡反应的基础上，只能是亲核试剂与亲电试剂两者缺一，否则反应不可能不继续进行。然而在补充亲核试剂后反应仍不能继续进行，且在反应体系内又能检测到大量醛羰基化合物存在，这似乎存在矛盾。

实际上，反应体系内的亲电试剂——醛羰基已经不复存在了，它与碱生成了稳定的半缩醛结构，此半缩醛结构当然不具有亲电活性了，故其不可能与亲核试剂成键。而在分析检测反应体系内的组成之前有个酸化步骤，正是在酸化过程中半缩醛又重新转化成了醛分子：

因此，反应体系内醛分子的存在纯属假象，它是以半缩醛的形式稳定地存在于反应体系内的。

解决此类转化率问题可从两方面着手：一是选择碱性较强而亲核活性较弱的碱，如氢化钠，使其不与羰基碳原子成键；二是选择离去活性更强的碱，如叔丁醇钾、三烷基胺类等，即便与羰基碳原子成键了，也不能稳定存在而再度离去。

半缩醛、酮的生成能产生两种不良后果：一是如前所述的这种半缩醛的生成使羰基亲电试剂活性消失，影响反应转化率；二是半缩醛、酮的生成便不能使其烯醇化，因而亲核试剂消失，同样地影响转化率。

综上所述，本章讨论了亲电试剂的结构特点，分析了亲电试剂的反应活性，研究了不同亲电试剂的活性比较方法，正是这些基本概念是认识反应机理的关键因素之一。

参 考 文 献

【1】 Micheal B. Smith Jerry March. March 高等有机化学，李艳梅译. 北京：化学工业出版社，2013. a，112，b，370。

【2】 邢其毅，裴伟伟，徐瑞秋，裴坚. 基础有机化学（第三版）. 北京：高等教育出版社，2005. a，476；b，273.

【3】 陈荣业. 分子结构与反应活性. 北京：化学工业出版社，2008. a，169；b，170；c，51～52；d，56～74；e，102；f，212～213.

【4】 Baylis A B, Hillman M E D Ger Pat. 2155113. 1972.

【5】 Frank S A, Mergott D J, Roush W R. J Am Chem Soc, 2002, 124：2404.

【6】 Meisenheimer J. Justus Liebigs Ann Chem, 1902, 323：205.

【7】 Sepulcri P, Goumont R, Halle J C, Buncel E, Terrier F. Chem Commun, 1997, 789.

【8】 Peter K, Vollhardt C, Schore E. Organic Chemistry Structure and Function. Fourth Edition. 代立信，席振峰，王梅祥等译. 北京：化学工业出版社，2006. 651.

【9】 孙喜龙. 基团电子效应定量计算研究，张家口师专学报（自然科学版），1992（2）：27～30.

【10】 朱淮武. 有机分子结构波谱解析. 北京：化学工业出版社，2005. 42～49.

【11】 Krapcho A P, Glynn G A, Grenon B J. Tetrahedron Lett, 1967, 215.

【12】 Martin C J, Rawson D J, Williams J M J. Tetrahedron, Asymmetry 1998, 9：3723.

【13】 Jie Jack Li. Name Reactions—A Collection of Detailed Reaction Mechanisms. 荣国斌译. 上海：华东理工大学出版社，2003. a，303；b，38.

【14】 Mohlau R. Ber Dtsch Chem Ges, 1881, 14：171.

【15】 Leemann A K, Engel J. Pharmaceutical Substances. 4th Edition. 2000, 83：254.

【16】 Perkow W. Ber Dtsch Chem Ges, 1954, 87：755.

【17】 Janecki T, Bodalski R. Heteroat Chem, 2000, 11：115.

【18】 Brown H C, Tierney P A. J Am Chem Soc, 1958, 80：1552.

【19】 汪秋安. 高等有机化学，北京：化学工业出版社，2004. 89

【20】 Coooer C N, Jenner P J, Perry N B, et al. J Chem Soc, Perkin Trans, 2 1982, 605.

【21】 Peter C, Vollhardt N, Schore E. Organic Chemistry Structure and Function. Fourth Edition. 代立信，席振峰，王梅祥等译. 北京：化学工业出版社，2006. 277～279.

# 第6章

# 离去基

在极性反应过程中，除了路易斯酸之外的所有亲电试剂都不会与亲核试剂直接成键，而总是与离去基的离去相关，正如极性反应的一般表达式所描述的：

$$Nu^- + E \overset{\frown}{-} Y \longrightarrow Nu-E + Y^-$$

换句话说，满足八隅律的非路易斯酸亲电试剂之所以能够与亲核试剂成键，是因其具有离去基，能够带走一对电子而腾出空轨道。然而与亲电试剂处于成键状态的离去基，能带着一对电子离去也是需要一定条件的。

离去基 Y 之所以能够带着一对电子离去，其基本原理就是其电负性相对较大，至少在亲核试剂靠近亲电试剂的瞬间是如此，其与亲电试剂之间的共价键上独对电子显著向离去基方向偏移，最终导致离去基完全拥有这对电子而离去了，进而腾出了能与亲核试剂上独对电子成键的亲电试剂上的空轨道。

根据电负性均衡原理[1]，在离去基从亲电试剂上离去的过程中，其与亲电试剂的电负性是相等的。而离去基在离去过程中，其负电荷呈逐渐增加之势，这就意味着离去基的电负性在其离去过程中是逐步减小的，也意味着亲电试剂与离去基之间的电负性同离去基一样也是逐步减小的。

亲核试剂在与亲电试剂成键过程中，其负电荷呈逐渐减少之势，或其正电荷呈逐渐增加之势，这就意味着其电负性在其成键过程中是逐步增加的。由此推论亲电试剂与亲核试剂之间的电负性同亲核试剂一样也是逐步增加的。

仅从离去基与亲核试剂各自在极性反应过程中的电负性变化，是难以推断亲电试剂自身电负性变化的，因为两者似乎存在矛盾。这是由于在极性反应过程中，亲电试剂上相当于存在三个完整的共价键和两个不完整的化学键，而这两个不完整化学键之和为一个共价键，故可认为亲电试剂的基团电负性应视作其与离去基和亲核试剂的两个电负性之和，且亲电试剂总的电负性变化趋势与亲核试剂和离去基之间相对电负性相关。

按照上述推理，当亲核试剂逐步靠近亲电试剂并与其成键的过程，是亲电试剂对于离去基的电负性减小的过程，也是亲电试剂对于亲核试剂电负性的增加过程，这与实际的化学反应过程没有矛盾。

## 6.1 离去基是化学反应方向的决定因素

除了路易斯酸与独对电子的络合之外，所有的极性反应均经历了离去基离去过程，离去基离去是极性反应完成的必要条件，因为只有离去基离去所腾出的空轨道，才能容纳亲核试剂上的独对电子进入而成键。这里所谓"反应完成"指的是具有新的稳定的化学键生成，换句话说，化学反应是否完成取决于离去基是否离去了。

化学热力学是研究化学反应进行的方向和限度的，化学反应向哪个方向进行和完成到何种程度？这些归根结底均取决于离去基的相对活性与平衡转移。

容易设想，没有离去基的分子，就没有极性反应。因为没有离去基的分子也就没有亲电试剂，亲电试剂之所以缺电就是由于有较强电负性的离去基存在。换句话说离去基是与亲电试剂相互依存不可分割的，若不是离去基腾出了空轨道，当然不存在亲电试剂与亲核试剂之间的成键。

除了路易斯酸之外，既然所有的极性反应结果都由不同离去基的相对活性和平衡转移这两个方面决定的，那么我们就从这两个方面分别研究化学反应热力学性质的影响因素。

### 6.1.1 离去基的相对活性

在极性反应的一般表达式中，亲核试剂与亲电试剂成键生成了一个离去基，离去基离去后转化成了另一个亲核试剂。在整个反应平衡体系内也就相当于存在两个亲核试剂和两个离去基了。然而由于两个亲核试剂和两个离去基的反应活性不同，最终反应结果也就不同。在这种情况下，反应最终产物结构是由不同离去基的相对离去活性决定的。

#### 6.1.1.1 亲核试剂的离去活性远强于离去基，则没有产物生成

离去基是带有独对电子的基团，由其结构决定了其亲核试剂的性质。而一旦离去基离去了，它就与原有的亲核试剂互换角色了，相当于正向的反应与逆向的反应处于平衡状态：

$$Nu^- + E\!-\!Y \rightleftharpoons Nu\!-\!E + Y^-$$

若是原有的亲核试剂 Nu 是更强的离去基，则逆向反应在热力学上占优势，故原有离去基 Y 作为亲核试剂会重新回到原位，而原有亲核试剂只能离去而返

回到初始状态。这在宏观状态上相当于没有化学反应发生，而在微观状态上属于反应进行了多次往返。这是由于生成的产物因离去基的活性较强而不稳定之故，属于无产物的化学反应过程。

**例1**：氯化钾与 $N,N$-二甲基苄胺能否生成氯苄。

从分子结构观察，氯负离子确属富电体-亲核试剂，苄基上的亚甲基碳原子受二甲胺基与芳基双重的诱导作用影响也确实属于缺电体-亲电试剂，二甲胺基上氮原子的电负性强于苄基碳原子而具备离去基的条件，极性反应的三要素兼备，这个极性反应能够发生。

然而，生成的二甲胺基负离子是远比氯负离子更强的亲核试剂，在其并未离开反应体系条件下势必反攻苄基碳原子，而氯负离子的离去活性也远强于二甲胺基，故逆反应更容易进行：

这样，相当于生成的产物不稳定而重新返回到初始的原料状态了，而没有产物生成。

**例2**：氯苄与氰化钠反应生成了苯乙腈而未见苯甲基异腈生成：

这是否可以否定氰基所具有的两可亲核试剂性质呢？

就氰基的结构说来，确属于双端富电体，其作为两可亲核试剂的结构条件是具备的。其与氯苄的反应除了生成苯乙腈之外仍有另外一种可能：

然而即便生成了如上结构的苯甲基异腈，在上述反应条件下也属于不稳定的产物，容易被其他亲核试剂取代：

之所以认为异腈不稳定，从其分子结构可一目了然：异氰的中心氮原子上带有单位正电荷，因而具有比较强的基团电负性；其三键结构也是非常容易极化变形的基团，具有比较大的可极化度，这种电负性与可极化度均大的基团自然容易离去。

依据上述解析结果，不能否定氰基所具有的两可亲核试剂性质。

正是由于离去基与亲核试剂之间的相互转化，才体现出极性反应过程的变化多端与妙趣横生。

例 3：亚硫酸氢钠作为两可亲核试剂的反应机理讨论。

纵观有机化学教科书，普遍将亚硫酸氢钠视作具有双位反应性能（Two-fanged Reactivity），实际上这里所谓的双位反应性能就是两可亲核试剂。只不过是将其中一个位置视作碱，而将另一位置视作亲核试剂罢了。例如亚硝酸根负离子[2a]：

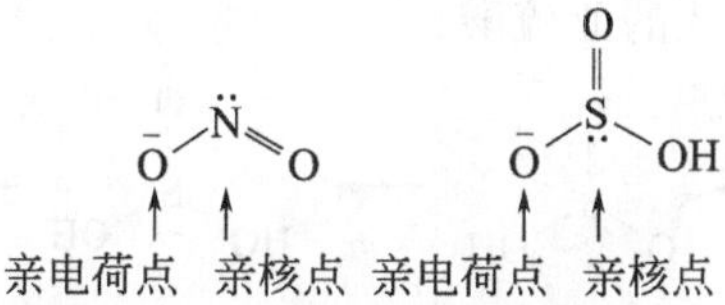

亲电荷点　亲核点　亲电荷点　亲核点

上述讨论之所以未能理直气壮地认定亚硫酸氢钠的两可亲核试剂性质，根本原因就是没有认识亲核试剂与离去基的共性特点和个性区别。

首先，碱本身就是亲核试剂，碱性与亲核性的区别仅仅在于其所要成键的亲电试剂不同，碱所选择成键的目标亲电试剂为质子（活泼氢），而亲核试剂所选择的目标亲电试剂为非质子缺电体。

若不去区别亲电试剂的结构，则两者并无区别，下述四个反应均是客观存在的：

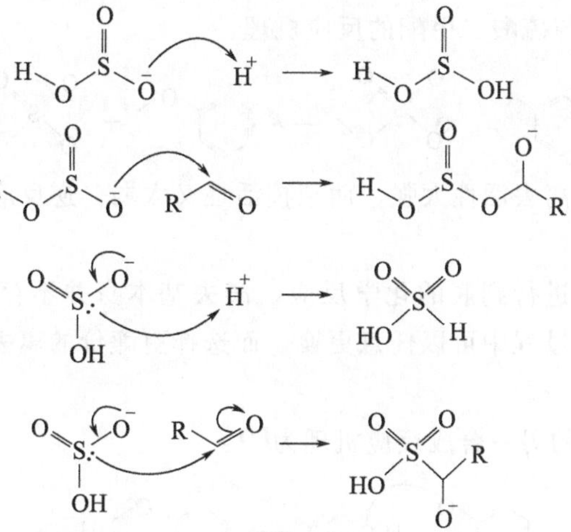

根据极性反应三要素的概念，从动力学关系上讨论，上述反应均是必然发生的。氧负离子与硫原子上独对电子均为亲核试剂，亚硫酸氢钠毫无疑问地属于两可亲核试剂。

其次，由于亲核试剂与亲电试剂成键后自身又转化为离去基，故两可亲核试剂本身也是两可离去基。

比较起来，由于离去基活性不同，上述四个反应的逆向反应差异较大。亚硫酸氢钠分子上的氧负离子与羰基的加成所生成的四面体中间状态属于半缩醛结构而极不稳定，容易发生分子内极性反应而返回到初始的原料状态：

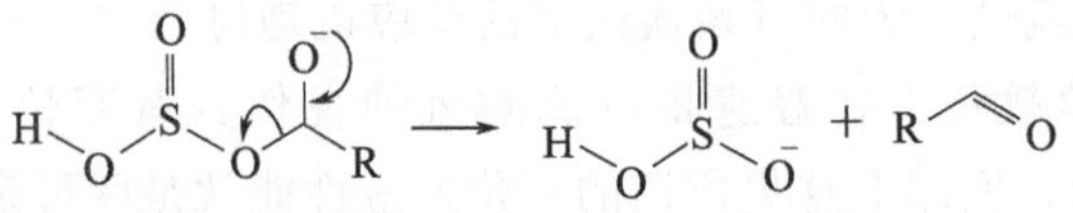

由于并未生成稳定产物而容易忽略它的存在。

亚硫酸氢钠上硫原子的独对电子与质子成键也是必然，只不过由于分子内重排的因素生成了另一种形式的亚硫酸：

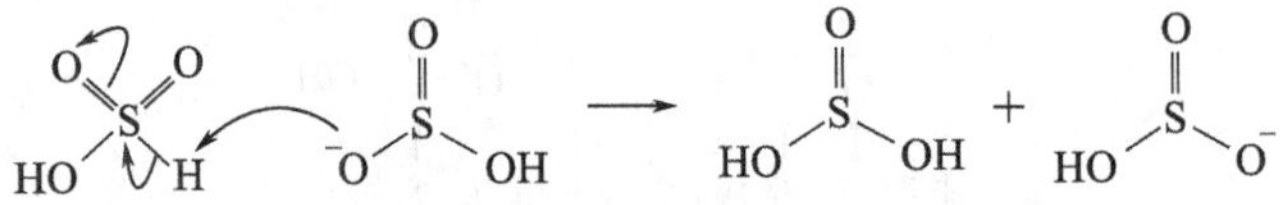

从动力学角度分析，亚硫酸氢钠是地地道道的两可亲核试剂。至于它能与哪种亲电试剂成键生成稳定的产物，这取决于其热力学性质，取决于其中间状态是否稳定。

综上所述，认识和把握未见产物的化学反应，将化学反应的动力学因素与热力学因素分开独立地讨论，才能把握化学反应的内在规律。

#### 6.1.1.2 亲核试剂的离去活性远弱于离去基，反应能够进行到底

此类反应甚多，以至于成了极性反应的基本类型。

**例 4**：苯酚钠与硫酸二甲酯的反应机理：

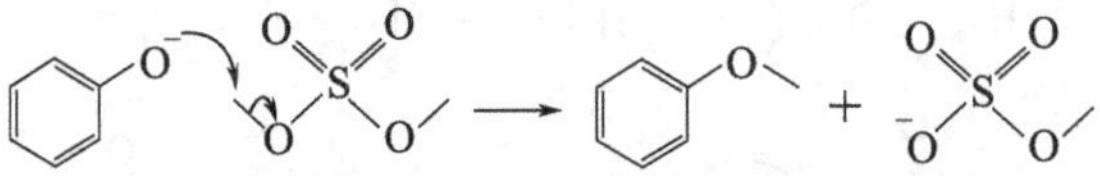

生成的硫酸根离去活性太强，而亲核活性又太弱，逆反应不能发生，反应可以进行到底。

对于这些能够进行到底的化学反应，离去基本身并不存在于目标产物分子内，因而在其合成过程中可以任意更换，而选择更廉价的离去基显然是工艺路线优化的主要手段之一。

**例 5**：苯甲醚的另一合成反应机理为[3]：

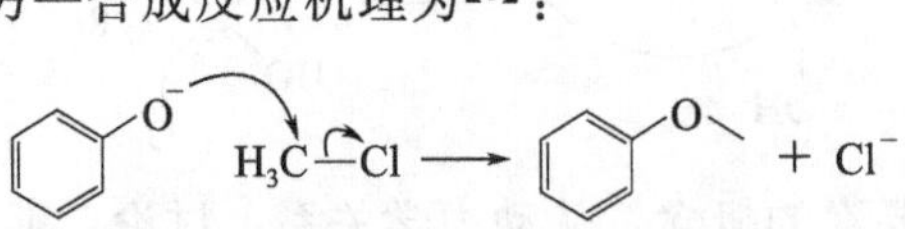

由于氯甲烷远比硫酸二甲酯便宜，其毒性也显著的低于硫酸二甲酯，上述合成路线显然具有竞争力。

**例 6**：N-甲基-N-乙酰基芳胺的工艺改进就是通过更换离去基来实现的。原有的合成工艺为：

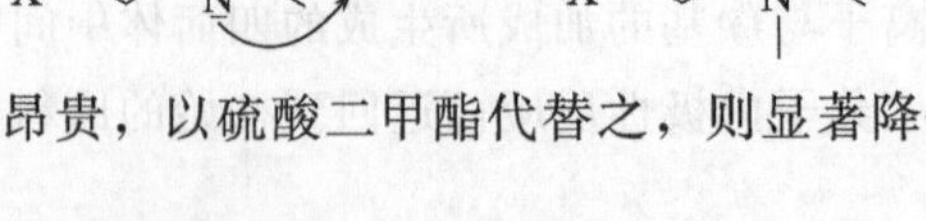

由于碘甲烷价格昂贵，以硫酸二甲酯代替之，则显著降低了成本：

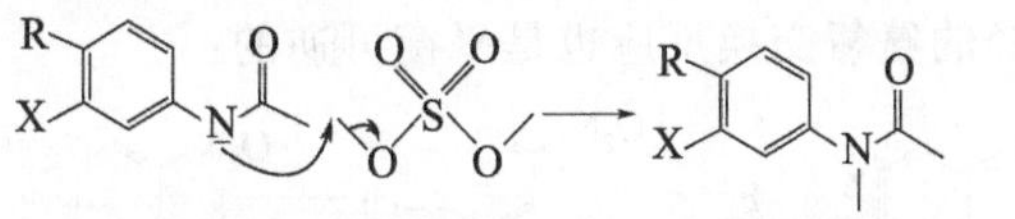

有些离去基的更换是采取衍生化的方式，将原有离去基衍生成更大的离去基，通过增加其可极化度和降低其碱性的方法促使其离去的。

**例7**：丙基反式环己基乙腈的合成。原有的合成路线为：

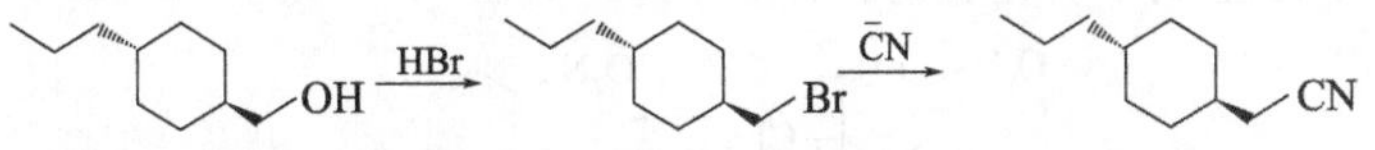

由于前一步反应为可逆平衡，可通过更换另一离去基来改进：

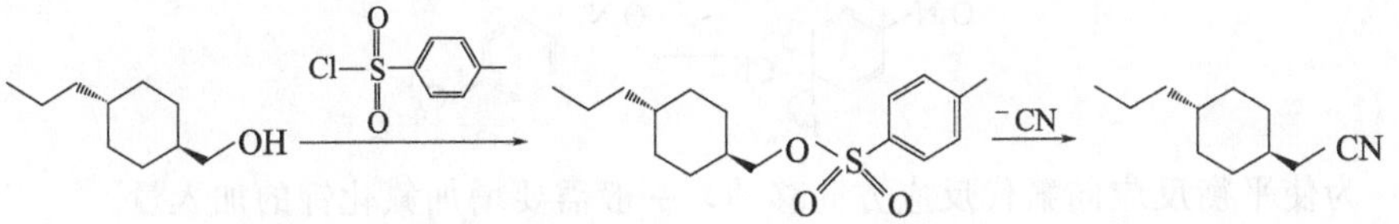

总之，认识和掌握离去基的相对活性，就能通过更换离去基的手段优化反应过程。其基本原理涉及不同离去基的活性排序问题，我们将在后续章节详细讨论。

### 6.1.1.3 亲核试剂与离去基的离去活性接近，反应处于平衡状态

由于离去基本身也是亲核试剂，当原有的亲核试剂与离去基互换角色后，逆反应仍可能进行，如若两者的离去活性接近，则反应处于平衡状态。

**例8**：酸性条件下，羧酸与低级醇类的酯化反应与酯的水解反应互为可逆反应，两者经过同一活性中间状态：

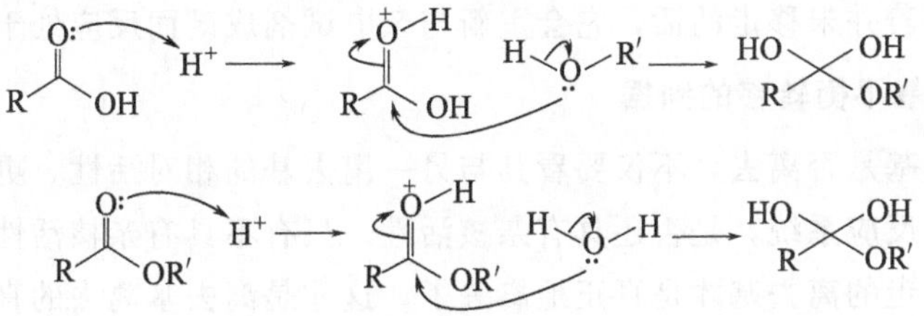

依不同离去基的离去而反应平衡移动：

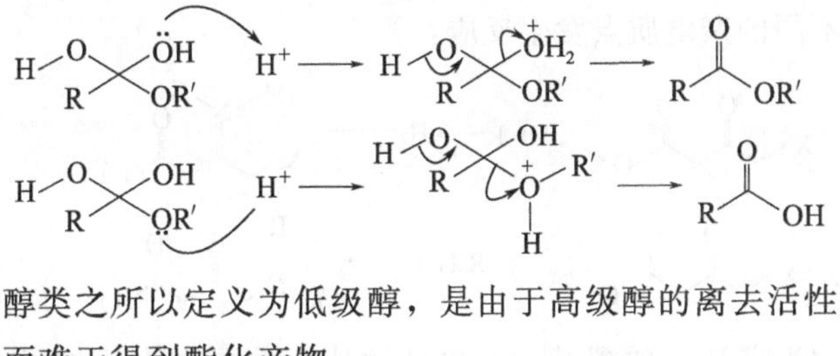

上式中的醇类之所以定义为低级醇，是由于高级醇的离去活性更强，如叔丁醇、苄醇等，而难于得到酯化产物。

这里，离去基的离去活性接近则必然反应处于平衡，两者是互相对应和互为因果关系的，而同一活性中间状态是平衡可逆反应的必要前提。

**例 9**：取代芳烃的氟氯交换反应也是平衡可逆的：

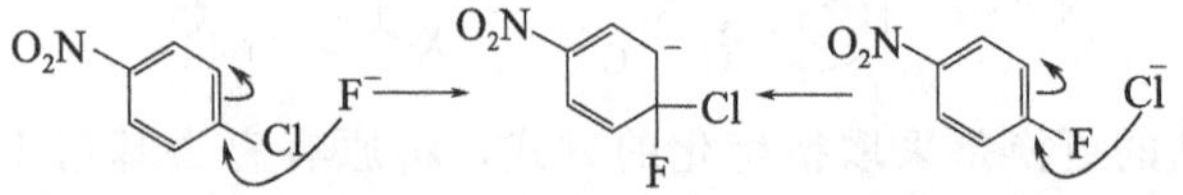

氯原子在活性中间体上的离去活性较氟原子大些但有限，故两种离去方式均存在，反应不能生成单一化合物：

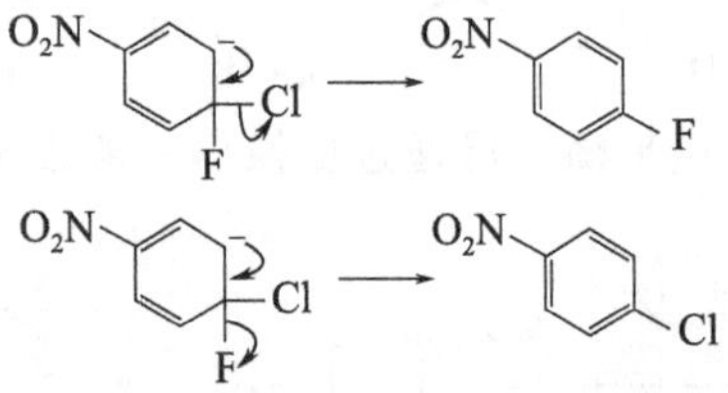

为使平衡反应向氟代反应方向移动，一般需要增加氟化钾的加入量。

对于是否可逆平衡的鉴别，最有力的证据就是看其是否处于同一活性中间体状态，而这一活性中间体则是通过反应机理解析得到的。

## 6.1.2 离去基的平衡转移

若干简单的极性反应过程，可以从其相对的离去活性来判断最终反应产物结构，正如上节所讨论的那样。

然而对于两个以上离去基存在的场合，是不能仅仅根据不同离去基的相对离去活性来判断产物结构的，更重要的判据应该是活性离去基是否真正地从反应体系移走了，如若并未移走的话，它会重新与亲电试剂成键而反应处于平衡状态。

### 6.1.2.1 离去基平衡转移的判据

某一离去基是否离去，不仅要看其与另一离去基的相对活性，更重要的是看其是否离开了反应系统，是否还具有亲核活性。只有不具有亲核活性的离去基和平衡转移所移走的离去基才是真正地离去了，这才是离去基离去的真实判据。

**例 10**：多位亲电试剂卤代乙酰乙酸乙酯与亲核试剂胺类的反应，依反应物结构的不同在不同的亲电质点发生反应：

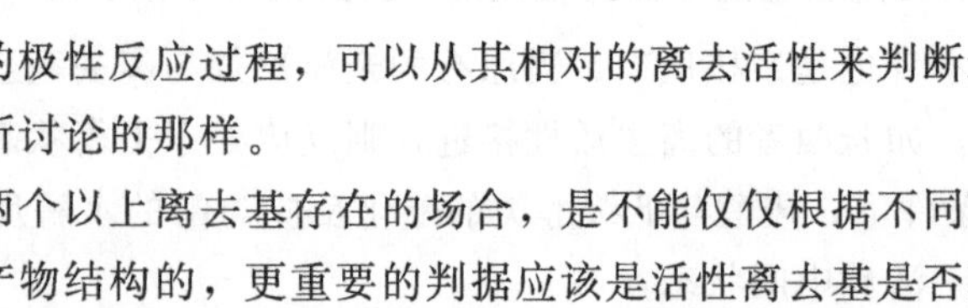

式中：X＝Cl 或 Br，酮羰基的亲电活性比卤碳更强[4]。这里亲电试剂的亲电活性是与离去基的离去活性相对应的，两者是同一个事物的两个方面，故酮羰基 π 键的离去活性也强于卤素。

当单烷基取代胺与卤代乙酰乙酸乙酯反应时，单烷基取代胺会优先与最活泼的酮羰基反应，之所以能够按照离去基活性的次序进行反应，是因为羰基氧原子能够真正以水的形式离去，离去水分子的亲核活性较弱而难以进行逆向反应：

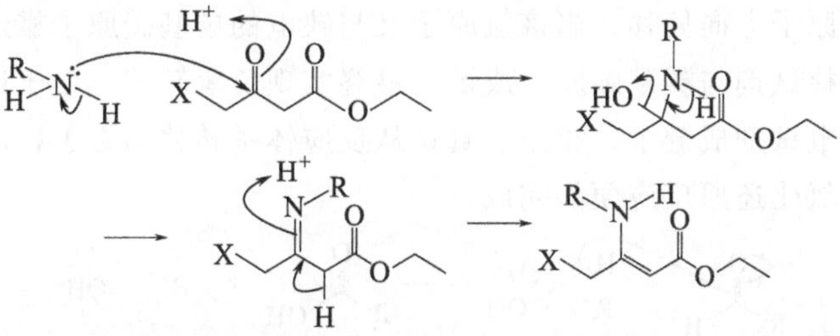

而双烷基取代胺与卤代乙酰乙酸乙酯的反应则不同，虽然其仍然先与最具活性的亲电试剂酮羰基碳原子成键，但由于离去的 π 键生成了氧负离子并未离开此分子，更未离开反应系统，仍然具有亲核活性，因而使得这个反应处于可逆的平衡状态而没有产物生成：

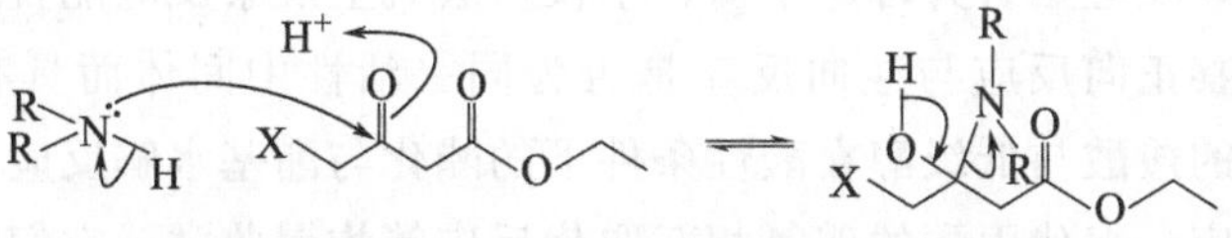

在最活泼的离去基团不能转移出反应系统条件下，作为亲核试剂的二烷基胺只能转而求其次，在具备反应活化条件下与次活泼的卤碳成键：

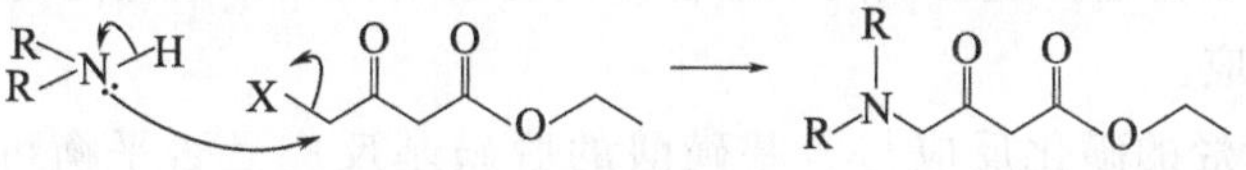

由此可见，最终产物中哪一离去基离去虽与相对离去活性相关，但最重要的是离去基是否真正的离开反应系统而不具有亲核活性了。

**例 11**：Cannizzaro 歧化反应是醛羰基的自氧化还原反应过程[5]：

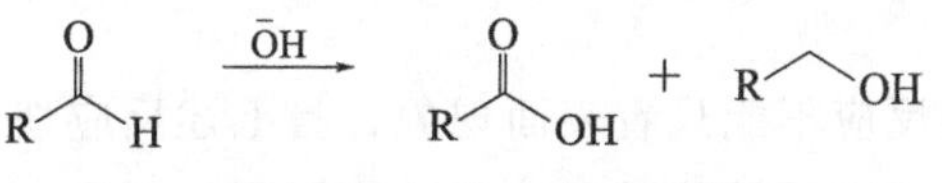

反应是以碱为亲核试剂、羰基碳原子为亲电试剂、羰基 π 键为离去基的，生成了如下四面体结构。在这个四面体结构中，负氧离子又成了亲核试剂，其与相连碳原子之间具备成键的条件，因而又要有离去基离去，而羟基的离去活性相对较强，率先离去理所当然，这就又返回到最初始的原料状态了，这个反应是处于平衡可逆的、未生成产物的反应过程[6]：

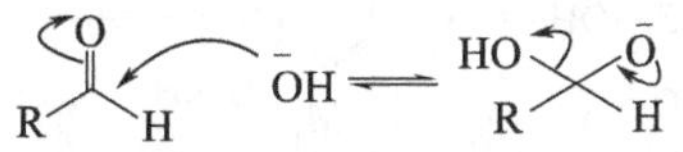

正是由于在这种平衡可逆反应过程中，离去的碱并未离开反应体系，它会重新与羰基碳原子成键而重新生成活性的四面体中间结构。在相对剧烈的条件下，

即在较高反应温度和较强亲电试剂邻近的条件下，另一个离去基便可能产生，它就是羰基碳原子上的氢原子。在羰基碳原子与碱加成后，与该氢原子成键的碳原子同时也是与亲核试剂负氧离子相连的，由于氧负离子的亲核作用使得碳氢键上独对电子向氢原子方向偏移，当该氢原子又与缺电的羰基碳原子靠近时，就能离去后转化为亲核试剂与羰基碳原子成键，最终实现负氢转移。由于这种负氢是真正地与另一亲电试剂成键了，相当于真正从反应体系转移出去了，反应便不可逆了。醛基的自氧化还原反应便能完成：

上述实例充分说明，离去基的平衡移动才是决定反应方向与限度的最重要因素。

### 6.1.2.2  平衡可逆反应机理的基本特征

如上所述，反应是否为可逆平衡，不仅从宏观上观察反应能否进行到底，还应从微观上观察正向反应与逆向反应是否为同一活性中间体而具有相等的活化能。如前所述的羧酸与低级醇在酸性条件下的酯化与酯基水解反应、卤代芳烃上的氟氯交换反应、卤代丙酮的碘氯相互取代反应等均属此类，它们的正向与逆向反应均经过同一活性中间状态，且无论从正向还是从逆向生成该中间体均具有相等的活化能。唯有这种能生成同一活性中间体且需要相等活化能的反应才能称之为平衡可逆反应。

例 12：芳烃的磺化反应与芳基磺酸的脱磺基反应是否平衡可逆反应讨论。目前被公认为是平衡可逆反应[2b]：

然而，平衡可逆反应不能只看表面现象，且上述反应理解析本身就缺少至关重要的各个中间步骤的电子转移过程，理论依据明显不足。平衡可逆反应必须具有同一活性中间体和相等的活化能，而活性中间体的真实结构只有通过反应机理解析才能得到。

按照极性反应三要素的概念解析反应机理，磺化反应过程主要步骤应为：

这里清楚地揭示了芳基磺化反应各个步骤的亲核试剂、亲电试剂与离去基结构及其电子转移的原理和规律。只不过省略了其活性中间体 M₁ 阶段几种共振异构状态：

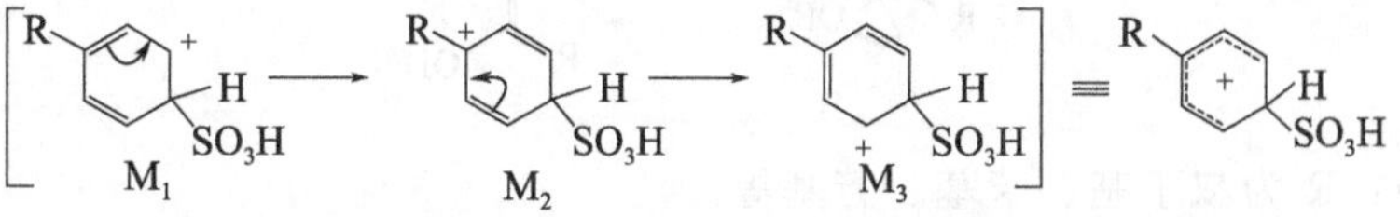

而省略掉的分子内的共振状态并不影响分子间因电子转移而导致的化学键变化。

按照极性反应三要素的概念解析反应机理，可能的脱磺基反应为生成芳基卡宾 M 的机理：

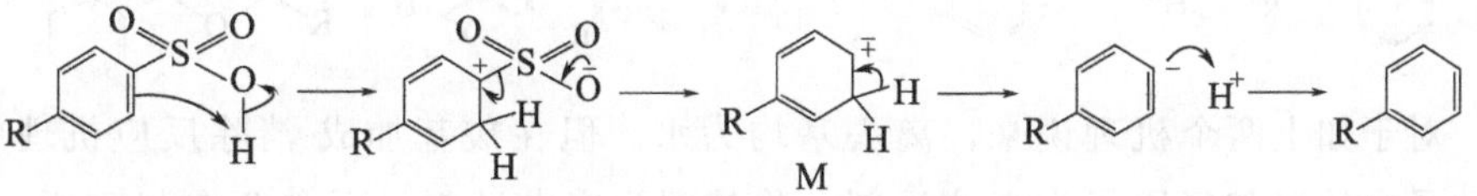

其中间体 M 是不曾在磺化反应过程中生成的，两个反应并非同一中间体，两个反应没有相关性而并非平衡可逆反应。

**例 13**：羧酸酯化的两种机理讨论。

羧酸酯化反应是脱掉一个分子水的过程，却存在着两种不同的脱水方式：

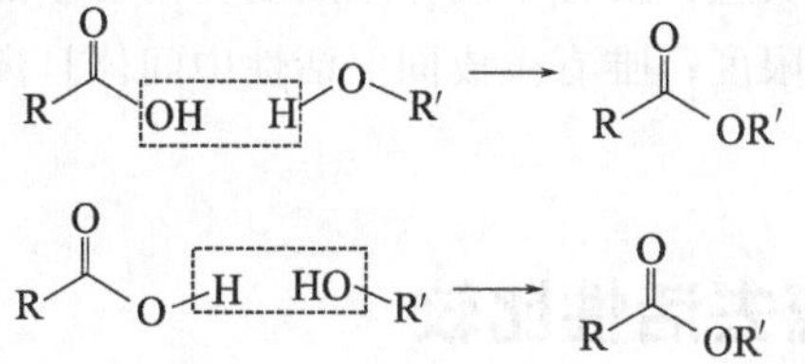

脱水方式不同说明反应机理不同，然而它们却有着相同的基本原理，就是脱去的水分子上的氧原子均来自于反应过程的亲电试剂，而归根结底是由不同离去基的离去活性决定的。

机理一：低级醇对羧基的加成-消除反应机理：

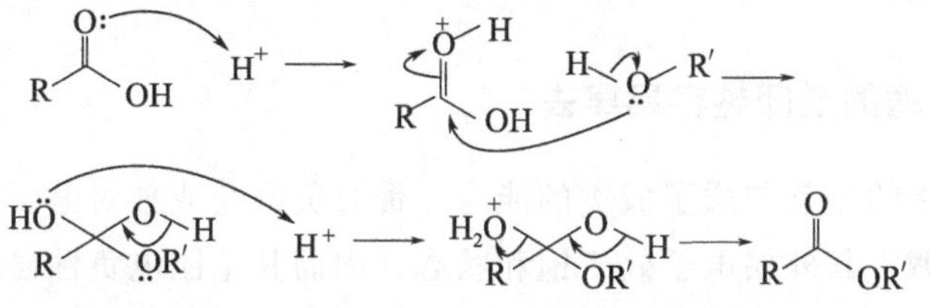

由于低级醇与水的离去活性差异并不显著，因而上述反应是平衡可逆的。若不断地从反应体系中移出反应生成的水，则反应平衡移动了，最终完成酯化反应。

然而，上述平衡进行的酯化-水解反应有一个重要前提，就是只有低级醇才能与羧酸进行酯化反应。对于高级醇说来，随着烷基质量的增加其可极化度增大，离去活性就远强于水，因而没有产物生成：

式中：R′为叔丁基、苄基、芳基等。

然而，这些高级醇并非不能进行酯化反应，只是需要按照另一不同的反应机理以不同的脱水方式进行。

机理二：醇质子化脱水的 $S_N1$ 机理：

对于如上两个机理说来，离去基均为水。但在羧基加成-消除反应机理中，醇分子内的羟基氧原子为亲核试剂，羧基碳为亲电试剂，而在 $S_N1$ 机理中，亲核试剂为羧基氧原子，亲电试剂为脱水后的碳正离子，两者相当于亲核试剂与亲电试剂做了转换。

综上所述，离去基必须在其电负性相对较强的时刻才能离去；唯有离去基离去才能真正地完成极性反应；活性中间体生成后，离去基的相对离去活性决定了化学反应进行的方向与限度；唯有生成同一活性中间体且离去基活性差异较小者才是平衡可逆反应。

## 6.2 离去基的离去活性比较

离去基的离去活性，即离去基被取代的难易程度，与其容纳负电荷的能力相关。如前所述，相对电负性较大的基团，才容易获得共价键上的独对电子，才可能成为离去基。容易理解，越是缺电的基团，越容易带着一对电子离去，其离去活性也就越强。更具体地，显著影响离去活性的有如下三个因素。

### 6.2.1 碱性越弱的基团越容易离去

碱性强弱指的是其与质子成键的能力。带有负电荷或独对电子的原子，一般为碱或路易斯碱，其外层电子处于饱和状态，因而其基团电负性已经很弱，很难再将独对电子带走，故其离去活性就很弱。

如弱电负性的氧负离子几乎是不能再带着一对电子离去的，迄今未见如下反应发生：

$$R-O \longrightarrow R-+ \ + O^{2-}$$

所谓弱碱性基团容易离去的概念应该拓展，也可以说是强酸性基团更容易离去。因为带有正电荷的原子，一般为缺电体-酸或路易斯酸，其电负性一般更强，故带走独对电子的能力也就更强，既离去活性更强。

如叶立德试剂高温不稳定的原因就是具有较强电负性的杂原子正离子容易带着一对电子离去而生成卡宾：

为深刻理解离去基活性与碱性的关系，表 6-1 给出了离去活性与碱性的关系比较[4b]。

**表 6-1　碱性强度和离去基团**

| 共轭酸 强 | $pK_a$ | 离去活性 强 | 共轭酸 弱 | $pK_a$ | 离去活性 弱 |
|---|---|---|---|---|---|
| HI(最强) | $-5.2$ | $I^-$(最强) | HF | 3.2 | $F^-$ |
| $H_2SO_4$ | $-5.0$ | $HSO_4^-$ | $CH_3CO_2H$ | 4.7 | $CH_3CO_2^-$ |
| HBr | $-4.7$ | $Br^-$ | HCN | 9.2 | $NC^-$ |
| HCl | $-2.2$ | $Cl^-$ | $CH_3SH$ | 10.0 | $CH_3S^-$ |
| $H_3O^+$ | $-1.7$ | $H_2O$ | $CH_3OH$ | 15.5 | $CH_3O^-$ |
| $CH_3SO_3H$ | $-1.2$ | $CH_3SO_3^-$ | $H_2O$ | 15.7 | $HO^-$ |
| | | | $NH_3$ | 35 | $H_2N^-$ |
| | | | $H_2$(最弱) | 38 | $H(最强)^-$ |

表 6-1 的数据表明：碱性越弱（酸性越强）的基团离去活性越强。

对于元素周期表中同一周期不同主族元素说来，自左至右碱性依次减弱，离去活性也就依次增强：

$$碱　　性：CH_3^- > NH_2^- > OH^-$$

$$离去活性：CH_3^- < NH_2^- < OH^-$$

综上所述，酸性越强的基团的离去活性越强，碱性越强的基团的离去活性越弱。

## 6.2.2　酸催化的基团容易离去

上节讨论了酸碱性与离去基活性之间的关系，而碱性强弱又与其质子化程度相关，碱性总是随着负电荷的减少而减小的。例如下述基团的碱性强弱次序与离去基的离去活性强弱次序分别为[4b]：

$$基团碱性：NH_2^- > NH_3 > NH_4^+$$

$$离去活性：NH_2^- < NH_3 < NH_4^+$$

$$基团碱性：OH^- > OH_2 > OH_3^+$$

$$离去活性：OH^- < OH_2 < OH_3^+$$

由此可见，离去基的离去活性恰与碱性次序相反。而这种碱性差异又与基团的质子化程度相关，碱性随着质子化程度增加而减弱，离去活性却随着质子化程度的增加而增加。

在上表中，带有独对电子的中心元素与质子成键后，正电荷转移至中心元素上，致使其电负性增强、离去活性增强。所有质子化的中心元素，由于与空轨道的质子成键，相当于在其独对电子上增加了一个吸电基，因而离去活性增强。

**例 14**：芳烃硝化反应活性中间体——硝酰正离子的生成。

芳烃硝化反应主要发生在如下介质中，这也正是有利于硝酰正离子产生的条件。

一种是产生于其硫酸溶液中：

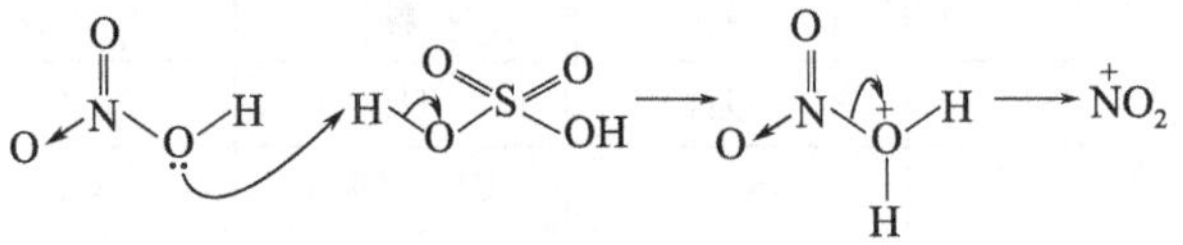

另一种产生于其乙酸-乙酸酐混合溶剂中：

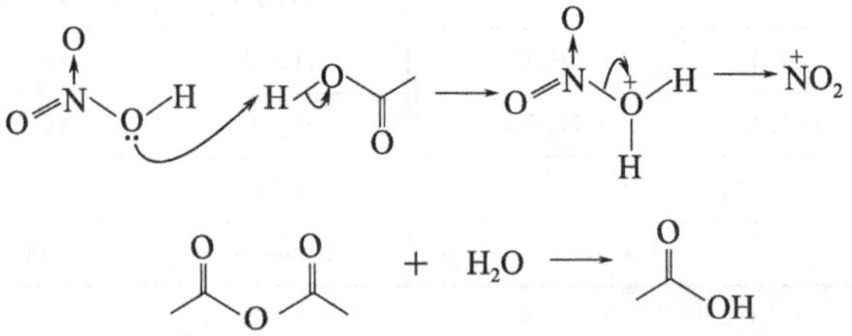

无论在哪种介质中反应，硝酸上羟基的质子化都是关键步骤，溶剂均参与了极性反应。羟基质子化后其基团电负性增加到显著高于硝基的电负性了，此时才满足离去的条件，生成了硝酰正离子。

芳烃磺化反应的活性中间体——磺酰正离子也是按照类似的反应机理产生的。

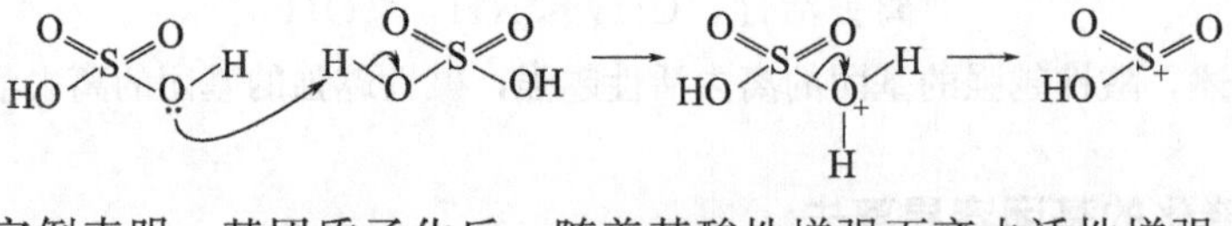

这些实例表明：基团质子化后，随着其酸性增强而离去活性增强。

**例 15**：芳胺的溴化反应是在乙酸溶剂中进行的。反应机理为：

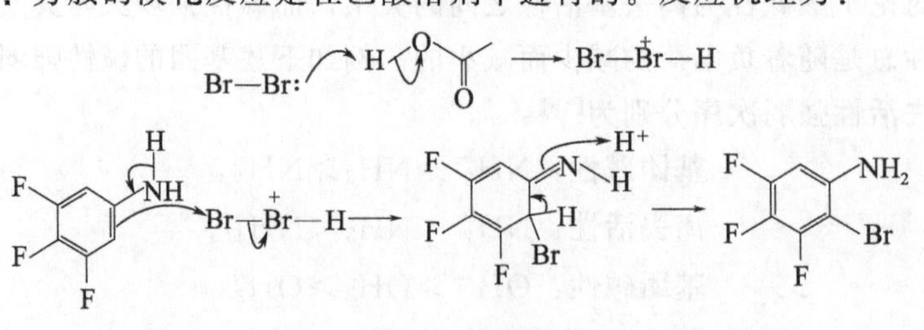

当然，生成溴正离子是其极限状态，实际可能未达此状态而处于中间状态，

但是溴原子的独对电子进入质子的空轨道而催化了该溴原子的离去活性则是不争的事实。

由于质子化的基团容易离去，酸性条件对于离去基团离去活性的催化作用是十分显著的。

**例16**：按照表6-1的离去基活性次序，碘负离子离去活性是高于硫酸根的，可为什么在酸性条件下往往硫酸根的离去活性更强呢？

这是由于硫酸分子更容易质子化的缘故，其质子化后离去活性增强：

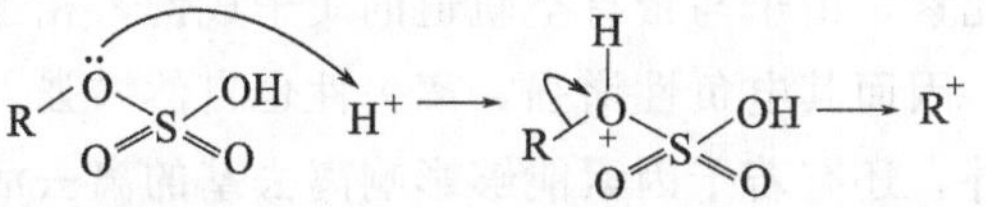

**例17**：羧酸与醇在酸催化条件下生成的四面体结构活性中间体，是否由于羟基质子化的原因而脱水酯化了？

酸对于酯化反应的两个过程都有催化作用：首先是羰基质子化，既促进了羰基碳原子的缺电，又促进了π键的离去，可谓一举两得：

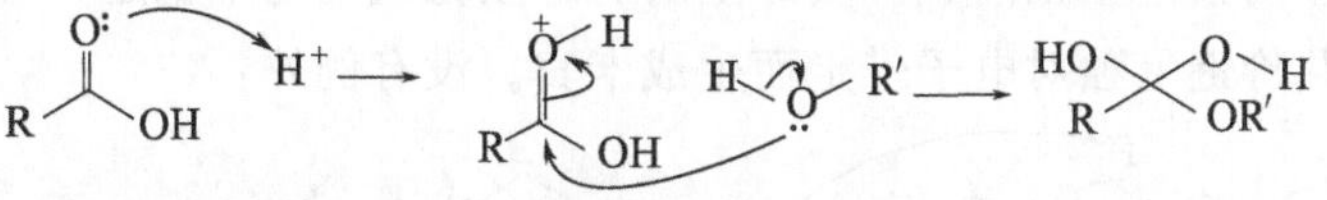

接下来四面体内的氧原子进一步质子化，如果此时只有羟基质子化了，则反应只能向酯化方向进行。然而事实并非如此，反应呈平衡状态，只有移走水分反应才能移动，这说明能够质子化的基团不仅只有羟基，烷氧基照例能够质子化，且两种质子化后的离去基离去活性相近：

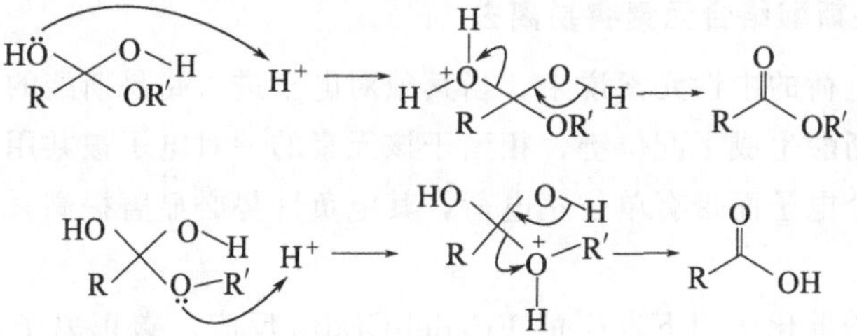

**例18**：酰胺类化合物在碱性条件下不发生水解反应，而只有在酸性条件下才水解成酸。为什么？

两种情况下均能生成活性四面体结构，在不同的酸碱性条件下离去基的结构不同、离去活性不同，因而产生不同的产物。

酸性条件下：

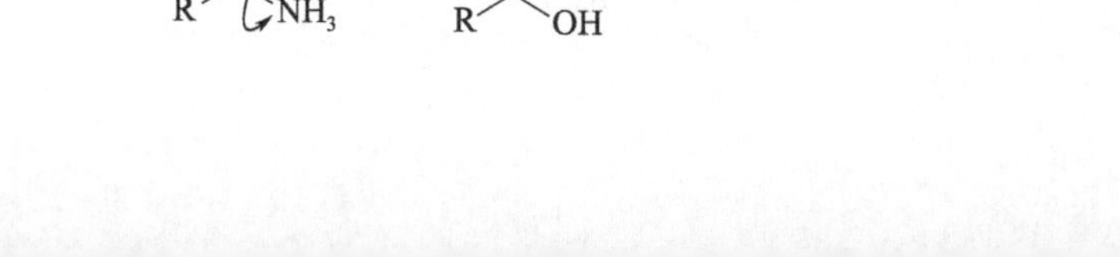

碱性条件下：

由此不难比较离去基的活性次序：

$$NH_3 > \overline{O}H > \overline{N}H_2$$

质子化后极大地增强了离去基的离去活性，是离去活性最显著的影响因素。所有质子化的中心元素，由于与带有空轨道的质子成键，相当于在其独对电子上增加了一个吸电基，因而其电负性增强，离去性也自然增强。

除了质子化之外，还有若干因素能够影响离去基的离去活性。

### 6.2.2.1　带有正电荷的中心元素容易离去

这里带有正电荷的中心元素指的是中心元素满足八隅律稳定结构的杂原子，它们由于带有单位正电荷而具有较大的基团电负性，容易带着一对电子离去，故我们将其称作离去基型正离子。实际上所有叶立德试剂均不稳定，容易将其与碳负离子间的共价键上独对电子带走而生成卡宾。没有例外：

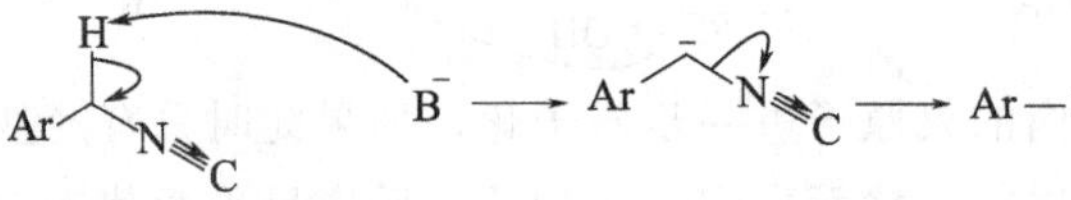

作为两可亲核试剂的氰基与亲电试剂反应，往往只能生成氰基而难以生成异腈化合物，就是因其离去活性较强之故.

### 6.2.2.2　与路易斯酸络合元素容易离去

作为不带电荷的中性元素说来，当其独对电子进入路易斯酸的空轨道后，该元素就与路易斯酸生成了配位键，相当于该元素的一对电子被共用了，相当于该元素失去了一个电子而带有单位正电荷，其电负性势必显著提高，离去活性因而增强。

在路易斯酸催化作用下发生的 Friedel-Crafts 反应，碳正离子正是由于离去基上带有正电荷而产生的[7]：

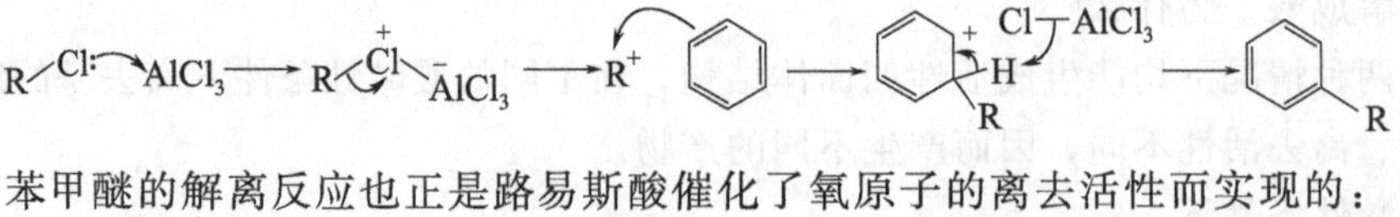

苯甲醚的解离反应也正是路易斯酸催化了氧原子的离去活性而实现的：

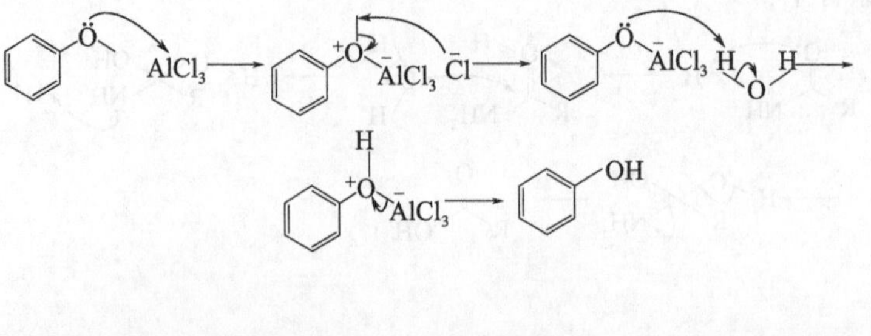

### 6.2.2.3 与带有负电荷元素成键的基团容易离去

既然基团电负性与其中心元素所带电荷相关，则与带有单位正电荷的中心元素相反，带有负电荷的中心元素的电负性显著降低，而与其相连的元素的电负性也就相对地较高，因而容易带着一对电子离去。

实际情况正是如此，几乎所有带负电荷的中心元素上的基团均为较强离去基，正是这些离去基离去后转化为亲核试剂。

按照如上的讨论，我们首先将质子化的基团容易离去，拓展成带有正电荷的基团容易离去，又进一步拓展成带有负电荷的中心元素上的基团容易离去。一言以蔽之，相对电负性较大的基团容易离去。

## 6.2.3 可极化度大的基团容易离去

可极化度指的是基团周围电子受外界电场影响之下极化变形的难易程度，易变形者可极化度就大，可极化度大的基团其离去活性相对较强。

在元素周期表中的同一主族元素，越是处于较高周期的元素，其质量越大、原子半径越大，也就越容易极化变形，相对地容易离去。如同为卤素原子，其离去活性次序为：

$$I^- > Br^- > Cl^- > F^-$$

同样的，第六主族元素的离去活性为：

$$CH_3S^- > CH_3O^-$$

以此类推，没有例外。

正是由于基团的可极化度随其体积、质量的提高而提高，同一中心元素上连有不同的取代基则其离去活性不同。如烷氧基的离去活性次序为：

$$MeO^- < EtO^- < i\text{-}PrO^- < t\text{-}BuO^-$$

正是这种基团可极化度的变化，能够导致离去基相对活性的变化。

**例 19**：羧酸甲酯与羧酸叔丁酯的合成工艺比较。

羧酸甲酯可以由羧酸与甲醇为原料按照羰基加成-消除反应机理完成：

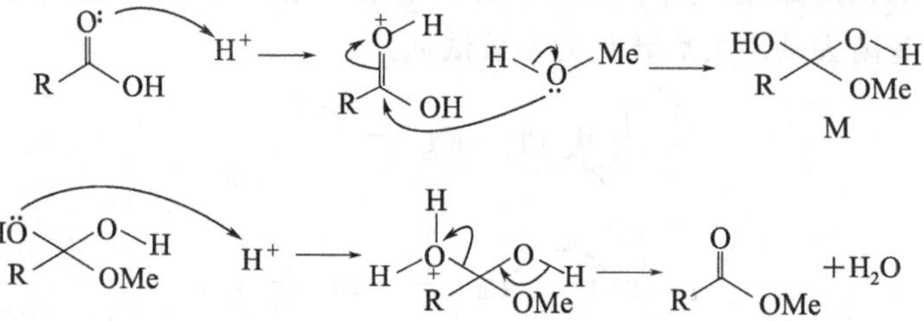

在其中间体 M 分子上，有两个可以离去的离去基——甲醇和水，两个离去基的离去活性差异不大，这样只要降低水的浓度（增加甲醇浓度或移走水分），反应就能向酯化方向移动，从而完成酯化反应。

而羧酸叔丁酯是不能按照上述羰基加成-消除反应机理进行的：

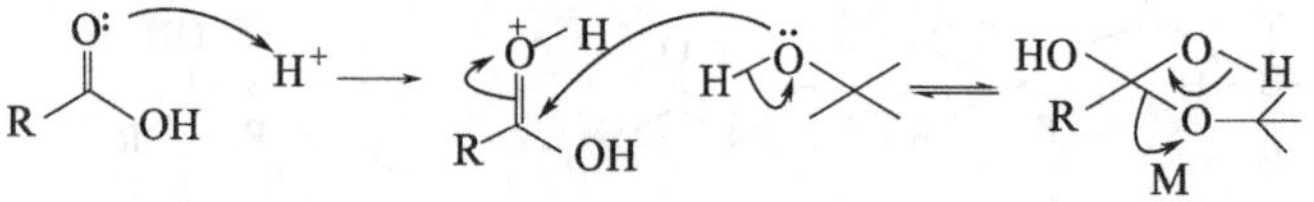

尽管加成反应能够进行并生成中间体 M，但是其中叔丁醇的离去活性远强于水，只能在后续的消除反应阶段率先离去，因而返回到初始的原料状态了。

若是按照羰基加成-消除反应机理实现羧酸叔丁酯的合成，必须将羧基上的羟基衍生化成更易离去的基团：

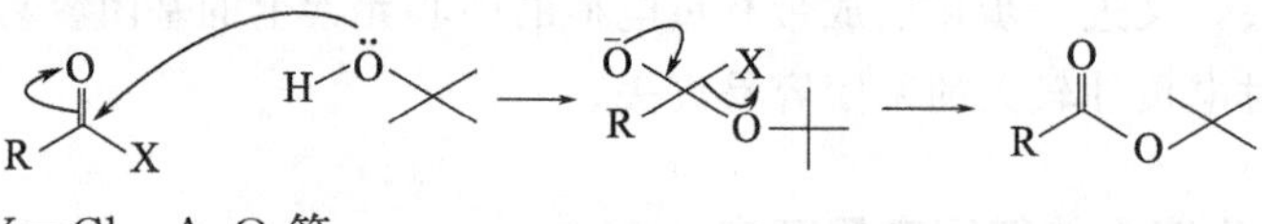

式中：X＝Cl、AcO 等。

这就是常用酰氯、酸酐类的羰基化合物完成酯化反应的原因。

当然，羧酸叔丁酯的合成也可以按照另一脱水方式即 $S_N1$ 机理进行。见下例。

**例 20**：以羧酸、苄醇为原料合成羧酸苄酯的反应机理。

苄醇上氧原子的独对电子是亲核试剂，羧基上缺电的羰基碳原子当然属于亲电试剂，而羰基上的 π 键为离去基，苄醇与羧基之间的加成-消除反应在酸催化作用下必然发生。然而正是由于苄醇的可极化度较大，其离去活性远远强于水，因而在消除反应步骤率先离去：

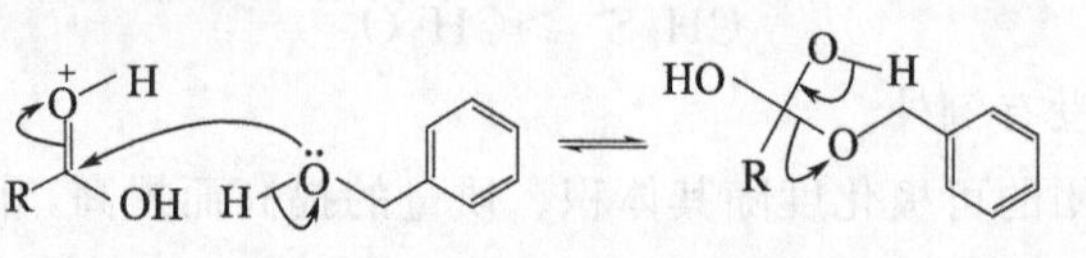

如此看来，这就是没有产物生成的平衡可逆反应。然而在该反应系统内却生成了产物，这是由于反应是按照另一反应机理实现的：

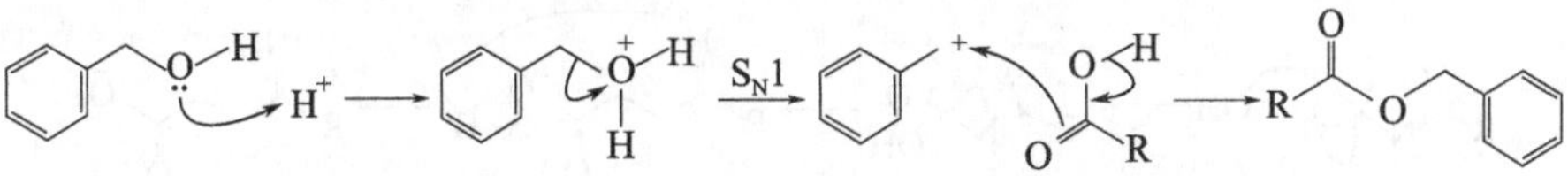

这个 $S_N1$ 反应机理是以羧酸氧原子上独对电子为亲核试剂，以苄醇上碳原子为亲电试剂实现的。与如前所述的加成-消除反应机理完全不同：

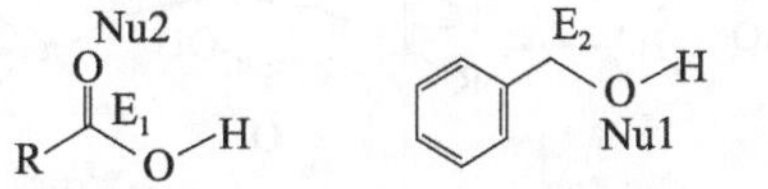

正是由于按 $S_N1$ 机理进行反应的亲核试剂与亲电试剂的反应活性均相对较弱，因此 $S_N1$ 反应才需要较高的活化能而只有在较高温度条件下才能实现。

由于苄醇氧原子为亲核试剂而苄基碳原子为亲电试剂，这个反应才不可避免地有苄醚生成：

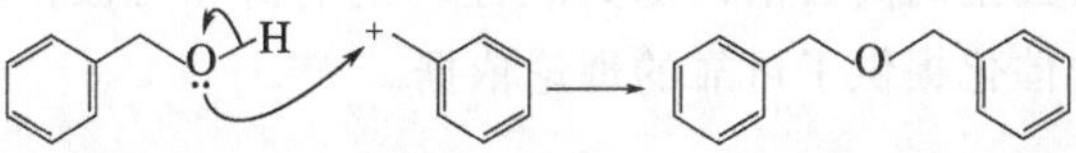

再由于按 $S_N1$ 机理进行，其脱水方式才不同于加成-消除反应机理，前者脱掉的水分子来自于醇而后者来自于羧酸。两者的共同之处就是脱掉的水均为离去基，只能来自于亲电试剂。

不难推论，羧酸苯酯绝不可能由羧酸与苯酚来制备，因其亲核试剂苯酚的可极化度较大而离去活性较强之故。

**例 21**：$\gamma$-羰基酰胺的碱性水解反应：

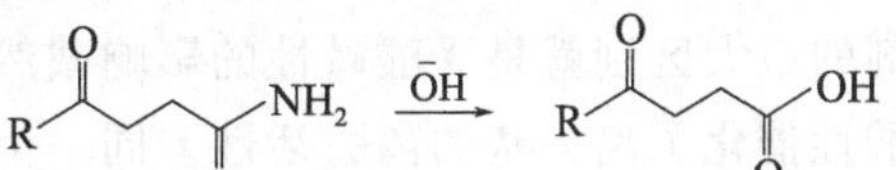

前已述及，酰胺在碱性条件下是不能水解成羧酸的，原因是在碱性条件下羟基的离去活性强于氨基而率先离去：

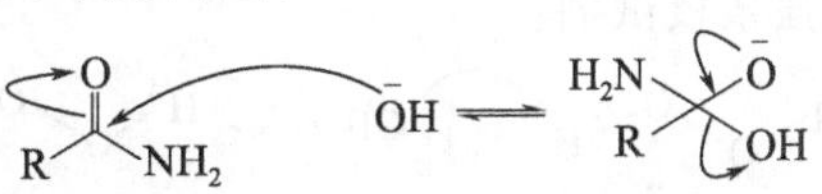

然而，在 $\gamma$-羰基酰胺的分子结构中存在一个羰基，它能于碱性条件下在分子内与酰胺反应生成环状化合物：

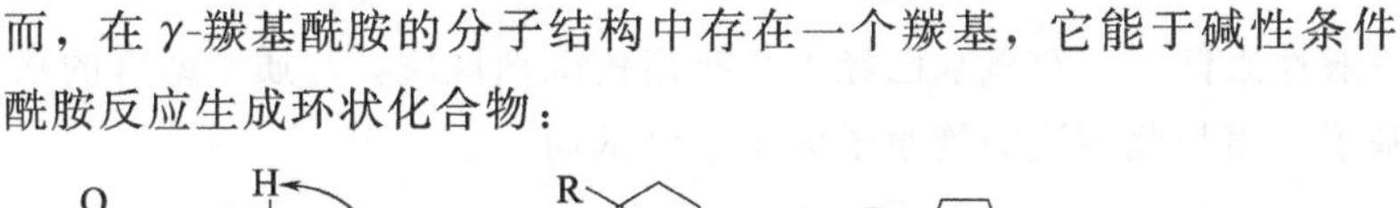

这种酰胺基团比原有酰胺的可极化度增大了，在羰基与碱加成后生成的活性四面体结构后，原有离去基的活性次序改变了：

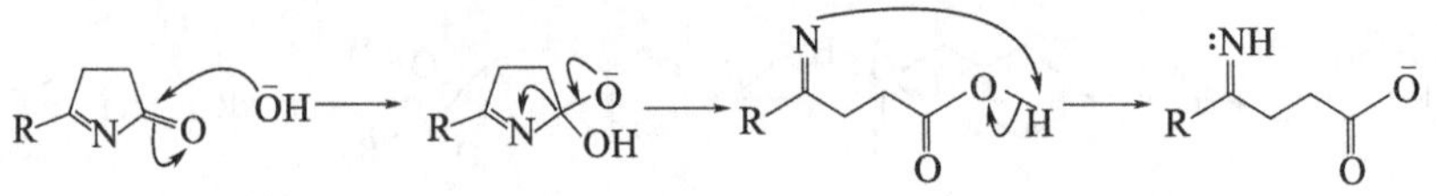

而此时的水解产物经过酸性再水解反应得到羧酸：

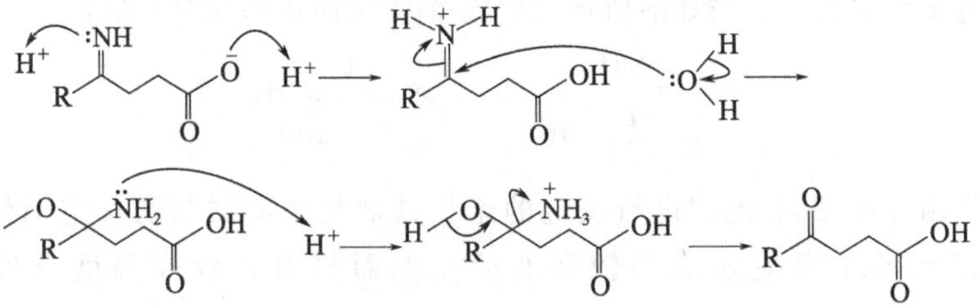

由此可见：可极化度随着基团质量的增加而增加。不同基团的离去活性不仅取决于其中心元素，还与整个基团的可极化度相关。

综上所述，离去基的离去活性随其酸性、正电荷和可极化度的增强而增加，这就为离去基团的催化提供了可靠的理论依据。

# 6.3 离去基的催化与衍生化

在实际的有机合成过程中，催化亲电试剂主要采取催化离去基的方式来间接实现，而催化离去基一般采取如下方法。

## 6.3.1 离去基的酸催化离去

离去基与亲核试剂的最大区别就是受酸碱性的影响截然相反，碱性催化了亲核试剂的亲核活性而酸性催化了离去基的离去活性。同一个基团在碱性条件下去质子则其亲核活性增强而离去活性减弱，同一个基团在与酸缔合或络合条件下则其离去活性增强而亲核活性减弱。以双氧水为典型实例。在碱性条件下，氧原子由弱亲核试剂转化成为强亲核试剂：

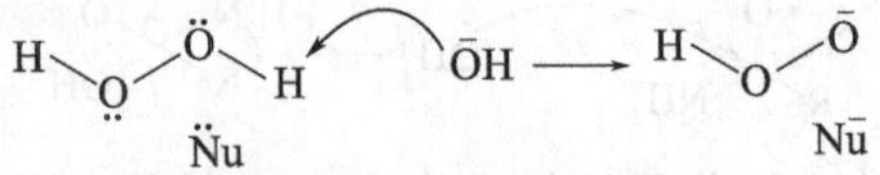

而在酸性条件下，双氧水已经不具有亲核试剂性质，与质子缔合的水分子成为离去基了，而与此相连的氧原子成了亲电试剂：

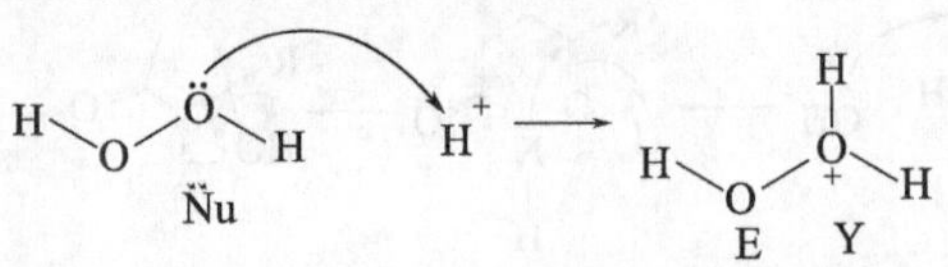

上述这种通过酸催化离去基而间接催化亲电试剂的作用是个普遍规律，特别是对于含有较大电负性元素的离去基团，如 N、O、X（卤素）等。

**例 22**：三氯甲基氟代反应的酸催化原理。

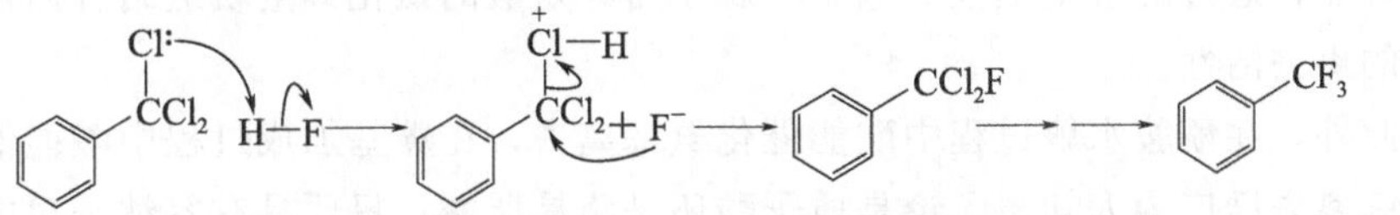

在上述以氟代氯、氟氯交换的反应过程中，以氟负离子（氟化钾）为亲核试剂是不能完成的，氯原子与质子的缔合是其离去的必要前提。

**例 23**：路易斯酸催化条件下的三氟甲基氯代反应。

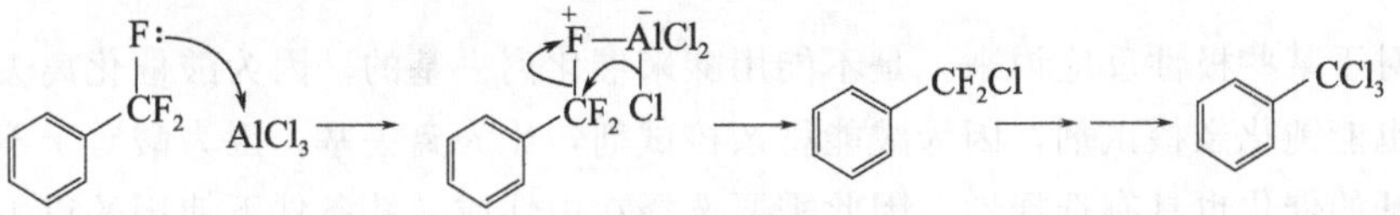

氟原子的原子半径很小，是个极弱的离去基，但与路易斯酸络合生成氟正离子后其离去活性增强而离去。

**例 24**：芳醚解离成酚的反应，均是由酸催化离去基来实现的：

工艺路线一：氢卤酸催化的芳醚解离：

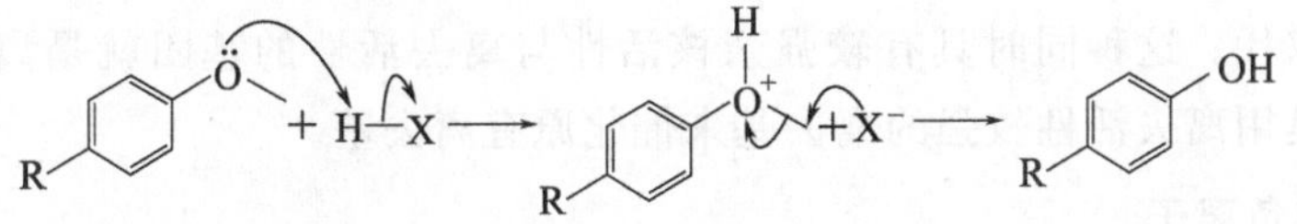

式中，芳氧基因与质子成键而提高了其离去活性。式中：X＝Br 或 I，因 Cl 与 F 的亲核活性不足。

工艺路线二：路易斯酸催化的芳醚解离：

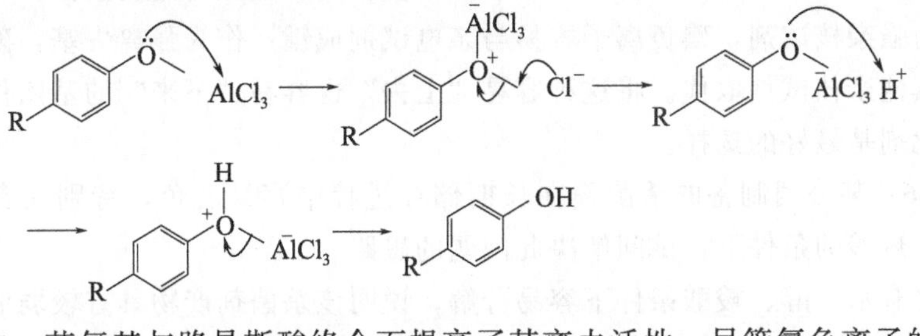

式中，芳氧基与路易斯酸络合而提高了其离去活性，尽管氯负离子的亲核活性较弱，仍能完成芳醚的离解，可见路易斯酸的催化作用之强。

**例 25**：伯醇与 Lucas 试剂的反应机理。

伯醇可被 HI 或 HBr 取代而生成相应的卤代烷，而 HCl 则不能。显然这与同一离去基水的活性没有关系，仍然属于 Cl 的亲核活性较弱之问题。然而利用 Lucas 试剂（浓盐酸＋氯化锌）是能够完成伯醇氯代反应的[4c]：

显然，通过醇羟基上独对电子与属于路易斯酸的氯化锌空轨道络合而催化了羟基的离去活性。

此外，在酰胺水解过程中酸能催化氨基离去，在羰基加成过程中酸能催化羰基 π 键离去已广为人知。无论是质子酸还是路易斯酸，只要具有容纳一对电子的空轨道就能催化离去基的离去活性，没有例外。

### 6.3.2　几个典型的离去基催化剂

对于某些极性反应说来，是不能用酸来催化离去基的。因为酸催化离去基的同时也能钝化亲核试剂，因为酸能将亲核试剂转化为离去基，因为酸对于不同的离去基的催化也具有选择性。因此需要选择在中性或碱性条件下使用的离去基催化剂。

我们知道：除了最小体积、最小质量的氢负离子外，所有碱性基团均为亲核试剂。若某基团具有较强碱性的同时又具有较强的可极化度，则其必然兼有较强亲核活性和较强离去活性，则该基团就容易取代另一离去基，同时也容易被另一亲核试剂取代。这种同时具有较强亲核活性与离去活性的基团就是离去基催化剂，也就是用离去活性较强的离去基来催化原有离去基。

#### 6.3.2.1　碘负离子

前已述及，氢碘酸是强酸，其共轭碱碘负离子就是弱碱，由其较大的原子半径所决定，原子核对于外层电子束缚能力较弱，容易变形因而可极化度较大，这些特征决定了碘负离子既具有很强的亲核活性又具有很强的离去活性。

作为强亲核试剂，碘负离子容易与亲电试剂成键；作为强离去基，碘负离子容易被其他亲核试剂取代。将这种容易"上去"也容易"下来"的基团作为离去基的催化剂是最好的选择。

**例 26**：某公司制备的杀菌剂在长期储存过程中容易变色，特别在含有微量水、醇、羧酸的条件下，试问解决此问题的思路。

在含有水、醇、羧酸条件下容易分解，说明该杀菌剂产物具有较弱的亲电试剂性质，能与微量水、醇、羧酸等亲核试剂缓慢地进行反应。既然是微量亲核试剂导致了产物的分解，则加入微量更具活性的亲电试剂与之成键，以降低亲核试剂的浓度，应该是个合理的选择。

经剖析国外同类产品，定性地检测到其中含有碘乙酰胺。然而，按照产物中碘乙酰胺的比例加入，因价格昂贵，产品成本显著增加。用氯乙酰胺代替碘乙酰胺，再加入微量碘化钾则添加亲电试剂的成本显著降低：

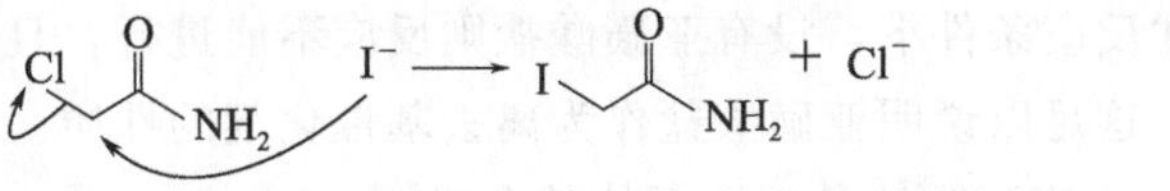

碘负离子用作离去基的催化剂是最常用的。由于钾正离子的可极化度大于钠正离子，在有机溶剂中的溶解度相对较大，碘化钾更为常用。

### 6.3.2.2 亚磺酸根负离子

近年来，人们发现了亚磺酸钠对于缺电的卤代芳烃取代反应的催化作用。

**例 27**：医药安立生坦中间体的合成[8]，反应过程为：

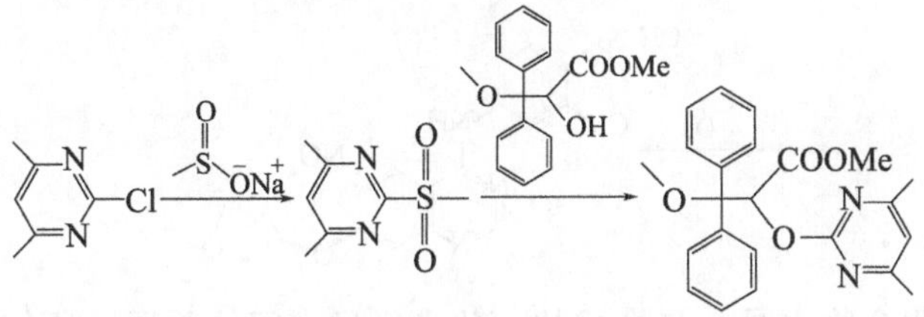

从分子结构不难看出：亚磺酸根的碱性较强、可极化度较大，其亲核活性与离去活性势必都强，这就满足了离去基催化剂的必要条件：

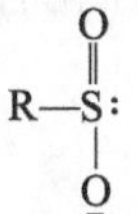

式中，R 为甲基、苯基、对甲基苯基等。由于在亚磺酸基团上有两个亲核质点——氧负离子和硫原子上的独对电子，此种亚磺酸负离子为两可亲核试剂，但所生成的活性中间体化合物稳定性不同。亚磺酸根上氧负离子虽然可以作为亲核试剂与缺电的取代芳烃成键，只因其离去活性太强而极易离去了，是个没有产物的平衡可逆反应过程：

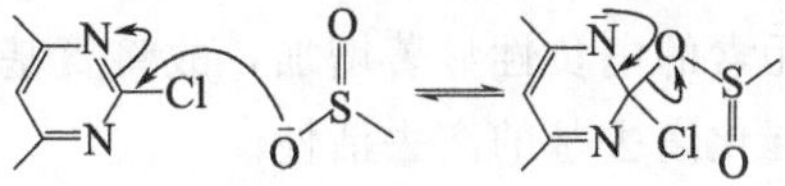

而唯有生成砜类化合物才相对稳定：

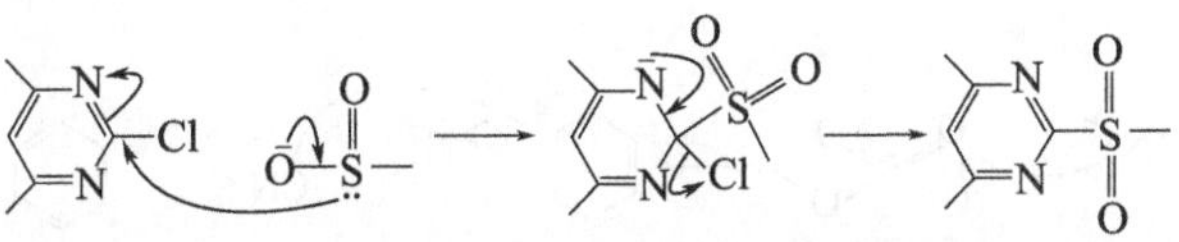

生成的砜类化合物仍然具有较大的可极化度，是个强离去基，因而容易被其他不易离去的亲核试剂取代。

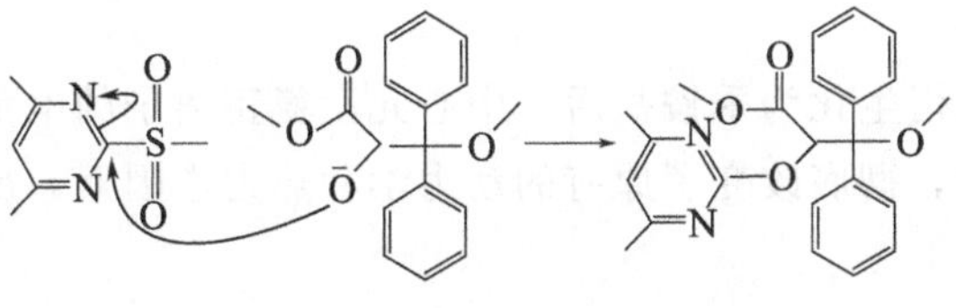

在上述反应条件下，没有亚磺酸盐则反应不能进行，且微量的甲基亚磺酸盐便能满足，这足以说明亚磺酸盐作为离去基催化剂的性质。

**例 28**：马来酸阿法替尼中间体的合成[9]：

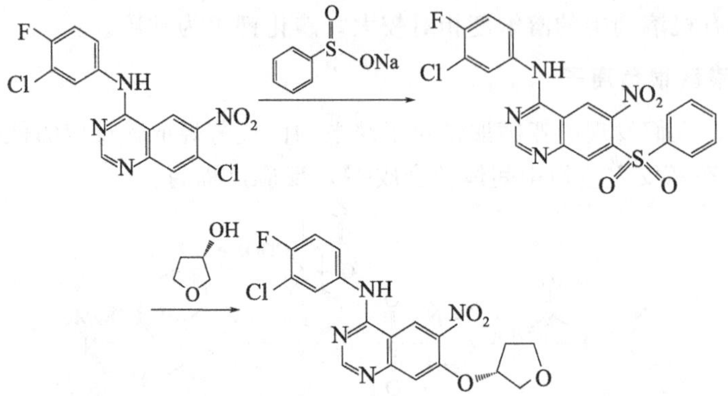

上述目标化合物也是一步合成的，并未经过中间体阶段，所加入的苯基亚磺酸也是微量的，这也充分说明了其离去基催化剂的性质。

综上所述，可极化度较强的强碱性化合物是可能作为离去基催化剂使用的。更多的离去基催化剂将被逐步发现。

### 6.3.3 离去基的衍生化催化

有些较弱的离去基，如氨基或羟基等，为了催化其离去活性，需要将其衍生化。由于离去基的活性与基团电负性和基团可极化度相关，离去基的衍生化方法也只能从这两方面入手。

#### 6.3.3.1 衍生化增加离去基团电负性

前已述及，正离子元素的电负性显著增加，故将氨基衍生化为季铵盐无疑将增加其电负性，因而能催化离去基的离去活性。

**例 29**：某取代苄胺的氰基取代反应是将氨基衍生化成季铵盐来催化的。反应机理为：

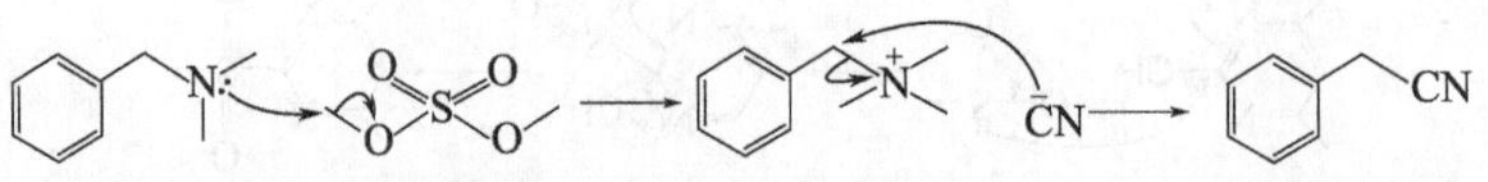

如若不将氨基衍生化为季铵盐，则上述反应不能发生。因为氰基的亲核活性远低于二甲氨基，而氰基的离去活性又高于二甲氨基，无论从热力学因素还是动力学因素均为不利。

当将二甲氨基衍生化为季铵盐后，中心元素氮正离子的电负性显著增大，离去活性也显著增大，彻底改变了原有的动力学和热力学因素，反应能够发生且能进行到底。

**例 30**：取代苄胺氰基取代反应的另一合成路线为：

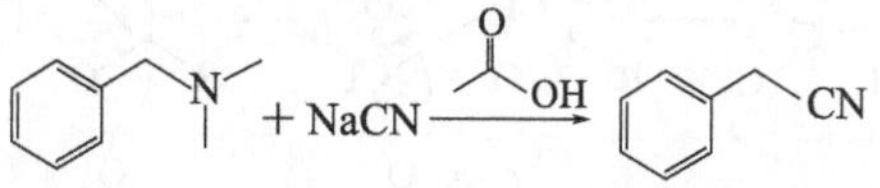

乍看起来，似乎并未经过衍生化催化处理，实则不然。若不通过衍生化来增加二甲氨基的离去活性，则氰基是不能取代二甲氨基的。在这里溶剂参与了化学反应，反应机理为：

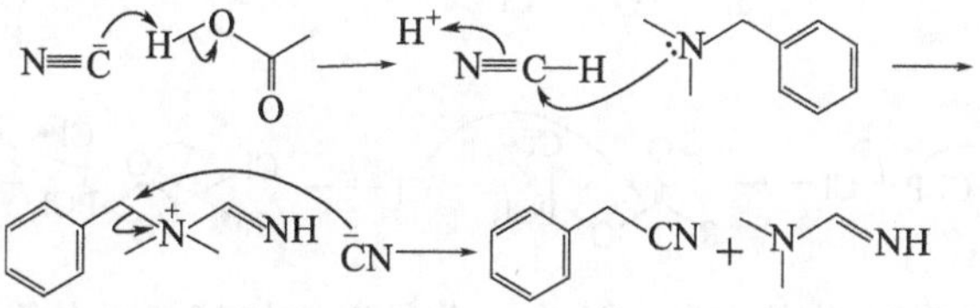

当然，氨基离去基的衍生化离去，通过衍生化成季铵盐并非唯一方法，还可以通过增加其可极化度来实现。

#### 6.3.3.2　衍生化增加离去基团可极化度

前已述及，离去基的可极化度越大，则其离去活性越强。而可极化度往往随质量的增加而增加，且含有 π 键的基团的可极化度较大，这就是衍生化的方向。

一般来说，将氨基衍生成可极化度更大的酰胺，将醇羟基衍生化成酯类，将羧基衍生化成酸酐是常用的方法。

**例 31**：液晶中间体反式丙基环己基乙腈的合成就是通过醇的酯化来催化离去基的[10]。反应机理为：

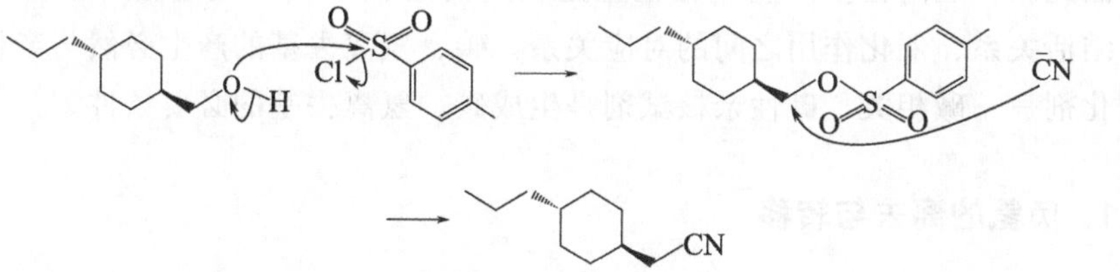

显然，无论羟基衍生化成哪种酯类，均转换成了可极化度较大的基团，其离去活性增强。

**例 32**：为了催化羧酸上离去基羟基的离去活性，一般将其衍生化成酸酐或酰氯。若干衍生化反应过程的反应机理为：

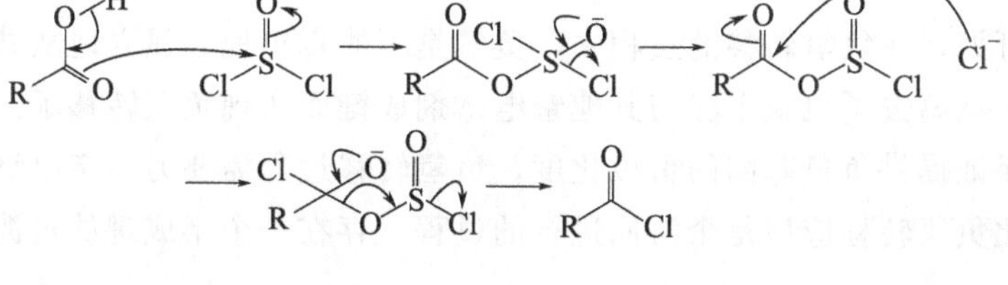

综上所述，在衍生化的多种方法中，总是以增加其基团电负性和增加其可极化度的目标来进行的。

# 6.4 几种常见的离去基

离去基之所以能够离去，就是因为其具有相对较大的电负性，至少在其离去的瞬间是如此。由于碳、氢原子的电负性较小，其与另一基团间的共价键上独对电子难以向碳或氢原子方向偏移，一般是很难离去的，这就需要创造特殊条件，使碳、氢原子瞬间具备相对较强的电负性，从而带走一对电子离去。

一旦碳、氢负离子能够离去，便具有比较强的亲核活性，容易与亲电试剂成键。因此碳、氢离去基产生过程也正是相应的亲核试剂产生过程。根据反应机理、结活关系、催化作用之间的对应关系，碳、氢离去基的产生必然与亲核试剂的催化剂——碱相关，碱性亲核试剂是生成碳、氢离去基的必要条件。

## 6.4.1 负氢的离去与转移

前已述及，碱性越强其亲核活性就越强，然而亲核试剂本身也需要一定的可极化度条件，由于氢负离子的原子半径极小，具有最小的可极化度，因而其亲核活性极小，只能与缺电的氢原子成键而显示出碱性，而与其他亲电试剂则不能成键。例如：氢化钠只能与活泼氢成键而不能与其他亲核试剂成键。

由此可见，在负氢转移的过程中，负氢是不能真正地、孤立地从共价键离去的，因为一旦离去了也就不能与其他亲电试剂成键而实现负氢转移了。

为了保证提供负氢基团的可极化度，负氢转移过程需要另一亲电试剂的诱导成键，因此负氢转移应该是个协同进行的过程，存在一个半成键的过渡状态：

$$\bar{R}\!-\!H \qquad E^{+} \longrightarrow \overset{\delta^{-}}{R}\cdots H\cdots \overset{\delta^{+}}{E}$$

除了另一亲电试剂的诱导作用之外，氢原子在其离去的瞬间能否带有相对较大的电负性也是关键因素之一。这就需要氢与其他元素之间的共价键上独对电子瞬间向氢原子方向偏移，而这种偏移的条件就是与其成键元素的电负性低于氢原子。

#### 6.4.1.1 氢原子与低电负性元素之间的共价键

显然，要实现氢原子的电负性相对较大，就要使与氢形成共价键的元素具有相对较小的电负性。为了达到此种状态，与氢形成共价键的元素上必须存在亲核试剂以向该元素提供电子，从而降低该元素的电负性：

这就是负氢转移过程的最主要的方式之一。从这种负氢转移的过程可见，这些负氢转移的还原剂均具有碱性，且仍具有两可亲核试剂的性质，这与其他两可亲核试剂极其相似，如出一辙：

**例 33**：用次磷酸还原重氮盐的反应机理：

磷元素上存在供电的亲核试剂是负氢转移的必要条件。

**例 34**：用乙醇还原重氮盐的反应机理：

显然，羟基亲核试剂的存在是负氢产生的前提条件。

容易设想：除了乙醇之外，异丙醇也能对重氮盐起到还原作用。

**例 35**：Meerwein-Ponndorf-Verley 还原反应[11]是用异丙醇铝还原羰基成醇的反应：

反应机理为：

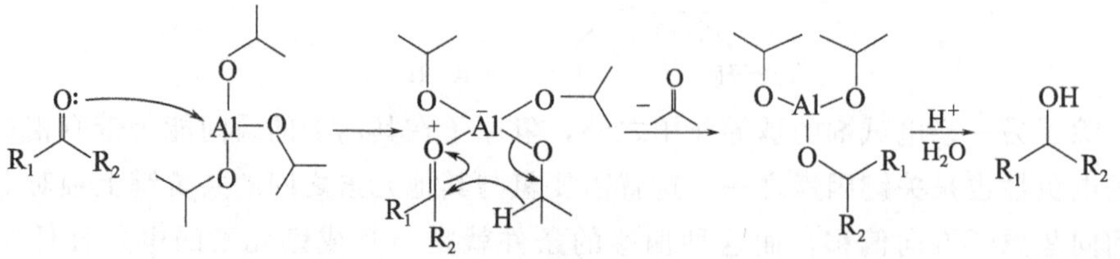

正是酮羰基上的独对电子与异丙醇铝上的空轨道络合，才导致异丙醇氧负离子离去，正是氧负离子的亲核作用才导致碳原子的电负性下降，从而导致碳-氢共价键上独对电子向氢原子方向转移，最后实现负氢转移。

尽管上述各个过程有可能是协同进行的，这与负氢转移的理论不相矛盾。

按照如上机理推论：上述过程是可逆的，其逆向反应称之为 Oppenauer 氧化反应[12]，其反应机理与 Meerwein-Ponndorf-Verley 还原反应没有区别。

按照如上机理推论：同样可以产生负氢的乙醇铝也应具有还原作用，事实果真如此。

**例 36**：从醛和乙醇铝反应得到相应的酯的反应，即 Tishchenko 反应[13]，就是经过乙醇铝的负氢转移实现的。

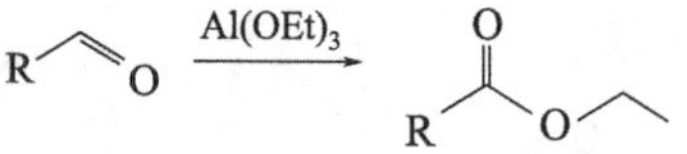

反应机理为：

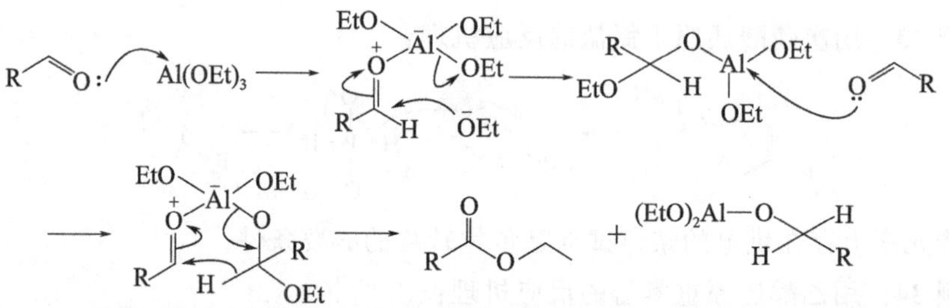

按照如上机理推论：在必须选择路易斯酸催化剂的场合，又要避免发生还原反应，则选择叔丁醇铝则不会发生还原反应，笔者直接验证的结果也正是如此。

上述反应结果证明了负氢转移反应机理的正确性和可靠性。

**例 37**：某公司采用如下工艺制备 2-氯-4-氟甲苯：

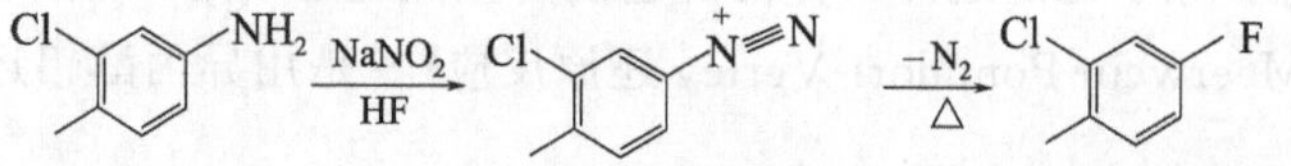

反应产物中有 $0.2\%\sim0.3\%$ 的副产物 2-氯甲苯，厂家咨询产物的精制方法。

由于副产物的沸点稍高于主产物，精馏提纯虽然可能但能耗太大而难以接受，只能通过优化反应工艺来实现。如上工艺主产物合成的反应机理为：

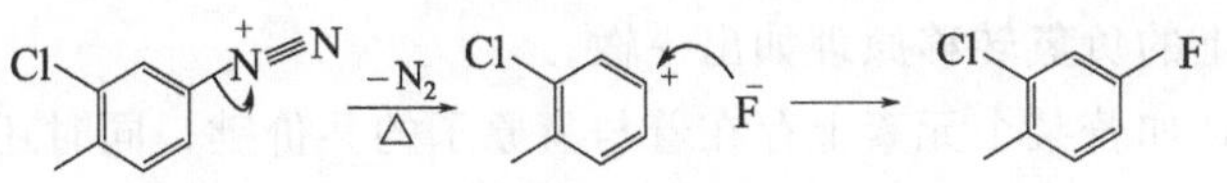

副产物是负氢转移到中间体的过程产生的：

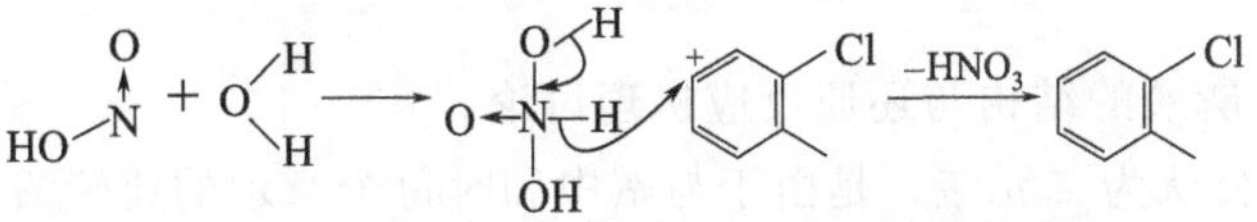

在还原副产物生成的同时也生成了等摩尔的硝酸。由此可见，过量亚硝酸与水络合的中间体化合物，才是负氢产生的根源。抑制还原副产物只能减少亚硝酸钠的加入量。

由此看来，能够还原重氮盐的还原剂远不止次磷酸和乙醇两种，在掌握反应机理解析原理的条件下还能找到更多还原性试剂。

**例 38**：Cannizzaro 歧化反应是碱性条件下醛基的自氧化-还原过程。该反应有两种可能的机理：

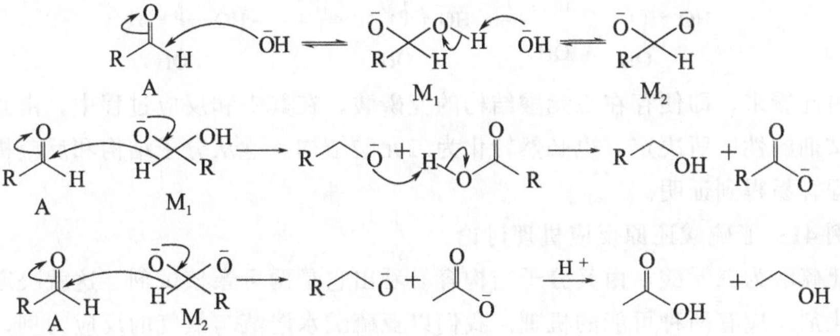

无论是上述哪一种，其基本原理是一致的，都是氧负离子向碳原子供电从而导致碳原子的电负性下降，其与氢原子间的独对电子向氢原子方向偏移，最终实现负氢转移的。

**例 39**：Leuckart-Wallach 反应[14]是还原反应过程：

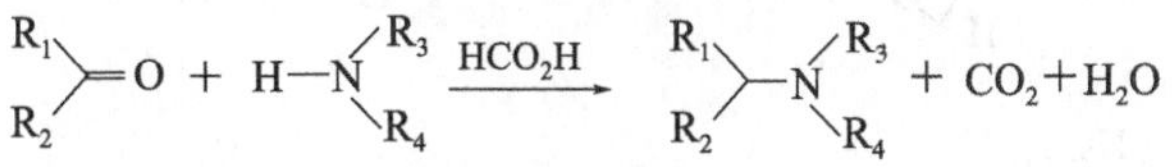

$$R_1R_2C=O + H-NR_3R_4 \xrightarrow{HCO_2H} R_1R_2CH-NR_3R_4 + CO_2 + H_2O$$

上述反应过程是首先生成亚胺离子中间体[15]：

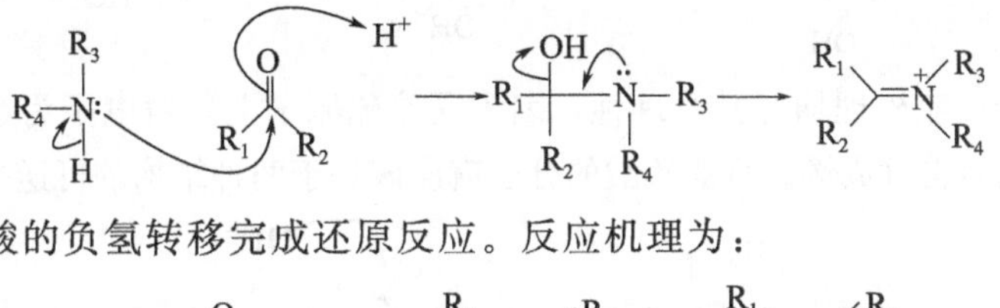

再由甲酸的负氢转移完成还原反应。反应机理为：

这与醛基上的负氢转移原理如出一辙。

综上所述，如若某个元素上存在着与氢原子的共价键，同时还存在与氧、氮等亲核试剂的共价键，则当氢原子接近另一活性较强的亲电试剂时便容易发生负氢转移。

**例 40**：亚磷酸的结构与还原反应机理讨论。

亚磷酸被公认为二元酸，是由于与碱中和时每个摩尔的亚磷酸只能消耗两个当量的碱。且亚磷酸盐具有较强的还原能力，能够实现负氢的转移，这就证明了亚磷酸的二元酸结构。

然而亚磷酸是否可能为三元酸结构呢？我们假设亚磷酸为如下三元酸结构，这并不违背分子内的电子排布规律。如若这样，在碱中和亚磷酸的中间状态，已经具有两可亲核试剂的性质，分子内发生共振重排不可避免，必然发生异构化反应而转化为二元酸结构：

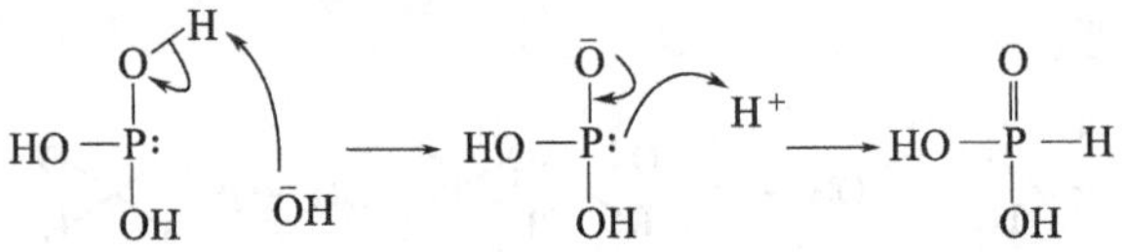

由此看来，即便存在三元酸结构的亚磷酸，在其中和反应过程中，由其两可亲核试剂的性质所决定，也必然转化为二元酸结构。这从分子结构和反应机理解析过程容易得到证明。

**例 41**：亚硫酸还原反应机理讨论。

亚硫酸为二元酸，由其分子结构容易看出它是两可亲核试剂。这就决定了它与氧化剂反应有两种可能的机理。我们以亚硫酸水溶液与氯气的反应为例，反应过程有如下两种可能：

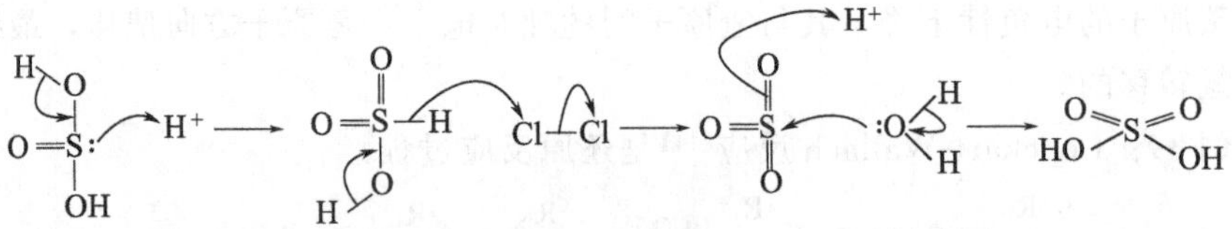

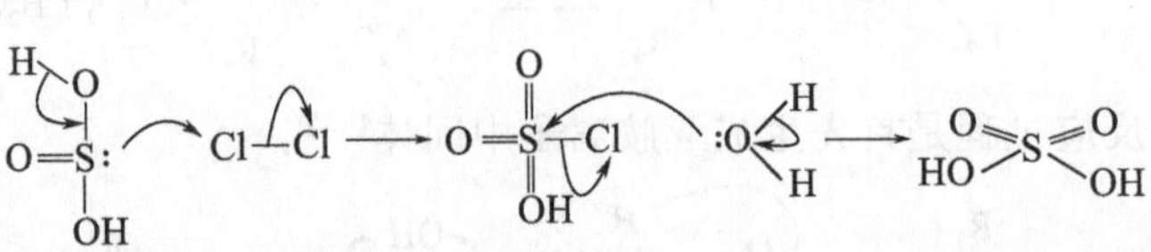

上述两个反应机理均有其合理性，因为既然硫原子上独对电子为亲核试剂，它与两种亲电试剂均可成键。且亚硫酸的分子就应该处于两种结构的可逆平衡状态：

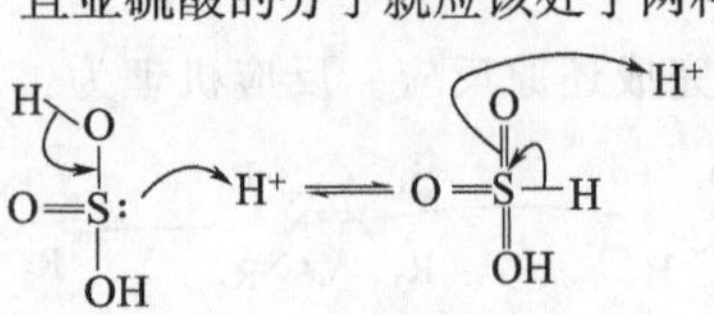

且其中的硫氢共价键在亲核试剂提供电子的作用之下，独对电子容易向氢原子方向偏移，从而实现负氢转移。

### 6.4.1.2 氢原子与带负电荷元素之间的共价键

如前所述，只有氢原子与低电负性基团之间共价键上的独对电子才可能向氢原子方向偏移，加之亲电试剂的诱导作用，才能实现负氢转移。

而影响基团电负性最显著的因素就是其中心元素所带的电荷。容易理解：与带有负电荷中心元素成键的氢原子容易离去而转化为负氢亲核试剂，容易实现负氢转移。

**例42**：以氢化硼钠为还原剂的负氢转移反应机理讨论：

在氢化硼钠分子内，氢原子是与硼负离子成键的，由较大的电负性差所决定，独对电子显著向氢原子方向偏移，当带有部分负电荷的氢原子与亲电试剂靠近时，负氢转移就容易发生：

在负氢离去而生成的硼烷分子结构上，由于硼原子的电负性为2.04，与氢原子的电负性2.20相差较小，氢原子是难以带着共价键上独对电子离去的，特别是在硼原子上还带有空轨道-亲电试剂的情况下。

然而，在实际的还原反应过程中，氢化硼钠上的四个氢原子至少有三个能够实现了负氢转移，这是溶剂分子参与了反应过程之缘故：

随着负氢逐个地被取代，中心元素硼原子的电负性依次增加，而氢原子的相对电负性优势逐步减小。当三个负氢被取代之后，硼氢共价键上独对电子向氢原子方向偏移较小，难以与一般活性的亲电试剂成键，而只能与更强的亲电试剂-质子成键而生成氢气：

这就是氢化硼钠分子上四个氢原子的反应活性依次降低之原因。

同理，氢化铝锂的还原反应机理与此类同，只因铝原子的电负性为1.61，比硼原子的电负性更低，因而更易实现负氢转移，还原能力也就更强。

容易理解：当以较大电负性的基团取代上述氢原子时，负氢转移的活性势必减弱。但考虑到反应选择性因素，其活性减弱未必不好。

综上所述，无论哪种负氢转移过程，都需要为生成负氢创造条件，这就需要让氢原子在其负氢转移的瞬间具有相对较大的电负性。实现这样的条件的必要手段是降低与氢原子成键中心元素的电负性，使其带有单位负电荷或者由亲核试剂向其供电。只有这样，当亲电试剂接近于带有部分负电荷的氢原子时，负氢转移才能发生。

### 6.4.2 碳原子离去基

碳原子的电负性为 2.55，在有机分子内一般相对电负性不大，因而不易成为离去基。只有在显著增加中心碳原子的基团电负性，或者显著减小与碳原子成键基团的电负性情况下，中心碳原子才有可能带着一对电子离去。

#### 6.4.2.1 金属有机化合物

人们熟知的丁基锂、格氏试剂、有机锌试剂等属于此类。这些金属的电负性均小于碳原子，故共价键上独对电子向着碳原子方向偏移，且两元素间的电负性差足够大，碳原子离去基就容易生成。

以丁基锂为例，锂与碳的电负性差为 1.57，接近于生成离子键的电负性差值 1.70，这样碳原子上接近于带有单位正电荷，其离去活性自然很强，因此容易离去而转化为高活性亲核试剂，几乎能与所有的亲电试剂反应，且只能在正构烷烃溶剂中才能得以保存。

**例 43**：丁基带着一对电子离去后与溶剂分子的反应：

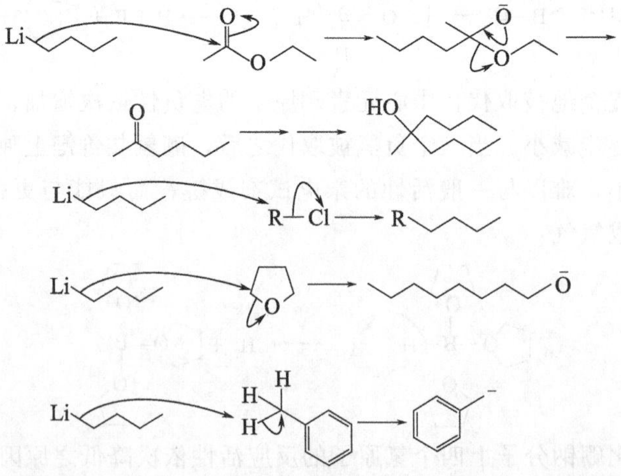

丁基从丁基锂上离去后的亲核活性如此之强，以至于丁基锂亲核试剂能与本不属于亲电试剂的基团发生极性反应，能将那些本不属于亲电试剂的基团转化成亲电试剂。

**例 44：**丁基锂与氮气的反应：

$$Li\diagdown\diagup\diagdown \longrightarrow N\!\equiv\!N \longrightarrow \diagup\diagdown\diagup\!N\!=\!\overset{..}{\underset{..}{N}}$$

丁基锂的亲核活性如此之强，以至于必须在惰性气体保护下才能稳定，且在以丁基锂为亲核试剂的反应体系内必须控制在较低的温度，才能确保反应的选择性。

其他金属有机化合物，如镁、锌等，与丁基锂一样能离去碳负离子，只是其活性相对较弱。

综上所述，碳原子之所以能够从其金属有机化合物上带走共价键上的一对电子，皆因金属元素的电负性相对较小之故。

### 6.4.2.2　强电负性基团 α-位的碳氢共价键

碳原子的电负性相对于氢原子非常接近仅略高一点，因此碳氢共价键上独对电子接近于共价键的中央而偏移较小，这难以产生碳负离子离去基。然而在碳原子与强电负性基团成键状态下，受诱导效应之影响碳原子的电负性便增强了，其与氢原子间的电负性差增大，则碳氢共价键上独对电子就向碳原子方向偏移，氢原子便向着活泼氢方向转化。特别是当此碳原子又与共轭体系成键时，离去后生成的碳负离子又容易与共轭体系发生共振，这就相当于负电荷得到了分散而稳定了，因而碳负离子就更容易生成。在碱性亲核试剂与氢原子亲电试剂成键的条件下，碳原子更容易带着一对电子离去。

**例 45：**羰基 α-碳原子的离去，反应机理为：

$$\underset{R}{\overset{O}{\diagup}}\!\diagdown\!H \quad B^{-} \longrightarrow \underset{R}{\overset{O}{\diagup}}\!\diagdown^{-} \; + \; H\!-\!B$$

生成的碳负离子仍然属于亲核试剂，因其与共轭体系相连，容易发生分子内极性反应既发生分子内的共振：

$$\underset{R}{\overset{O}{\diagup}}\!\diagdown_{-} \; \Longleftrightarrow \; \underset{R}{\overset{\overset{-}{O}}{\diagup}}\!\diagdown$$

容易理解，凡是与较强电负性基团相邻的 α 位碳原子若同时与氢原子相连，则该氢原子一般为活泼氢而显酸性，此时的碳原子容易带着一对电子离去。

**例 46：**乙腈于碱性条件下与甲酸乙酯的反应产物解析：

$$N\!\equiv\!C\diagdown H \quad \overset{..}{\underset{..}{O}}\diagdown \longrightarrow N\!\equiv\!C\!-\!{}^{-} \quad H\overset{O}{\diagdown}\!O\diagdown \longrightarrow NC\diagdown\overset{O}{\diagdown}\overset{\overset{-}{O}}{\diagdown}\!O\diagdown$$

$$\longrightarrow N\!\equiv\!C\diagdown\overset{O}{\underset{H}{\diagdown}}\overset{-}{O}\diagdown \longrightarrow NC\diagdown\!\diagdown\overset{\overset{-}{O}}{}$$

　　显然，这是与腈基成键的甲基碳原子离去了，生成的亲核试剂与甲酸酯亲电试剂成键。

　　在强电负性基团的 α-位碳原子并不与共轭体系相连条件下，只要 α 位碳原子的电负性显著强于氢原子，α 位氢原子就显现出缺电体-亲电试剂-酸性质，在碱与其成键之际，α-位碳原子就容易带着一对电子离去。

　　**例 47**：Zaitsev 消除反应就是先生成碳负离子离去基的过程[6b]：

　　显而易见，这是碳原子带着一对电子离去后转化为亲核试剂，并在分子内继续发生极性反应的结果。

　　凡此种种，所有生成碳负离子的场合，必然存在一个先决条件，就是碳原子的电负性显著强于与其相连基团的电负性，至少在瞬间是如此。违背了电负性差异这一基本前提，也就违背了极性反应的基本常识。由此可见，反应过程必须遵循电子转移一般规律，而这种客观规律必须在反应机理解析式中体现出来。

### 6.4.3　π 键离去基

　　π 键为非定域键也称离域键，故 π 键上独对电子便可能相对容易地从两个元素的中间偏移，依附于其中一个元素而从另一个元素上离去，生成了 π 键的共振结构离子对：

　　然而这种离子对并不那么容易生成，这种共振结构需要特殊条件才能生成，这就需要与亲核试剂或亲电试剂接近以极化 π 键。

#### 6.4.3.1　π 键离去后转化为亲核试剂与亲电试剂成键

　　前面所谓的"π 键亲核试剂"实质上就是 π 键离去基，离去后转化成了亲核试剂。这种转化既与 π 键作为富电体的结构相关，又与其靠近缺电体亲电试剂相关。

　　作为富电体的烯烃与亲电试剂接近时，更容易极化变形，导致 π 键上独对电子偏向于多电的一端而生成亲核试剂。

　　**例 48**：烯烃与溴化氢的加成反应，就是烯烃 π 键离去转化为亲核试剂的过程，可以形象地将其理解为几个步骤的串联：

可将烯烃理解为 π 键离去生成的碳负离子为亲核试剂与亲电试剂成键。

**例 49**：芳烃磺化反应机理，也是 π 键离去转化为亲核试剂的过程：

**例 50**：烯醇式亲核试剂实质上也是 π 键离去基转化成的亲核试剂：

这就是酮类化合物热不稳定之原因。

凡此种种，均可将 π 键亲核试剂理解为 π 键离去基，两者是同一基团上的两个相关的不同属性。

### 6.4.3.2　π 键转化为亲核试剂后伴生的亲电试剂与亲核试剂成键

对称的烯烃在亲电试剂的诱导之下生成了不对称的离子对之后，带有负电荷的碳负离子与亲电试剂成键了，同时也就伴生了具有较高活性的碳正离子亲电试剂，它能与另一亲核试剂成键。由于碳正离子的亲电试剂活性极强，能与较弱的亲核试剂成键，即便本不属于亲核试剂的 α-位碳氢 σ 键，在邻位碳正离子的诱导之下也能转化为亲核试剂与其成键。前述实例中的例 47、例 48、例 49 正是如此，接续发生了分子内的消除反应。

**例 51**：丁二烯与溴素的加成反应机理：

烯烃离去后所生成的碳正离子 M 为强亲电试剂，容易与亲核试剂成键。

然而上述碳正离子 M 是与较强亲核试剂 π 键相邻的，π 键也能与碳正离子亲电试剂成键。所生成的新的碳正离子当然仍为强亲电试剂，与亲核试剂成键也是必然结果：

容易理解，丁二烯与溴成键后生成的中间体 M，即 2-位与 4-位碳正离子是处于可逆平衡状态的，这就是 1,2-加成与 1,4-加成平衡存在的依据。

### 6.4.3.3　羰基 π 键离去后转化成亲核试剂的条件

由于碳原子与氧原子之间具有较大的电负性差距，使得羰基上 π 键的独对电子显著向氧原子方向偏移，因而体现为不对称的 π 键，与烯烃比较应该更容易实现异裂而生成离子对。在羰基碳原子上明显体现为缺电体而具有亲电试剂性质，相应地氧原子为富电体具有亲核试剂性质。

然而实际上却鲜见羰基氧原子作为亲核试剂与亲电试剂成键的实例，人们所见到的仅仅是其与具有空轨道的试剂成键，如质子、路易斯酸等，而鲜见双键打开的实例。如：

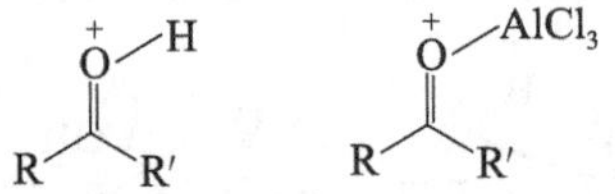

之所以如此，其最可能的原因是由其热力学不稳定性决定的。因为一旦羰基 π 键打开后生成的氧负离子亲核试剂在与亲电试剂成键的同时，这个氧原子还与一个碳正离子成键。由于氧原子本身就是具有较大电负性的离去基团，加之与更大电负性的碳正离子相连，则其电负性就更大，也就更加容易离去而返回到初始状态：

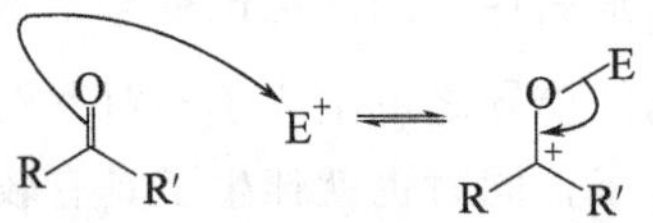

由此看来，羰基氧原子之所以未能与亲电试剂成键，其原因并非是其动力学上的不可能，而是其离去活性太强之故，是由热力学不稳定性决定的。

尽管如此，也不能排除特殊条件下处于热力学稳定状态的羰基 π 键独对电子能与亲电试剂成键的可能。这种特殊状态有两种情况：

第一种情况是当羰基存在 α-位氢原子时，羰基异构化为烯醇式后氧负离子可与亲电试剂成键。

**例 52** 乙酰乙酸乙酯与酰基氯的反应，若在吡啶溶剂中进行，亲核试剂就容易处于烯醇化后羟基氧原子上[17]：

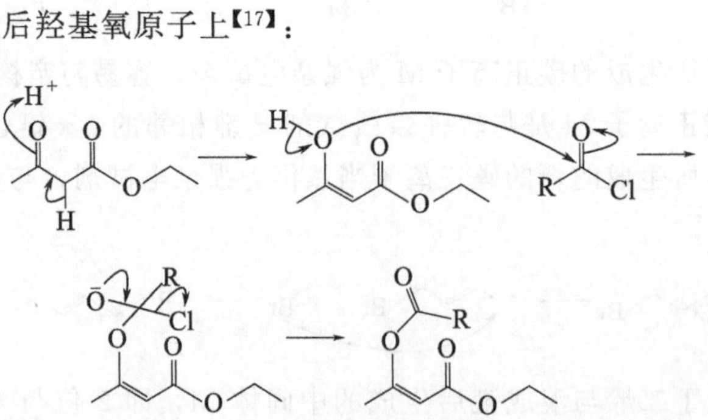

显然，是羰基转化为羟基之后才成为亲核试剂的，故真正作为亲核试剂的仍然是羟基。

第二种情况是当羰基碳原子亲电试剂与亲核试剂成键后离去的氧负离子，能够与亲电试剂成键。

例 53：邻三氯甲基苯甲酰氯的制备过程中，有异构体生成。

此异构体的生成，为羰基亲电试剂的反应活性及其中间状态研究留下了极其可靠的证据：

显然，正是氯原子与羰基碳原子成键生成的四面体结构上的氧负离子，才是后续反应的亲核试剂。所谓羰基 π 键为亲核试剂，实际上就是 π 键离去后生成的羟基氧原子上独对电子的亲核试剂作用。

综上所述，离去基之所以能够离去，因其瞬间电负性相对较大；带有独对电子的离去基团本身就具有亲核试剂的基本属性。

参　考　文　献

【1】　Sanderson R T. Polar Covalence. New York：Academic Press，1983. 37～44.

【2】　邢其毅，裴伟伟，徐瑞秋，裴坚. 基础有机化学（第三版）. 北京：高等教育出版社，2005. a，265；b，476.

【3】　顾振鹏，王勇. 制备芳香族甲醚化合物的方法，北京：中国发明专利，201210589021. 2. 2013. 04. 03.

【4】　陈荣业. 分子结构与反应活性. 北京：化学工业出版社，2008. a，104～105. b，111～112. c，115～116.

【5】　Cannizzaro S. Justus Liebigs Ann Chem，1853，88：129.

【6】　Jie Jack Li. 有机人名反应及机理. 荣国斌译. 上海：华东理工大学出版社，2003. a，63；b，450 .

【7】　Sefkow M，Buchs J. Tetrahedron Lett，2003，44：193.

【8】　Hastmut Riechers，Haus-Peter Albrecht，Willi Amberg，et al. Discovery and optimization of a novel class of orally active nonpeptidic endothelin——a receptor antagonists ［J］ Journal of Medcinal Chemistry，1996，39（11）：2123～2128.

【9】　Schroeder J，Dziewas G，Fachinger T，et al. Process for Preparing Amimocrotonylamino-Substituted Quinazoline Derivatives. WO 2007085638.

【10】　蔡鲁伯，吕永志，南海军等. 1-(4-氟苯基)-2-(反式-4-烷基环己基)-乙酮的合成工艺，北京：中国发明专利，201610087365. 1.

【11】　Meerwein H，Schmidt R. Justus Liebigs Ann Chem，1925，444：221.

【12】 Oppenauer R V. Rec Trav Chim，1937，56：137.

【13】 Shirakawa S，Takai J，Sasaki K，Miura T，Maruoka K. Heterocycles，2003. 59：57.

【14】 Leuckart R. Ber Dtsch Chem Ges，1885，18：2341.

【15】 Kitamura M，Lee D，Hayashi S，Tanaka S，Yoshimura M. J Org Chem，2002，67：8685.

【16】 Perkow W，Ullrich K，Meyer F. Nasturwiss，1952，39：353.

【17】 姚蒙正，程侣柏，王家儒. 精细化工产品合成原理. 北京：中国石化出版社，2000. 15～20.

# 第7章

# 三要素之间的相互关系

在前述三章中，逐个独立地讨论了极性反应三要素的结构、特点和反应活性。本章将侧重讨论三要素中任意两者之间的相互关系。

## 7.1 亲核试剂与亲电试剂的关系

亲核试剂与亲电试剂是极性反应的两个主体，它们在分子内互相依存，分子间相互吸引、接近、成键，依一定条件又相互转化。

### 7.1.1 同一分子内，两者相互依存，不可分割

由亲核试剂的富电体性质、亲电试剂的缺电体性质所决定，在一个电中性的极性分子内，必然是富电体与缺电体共存的。也就是说只要分子内存在着富电体亲核试剂，也就必然存在着缺电体亲电试剂。

由极性分子的定义容易理解，极性分子之所以具有极性，是因其正负电荷中心不重合。显然其中带有部分负电荷的元素具有亲核试剂的性质，相应地带有部分正电荷的元素则具有亲电试剂的性质。换句话说，亲核试剂与亲电试剂共处于一个统一体中，相互依存、不可分割。

所有极性分子，无一不是亲核试剂与亲电试剂的共存结构[1]、[2a]：

上述各分子结构中，不同质点上所标注的 Nu 与 E 分别表示亲核试剂与亲电试剂，足可见其亲核试剂与亲电试剂共存的状态，且没有例外。

当然，上述亲核试剂未必具有较强的亲核活性，其较强的亲核活性往往是在其作为离去基离去之后转化生成的，我们将在 7.3 中接续讨论。

### 7.1.2 同一分子内，两者活性不同，主次分明

在 7.7.1 中已经讨论了同一分子内亲核试剂与亲电试剂两者的相互依存。然而，由不同基团的性质及正负电荷的不同分布所决定，同一分子内的亲核试剂与亲电试剂的活性并不相同，而往往有较大差异。这就需要我们既要认识到分子内不同基团或同一基团不同位置的不同功能或属性，更要认识到此分子的主要属性。这种两点论与重点论有机结合的辩证思维，才是认识事物、解决问题的根本方法。

在 7.1.1 中所讨论的若干结构的分子内，尽管亲核试剂与亲电试剂同时存在，但两者的活性差异往往是较大的，在反应体系内各种基团往往是一种功能或属性占有优势。如：

| 分子结构 | $R{\overset{E}{-}}O{-}H^{E} \atop Nu$ | $R{\overset{E}{-}}\overset{\cdot\cdot}{N}{-}H^{E} \atop H \; Nu$ | $\overset{O}{\underset{R \; E}{\parallel}}{-}C{-}\overset{Nu}{\underset{Nu}{-}}H^{E}$ | $R{\overset{E}{-}}N{=}Nu$ | $R{\overset{E}{-}}X_{Nu}$ | $\overset{Nu}{\underset{E}{\overset{\cdot\cdot}{O}}}$ |
| --- | --- | --- | --- | --- | --- | --- |
| 主要属性 | Nu | Nu | E | E | E | Nu |

从上述分子结构分析可见，认识分子的主要功能或属性，是把握分子结构与反应活性关系的主要目的，依此对于具体分子结构的不同功能或属性做出准确的分析判断十分重要。

如：氯代乙酰乙酸乙酯的分子结构中，尽管存在若干亲核试剂与若干亲电试剂，其主要功能仍然是亲电试剂，其中酮羰基碳原子与卤碳原子的亲电活性分别在碳原子亲电试剂中列第一、二位[2b]：

### 7.1.3 两者成键的反应活性互补

亲核试剂与亲电试剂是极性反应的主体，正是两者的活性决定了反应过程的动力学因素，即反应能否发生和反应速度如何。

所谓试剂的反应活性是衡量化学反应是否容易发生的客观标准。由于反应发生共价键生成不是仅由某单一试剂的活性决定的，故试剂的反应活性与反应能否发生之间必然存在着如下联系：

- 若亲核试剂与亲电试剂均具有较高的活性，则两者之间容易成键；
- 若亲核试剂与亲电试剂的活性均较弱，则两者之间不易成键；
- 若亲核试剂与亲电试剂中只有一个活性较强，则极性反应在一定的条件下

可能发生，且亲核试剂与亲电试剂之间的反应活性存在互补性。

也就是说发生化学反应至少需要一种活性试剂，且此种活性试剂的活性越高，能够与其发生反应的另一种试剂的活性要求就越低，两者存在着互补关系。

### 7.1.3.1 强亲电试剂能与弱亲核试剂成键

由亲核试剂与亲电试剂反应活性的互补关系所决定，强亲电试剂能与弱亲核试剂成键。如：具有空轨道的化学试剂为特强的亲电试剂，它们几乎能与所有的亲核试剂（包括极弱的亲核试剂）成键。

**例 1**：质子是最强的亲电试剂，它是不能孤立存在的，只能与独对电子处于缔合成键状态[3]：

**例 2**：路易斯酸是极强亲电试剂，在非酸性条件下，它始终处于与独对电子，包括极弱的亲核试剂，处于络合状态：

**例 3**：碳正离子是极强的亲电试剂，能与所有的亲核试剂成键，甚至能与不具有亲核性的邻位 σ 键成键。

单分子消除反应 $E_1$，如 Zaitsev 消除反应[4]：

缺电子重排反应，如 Wagner-Meerwein 重排反应[5a]：

### 7.1.3.2 强亲核试剂能与弱亲电试剂成键

由亲核试剂与亲电试剂反应活性的互补关系所决定，强亲核试剂能与弱亲电试剂成键。

**例 4**：丁基锂是极强的碱性亲核试剂，由于在与锂成键的丁基碳原子上，接近于具有单位负电荷，是极强的亲核试剂，几乎能与所有亲电试剂发生反应：

这就是正丁基锂只能用烷烃为溶剂而不能用醚以及正丁基锂只能用惰性气体（如氩气）保护而不能用氮气的原因。

**例 5**：氨基锂是极强的碱性亲核试剂，能与活性较弱的亲电试剂反应，以至于难以找到溶剂，与各种弱极性有机溶剂均能发生极性反应：

故找不到能够溶解氨基锂的溶剂，而只能悬浮于烷烃之中。

**例 6**：叶立德试剂，由于生成了碳负离子亲核试剂，与其他亲电试剂的反应必须控制在低温条件：

如若反应温度较高，则其连串副反应就不可避免：

实例说明，只要亲核试剂具有足够强的亲核活性，就容易与亲电试剂成键，其中包括相对不强的亲电试剂。反之，若亲核试剂活性较弱，则只能与较强亲电试剂发生反应，没有例外。

综上所述，化学反应能否发生和提供怎样的能量才能发生，亲核试剂与亲电试剂的活性之间存在着显著的互补性。

## 7.1.4 两者均有较强活性，在分子内不能共存

由于活性亲核试剂与活性亲电试剂之间容易发生极性反应而成键，故若在同一分子内同时存在两种活性试剂，则两者势必成键，故此种结构的化合物不能稳定存在。

例如：甲基吡啶的三种异构体直接进行光氯化反应，能否生成相应的三氯甲基吡啶化合物呢？

由吡啶的结构容易观察到：氮原子上具有 $sp^2$ 杂化的独对电子处于芳环的外侧，具有较强的碱性与亲核性；加之氮原子具有较大电负性对芳环上电子云的诱导效应和共轭效应，更是增加了吡啶氮原子的碱性与亲核活性；故吡啶是较强的

亲核试剂，能与诸多亲电试剂成键。

**例 7**：对甲基吡啶的光氯化反应。

在对位甲基光氯化反应发生之际，也正是亲电试剂产生之时：

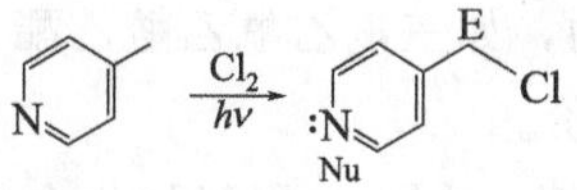

此时较强的亲核试剂与较强的亲电试剂共存，该产物便不会稳定存在，彼此之间成键不可避免：

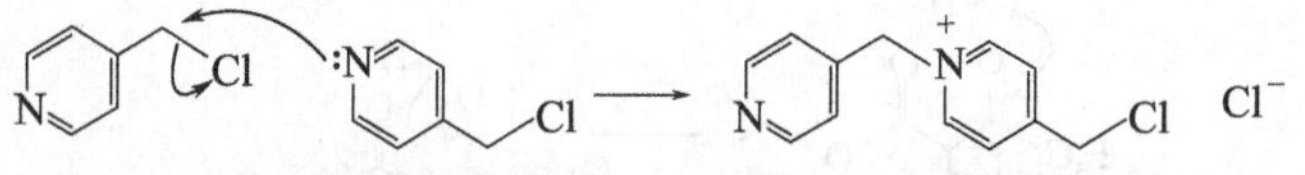

容易推理，上述反应还能继续进行，最后生成焦油状高分子化合物：

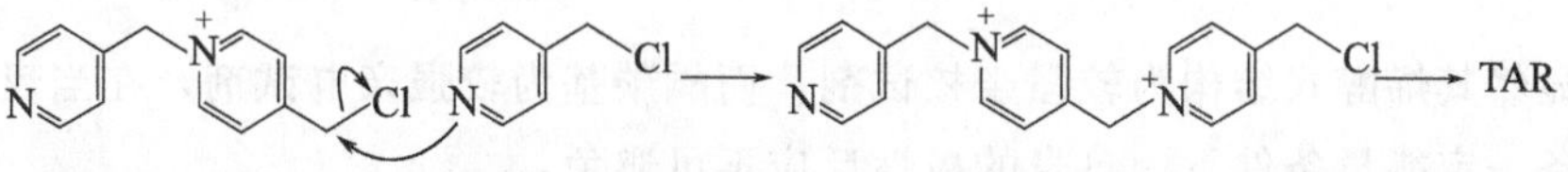

由此看来，对甲基吡啶进行光氯化反应直接制备对三氯甲基吡啶是不可行的，除非将吡啶分子上氮原子的独对电子保护起来。

**例 8**：邻甲基吡啶的光氯化反应。

与对甲基吡啶的结构不同，吡啶氮原子上独对电子与其邻位甲基氢原子之间，由于存在着分子内空间诱导效应而构成了不规范的空间五元环，致使吡啶氮原子的碱性及亲核活性显著降低：

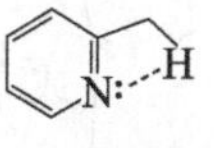

在甲基上进行光氯化反应之后，虽然也生成了氯甲基亲电试剂，但因吡啶上氮原子的亲核试剂较弱，而难于与氯甲基上亲电试剂发生反应，因而此中间体可以在一定条件下稳定存在；反应进行至二氯取代阶段时，其亲核试剂、亲电试剂的基本性质没有根本改变，仍可以稳定存在：

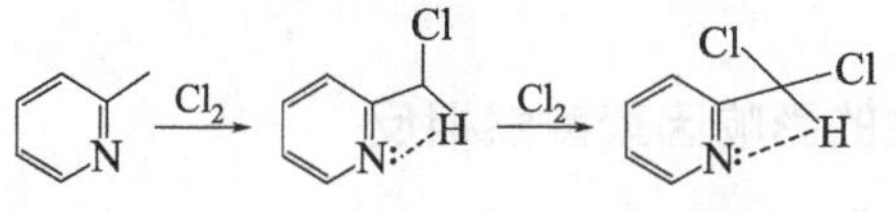

当反应进行至三氯取代阶段时，虽然吡啶与邻位氢原子之间的分子内空间诱导效应消失，但同时生成的三氯甲基是较强的吸电基，其所处在的邻位刚好从吡啶氮原子处吸引电子，从而仍然降低了吡啶氮原子上的电子云密度，即降低了其亲核活性，最终产物仍然比较稳定：

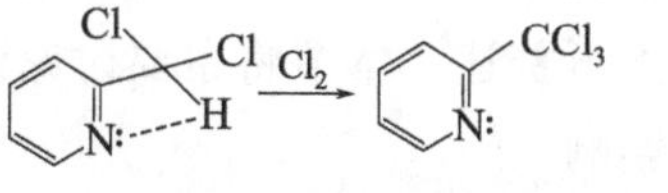

**容易理解**：间位甲基吡啶的光氯化反应结果类似于对位而不同于邻位。间三

氯甲基吡啶上的亲核试剂活性强于相应的对位，因而更不稳定。

对比例 7 与例 8，容易得出结论：较强活性的亲核试剂与较强活性的亲电试剂不会在同一分子内稳定存在，这是极性反应的基本规律之一。

**例 9：** $\beta$-二酮酯类化合物，如三氟乙酰乙酸乙酯、1,1,1,5,5,5-六氟-2,4-二酮等化合物的热不稳定性评价。

以三氟乙酰乙酸乙酯为例。由 $\beta$-二酮酯类化合物的分子结构所决定，必然生成酮式与烯醇式结构共存的共振状态：

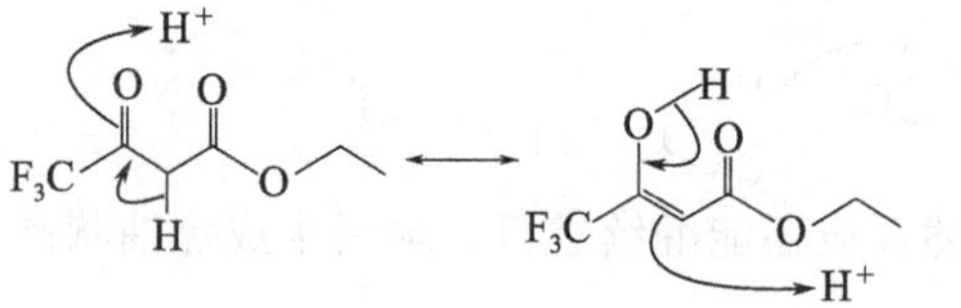

显然其烯醇式结构为较强亲核试剂，而酮羰基为较强亲电试剂，在当反应体系具备一定能量条件下，自身的极性反应不可避免：

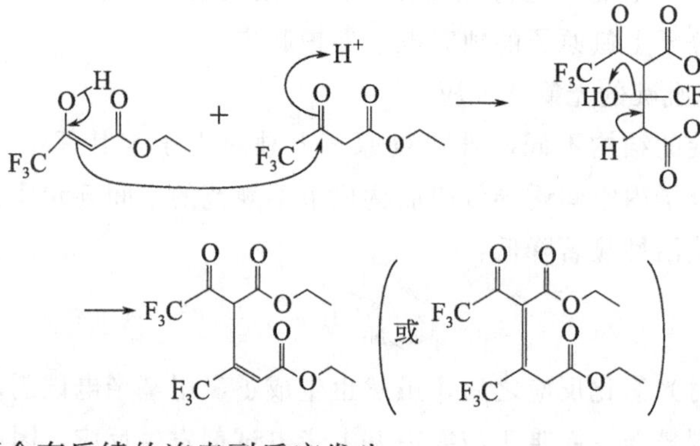

当然，还会有后续的连串副反应发生。

根据分子结构容易看出：较强活性的亲核试剂与较强活性的亲电试剂，在分子内是不能共存的，这种结构属于热不稳定的结构。

## 7.1.5 两者反应活性的影响因素截然相反

任何一种活性试剂的功能或属性，均由某一基团所决定。而这个基团的活性变化主要受两个因素影响。

### 7.1.5.1 诱导效应、共轭效应及分子内空间诱导效应的影响

关于分子内空间诱导效应对于试剂活性影响，上节中甲基吡啶异构体的光氯化反应最有代表性，此处不再赘述。本节将主要讨论诱导效应、共轭效应对于亲核试剂、亲电试剂活性的影响。

谈及试剂的亲核活性与亲电活性，不能不将其与酸碱性对应起来，需要其与

取代基的诱导效应与共轭效应对应起来。实际上，试剂的酸碱性对于亲核试剂、亲电试剂活性的影响存在着一一对应关系；同样地，电子效应对于酸碱性的影响也存在着一一对应关系。这些关系可以概括为：

• **与吸电基成键的基团，其酸性增强、碱性减弱，其亲电活性增强、亲核活性减弱。**

• **与供电基成键的基团，其酸性减弱、碱性增强，其亲电活性减弱、亲核活性增强。**

**例 10**：氮原子上含氢的烷基胺是典型的酸、碱两性化合物，其酸碱性与亲核亲电活性随分子结构的变化规律讨论。

氢原子电负性远小于氮原子，其共价键上的共用电子对显著向氮原子方向偏移，因而氢原子显著缺电而带有部分正电荷，具有一定的酸性；而与氢原子成键的氮原子从共价键上获得部分电子后，本来就具有独对电子的碱性又显著增加；总体上说，氨或烷基取代胺是酸碱两性化合物，但其碱性较强、酸性较弱，主要体现为碱性的亲核试剂。

而当氨基与吸电基相连时，如与酰基成键而生成酰胺时，酰基吸电的诱导效应及氮原子上独对电子与羰基的共轭效应使得原有氨基的碱性减弱、酸性增强，使其亲核活性减弱、亲电活性增强，总体上亲核活性与亲电活性达成均势，且两者均不强。

若此氨基上再增加一个酰基成为二酰基胺，则其碱性与亲核活性进一步减弱，而其酸性与亲电活性则进一步增强，此时该分子主要呈酸性，其活泼氢更加活泼，属于强亲电试剂了；相反氮原子上独对电子的电子云密度明显减小，其碱性与亲核活性更弱，总体上体现为酸性亲电试剂。

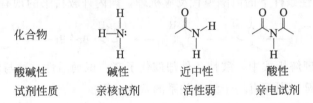

| 化合物 | H—N: (带 H) | 酰基-N-H | 二酰基-N-H |
|---|---|---|---|
| 酸碱性 | 碱性 | 近中性 | 酸性 |
| 试剂性质 | 亲核试剂 | 活性弱 | 亲电试剂 |

从此例明显看出电子效应对于酸、碱性基团酸碱性的影响和对于亲核、亲电试剂活性的影响规律。没有例外。

### 7.1.5.2　酸碱性对反应活性的影响

上一节曾经提及了酸碱性与亲核、亲电试剂活性的一一对应关系：碱性越强则亲核活性越强；酸性越强则亲电活性越强。由乙醇、乙胺等亲核试剂所处的不同酸碱度状态便可证明上述结论。

**例 11**：乙醇、乙胺的亲核活性随酸碱性的变化规律：

分子结构      [结构式]      [结构式]      [结构式]

亲核活性      强亲核试剂      中等亲核试剂      非亲核试剂

亲电活性      非亲电试剂      弱亲电试剂      强亲电试剂

分子结构      [结构式]      [结构式]      [结构式]

亲核活性      极强亲核试剂      较强亲核试剂      非亲核试剂

亲电活性      非亲电试剂      弱亲电试剂      强亲电试剂

上述实例表明：酸碱性与亲核试剂活性之间、亲电试剂活性之间存在着一一对应关系。其变化趋势十分明显，就是酸性条件总是催化亲电试剂而钝化亲核试剂的，碱性条件总是催化亲核试剂而钝化亲电试剂的，没有例外。

### 7.1.6 两者的催化作用相反，且一一对应

在 7.1.5 中讨论了酸碱性对于亲核试剂、亲电试剂的影响。由此不难理解催化作用机理与作用：

**碱性条件总是催化亲核试剂活性的；酸性条件总是催化亲电试剂活性的。**

**例 12**：碱性催化条件下的丙酮溴代反应机理：

碱性条件显然是催化亲核试剂的，反应机理解析符合分子结构与反应活性之间关系的一般原理。

**例 13**：酸性条件下的丙酮溴代反应机理，国内外教科书的现有解析如下：

在上述机理解析式中，酸性条件却催化了亲核试剂活性，这与催化作用的对应关系显然不符，因而有违于结活关系的基本常识。

同时，上述机理解析也与酮式-烯醇式互变异构的一般规律与实验结果相悖。酸性促使烯醇式向酮式转化是人所共知的规律，更是从事 HPLC 分析工作者常用的衍生化方法。

由此看来，上述实例对于酸催化亲核试剂的认识显然错误，酸只能直接或间接地催化亲电试剂，故酸催化丙酮溴代反应的机理为：

这样的机理解析才符合催化作用的对应关系，才符合结活关系的一般规律。

在上述机理解析式中，尽管也是以烯醇式为亲核试剂的，但此种烯醇式结构并非是酸催化的结果，而是互变异构状态必然存在的平衡组成，酸的存在不是增加而只能是减少了烯醇式含量。

类似上述酸对于亲电试剂的催化作用毋庸置疑，很多亲电试剂都是用酸催化其反应活性的。

**例 14**：2,3,4-三氟苯胺与溴素反应生成 2,3,4-三氟-6-溴苯胺的反应，只有在冰醋酸溶剂中才能进行，试解析反应机理。

酸性溶剂本身起到了催化作用。反应机理为：

这与例 13 类似，均是质子催化了亲电试剂的结果。

**例 15**：芳烃与硫酸的磺化反应的亲电试剂被公认为是三氧化硫，也有的认为是其共振结构。亲电试剂及其共振结构的生成机理的现有解析如下：

试问上述 $M_3$ 与 $M_4$ 哪种结构正确？

答案是两种结构均不正确。只要解析亲电试剂的生成机理并应用催化作用的对应关系就能证明。磺化试剂（亲电试剂）的生成机理为：

上述机理解析过程中，$M_1$、$M_2$、$M_3$、$M_4$ 均为活性中间体亲电试剂，比较其活性容易发现：$M_1$ 是硫酸的质子化产物，已经具有了亲电试剂的性质；$M_2$ 是 $M_1$ 的脱水产物，显然其亲核活性更强；$M_3$ 相当于 $M_2$ 的去质子化产物，显然亲核活性减弱了。如此看来 $M_2$ 才是最具活性的亲电试剂。至于 $M_4$ 与 $M_2$ 比较，更容易判断具有质子催化的 $M_2$ 的亲电活性显著高于 $M_4$。

由此看来，通过反应机理解析和催化作用的对应关系，能够正确比较、评价和认定真实的反应活性试剂。

### 7.1.7 两者之间随电子云密度的量变而相互转化

极性反应是富电体-亲核试剂与缺电体-亲电试剂之间的吸引、接近和成键过程。故若富电体-亲核试剂受到某些影响因素的影响而缺电时，它也就变成亲电试剂了，反之亦然。换句话说，亲核试剂与亲电试剂是可以依据一定条件而相互转化的。

#### 7.1.7.1 电子效应的影响

某一基团属于缺电体还是富电体，除了取决于其自身结构外，还与该基团关联的诱导效应、共轭效应等相关。

**例 16**：医药中间体 ECPPA 中间体的合成：

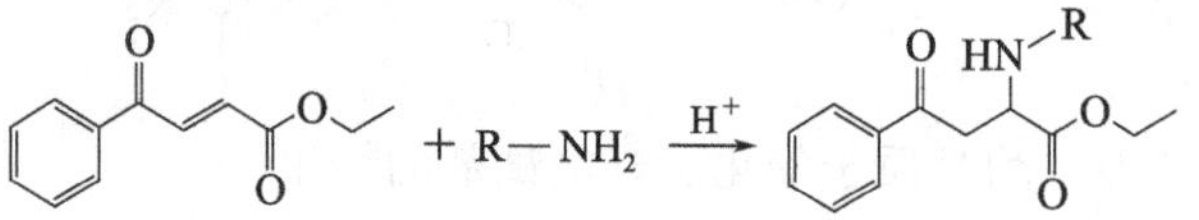

其反应机理应该如何？

烯烃本应是富电体亲核试剂，但受强吸电基诱导效应、共轭效应的影响，其电子云密度显著下降，下降到一定程度就转化为缺电体亲电试剂了。作为亲核试剂的胺基容易与烯烃缺电的一端成键而完成极性反应。反应机理相当于 Micheal 加成反应：

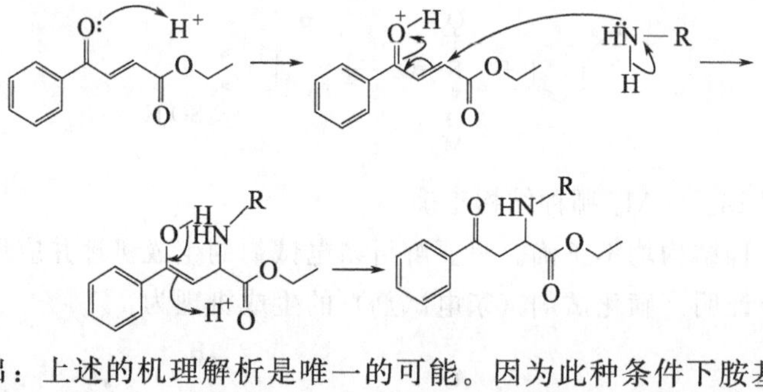

应该指出：上述的机理解析是唯一的可能。因为此种条件下胺基作为亲核试剂只能与亲电试剂成键，正是由于烯烃的两端连有吸电基，其电子云密度显著下降，因而由亲核试剂转化成了亲电试剂。如若仍将烯烃理解为亲核试剂，则就没有与其成键的亲电试剂了。

**例 17**：医药中间体 $\beta$-DAASE 的合成反应机理为：

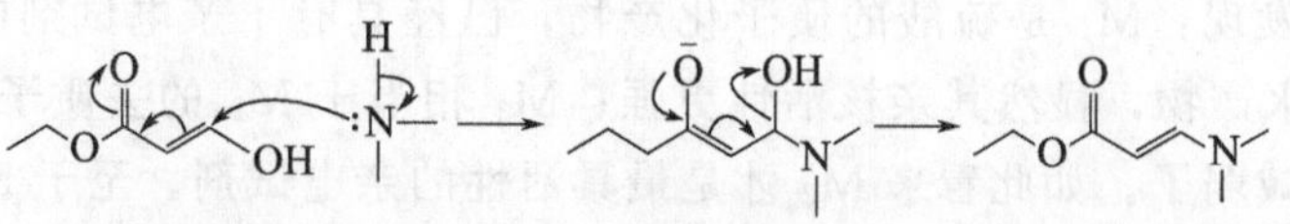

本来属于富电基团的烯烃受吸电基团诱导效益与共轭效益的双重影响而转化成了缺电基团，烯烃也就由亲核试剂转化成亲电试剂了。

　　由此可见：烯烃上电子云密度量变到一定程度，可以导致其由亲核试剂到亲电试剂的质变。这符合极性反应三要素的基本特征和电子转移的客观规律。烯烃是如此，芳烃也同样如此。

　　**例18**：2,3-二氟苯乙醚是以 2,3,4-三氟硝基苯为原料合成的。其中间体合成的反应机理可简化地解析为：

　　之所以称之为简化的反应机理，是由于反应取代产物不仅发生在邻位，而且部分发生在对位，而此种异构产物与反应机理解析的原理没有矛盾，因而省略。

　　之所以称之为简化的反应机理，还由于中间生成的碳负离子会在共轭体系中进行分子内极性反应而发生共振，并在一定条件下能重新集中起来，这种分散与集中的平衡过程如下：

　　由于上述平衡过程并不影响主反应的电子转移过程表述，因而省略掉了。

　　在上述反应过程中，芳烃上的 π 键受芳环上强吸电基的影响，已经不属于亲核试剂而是亲电试剂了。这一反应机理再次证明：所谓亲核试剂与亲电试剂，不是某个基团必然具有的功能或属性，而与该基团的电子云密度相关，与影响该基团电子云密度的电子效应相关。

### 7.1.7.2　两种试剂的化学转化

　　前已述及，同一基团的功能或属性能随着其电子云密度的改变而变化。然而通过化学转化方式更容易实现亲核试剂与亲电试剂之间的转换。

　　如双氧水在不同酸碱性条件下的功能或属性不同：

　　显然在接近中性条件下，双氧水分子上的氧原子为较弱的亲核试剂；而在碱性条件下成了强亲核试剂了；在酸性条件下，双氧水分子上的一个氧原子质子化而成为离去基，与其成键的另一氧原子便成为亲电试剂了。

　　再如氯甲烷分子上的甲基碳原子是缺电体亲电试剂，当与金属成键生成金属有机化合物后就转化成亲核试剂了。

在分子内，同一基团或同一元素在不同的分子结构内会呈现出不同的功能或属性。

**例 19**：对氟硝基苯的合成过程：

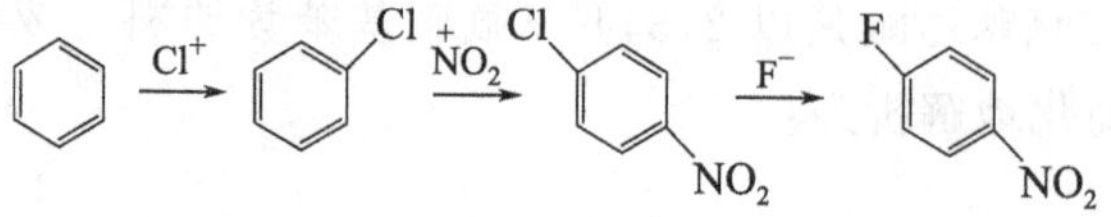

同一个芳环上，苯作为亲核试剂与氯正离子成键生成氯苯；氯苯再作为亲核试剂与硝酰正离子成键生成对硝基氯苯；对硝基氯苯是作为亲电试剂与氟负离子成键而生成对氟硝基苯的。由此可见芳环上功能或属性的改变，机理解析从略。

**例 20**：某公司有副产氯甲烷需要综合利用，如何利用呢？

氯甲烷的甲基碳原子上为缺电体亲电试剂，刚好可为另一公司制备苯甲醚[6]：

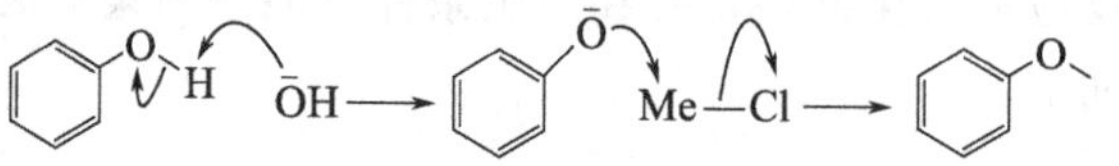

氯甲基上的甲基碳原子也可以转化成富电体亲核试剂，制成甲基锂试剂后供另一公司制备甲基硼酸：

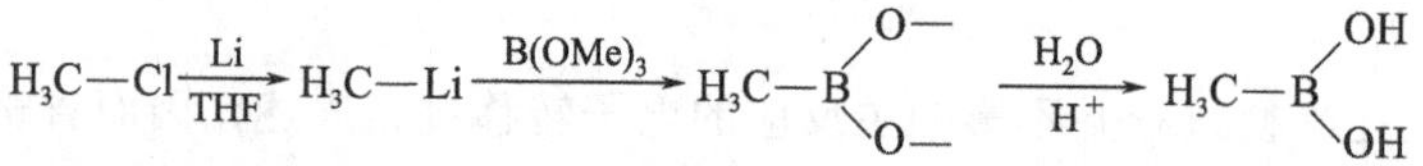

$$H_3C-Cl \xrightarrow{Li}{THF} H_3C-Li \xrightarrow{B(OMe)_3} H_3C-B\begin{smallmatrix}O^-\\O^-\end{smallmatrix} \xrightarrow{H_2O}{H^+} H_3C-B\begin{smallmatrix}OH\\OH\end{smallmatrix}$$

类似地这种亲核试剂与亲电试剂的转化，在有机合成过程中是常见的。读者应习惯于在机理解析过程中发现和鉴别，这有利于理解化学反应的基本原理和规律，有利于工艺路线的创新。

**例 21**：医药中间体的合成是催化加氢反应过程，由于其连串副反应难以避免，而有较多的副产物 S 生成：

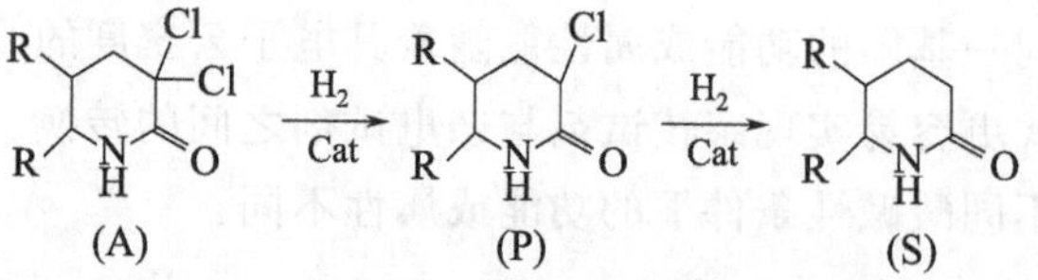

由于主副反应活化能差较小而连串副反应难以抑制，这就为目标产物的精制和应用带来困难。

为了抑制如上副反应，我们应从改变试剂的属性或功能着手，将卤代烃由亲电试剂改变成亲核试剂[7]：

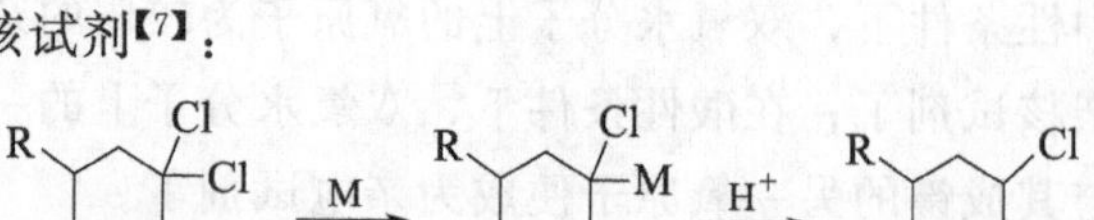

这样，连串副反应就能得到抑制。

#### 7.1.7.3　反应过程的中间状态

在同一个反应过程中的同一组分，其中间状态就存在亲核试剂与亲电试剂的转化过程。

**例 22**：几个反应过程的中间状态，均存在着亲核试剂与亲电试剂的转化：

烯烃在反应前属于亲核试剂，生成中间体后就转化成亲电试剂了，尽管亲核试剂与亲电试剂并非体现在同一碳原子上。

芳烃在反应前属于亲核试剂，而生成中间体后就成了亲电试剂了，尽管两者并非体现在同一碳原子上。

在反应前，芳烃属于亲电试剂，在与亲核试剂成键生成中间体负离子后，便成为负离子亲核试剂了。

羰基加成前，其羰基碳原子是亲电试剂，羰基加成后原有的氧原子便成了亲核试剂了。

总之，对于 π 键说来，其一端为亲核试剂的同时，另一端就只能成为亲电试剂，正确解析与理解如上中间状态，有助于深化对于反应过程一般规律的认识。

## 7.2　亲核试剂与离去基的关系

亲核试剂的作用是以其独对电子与亲电试剂成键，而离去基的作用是带走独对电子与亲电试剂断键，极性反应是以亲电试剂为中心而展开的。那么，亲核试剂与离去基之间有哪些共性、区别与联系呢？

### 7.2.1　两者结构类同，可相互转化

亲核试剂与离去基均带有独对电子，亲核试剂是以其独对电子与亲电试剂成键的，离去基是带着一对电子离去的。正是由于两者同样带有独对电子的特征，

使得两者可以相互转化。

例 23：烯烃与硫酸的加成反应机理为：

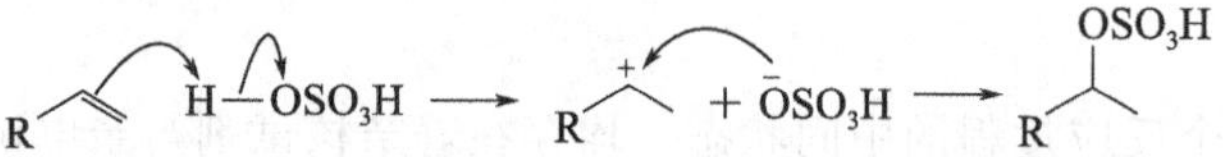

这是两步极性反应的串联过程。第一步反应的离去基恰是第二步反应的亲核试剂，而第二步反应的离去基已经在第一步反应过程中作为亲核试剂发生反应了。这是典型的亲核试剂与离去基的相互转化。

容易理解：硫酸根是个强离去基，因而与烯烃加成物并不会稳定，上述反应实际上是个平衡可逆反应。

该反应的典型性还在于：第一步反应的离去基-硫酸根是很弱的亲核试剂，即便如此也能与强亲核试剂碳正离子成键。

周环反应可以视作极性反应的特殊类型，相当于协同进行的几个极性反应，其中所有离去基均成了另一反应的亲核试剂。

例 24：Boekelheide 反应是周环反应的典型实例[5b],[8]：

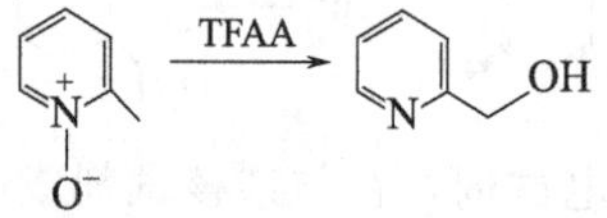

反应机理为：

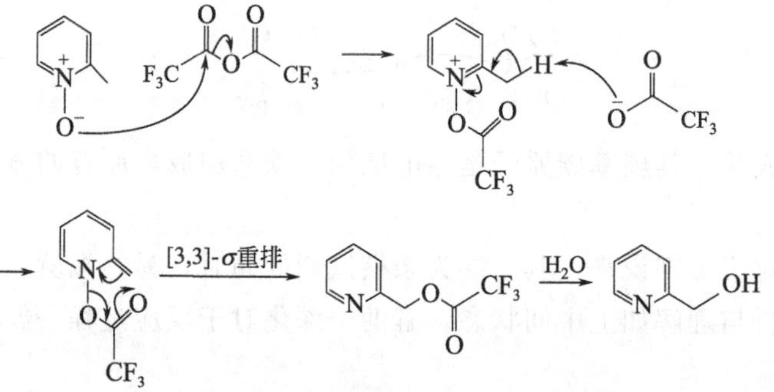

显而易见，在 [3,3]-σ 重排反应过程中亲核试剂与离去基的相互转化。

## 7.2.2 两者在相互竞争中共处平衡

由两者均带有独对电子的结构决定了其具有相同的功能或属性，恰是这些共性使得它们之间处于相互竞争状态。这从极性反应的通式便可看出：

此类例子甚多，不胜枚举，此处从略。

然而，由于离去的离去基具有独对电子，具有亲核试剂的基本属性，它仍会吸引、接近亲电试剂，并可能与亲电试剂重新成键，最终实现正逆反应的动态平衡：

$$\overset{\frown}{Nu} + E\overset{\frown}{-}Y \rightleftharpoons Nu\overset{\frown}{-}E + Y^-$$

其平衡产物是由其热力学因素决定的，离去基的相对活性决定了极性反应的平衡组成。

换句话说：真正离去的是相对离去活性较强的离去基。是否容易离去与该基团的亲核活性并无关系。既然是平衡过程，那么就必然存在着平衡常数大小的问题，故依据离去基离去活性的不同和平衡转移，反应分成三类：进行到底的反应、未见产物的反应和平衡可逆的反应。详见第 2 章、第 6 章中讨论内容，此处不再赘述。

### 7.2.3 两者难以共存于同一分子内

离去基是与亲电试剂相伴存在的，离去基的存在也就意味着亲电试剂同时存在，如若再有亲核试剂存在，则极性反应的三要素均已具备，如若这些要素的活性较强则发生极性反应就容易了。因此较强活性的亲核试剂与较强活性的离去基在同一分子内是难以共存的，这又可分成两种情况：

#### 7.2.3.1 两者不能稳定地处于同一元素上

已经说明：连有离去基的元素是亲电试剂，若该亲电试剂上又连有活性的亲核试剂，则势必存在着分子内的极性反应而挤掉离去基，此种产物容易分解而处于不稳定状态。

**例 25**：半缩醛生成与分解。

半缩醛生成的反应机理为：

在半缩醛的中心碳原子上含有羟基——亲核试剂与烷氧基——离去基，此种结构下的中心碳原子即是亲电试剂，它能与亲核试剂再次成键而离去基离去：

这就是半缩醛不稳定的原因所在。与此类似，半缩胺也同样不可能稳定：

当然，这种不稳定是有条件的，这既取决于分子结构，又与外界条件如温度等相关。在足够低温条件下它们还是能够稳定存在并可分离出来的，而人们在日常的有机合成实验过程中也能从仪器分析中检测到半缩醛、半缩胺的存在。

故半缩醛、半缩胺在不稳定的有机物中还是相对稳定的，其相对稳定的原因在于其离去基的离去活性不强，氨基、烷氧基均属于较弱离去基而并不容易离去，这为其相对稳定提供了条件。如若将其更换成其他更强的离去基，则在同一碳原子上就不可能存在羟基、氨基。

**例 26：酰氯与醇的酯化反应。**

酰氯与醇之间的酯化反应必然经过羰基加成阶段：

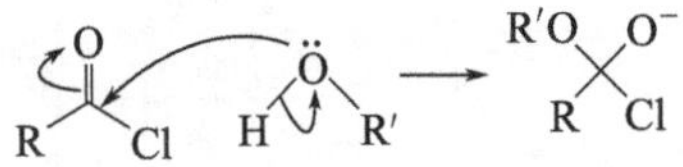

只不过在所生成之四面体结构上，亲核试剂羟基与离去基氯原子处于同一个碳原子上，由氯原子较强的离去活性所决定，不可能稳定存在而离去了。

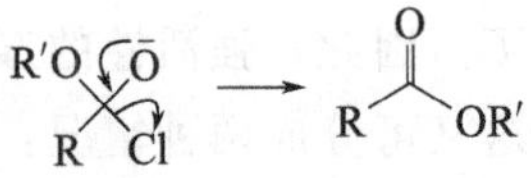

由此可见：**亲核试剂与离去基不能稳定地处于同一元素上**。两者势不两立、难以共存。此类化合物的通式为：

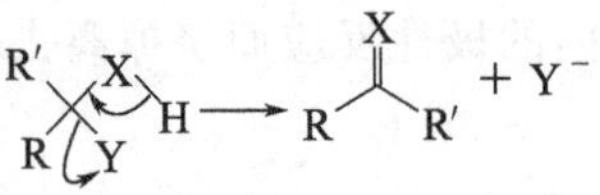

当 X 为 S、O、NR 基团，Y 为 OR、SR、NRR、卤素等基团时，此类化合物均不稳定，没有例外。第 2 章中讨论过的未见产物的化学反应就包括此类反应。这句话也可以这样表述：**强离去基作为亲核试剂的反应只能生成不稳定的中间状态，而没有产物生成。**

### 7.2.3.2　两者之间的共价键化合物不稳定

如前所述，离去基之所以成为离去基，是因其与亲电试剂成键，故在亲核试剂与离去基成共价键状态下，离去基上必然还与亲电试剂成键。在此种亲核试剂与亲电试剂处于临近状态下，发生分子内极性重排反应不可避免：

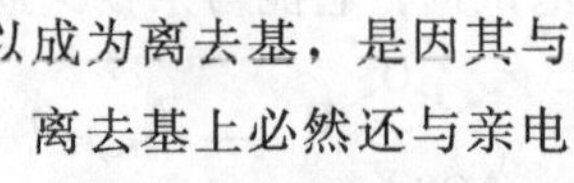

这种重排反应被称之为富电子重排反应，这是基于富电体亲核试剂生成后所发生的反应。

**例 27**：Stevens 重排反应。是季铵盐经碱处理发生分子内重排生成叔胺[9]：

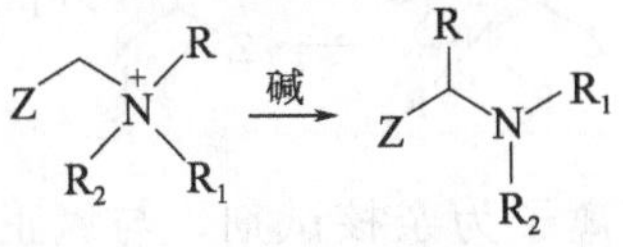

首先发生的是碱性条件下生成氮叶立德试剂的反应：

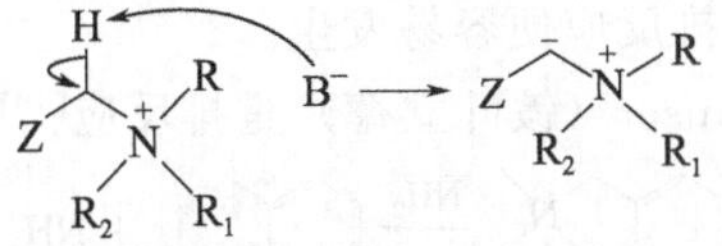

叶立德试剂生成后，其后续的反应机理在不同的历史时期有不同的解析。

早前认为的离子机理：

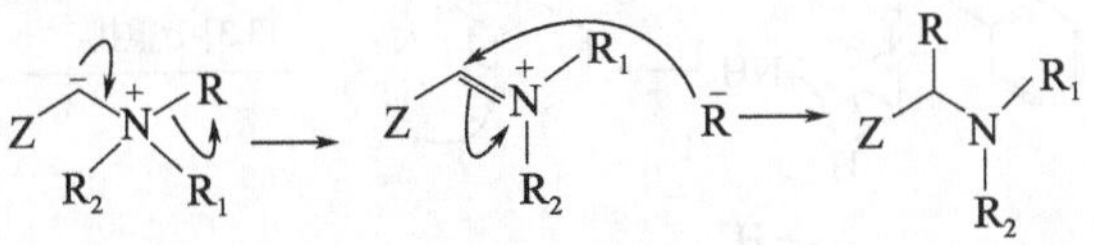

由于氮正离子上并不存在较大电负性的离去基团，氮正离子也就并非亲电试剂，故上述机理解析明显不对。

目前认可的自由基机理：

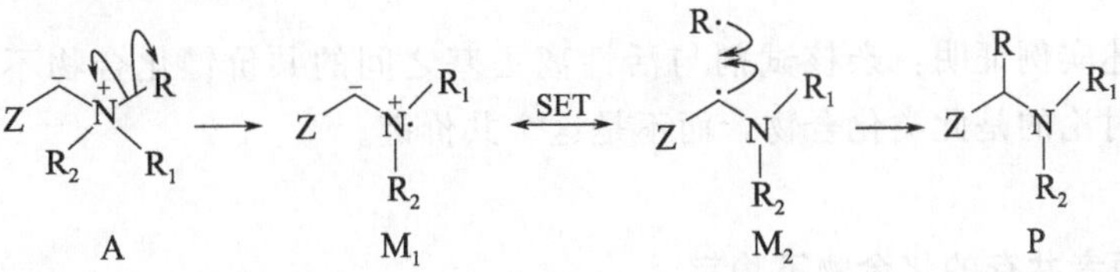

就目前认可的自由基机理说来，其可能的依据是在反应系统内检测到了自由基。然而此依据并不充分，仍有若干可疑之处：

一是自 A 至 $M_1$ 过程的氮碳 $\sigma$ 键上独对电子显著向氮正离子方向偏移，因而并非低键能结构，不易均裂而生成自由基，除非在较高能量的条件下。

二是若在高能量的反应系统内，氮叶立德的结构又是不稳定的，极易生成卡宾：

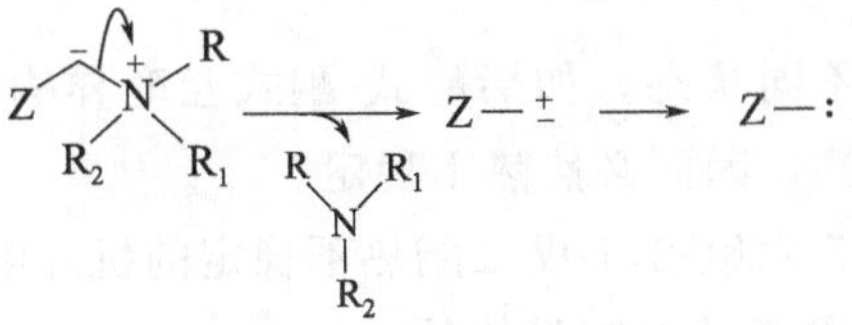

叶立法试剂　　单线态卡宾　三线态卡宾

这种三线态的卡宾就是从反应系统内检测到的自由基。

综上所述，该反应不可能按自由基机理进行。

其实，Stevens 重排反应机理并不特殊，它属于富电子重排的一般形式：

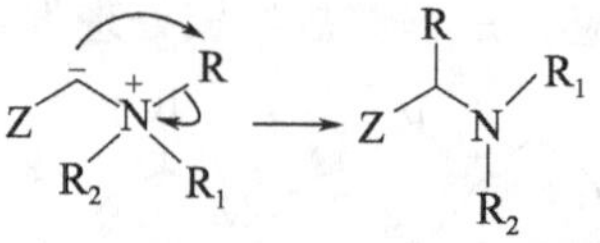

上述反应过程中，碳负离子为亲核试剂，与氮正离子相连的烷烃为亲电试剂，氮正离子为离去基。正是由于分子内各具活性的三要素齐备，且亲核试剂与亲电试剂临近，富电子重排反应便容易发生。

**例 28**：Sommelet-Hauser（铵叶立德）重排反应[10]：

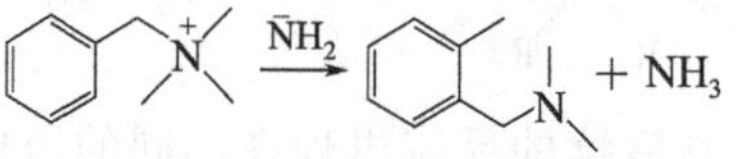

反应机理为：

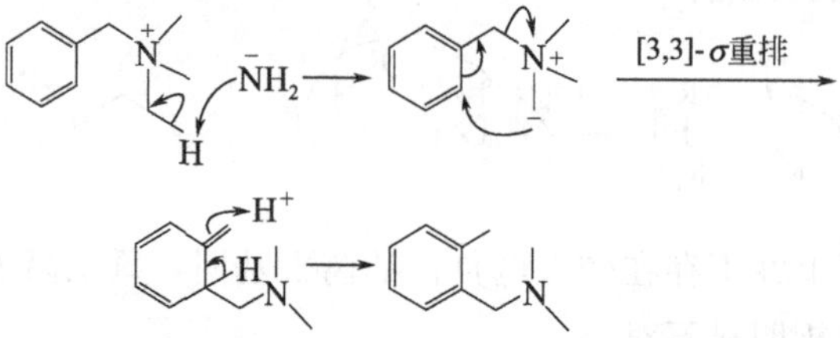

这与 Meisenheimer 重排反应类似，只不过亲电试剂是处于缺电碳原子的共振位置。

由上述实例证明：亲核试剂与活性离去基之间的共价键化合物不稳定。注意：这里讨论的是此类化合物，而不是这个共价键。

### 7.2.3.3 两者共存的化合物不稳定

容易理解，在同一分子内同时存在较强亲核试剂与较强离去基的化合物不稳定，至少是热不稳定。因为离去基与亲电试剂是相伴出现的，存在离去基就意味着存在亲电试剂，故所谓亲核试剂与离去基共存，实际上是反应三要素均已具备，因而容易发生分子内极性反应：

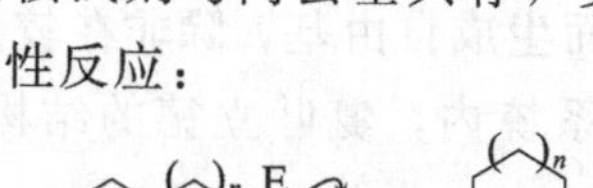

此外，同一分子的不同状态，如烯醇式-酮式互变异构状态，分别具有亲核试剂与离去基的基本属性，因而必然热不稳定。

**例 29**：1,1,1,5,5,5-六氟-2,4-戊二酮热不稳定的机理解析。

该化合物属于酮式-烯醇式互变异构体：

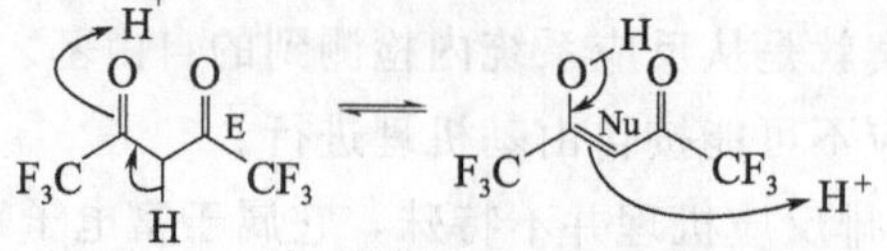

7

其中烯醇式中 π 键为亲核试剂，酮式中羰基 π 键为离去基，而酮羰基碳原子为亲电试剂，极性反应三要素具备，容易发生缩合反应。这与三氟乙酰乙酸乙酯的不稳定性相似：

**例 30**：4-甲基吡啶通过光氯化反应直接制备 4-氯甲基吡啶的反应：

试评价此工艺的可行性。

从分子结构就能看出这是一个不稳定的产物，它难于在自然界稳定存在。其原因是：中间体分子内既存在一个高活性的亲核试剂-吡啶氮原子上的独对电子，又存在着高活性的亲电试剂氯甲基上碳原子，氯又是较强的离去基，中间体自身极性反应不可避免：

容易推论：此缩合反应产物仍不稳定，最后生成高分子化合物。

由此可见，亲核试剂与离去基不仅连着同一元素上不稳定，只要分子内两者共存，无论处于什么位置均不稳定，至少是热不稳定。

## 7.2.4　两者的催化作用方向截然相反

这和亲核试剂与亲电试剂的关系类同，亲核试剂与离去基活性随酸碱性条件的变化趋势是截然相反的。

关于离去基的离去活性随酸碱性的变化规律，现有的共识是：弱碱性基团容易离去。然而这种弱碱性是相对于强碱性而言的，故还可以将上述共识进一步扩展成：酸性越强的基团，其离去活性越强，没有例外。

关于亲核试剂的亲核活性随酸碱性的变化规律，现有的共识是：碱性越强，其亲核活性越强，也没有例外。

在实际的有机合成实践中，人们正是利用碱来催化亲核试剂的亲核活性，用酸来催化离去基的离去活性而间接催化亲电试剂的亲电活性的。因为同一元素在不同的酸碱性条件下总是表现出酸性有利于离去基而碱性有利于亲核试剂的性质。如：

**例 31**：双氧水在酸碱性条件下的不同功能或属性变化。

在不同的酸碱性条件下，双氧水上氧原子具有不同的属性：

$$\bar{O}\!-\!O\!-\!H \quad \underset{OH^-}{\overset{H^+}{\rightleftharpoons}} \quad H\!-\!O\!-\!O\!-\!H \quad \underset{OH^-}{\overset{H^+}{\rightleftharpoons}} \quad H\!-\!O\!-\overset{+}{O}\!-\!H$$

强Nū　　　　　　　弱Nü　　　　　　　E Y

双氧水分子上的两个氧原子均为带有独对电子的亲核试剂；在碱性条件下离去的双氧水负离子上，带负电荷的氧负离子亲核活性显著增强，成为强亲核试剂了；而在酸性条件下，双氧水分子上一个氧原子作为亲核试剂与质子成键后便成为离去基了，而与其成键的另一氧原子便成为亲电试剂了。

双氧水分子在不同酸碱性条件下的变化是一个典型的、有代表性的、普遍的趋势与规律。

**例 32**：我们以羟基、氨基亲核试剂为例，观察酸碱性对亲核试剂与离去基的影响：

| 属性： | 强碱性 | 近中性 | 强酸性 |
|---|---|---|---|
| 醇类： | $\diagup\!\!\diagdown\!\overset{\cdot\cdot}{\underset{\cdot\cdot}{O}}{}^{-}$ | $\diagup\!\!\diagdown\!\overset{\cdot\cdot}{\underset{H}{O}}$ | $\diagup\!\!\diagdown\!\overset{H}{\underset{H}{\overset{+}{O}}}$ |
| 属性： | 强 Nu、非 Y | 弱 Nu、弱 Y | 非 Nu、强 Y |
| 胺类： | $\diagup\!\!\diagdown\!\overset{-}{N}\!\!-\!\!H$ | $\diagup\!\!\diagdown\!\underset{H}{N}\!\!-\!\!H$ | $\diagup\!\!\diagdown\!\overset{H}{\underset{H}{\overset{+}{N}}}\!\!-\!\!H$ |
| 属性： | 强 Nu、非 Y | 弱 Nu、弱 Y | 非 Nu、强 Y |

若以碱性为横坐标，分别以亲核活性、离去活性为纵坐标，则亲核活性与离去活性随酸碱性的变化趋势完全相反：

同一元素的亲核活性与离去活性随碱性的变化

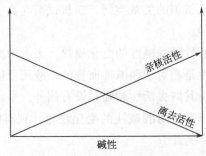

亲核活性

离去活性

碱性

若不能认识和把握上述对应关系，就难于正确解析反应机理。

**例 33**：Pinner 合成反应。是腈转化为亚氨基醚，再继续转化为酯或脒的反应[11],[5c]：

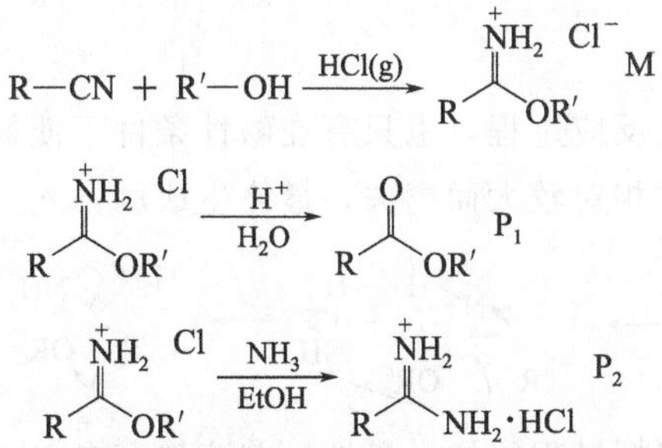

注意：上述产物 $P_2$ 结构本身写错了，碱性条件是不会生成盐酸盐的。

上述的两个产物 $P_1$ 与 $P_2$ 是由同一中间体 M 生成的。该中间体 M 的原有机理解析为：

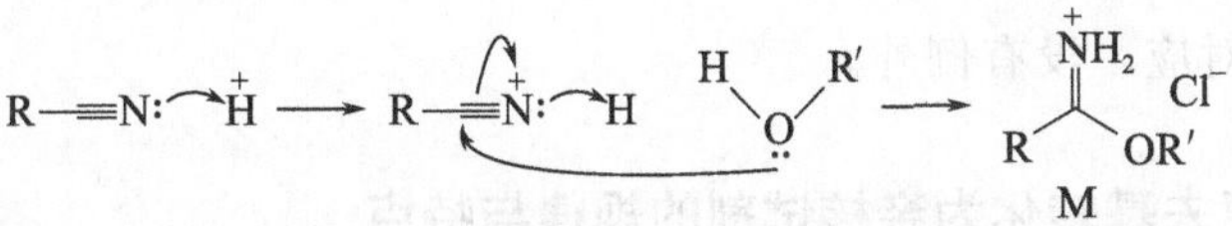

这种机理解析显然是不规范的和错误的，因为醇羟基上的质子是否脱去与何时脱去并未表述出来，而恰恰这种质子的转移的次序对于产物结构起决定性作用。醇羟基上的质子是在醇羟基氧原子与氰基碳原子成键的同时协同脱去的：

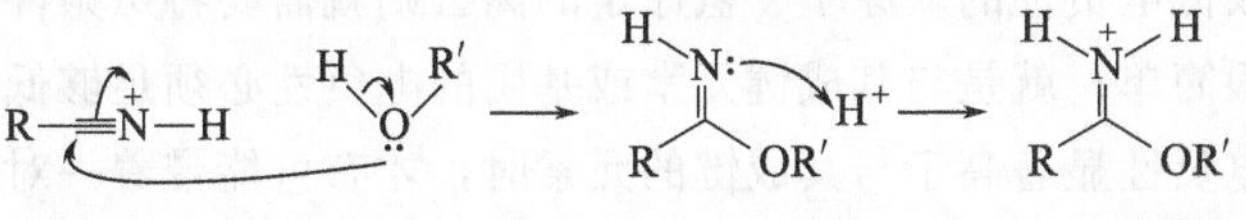

因为不同酸碱性对于各种试剂的功能或属性发生决定性的影响，质子转移的过程和先后次序不可颠倒。

对于中间体向产物的转化过程，原有机理作了是非颠倒的解析和判断。

对于中间体 M 的酸性水解过程，原有的机理解析为：

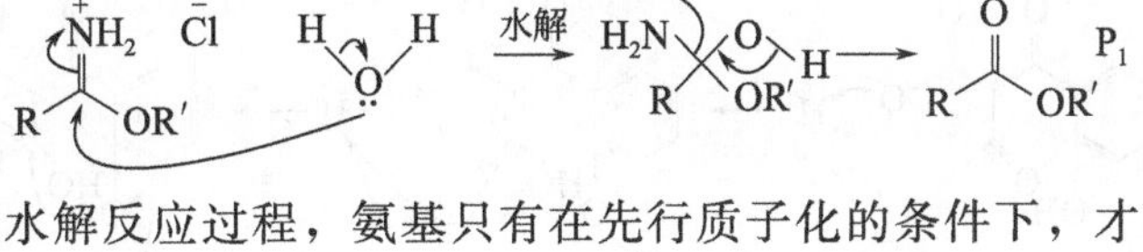

上述酸性水解反应过程，氨基只有在先行质子化的条件下，才能优先离去而生成酯：

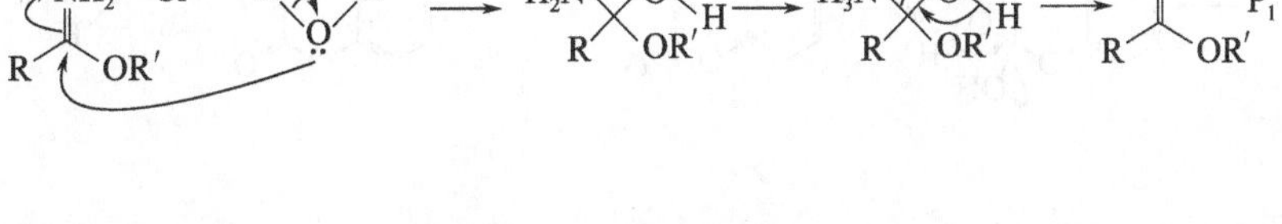

对于中间体 M 的所谓亲核加成反应，原有的解析为：

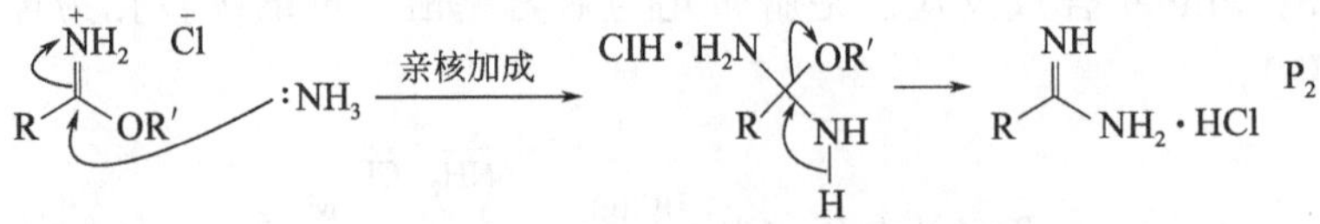

上述所谓亲核加成反应过程，也只有在碱性条件下使氮原子先去质子，才能使得烷氧基的离去活性相对较大而离去，最终生成脒：

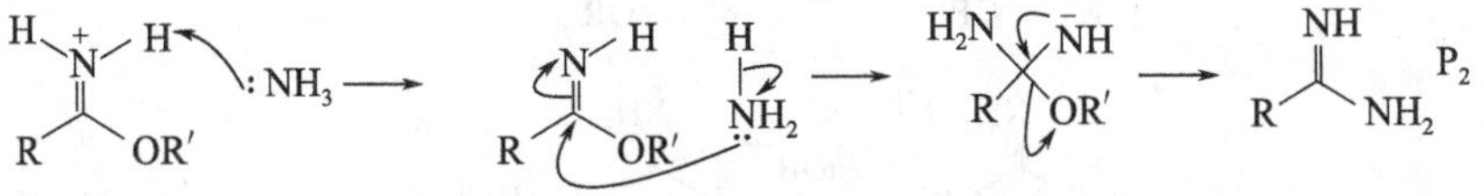

类似地这种错误解析过程往往大量地、普遍地存在着，皆由于人们尚未理解亲核试剂和离去基随酸碱性的变化，未能掌握离去基活性次序所致。

综上所述，对于含有独对电子的某些基团说来，其在碱性条件下是亲核试剂，在酸性条件下就成离去基了，酸碱性条件对于亲核活性和离去活性的影响截然相反且一一对应，没有例外。

## 7.2.5　碳氢离去基转化为亲核试剂的规律与特点

在离去基转化成亲核试剂的过程中，其首要条件就是离去基具有相对较大的电负性。这对于本身具有较大电负性的杂原子，如氮、氧、硫、卤素等，是比较容易的，而对于较低电负性的碳原子、氢原子的离去则就需要特殊条件了。这里所谓特殊条件实则很简单，就是与其成键元素或基团的电负性必须足够低，只有当碳原子或氢原子的电负性显著高于与其成键的元素时，才有可能带着一对电子离去。

**例 34**：抗凝血剂 Warfarin 的中间体 4-羟基香豆素的合成反应：

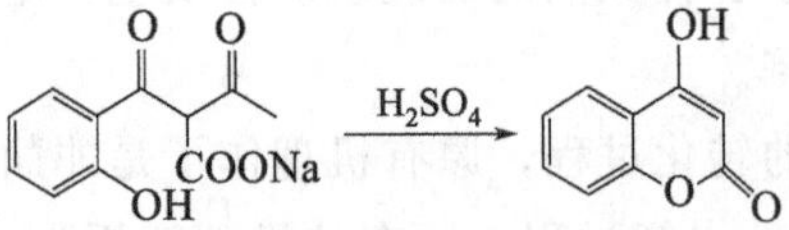

反应机理为：

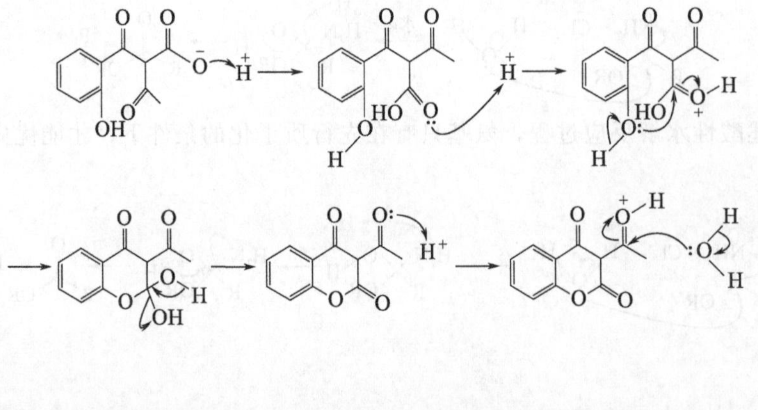

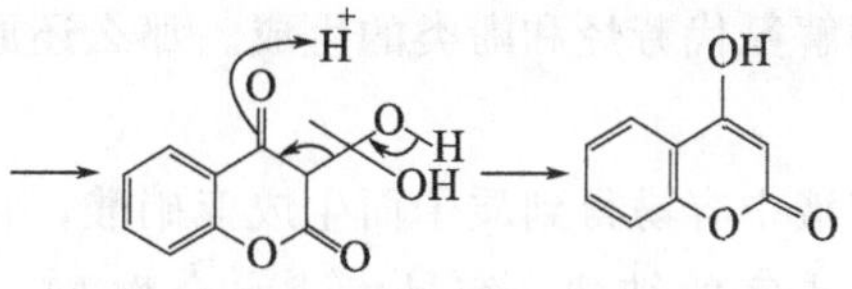

只有在羰基碳原子上获得了来自于氧负离子的电子时,其电负性才显著降低,与其成键的碳原子才可能带着一对电子离去。

**例35**:脱羧反应是在碱性条件下实现的。其反应机理为:

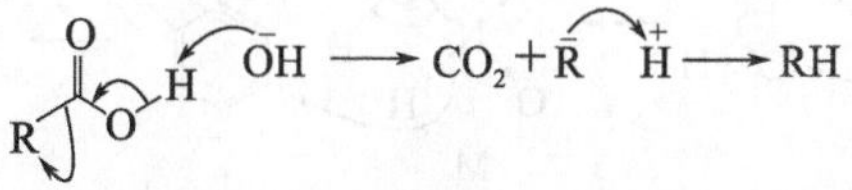

羧基碳原子的电负性本来是大于烷烃碳原子的,但羧基在碱性条件下去质子化后其电负性显著降低,在负氧离子提供电子条件下,与羧基成键的烷烃碳原子的电负性相对较大,因而就能带着一对电子离去了。

如此可见:无论什么元素,其作为离去基的首要条件就是其电负性相对较大,至少在瞬间是如此。碳原子离去是这样,氢原子离去也是这样。

**例36**:以二乙基硼烷作为还原剂的反应,需要在带有独对电子的偶极溶剂中进行,就是实现了氢原子与硼负离子成键,使氢原子的电负性显著高于硼负离子,从而为负氢转移创作了条件:

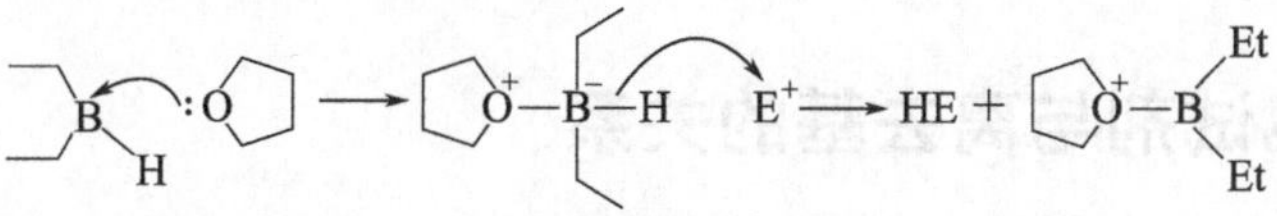

如若不能生成硼负离子,尽管氢原子的电负性大于硼原子,但其电负性相差不大,共价键也不易异裂而难于实现负氢转移。

**例37**:某公司采用芳胺重氮化反应制备氟代芳烃,其主副产物为:

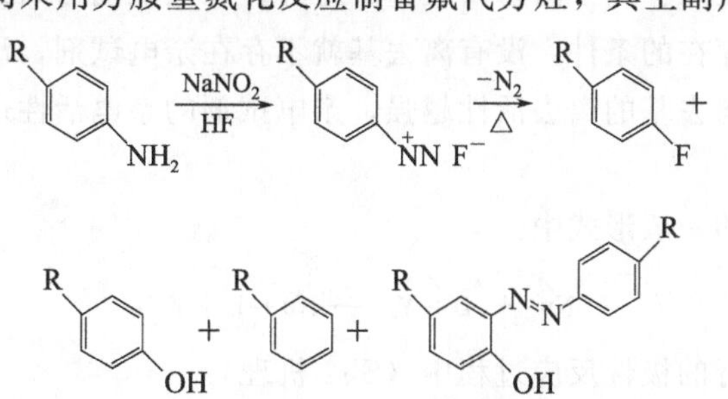

上述重氮盐是热不稳定的,反应机理为受热分解成芳基正离子亲电试剂,再与亲核试剂成键生成产物:

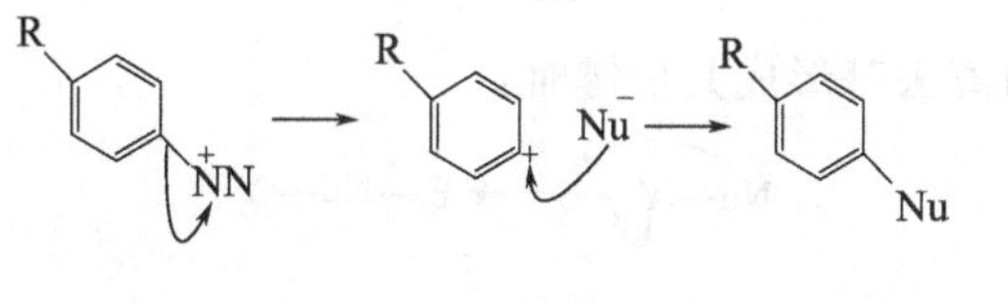

由上述机理容易理解氟代芳烃和酚类的生成。那么还原反应产物是如何生成的呢？

亚硝酸钠在酸性溶液中容易得到质子而生成亚硝酸，它是含有一个空轨道和一对独对电子的类似于卡宾的结构，容易生成水合物 M，该水合物上的羟基是亲核试剂，容易脱质子再与相邻氮原子成键，使得到电子的氮原子电负性下降，与其成键的氢原子便带着一对电子离去并转移了：

此例再度证明：所有离去基在其离去的刹那间，其一定具有相对较大的电负性，这是离去基离去的影响因素之一。

此例也证明：当离去基离去而转化为亲核试剂过程中，是受到了与其将要成键的亲电试剂的吸引或催化的，这是离去基离去的另一影响因素。

换句话说，作为亲核试剂的离去基是借助于与其将要成键的亲电试剂的引力来完成的，正像周环反应机理那样。故在离去基向亲核试剂的转化过程中，除了其具有相对较强的电负性之外，还与将要成键的亲电试剂的静电引力作用相关，这种作用相当于催化作用。

## 7.3 亲电试剂与离去基的关系

### 7.3.1 两者互为存在条件，相辅相成

由分子结构便知：除了路易斯酸分子之外，亲电试剂与离去基是以共价键相连的，两者互为存在的条件。没有离去基就不存在亲电试剂，没有亲电试剂也就没有离去基；且离去基的离去活性越强，亲电试剂的亲电活性也就越强，没有例外。例如：

在极性反应的一般形式中：

$$Nu + E-Y \longrightarrow Nu-E + Y^-$$

在分阶段进行的极性反应过程中（$S_N1$ 机理）：

$$E-Y \longrightarrow E^+ + Y^-$$

$$E^+ + Nu \longrightarrow E-Nu$$

在亲核试剂与离去基形成共价键时：

$$Nu-Y-E \longrightarrow E-Nu-Y^-$$

正是亲核试剂与离去基之间的共价键，满足了富电子重排反应的条件。作为分子内极性反应的典型代表，富电子重排反应的分子内必然具有极性反应的三要素，其亲电试剂与离去基是分子内本身具有的，而亲核试剂往往是在碱性条件下催化产生的。

**例38**：Meisenheimer 重排反应有两种类型[5d]。

一种就是如上所述的富电子重排过程，也称 [1,2]-σ 重排。反应机理为：

式中，氧负离子为亲核试剂，氮正离子为离去基，与氮正离子相连的烷基碳原子为缺电体亲电试剂。

类似地这种富电子重排反应，其中的亲电试剂可以是与氮正离子直接成键的碳原子，也可以是处于缺电碳原子在共轭体系内的共振位置。如：

Meisenheimer 重排反应的另一种类型，也称 [2,3]-σ 重排。反应机理为[12]：

这容易理解，因为共轭效应本身就是使电荷平均化的一种效应，带部分电荷的元素会按照其特有规律沿共轭体系传导。当与氮正离子相邻碳原子得到亲核试剂的电子时，其电负性显著下降，分子内的富电子重排反应便容易发生。

**例39**：[1,2]-Wittig 重排反应。是醚类用烷基锂处理生成醇的反应[13]：

反应机理为：

这是典型的富电子重排反应机理。

然而，有的文献仍认为此机理也可能是自由基机理，其依据是反应体系内检测到了自由基。实际上这同 Stevens 重排反应极其相似，所不同的就是氮叶立德试剂与氧叶立德试剂的不同，而氧叶立德也同样地能生成三线态卡宾：

故在反应体系内检测到自由基与主反应是否自由基机理之间并没有必然的联系，自由基有可能为副反应所生成。

综上所述，所有分子结构中的亲电试剂与离去基均是互为条件、同时存在、直接相连的，除了天然具有空轨道的路易斯酸之外。

### 7.3.2 两者互带异电，容易处于离解平衡状态

在同一分子内以共价键相连的亲电试剂与离去基之间，正是由于离去基带有部分负电荷才导致与其成键元素带有部分正电荷而成为亲电试剂的，两者的互存关系已在 7.3.1 中讨论过。

然而，亲电试剂与离去基并非完全的不能脱离，在一定条件下就能够实现共价键的异裂而彼此分离。离去后的离去基又转化成了亲核试剂，离去基离去后的亲电试剂的亲电活性则更强了，两者之间再成键仍不可避免。

#### 7.3.2.1 $S_N1$ 机理中的离解平衡

根据国内外教科书中的观点，$S_N1$ 机理是分步进行的极性反应：

$$E-Y \longrightarrow E^+ + Y^-$$

$$Nu \quad E^+ \longrightarrow Nu-E$$

该 $S_N1$ 反应机理有两大特征：一是反应速度仅仅由亲电试剂浓度所决定，二是反应产物出现消旋化。

如若上述 $S_N1$ 反应机理解析正确，则亲电试剂与离去基必然处于分分合合的平衡可逆过程：

$$E-Y \rightleftharpoons E^+ + Y^-$$

在这种平衡进行的反应过程中，在初始的原料状态，这个手性化合物就已经具备消旋化条件了，这是一个合乎逻辑的推理。因为带有独对电子的离去基本身就是亲核试剂，与亲电试剂成键，特别是与具有空轨道的较强的亲电试剂成键是必然结果。

综上所述，如若存在按 $S_N1$ 机理进行的反应，离去基与亲电试剂之间的离解平衡反应一定是客观存在的，其自身的消旋化反应不可避免。故 $S_N1$ 机理存在应该是原料是否能够自身消旋化为依据。

#### 7.3.2.2 路易斯酸络合物的离解平衡

对于 Friedel-Crafts 酰基化反应过程，所有的有机化学教科书中均认为羰基上的独对电子进入了三氯化铝的空轨道而定量地生成了络合物，只有加入过量的路易斯酸催化剂才能催化反应进行。然而实验结果并不支持上述论点。

**例 40：**卤代苯的 Friedel-Crafts 酰基化反应过程：

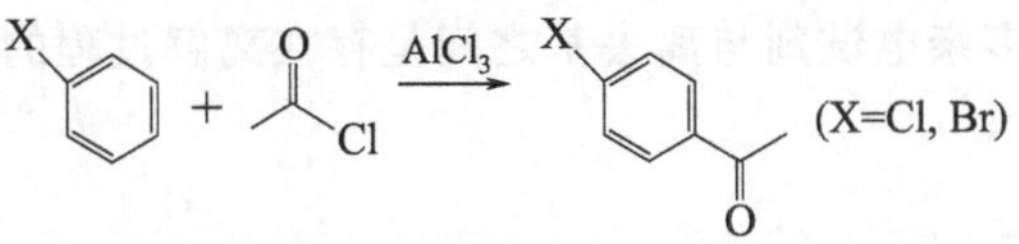

$$\text{(X=Cl, Br)}$$

实验结果表明：在三氯化铝不足量条件下，既在 1mol 酰氯中投入 0.95mol 三氯化铝的条件下，反应能够进行到底且具有最佳选择性。这事实上否定了羰基上独对电子与路易斯酸的定量络合之说，该过程只能是处于络合与分解的平衡状态：

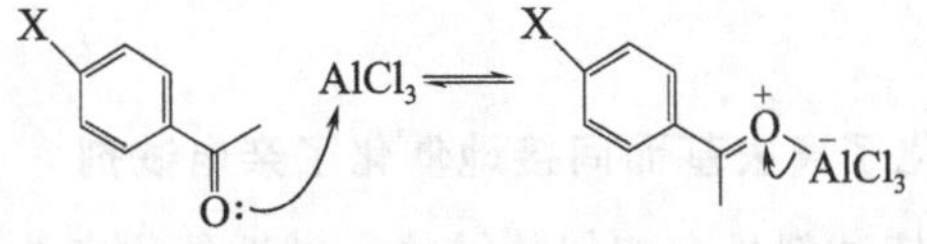

显然，若不是处于上述平衡状态，体系内就不存在能够促进反应进行的催化剂-路易斯酸，反应也就不能进行完全了。

### 7.3.2.3 三氟化硼乙醚络合物的离解平衡

众所周知，三氟化硼乙醚络合物被广泛地用于羰基上的酸催化反应过程，公认其作用相当于路易斯酸催化剂。如：

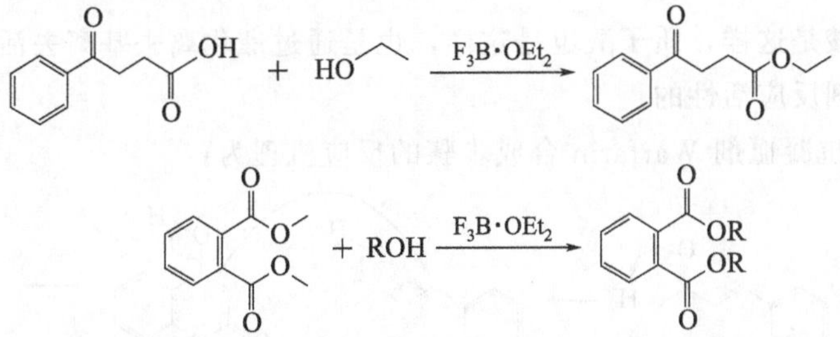

然而，在三氟化硼乙醚络合物分子上并不存在空轨道，如何与羰基上的独对电子络合呢？

这是由于存在着三氟化硼乙醚络合物的离解反应，其与络合反应实现平衡：

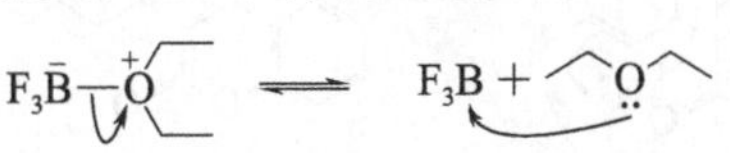

尽管离解反应的平衡常数可能不大，由于另一亲核试剂羰基的存在，就能实现离解平衡的移动。即便是三氟化硼与羰基的络合物，也是存在离解-络合的反应平衡过程：

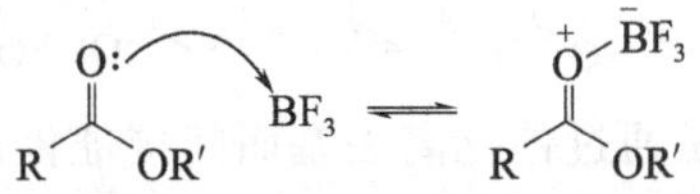

如若不存在上述的平衡状态，则只加入催化剂量（微量）的三氟化硼乙醚络合物的反应体系就不可能使平衡进行的反应进行得如此完全。

综上所述，诸多亲电试剂与离去基之间是存在离解过程的，且往往处于可逆的平衡状态。

### 7.3.3 两者均为酸催化作用机理

前已述及，碱性催化亲核试剂、酸性催化亲电试剂，这是一个一一对应的普遍规律。然而对于亲电试剂的催化作用说来，往往是通过催化离去基来间接实现的。换句话说：对于亲电试剂催化作用往往是通过增加离去基的离去活性而间接地催化的。

#### 7.3.3.1 酸性条件催化了离去基而间接地催化了亲电试剂

由于离去基与亲核试剂具有相似的结构，碱性催化亲核试剂、酸性催化离去基的规律已经在前述章节中讨论过，这种一一对应关系是没有例外的。

**例 41**：所有路易斯酸都是通过催化离去基离去而催化了亲电试剂反应活性的。以付克烷基化反应为例[14]：

$$R-Cl: \quad AlCl_3 \longrightarrow R-\overset{+}{Cl}-\bar{A}lCl_3 \longrightarrow \bar{A}lCl_4 + R^+ \quad \longrightarrow \quad$$

路易斯酸是这样，质子酸也是这样，也是通过催化离去基离去活性来间接催化了亲电试剂反应活性的。

**例 42**：抗凝血剂 Warfarin 合成步骤的反应机理为：

**例 43**：抗凝血剂 Racumin 合成步骤的反应机理为：

凡此种种，所有酸均是通过催化离去基而间接催化亲电试剂的，没有例外。

#### 7.3.3.2 酸性只能催化离去基与亲电试剂

酸性只能催化离去基与亲电试剂，这是没有例外的客观规律。然而迄今为止，在若干教科书中，三要素催化作用的对应关系并没有建立起来，从而导致了若干认识上的混乱与错误，其中最有代表性的是芳烃磺化反应亲电试剂产生机理解析与丙酮酸性催化溴代反应机理解析。

**例 44**：磺化反应的亲电试剂被公认为是三氧化硫或其共振状态：

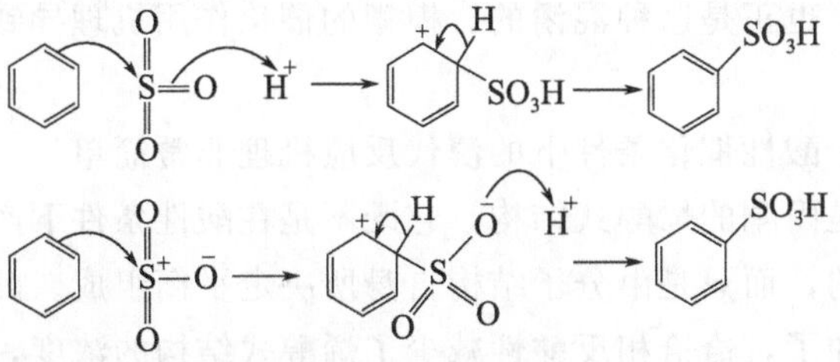

然而，作为磺化反应的亲电试剂的生成需要经过如下步骤：

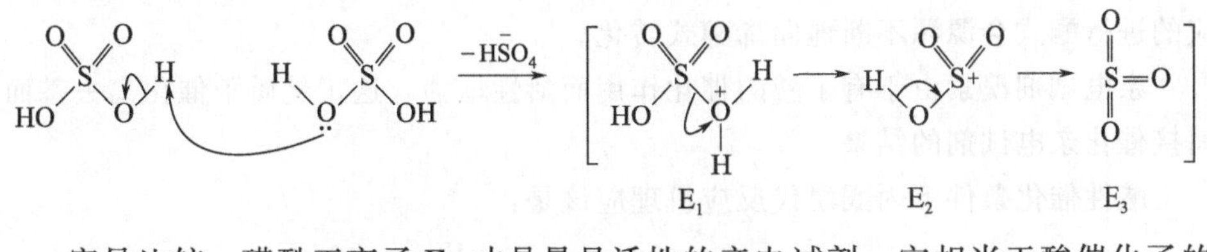

容易比较，磺酰正离子 $E_2$ 才是最具活性的亲电试剂，它相当于酸催化了的三氧化硫：

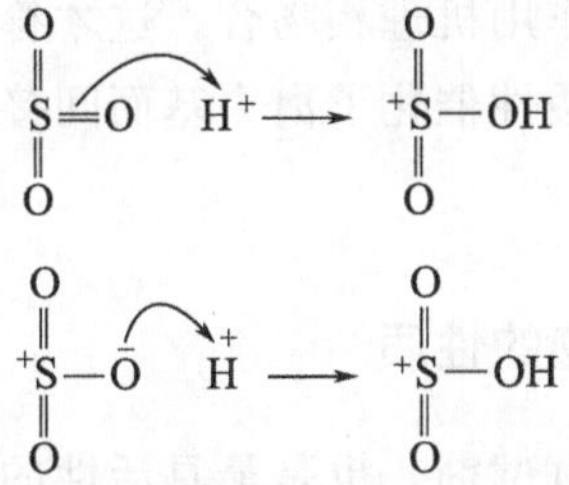

既然是酸必然催化亲电试剂的活性，则非酸催化条件下的亲电试剂势必较弱，而选择较弱的亲电试剂与亲核试剂成键显然荒唐。

**例 45**：丙酮在酸性条件下溴代反应机理被解析为：

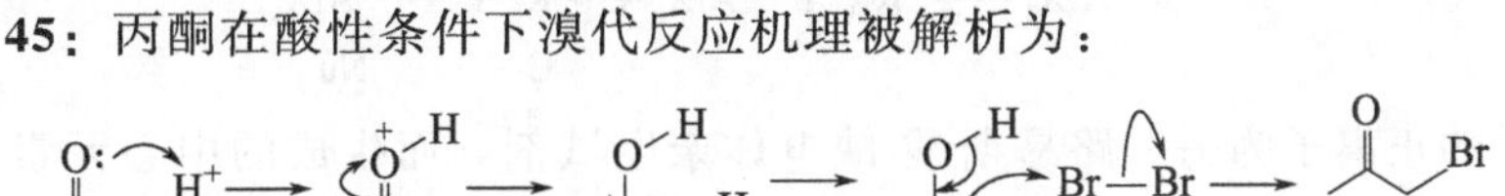

显然，上述机理解析犯了方向性的错误：

第一：酸性条件对于烯醇式-酮式共振异构的影响，是促进烯醇式向酮式转化的，这在仪器分析过程中是个众所周知的规律：

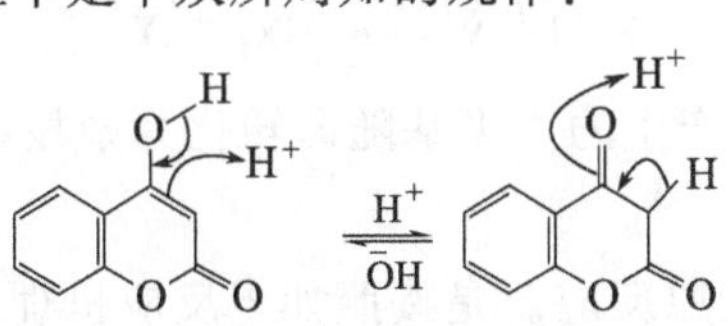

第二：唯有碱性才能催化亲核试剂，而酸性只能催化离去基离去，从而间接地催化了亲电试剂，这才是一个普遍性规律。

丙酮的酸催化溴化反应的原机理解析显然违反了这两个规律，正是这样的错误解析，混淆了本来存在着的"碱性催化亲核试剂、酸性催化亲电试剂"这样最简单的对应关系。也正是这种混淆的、模糊的催化作用机理导致了人们对于极性反应认识的混乱。

其实，丙酮于酸性催化条件下的溴代反应机理非常简单：

亲核试剂就是丙酮的烯醇式结构，它既不是在酸性条件下产生的，也不是在酸性条件下增加的，而只是由分子结构自身所决定平衡组成。此种平衡并未因为酸性的存在而增加了，恰恰相反酸性减少了烯醇式结构的浓度，然而残留的微量烯醇式结构已经能够满足其作为亲核试剂的需要，由其平衡关系所决定，随着反应的进行酮式会源源不断地向烯醇式转化。

亲电试剂溴素由于有了酸的催化作用而活性增强，这正是质子催化离去基而间接催化亲电试剂的结果。

酸性催化条件下丙酮溴代反应机理应该是：

$$Br-Br: \curvearrowright H^+ \longrightarrow H-\overset{+}{Br}-Br \quad \overset{O}{\underset{\quad}{\diagdown}}\overset{H}{\diagup} \longrightarrow \overset{O}{\underset{\quad}{\diagdown}}Br$$

这才与亲电试剂的催化作用机理相吻合，这才符合酸性催化作用与亲电试剂活性之间的一一对应关系。酸性催化了离去基而间接地催化了亲电试剂，这是个普遍规律，没有例外。

### 7.3.4 路易斯酸及其络合物的性质

路易斯酸是最典型的亲电试剂，也是最具活性的亲电试剂之一。当其与亲核试剂成键生成络合物之后就容易再离解生成两个带有异性电荷的基团：

$$R-Y: \curvearrowright \bar{A}lX_3 \longrightarrow R-\overset{+}{Y}-\bar{A}lX_3 \longrightarrow \underset{E}{R^+} + \underset{N\bar{u}}{Y-\bar{A}lX_3}$$

生成的正离子为另一路易斯酸-缺电体亲电试剂，而生成的中心元素上带有负离子的富电基团显然属于亲核试剂。

然而在负离子基团内，仍为离去基与亲电试剂成键的状态，正是这种结构，存在着离去与络合反应的平衡，也就产生了亲核试剂 $Y^-$：

$$X_3\bar{A}l-Y \rightleftharpoons AlX_3 + Y^-$$

上述解离平衡过程所产生的离去基随即转化为亲核试剂，能与其他亲电试剂成键。

**例46**：氢化硼钠的还原反应。是按照如下反应机理进行的：

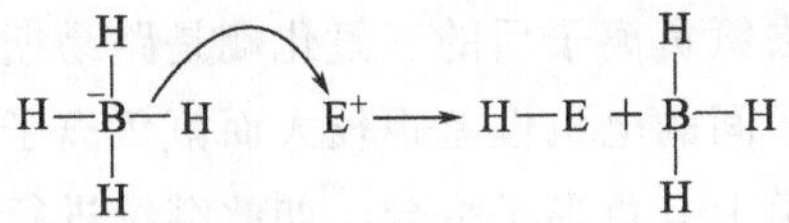

所生成的硼烷是个路易斯酸，当然属于亲电试剂。分子内氢原子的电负性为 2.20，已经非常接近于硼原子的电负性 2.04，不能实现其共价键的异裂而产生负氢，故不可能成为亲核试剂（还原剂）。而成为还原剂的条件是其空轨道内实现与亲核试剂的再络合而生成硼负离子，这样其电负性显著降低才能导致氢原子能够带着一对电子离去：

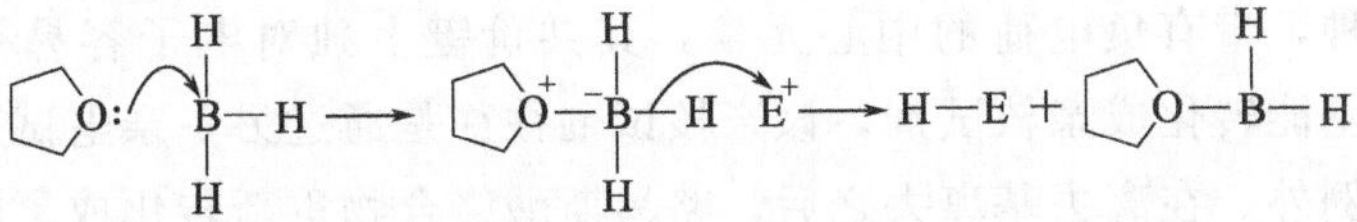

容易理解，在还原反应的各个阶段，还原剂的反应活性依次为：

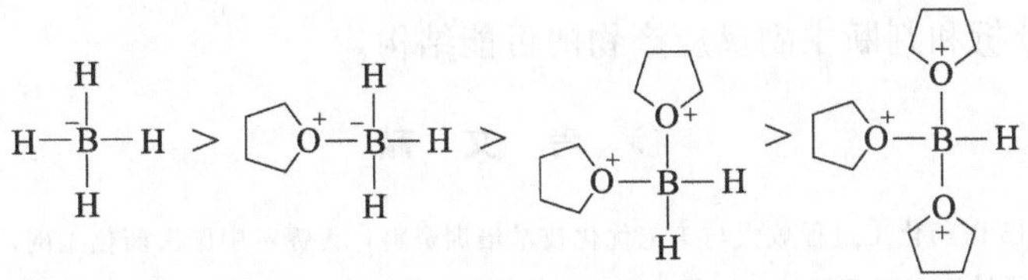

正是由于不同结构的硼氢化物具有不同的反应活性，因而其反应选择性也才不同。故可根据不同的亲电试剂选择若干不同取代基的硼氢化物用作负氢转移试剂，常用的取代基有烷基、氰基、三氟乙酰氧基、羟基等。

氢化铝锂的还原反应机理与氢化硼钠类同，只是因为铝原子的电负性更低，因而更容易实现负氢转移，其还原反应活性也就更强。

由此可见，路易斯酸亲电试剂一旦与带有负电荷的亲核试剂络合，就成为亲电试剂与离去基一体化的负离子了，其络合-离解平衡过程中又会产生新的离去基-亲核试剂，它能与其他亲电试剂成键。

**例47**：氟硼酸盐与氢氧化钙的水解反应。乍看起来似乎是水为亲核试剂与硼原子成键而氟负离子离去：

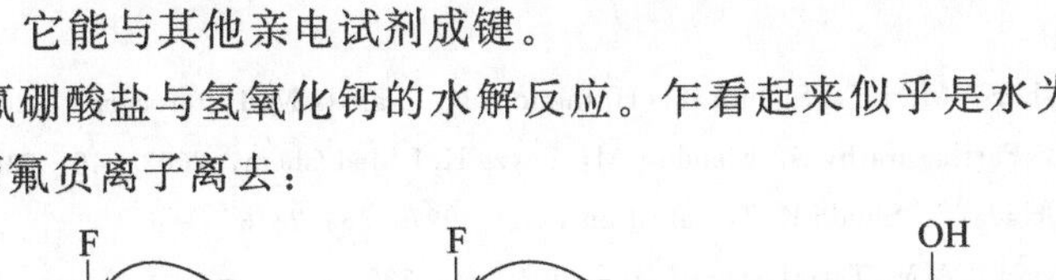

然而这绝不可能。因为这是两个带有同性电荷的基团，相互之间的斥力不但使它们难以成键，甚至连接近的机会都没有。反应机理应为：

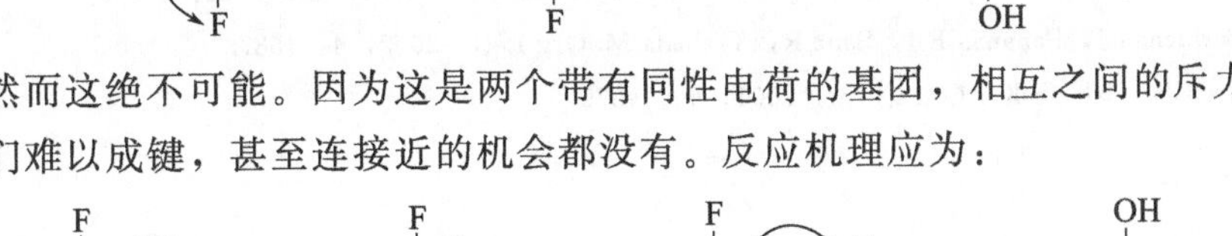

这是氟负离子离去同时与钙正离子成键过程，由于氟化钙在水中的溶解度较

低而平衡能够移动。离去氟负离子后的三氟化硼是路易斯酸，属于缺电体亲电试剂，因此尽管氟与硼原子间的电负性差距较大而氟负离子仍难离去，为了促使氟原子离去则需在其空轨道上有负离子络合。如此继续进行，最终生成了硼酸与碱的络合物。

只有在酸性条件下提供了亲电试剂质子，才能生成硼酸：

$$HO-\overset{\overset{OH}{|}}{\underset{\underset{OH}{|}}{B}}-\overset{H}{\underset{}{O}} \longrightarrow HO-\overset{\overset{OH}{|}}{\underset{\underset{OH}{|}}{B}}-\overset{H}{\underset{H}{O}} \longrightarrow B(OH)_3 + H_2O$$

凡此种种，带有负电荷的中心元素，其共价键上独对电子容易被离去基带走，该离去基能转化成亲核试剂，该亲核试剂往往是通过另一亲电试剂来移动平衡的，没有例外。在离去基离去之后，路易斯酸络合物重新转化成了路易斯酸。

通过上述三要素关系的讨论，容易找到极性反应发生的客观规律，运用这种规律就能够分析和判断主副反应产物的可能结构。

# 参 考 文 献

【1】 陈荣业. 2015 医药化工过程放大与工艺优化技术培训资料，无锡：中国医药化工网，4～20.

【2】 陈荣业. 分子结构与反应活性. 北京：化学工业出版社，2008. a，91；b，105.

【3】 Michael B Smith，Jerry March. March 高等有机化学——反应、机理与结构（第五版）. 李艳梅译. 北京：化学工业出版社，2009. 47.

【4】 邢其毅，裴伟伟，徐瑞秋，裴坚. 基础有机化学（第三版）. 北京：高度教育出版社，2005. 275.

【5】 Jie Jack Li. Name Reactions，-A Collection of Detailed Reaction Mechanisms. 荣国斌译. 上海：华东理工大学出版社，2003. a，426；b，42；c，316；d，258.

【6】 顾振鹏，王勇. 制备芳香族甲醚化合物的方法，北京：中国发明专利，201210589021. 2. 2013. 04. 03.

【7】 南海军，王洋，蔡鲁伯等. 3-氯-八氢-2（1H）-喹啉酮的合成工艺，发明专利申请：201511027911. 4. 2016. 1.

【8】 Higashibayashi S，Mori T，Shinko K，Hashimoto K，Nakata M. Heterocycles，2002，57：111.

【9】 Hanessian S，Parthasarathy S，Mauduit M，Payza K. J Med Chem，2003，46：34.

【10】 Endo Y，Uchida T，Shudo K. Tetrahedron Lett，1997，38：2113.

【11】 Siskos A P，Hill A M. Tetrahedron Lett，2003，44：789.

【12】 Blanchet J，Bonin M，Micouin L，Husson H P. Tetrahedron Lett，2000，41：8279.

【13】 Barluenga J，Fananas F J，Sanz R，Trabada M. Org Lett，2002，4：1587.

【14】 Breit B；Zahn S K J Org Chem，2001，66：4870.

# 第8章

# 分子内的电荷分布与反应活性

极性反应的三要素的功能或属性是基于元素间相互电负性差及其电子效应的，这些因素影响了分子内各元素间的电子云密度分布。然而在分子运动过程中其不同元素间的电子云密度分布往往也能发生变化。

## 8.1 分子内电荷分布的动态观察

众所周知，在极性反应三要素中，具有独对电子的富电体为亲核试剂，具有或者容易腾出空轨道的缺电体为亲电试剂，而与亲电试剂成键的、具有相对较强电负性的、能够带走一对电子离去的基团为离去基。然而这些条件均指的是旧键断裂、新键生成的瞬间状态，它们有时与常态相同，有时则与常态不同，这就需要观察分子内电子云密度分布的动态变化。

### 8.1.1 π键化合物电荷分布与定位规律

π键属于离域键，π键上的独对电子容易离域于键的两端，这就意味着在极限状态下π键的两端会被极化成分别带有异性电荷的离子对，然而这种电荷的分布有其自身内在的、必然的规律性。

#### 8.1.1.1 不对称烯烃加成反应机理与定位规律

此处的不对称烯烃的加成反应，之所以弃用"亲电加成反应"的命名，是由于亲电反应命名存在着弊端。

**例1**：原有的烯烃与无机酸亲电加成反应机理解析为：

$$R\diagup\diagdown + HX \longrightarrow R\overset{+}{\diagup}\diagdown\quad X^- \longrightarrow R\diagup\overset{X}{\diagdown}$$

上述第一步反应过程未能用弯箭头表示其电子转移过程，不是书写的遗漏而是无奈的有意回避，这正是亲电加成反应的命名所导致的严重弊端，正如第 1 章所讨论的。

此外，对于不对称烯烃的加成反应说来，卤化氢与烯烃加成遵循怎样的定位规律？经验的 Markovnikov 规则（马氏规则）表述为：HX 与不对称烯烃加成时，氢原子总是加到含氢较多的碳原子上，正如上式表述的那样。

然而，不对称烯烃加成反应的定位规律是与其分子结构、电荷分布、反应机理一一对应的。不对称烯烃上的电荷分布决定了 π 键两端的电子云密度不同，因而决定了 π 键两端的功能或属性不同。

在不对称烯烃上，当取代基 R 为推电子的共轭效益＋C 基团时，如烷基、羟基、氨基、卤素等，烯烃 π 键上的独对电子受推电子取代基共轭效应的影响，其 π 键上电子云密度分布及反应机理为：

这似乎符合"马氏规则"，但当取代基为具有拉电子共轭效应的－C 基团或者取代基只有吸电的诱导效应－I 基团时，如三氟甲基乙烯与溴化氢的加成反应，则烯烃加成反应的定位规律显然与马氏规则不符。

**例 2**：三氟甲基乙烯与溴化氢的加成反应。反应机理为：

由此可见：马氏规则只不过是个有限的实验结果统计而已，并不具有支持其存在的理论依据，因而具有局限性实属必然。而真正影响烯烃加成反应定位规律的是其分子结构、电子云密度分布以及受其影响所发生的反应机理。

上述实例解析证明：对于不对称烯烃说来，是由于烯烃两端的电子效应不对称，π 键上的独对电子势必按照一定规律向某一方向偏移，由此带来 π 键的一端具有相对较大的电子云密度而带有部分负电荷，因而具有亲核试剂的基本属性；另一端则势必电子云密度较小而带有部分正电荷，因而具有亲电试剂的基本属性。取代烯烃的 NMR$^{13}$C 化学位移值 $\delta_C$ 即可圆满解释烯烃加成反应的定位规律[1b]。

对于烯烃 π 键上独对电子偏移方向的影响说来，基团共轭效应的影响更为显著，且所有＋C 基团均对 π 键起着推电子作用；而诱导效应 I 的影响相对较小，这就是将所谓电子效应分开，孤立地研究诱导效应、共轭效益的意义所在。

综上所述，烯烃与卤化氢加成反应的定位规律既与经典物理学概念完全一致，也与极性反应一般规律完全一致：缺电的氢原子为亲电试剂，只能与烯烃 π 键上的亲核试剂成键，而卤素带着一对电子离去，而烯烃上的亲核试剂必然在其电子云密度较大的一端。

容易推论：在后续反应过程中，卤负离子为亲核试剂，也只能与烯烃 π 键上缺电的一端亲电试剂成键。这才是烯烃加成反应的定位规律。

按照如上概念解析烯烃的加成反应，就是首先以烯烃为亲核试剂与亲电试剂成键，再由烯烃成键过程中所伴生的碳正离子亲电试剂与亲核试剂成键，这是两步极性反应的串联过程。如此解析烯烃的加成反应，不仅概念清晰，也避免了将其命名为亲电加成反应过程中电子转移无法表示之尴尬，同时也理论化、简单化地表述了烯烃加成反应的定位规律。

### 8.1.1.2　取代芳烃与亲电试剂成键过程的反应机理与定位规律

这是以取代芳烃 π 键为亲核试剂与具有空轨道的亲电试剂成键的过程。现有的教科书将其称之为芳烃的亲电取代反应，并将其解析为如下反应机理[2a]：

苯　　　亲电试剂　　　π络合物　　　σ络合物　　　一取代苯

这种机理解析仅仅表述了其活性中间体状态下的电荷分散，未能将更重要的分子间的电子转移过程表述出来，显然是不够完善和主次颠倒的。此外，取代芳烃的定位规律也缺少必要的理论解析。

目前国内外的教科书中，均将取代基分成三类：第一类定位基为邻对位定位基，它们的电子效益（即诱导效应与共轭效应之和）是供电基团；第二类定位基为间位定位基，它们的电子效应为吸电基团；而卤素属于特例即第三类，它们虽是吸电基团但却是邻对位定位基[2b]。尽管这种取代芳烃的定位规律的概括与实际相符，但因其割裂了定位规律与芳环上电子云密度分布之间的联系，因而缺少了定位规律的理论依据，因此也就无法简化地描述取代芳烃的定位规律。

受取代基共轭效应、诱导效应之影响，芳烃 π 键上独对电子的偏移方向，芳环上不同位置电子云的密度分布，才是芳烃亲核试剂定位规律的内在原因。相对地拥有较多电子的位置才是亲核试剂的位置，这才是芳环上定位的铁律。

与取代烯烃类似，芳环上的 π 键的偏移方向主要取决于共轭相应的影响，所有＋C 基团均使其邻对位拥有较大的电子云密度，所有－C 基团均使其邻对位电子云密度相对较小，而电子云密度相对较大的位置才是亲核试剂的位置。对于芳烃上电子云密度分布，诱导效应影响远远小于共轭效应。因此，卤代芳烃定位规律并不特殊。

**例3**：氯代芳烃的共轭效应对于电子云密度分布的影响及其硝化反应机理为：

这种依据极性反应三要素来解析芳烃与亲电试剂的反应，不仅符合电子云密度分布这一基本规律，也避免了将其命名为亲电取代反应过程中电子转移无法表示之尴尬，且理论化、简单化地解析了取代芳烃与亲电试剂反应过程的定位规律。

### 8.1.1.3　缺电芳烃上离去基被亲核试剂取代的反应

容易理解：亲核试剂与亲电试剂可能是依据电子云密度的变化而相互转化的。当芳环上带有较强吸电基团时，如带有硝基、氰基、三氟甲基等基团，其邻位与对位的电子云密度较小，此位置便为缺电体亲电试剂的位置。在这种亲电试剂的位置上，如若存在活性较强的离去基则容易被亲核试剂取代。

**例 4**：Meisenheimer 反应，就是缺电芳烃上的离去基被亲核试剂取代的反应[3]：

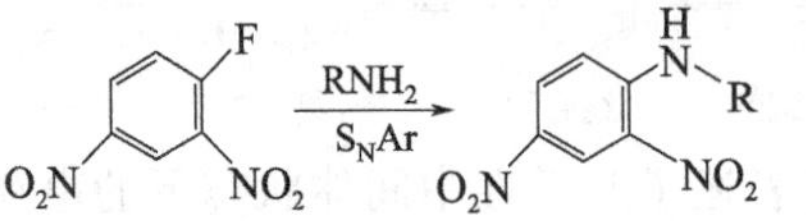

反应机理可简化地表述为：

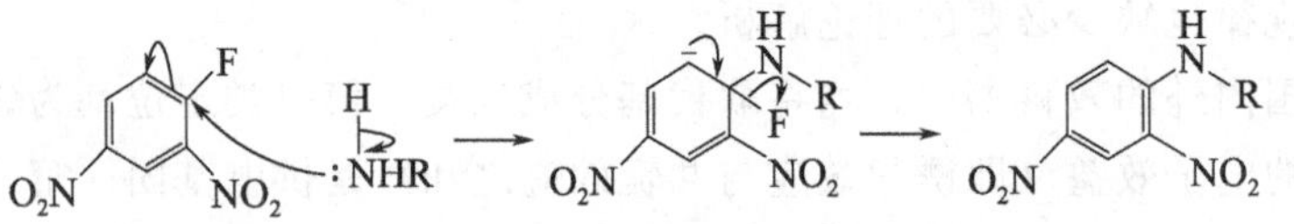

所谓简化，是省略了中间状态分子内的极性反应，碳负离子与 π 键的共振异构、共振杂化状态：

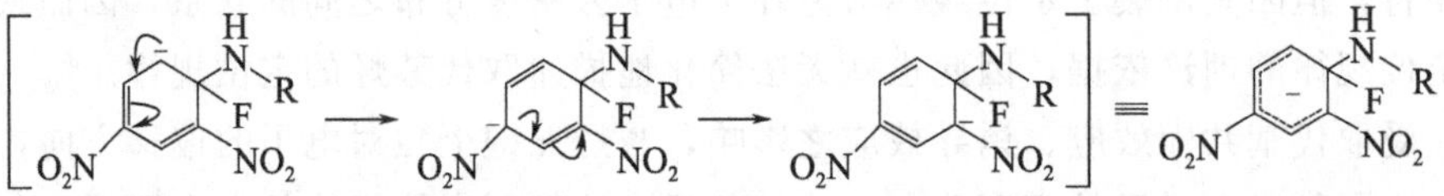

显然上述共振是可逆平衡的非关键步骤。在反应机理解析过程中省略掉并无大碍。

容易理解，如若上述分子内并不存在比氢原子更强的离去基，则反应生成的中间体只能返回到初始的原料状态：

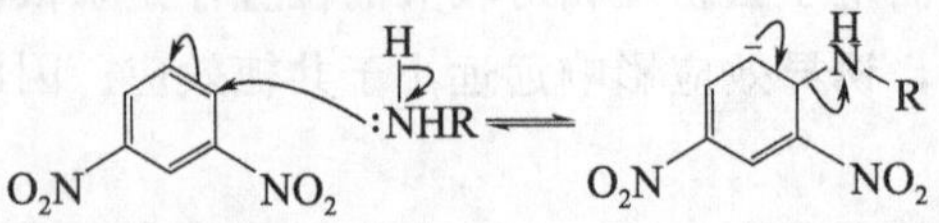

这就是没有产物的反应过程。

### 8.1.1.4　多卤芳烃与亲核试剂的反应

与硝基、氰基这些诱导效应、共轭效益均为吸电子、拉电子效应的 −I−C 基团不同，卤素属于 −I+C 基团。由于芳环上的电子云密度分布主要由共轭效应影响，卤取代基的邻对位为相对的富电体亲核试剂，而其间位也就成为缺电体亲电试剂了，此位置的离去基便容易被亲核试剂取代。通过观察取代芳烃的$^{13}C$化学位移值$\delta_C$便容易得出上述结论[1c]。

**例5**：1,2,3,5-四氟苯与乙醇钠的取代反应，不易发生在2-位而主要发生在1-位。反应机理为：[1d]

这种极性取代反应的定位规律符合电子云密度分布的一般原理。

一是卤原子具有吸电的诱导效应，多卤原子使得芳环上显著缺电因而才能成为亲电试剂。

二是卤原子推电子的共轭效应使其间位更加缺电因而才是亲电试剂的位置。

三是1,3,5-位的三个氟原子的定位效应远远大于2-位的单个氟原子，因而2-位并非最缺电的位置。

综上所述，只要从分子的电子云密度分布及其影响因素解析，就容易把握反应过程的定位规律，没有例外。

## 8.1.2 反应活性中间体上电荷的动态变化

容易理解，同一基团的诱导效应属于供电基+I还是吸电基-I，是个相对的概念，这与另一与其成键基团间的相对电负性相关。比如：溴代烷烃分子内溴原子的电负性大于烷基，溴就是吸电基；而氯化溴分子内溴原子的电负性小于氯原子，溴就是供电基：

$$\overset{\delta^+}{R}-\overset{\delta^-}{Br} \quad \overset{\delta^-}{Cl}-\overset{\delta^+}{Br}$$

同一元素或基团在不同结构条件下具有不同方向的诱导效应，对于评价反应过程中基团的功能或属性以及反应活性具有重要意义。

**例6**：杀菌剂BIT的合成路线如下：

反应机理为：

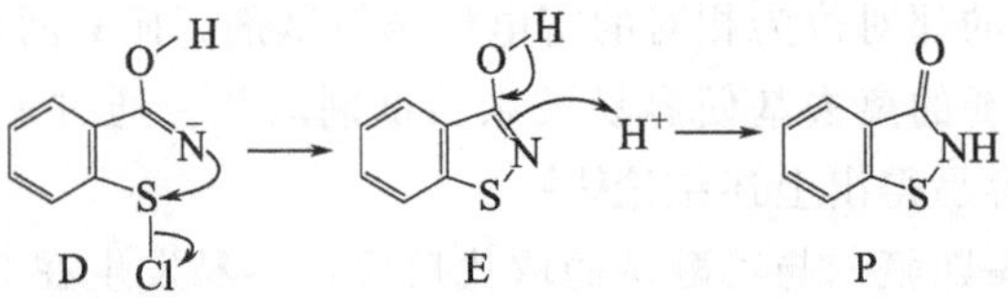

从上述反应机理得知：

芳硫醚分子 A 中的硫原子为亲核试剂，能够与亲电试剂氯气反应生成中间体 B；

中间体 B 结构上的硫正离子具有较大的电负性而成为离去基，而与其成键的甲基碳原子自然成了缺电体-亲电试剂，能够与亲核试剂成键，同时硫正离子带着一对电子离去生成中间体 C；

中间体 C 中的硫原子是与强电负性元素氯成键的，氯原子又能够带走一对电子为离去基，因而硫原子便成了缺电体-亲电试剂，能与酰胺上的独对电子成键而生成产物。

硫原子之所以在不同分子结构上具有不同的功能或属性，皆由于同一元素在不同的结构上所具有不同的电子云密度和相对不同的电负性所决定的。

**例 7**：如下两种缺电芳烃在硝化反应过程中卤原子的电子效应讨论。

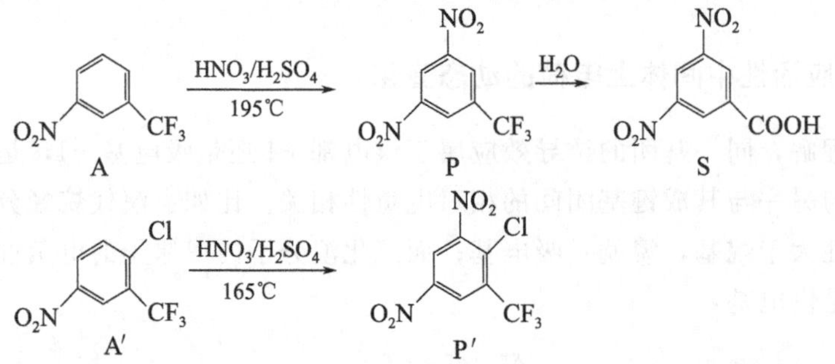

上述反应条件似乎反常，因为氯原子属于吸电基，含有氯原子的芳烃应该更难与亲电试剂成键。然而观察氯原子是吸电基还是供电基，不应只看其静态条件下的电子云密度及其分布，更应看其动态条件下的反应中间过渡态上的电荷分布：

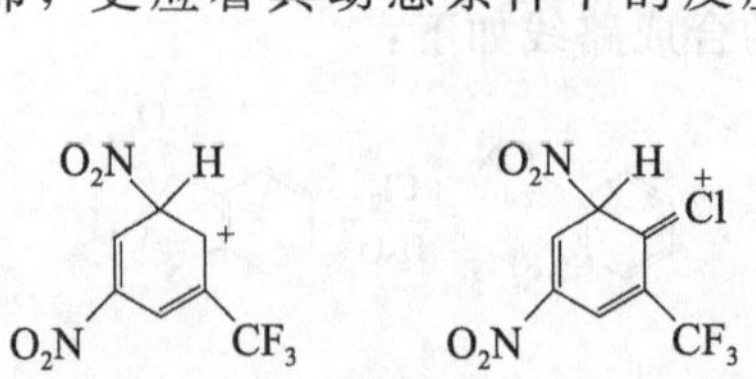

从两种缺电芳烃硝化反应的条件，能够看出氯原子为供电基[1e]，至少在其生成活性中间状态的瞬间是如此。

观察如上结构，芳环上存在两个强吸电基的同时又带有单位正电荷，其电负性显著增大，因而氯原子的电负性便相对地减弱了。由于氯原子为 $-I+C$ 基团，其吸电的诱导效应－I 势必减小，而供电的共轭效应＋C 势必增加，此消彼长的结果使得上述中间过渡态分子结构上氯原子总的电子效应为供电基。

无独有偶，所有具有两个以上强吸电基的芳烃，如若芳烃上含有卤素，则其π 键就相对容易与亲电试剂成键。这证明了芳烃上的卤原子这种具有－I＋C 电子效应的基团，在芳烃与亲电试剂的反应过程中显示出电容器的性质，在其活性中间状态下为供电基团。

容易理解，同一基团电子效应是属于吸电基还是供电基，不仅取决于自身的诱导效应与共轭效应，还与其他与其成键的取代基团相关。吸电与供电是个相对的概念。

## 8.2 分子内各元素的外层电子排布规律与特点

在分子内，不同元素具有不同的外层电子结构，它们不仅外层电子数量不同，其外层电子轨道的利用也不同。

### 8.2.1 八隅律规则及其适用范围

八隅律规则（octetrole）是指主族元素的原子与其他原子成键时，倾向于形成每个元素最外层具有 8 个电子的稳定结构。一般说来，第二周期元素，如碳、氮、氧、卤素等，均应符合八隅律规则，绝大多数有机分子一般也是符合八隅律规则。

**例 8**：判断硝酸分子的如下结构表述的正确与否：

$$
\begin{array}{ccc}
\underset{\displaystyle\overset{\displaystyle O}{\|}}{\underset{\displaystyle O}{N}}-OH & \underset{\displaystyle\overset{\displaystyle O}{\uparrow}}{\underset{\displaystyle O}{N}}-OH & \underset{\displaystyle\overset{\displaystyle O^-}{|}}{\underset{\displaystyle O}{N^+}}-OH \\
A & B & C
\end{array}
$$

A 结构并不符合八隅律规则，因为它的中心氮原子上已经不止 8 个电子而多达 10 个电子了。

B 结构中存在着一个配位键，这个配位键上的两个电子均是由中心氮原子提供的，此时氮原子的最外层刚好满足八隅律规则。

C 结构相当于是对 B 结构中电子得失情况的标注，即氮原子上的独对电子与氧共用之后，相当于氮原子向氧原子提供了一个电子，因而氮原子带有单位正电荷而氧原子带有单位负电荷。

显然，C 结构与 B 结构没有本质区别，均符合八隅律规则，而 A 结构的表达不准确。

硝酸分子是这样，硝基化合物也是这样。其中一个氮氧键只能表示为配位键结构。故含有硝基的有机化合物只能表示为：

$$R-\overset{O}{\underset{O}{N}} \qquad R-\overset{+}{\underset{O}{N}}\overset{O^-}{}$$

八隅律规则为第二周期元素所必须遵循的规则，也是其他原子间结合成键的一般倾向，因为各种元素的外层电子按八隅律规则排布才处于较低能量状态因而具有稳定性。稳定的有机化合物是如此，即便在反应过程中所生成的活性中间状态也同样如此，这正是共振论的核心含义。如：

$$\underset{Ar}{\overset{\ddot{N}}{\underset{+}{N}}} \longrightarrow Ar-\overset{+}{N}\equiv N$$

$$\underset{R}{\overset{\ddot{O}:}{\underset{+}{}}} \longrightarrow R-\overset{+}{=}\overset{\cdot\cdot}{O}$$

满足八隅律规则的元素便处于稳定状态而不易继续接收电子，否则无法解释其接收的电子放于何处。

**例 9**：有文献提出碘代烷烃、硝基烷烃上的取代反应是按照单电子转移（SET）机理（自由基机理）进行的[4a]。反应分三步进行：

第一步：$R-X + Y^- \longrightarrow R-X^{\cdot -} + Y\cdot$

第二步：$R-X^{\cdot -} \longrightarrow R\cdot + X^-$

第三步：$R\cdot + Y\cdot \longrightarrow R-Y$

式中的 X 主要限于 I 或 $NO_2$。判定其自由基机理的依据有二：一是发现了烷烃的消旋化，二是在反应体系内检测到了自由基。试评价上述机理的可靠性。

上述反应机理解析存在着几个明显错误：

一是电子转移是有方向的，它只能转移到缺电元素上。这容易理解，因为同性电荷之间是相互排斥的，带有部分负电荷的元素上不可能再去接收电子。而原有机理解析的第一步是富电元素得到电子，这显然与经典物理学所揭示的电子流动方向不符。

二是取代基 X 上本来就是满足 8 电子稳定结构的，得到一个电子后使其外层电子数达到 9 个，这显然违背八隅律规则。

三是具有 8 电子稳定结构的碳原子上也是没有直接得到一个电子的能力，而只能协同地发生电子转移过程，即便反应中间状态下碳原子最外层电子数也不能超过 8 个。

四是亲核试剂 $Y^-$ 本来满足 8 电子稳定结构，不易失去一个电子转化成不稳定的自由基，此种转化迄今未见先例。

因此，即便上述反应真是按照自由基机理进行的，原有的机理解析也不正确。其可能的反应机理只能为：

$$Y^- \curvearrowright R—X \xrightarrow[\text{X}^-]{\text{SET}} R\,\widehat{\phantom{n}}\,Y \longrightarrow R—Y$$

这样才符合八隅律规则，也才与电子转移方向的经典物理学理论不相矛盾。即便如此，这个反应机理也难以让人信服，反应体系内的自由基更像是由离去基生成的，离去的硝基能够转化为亚硝酸，它本身具有空轨道和独对电子因而具有卡宾结构，碘负离子容易被氧化为离解能低碘分子，因而能生成自由基。

### 8.2.2  pπ-dπ 键的结构与共振

对于第三周期的磷、硫原子说来，一方面含磷、硫的化合物一般仍然倾向于符合八隅律规则，而另一方面则存在着特殊性。

如在元素磷、硫等与氧元素形成的双键中，一个是普通的 σ 键，而另一个并不是两个 p 电子相互重叠而生成的 π 键，而是氧原子上一对 p 电子与磷、硫原子上空的 3d 轨道重叠而成的 pπ-dπ 键，因而属于配位键的内鎓盐结构[4b]。

正如下述分子的共振结构[2c]：

$$R_3P\!=\!\overset{\curvearrowleft}{O} \rightleftharpoons R_3\overset{+}{P}\!-\!\overset{-}{O}$$

与第二周期元素比较，第三周期元素所具有的共振结构是第二周期元素所没有的。如硫与磷的氧化物存在着共振状态：

它们与氮原子虽然表观上结构类似，但氮原子实现 8 电子稳定结构情况下，并不存在 pπ-dπ 键，不存在共振，只能以分子内配位键的形式存在。

尽管磷硫元素可能生成 pπ-dπ 键，而真正生成 pπ-dπ 键也并非容易。对于磷、硫原子说来，pπ-dπ 轨道一般存在于其与较大电负性的原子之间。如：五氯化磷、六氟化硫、三氯氧磷、磷酸、硫酸、砜或亚砜等，一般提供 p 电子的原子其电负性不小于硫原子。

而与其他电负性较低的原子之间，更易生成其共振异构体既配位键的内鎓盐结构，因为这种满足八隅律规则的结构才更趋稳定，叶立德试剂正是这种内鎓盐结构的典型代表。

## 8.2.3 叶立德试剂的结构与性质

叶立德试剂的结构有两种定义。一种是将叶立德试剂定义为相邻原子具有相反电荷的中性分子，它是由 lewis 结构（类似于配位键）形成的。另一种将叶立德试剂定义为正负电荷处于邻位的离子对。实际上上述表述的是两种极限结构的共振状态[2c]：

$$Ph_3\overset{+}{P}\overset{\frown}{-}\overset{-}{CH_2} \Longleftrightarrow Ph_3P\overset{\frown}{=}CH_2$$

从叶立德试剂所特有的高活性判断，其更像以离子对形式存在的、满足八隅律规则的内盐分子结构。因此相邻的两个分别带有正负电荷的原子之间并不那么容易生成 pπ-dπ 共价键，尽管硫、磷原子可能利用其 d 轨道。故在叶立德试剂的两种共振形式中，离子对形式应为其主要存在形式，至少其分子的化学性质是这样体现的，不仅是氮叶立德试剂，磷叶立德和硫叶立德试剂也是如此。

由叶立德试剂的离子对结构形式所决定，其特有的化学性质为：

其一：叶立德试剂分子上带有正电荷的 N、S、P 等杂原子具有更大的电负性，属于强离去基无可非议。

其二：叶立德试剂分子上碳负离子为富电体亲核试剂，因其带有单位负电荷而具有较强的亲核活性。

其三：碳负离子的电负性显著降低，其与杂正离子间的电负性差更趋显著，其 σ 键上的共用电子对显著向杂原子方向偏移，容易发生共价键的异裂而生成卡宾。

由叶立德试剂的上述性质所决定，容易发生如下化学反应。

### 8.2.3.1 叶立德试剂为强亲核试剂

由叶立德试剂所具有的碳负离子所决定，为很强的亲核试剂，容易与亲电试剂成键。其中最典型的代表就是 Wittig 反应。

**例 10：** Wittig 反应是磷叶立德试剂处理羰基生成烯烃的反应[2c]。如：

$$\underset{Ph}{\overset{O}{\underset{\quad}{\parallel}}}Ph + H_2\overset{-}{C}\!-\!\overset{+}{PPh_3} \longrightarrow \underset{Ph}{\overset{}{\diagup}}Ph + Ph_3P=O$$

反应机理为：

此反应的第一步就是磷叶立德试剂为较强亲核活性的反应，该反应需要控制在超低温条件下便是依据；同时也说明了磷叶立德试剂为分子内鏻盐结构，否则难以解释其亲核活性如此之强。

而反应需要控制在超低温条件之原因，是由叶立德试剂的不稳定性决定的。

### 8.2.3.2 叶立德试剂容易异裂生成卡宾

叶立德试剂结构上的碳负离子，因其电负性显著降低而导致其控制共价键上独对电子的能力下降。其与正杂原子之间的独对电子，容易被带有正电荷的杂原子带走、异裂而生成卡宾：

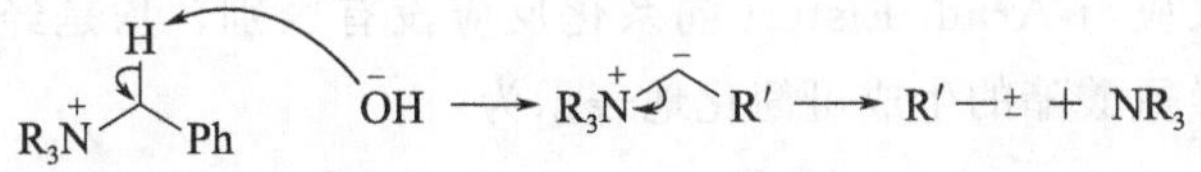

类似这种叶立德试剂生成卡宾的反应，不是可能而是必然，这是由两者巨大的电负性差值决定的。Wittig 反应之所以控制在超低温条件下进行，其主要目标之一就是避免其异裂而生成卡宾：

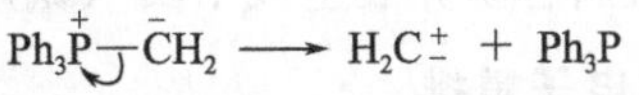

**例 11**：Arndt-Eistert 同系化反应[5]。是用重叠甲烷与酰氯反应生成增加一个亚甲基的羧酸。

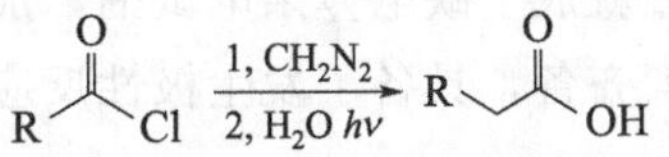

反应机理应为[6a]：

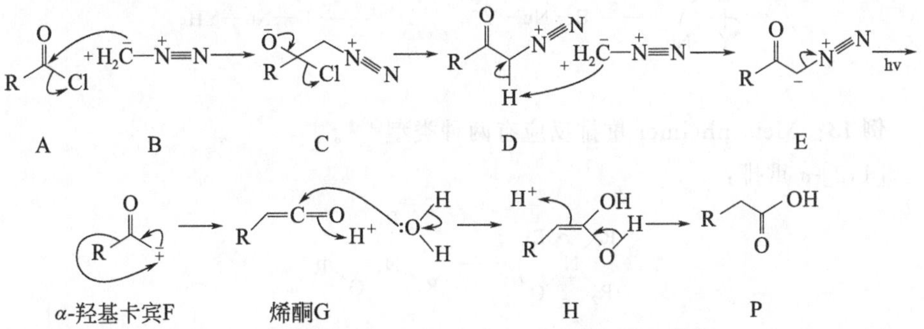

A　　　B　　　　C　　　　　D　　　　　　E

α-羟基卡宾F　　　烯酮G　　　　　　H　　　　　　P

式中自 A、B 至 C，表明了重叠甲烷（叶立德试剂）的强亲核试剂性质，自 E 至 F 表明了叶立德试剂异裂产生卡宾的过程与性质，自 F 至 G 为典型的卡宾重排反应。

Wolff 反应与此类似，均是按卡宾重排反应机理进行的。

**例 12**：Hofmann 重排反应[7]，是伯酰胺与次卤酸反应，经异氰酸酯中间体合成少一个碳原子的伯胺的反应：

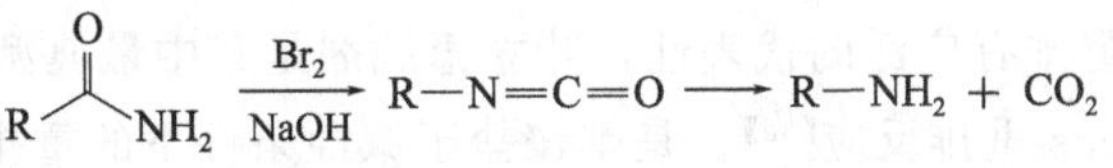

原有的反应机理解析为[6b]：

其实，该反应与 Arndt-Eistert 同系化反应没有区别，均是经过卡宾中间体的重排机理。异氰酸酯的生成可简化地表示为：

这充分体现了叶立德试剂容易异裂生成卡宾（氮烯）的性质。

### 8.2.3.3  叶立德试剂上的富电子重排

在叶立德试剂分子结构上，具有较强电负性的杂原子上带有正电荷，与其成共价键的原子或其共振位置就成了缺电体亲电试剂，加之碳负离子亲核试剂的存在，分子内极性反应三要素齐备，具备了发生极性反应之条件，富电子重排反应即为此类。其反应通式为：

**例 13**：Meisenheimer 重排反应有两种类型[6c]。

[1,2]-σ 重排：

Meisenheimer 重排反应不仅能够发生在与杂正离子离去基直连的亲电试剂上，也能发生在其共振位置上：

[2,3]-σ 重排：

此类富电子重排有广泛的代表性，叶立德试剂是其中最典型的代表。

**例 14**：Stevens 重排反应[6d]。是季铵盐于碱性条件下的重排反应：

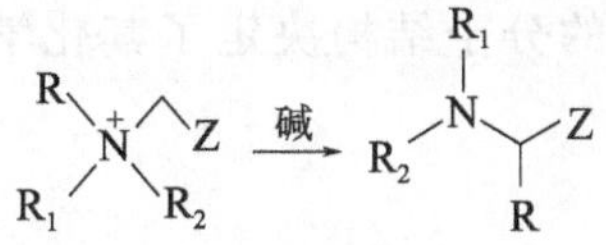

毫无疑问，反应过程首先生成了氮叶立德试剂：

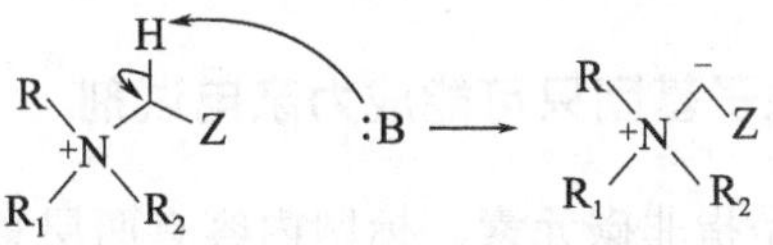

对其后续反应机理解析先后经过了两个阶段。最初认为是离子机理：

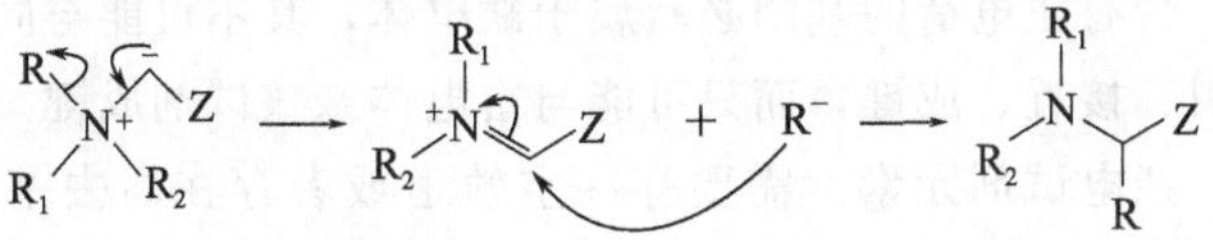

这显然颠倒了亲电试剂与离去基。因为烷基碳原子的电负性总是小于氮原子的，它并非离去基而没有能力带走一对电子，此种解析无理。

目前认可的自由基机理为：

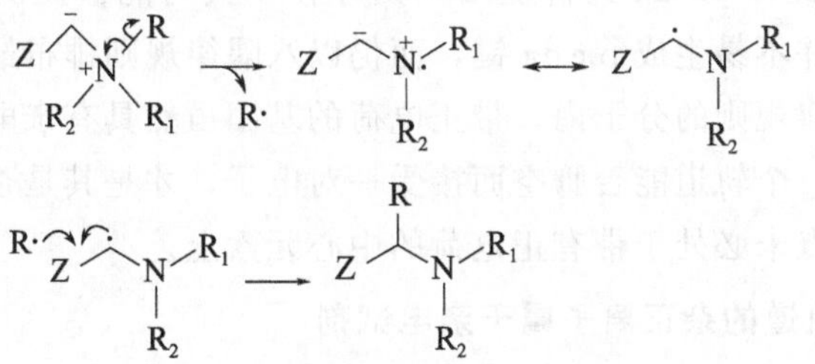

氮碳共价键上独对电子本身就偏移向氮原子，而具有单位正电荷的氮正离子更是如此，因而该共价键具有不对称性，不具备共价键均裂所需要的低键能条件，因而本机理解析也不合理。

而认定此反应为自由基机理的判据是在系统内检测到了自由基。然而自由基并非按如上机理生成，而是叶立德试剂异裂所致：

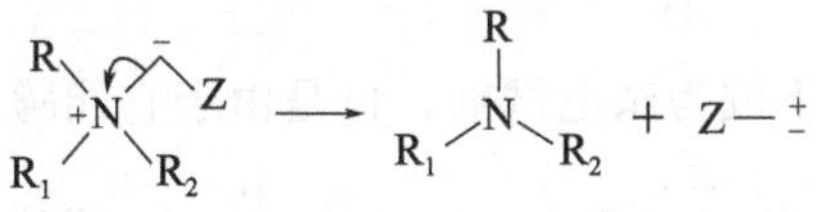

Stevens 重排反应的真正机理其实并不复杂，与 Meisenheimer 重排反应相似，是富电子重排反应机理：

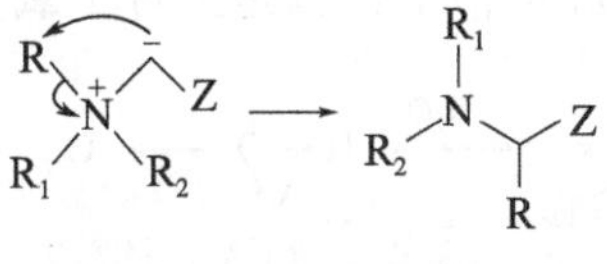

此种解析才体现极性反应三要素的基本特征。

综上所述，叶立德试剂的分子结构决定了其化学性质，并不存在例外的特殊性。

# 8.3 杂原子基团内的电荷分布与性质

## 8.3.1 带正电荷的杂原子基团只可能成为亲电试剂

这里所谓的杂原子是指非碳元素。标题内容有两层意思：一是带有正电荷的基团只能是亲电试剂；二是亲电质点未必处于带有正电荷的元素上。

这是因为：带有正电荷的基团必然属于缺电体，其不可能与同属性的缺电亲电试剂相互吸引、接近、成键，而只可能与富电体亲核试剂成键。

这又因为：亲电试剂元素上需要存在空轨道或者存在离去基而能腾出空轨道，故在带有正电荷的中心元素上是否存在空轨道或者能否腾出空轨道才是其是否能够成为亲电试剂的判据。

虽然第三周期元素磷、硫等可能利用其 d 轨道使其最外层最多可保持 10 至 12 个电子，然而此种 pπ-dπ 共价键结构只存在于其与能够提供独对电子的元素之间，除此之外并不易生成 pπ-dπ 键，而仍以八隅律规则排布最外层电子。

在遵循八隅律规则的分子内，带正电荷的基团虽然具有亲电试剂的属性，但其中心元素上的一个轨道能否腾空而接受一对电子，才是其是否属于亲电试剂的判据。故亲电质点未必处于带有正电荷的中心元素上。

### 8.3.1.1 带有空轨道的杂正离子属于亲电试剂

带有空轨道的杂正离子自然也就能容纳一对电子，当然属于亲电试剂。例如：能与芳烃成键的亲电试剂均属于存在空轨道或者能够腾出空轨道的杂原子基团：

双氧水在酸性条件下成为亲电试剂，也是由于它能腾出空轨道：

双氧水在酸性条件下高温不稳定，也是经过了氧正离子阶段；

存在空轨道或能够腾出空轨道的杂原子才有可能成为亲电试剂，没有例外。

#### 8.3.1.2  不能腾出空轨道的杂正离子不属于亲电试剂而是离去基

在带有正电荷的元素中，由于其最外层电子结构的不同而呈现不同的性质。碳正离子的最外层存在着空轨道，当然属于路易斯酸型亲电试剂。

某些杂原子，如 N、S、P 等，若其独对电子与另一亲电试剂生成配位键，这些杂原子就成了正离子。然而这些正离子与碳正离子不同，它们的周围已经满足了八隅率的稳定结构，且受正电荷强电负性之影响，由 8 个电子组成的 4 对电子均向正离子方向偏移，因此没有离去基存在，这些带有正电荷的杂原子就不可能成为亲电试剂。这既因为杂正离子最外层没有空轨道，又因为在杂正离子上不能腾出空轨道的缘故。这种带有正电荷的杂原子具有较大的基团电负性因而属于离去基，与其成键的基团也就自然而然地成为缺电体-亲电试剂了。正如前述的 Meisenheimer 重排反应、Stevens 重排反应那样。

**例 15**：重氮盐与酚类生成偶氮化合物的反应：

反应机理为：

在重氮盐分子结构上，氮正离子总是离去基，而与其相连的氮原子或芳基碳原子才可能成为亲电试剂。在重氮盐未分解前，与氮正离子相连的缺电氮原子为亲电试剂，而在重氮盐分解生成氮气之后，原与氮正离子成键的芳烃碳正离子才成了亲电试剂。

**例 16**：Von Braun 反应。是溴化氰与叔胺反应生成氰基胺和卤代烷的反应[8]：

反应机理为[9]：

在第二步极性反应过程中，氮正离子并不缺电因而不是亲电试剂而是离去基，亲电试剂恰恰是与该离去基直接成键的烷烃，其中氰基碳原子虽然更缺电，但亲核试剂溴原子与其反应的结果是返回到初始原料状态而没有产物生成：

$$R_3\overset{+}{N}\text{—CN} + Br^- \longrightarrow R_1\overset{R}{\underset{R_2}{N}} + NC\text{—}Br$$

只有亲核试剂——溴负离子与其他缺电元素 R 成键才有新产物生成。此处的氮正离子仍不是亲电试剂而是离去基。

综上所述，已经满足 8 电子稳定结构的杂正离子是否属于亲电试剂，看其是否存在能够容纳一对电子的空轨道，是否可能在亲核试剂与其接近时"腾出"容纳亲核试剂上独对电子的空轨道。

### 8.3.2　带负电荷的杂原子基团只可能成为亲核试剂

标题内容有两层意思：一是带负电荷的元素或基团只能是亲核试剂；二是亲核质点未必处于带有负电荷的中心元素上。

这是因为：极性反应是富电体-亲核试剂与缺电体-亲电试剂之间的吸引、接近与成键过程，既然反应不能发生在相同属性的试剂之间，那么带负电荷的元素或基团便只能成为亲核试剂而绝不可能成为亲电试剂了。

这是因为：富电体与缺电体的相互吸引是发生反应的必要前提，在亲电试剂为缺电体的条件下，带有负电荷的富电体就只能是亲核试剂，否则两者之间由于同性电荷的相互排斥而彼此远离，相互吸引、接近、成键便不可能。

这又因为：亲核试剂元素上必须带有可供成键的独对电子，只有带有这对独对电子的元素才可能成为亲核试剂。在路易斯酸分子上的空轨道已经与带有独对电子的元素成键条件下，中心元素上虽然带有负电荷但并不具有可供成键的独对电子，因而它不是亲核试剂。只有从该基团上能够离去的离去基，才可能带走可供成键的独对电子，也才可能成为亲核试剂。

**例 17**：氟硼酸钠与氢氧化钙水解生成硼酸的反应不可能按如下机理进行：

$$F_3\bar{B}\text{—}F + \bar{O}H \longrightarrow F_2\bar{B}\text{—}OH \xrightarrow{\bar{O}H} F_2\bar{B}\overset{OH}{\underset{OH}{\big\langle}} \longrightarrow HO\text{—}\overset{OH}{\underset{OH}{\overset{|}{B}}}\text{—}OH$$

这是由于两个富电体-亲核试剂之间相互排斥而彼此远离，不可能相互吸引成键。而真实的反应过程应按如下机理进行：

$$F_3\bar{B}\text{—}F \quad Ca^{2+} \longrightarrow \overset{+}{C}aF + F_3B \xrightarrow{\bar{O}H} F_2\bar{B}\overset{OH}{\underset{|}{\text{—}}}F \quad \overset{+}{C}aF$$

$$\xrightarrow[CaF_2]{} F_2B\text{—}OH \xrightarrow{\bar{O}H} \longrightarrow \bar{B}(OH)_4$$

这种从氟硼酸负离子上离去的氟负离子才能与钙正离子成键生成三氟化硼，三氟化硼的空轨道极其容易与亲核试剂——水络合，最后生成硼酸的水络合物才是碱性条件下的最终产物。而经酸化后才能生成硼酸：

$$(HO)_3\bar{B}\frown OH \; + \; H^+ \longrightarrow B(OH)_3 \; + \; H_2O$$

在上述反应的各个阶段，作为硼负离子的基团始终为亲核试剂的，而亲核质点并非是带有负电荷的硼原子，而与其成键的离去基才转化成了亲核试剂。而在离去基离去后生成的具有空轨道的路易斯酸，又转化成了亲电试剂。

**例18**：还原剂氢化铝锂、氢化硼钠的还原反应机理解析。

两种还原剂的结构颇为相似，我们以氢化硼钠为例说明其反应机理。还原反应的实质就是负氢的转移过程，是富电体四氢化硼负离子上的氢原子带着一对电子离去转移到缺电元素上去的负氢转移过程[10]：

$$H_3\bar{B}\frown H \; + \; E^+ \longrightarrow H_3B \; + \; H-E$$

根据上述机理解析，生成的硼烷并非还原剂，因其不能提供容易转移的氢负离子，由于硼原子的电负性为2.045，非常接近于氢原子的电负性2.20，实现异裂而生成负氢并不可能，此外硼氢共价键长很短而不易极化也是负氢不能产生的原因之一。只有在硼烷的空轨道被独对电子填满而生成硼负离子时，才使得硼原子的电负性显著下降，致使与其成键的氢原子的电负性相对增强，因而才产生可供转移的负氢，因此硼负离子的生成是负氢转移的前提条件。负氢转移后生成的硼烷并非亲核试剂而是亲电试剂，这是由硼氢间相对电负性所决定的，又是由其路易斯酸的结构特点所决定的，因为酸本身为缺电体，因而只能成为亲电试剂。

在以硼氢化钠为还原剂的体系内，之所以往往以四氢呋喃为溶剂，正是因为溶剂参与了反应过程，它不断地将路易斯酸转化成硼负离子而生成亲核试剂。

$$H_3B \; + \; :O\!\!\bigcirc \longrightarrow \bigcirc O^+\!\!-\bar{B}H_3$$

容易理解，如若反应物分子结构上本身存在着独对电子，只要能够与硼烷生成络合物，即便在不加溶剂情况下硼烷也能实现负氢转移。这与前述的理论并不矛盾。

理论上说，四氢化硼负离子上的四个氢原子均可能以负氢原子转移方式成为还原剂。然而就笔者已有的经验，在以四氢呋喃为溶剂的反应体系内，只见过三个氢原子在有机反应过程中发生了负氢转移，而剩下的一个氢原子只是在加入更强的亲电试剂质子之后，它才还原了质子而生成了氢气逸出。这是由于硼负离子受吸电基诱导效应之影响，其电负性逐渐增强之缘故。

上述实例说明：含有负离子的基团只能具有亲核试剂的基本属性，而不可能成为亲电试剂；亲核质点必须具有可供成键的独对电子，因而亲核质点未必处于负离子中心元素上，应视其是否可能带有独对电子来判断。

# 8.4 碳原子的活性中间状态及其性质

在有机反应过程的某个瞬间，往往生成某种活性中间状态，正是这种中间状态存在多种反应的可能。其中，碳原子的活性中间体最为典型也最为常见。

## 8.4.1 碳正离子的生成与性质

碳正离子是具有空轨道的相当强的亲电试剂，其亲电活性远远强于天然的路易斯酸。

### 8.4.1.1 碳正离子的生成

碳正离子是极强的亲电试剂，所有碳正离子均是由离去基的离去而生成的，而离去基的离去往往又与亲电试剂相关。离去基的离去包括但不限于如下几种：

一是离去基按 $S_N1$ 机理离去生成：

二是路易斯酸催化离去基生成：

三是质子酸催化离去基生成：

四是烯烃 π 键作为亲核试剂离去后生成：

五是芳烃 π 键作为亲核试剂与亲电试剂成键过程中离去后生成的：

凡此种种，均与离去基的离去相关，没有例外。

### 8.4.1.2 碳正离子的性质

碳正离子为极强的亲电试剂，以至于在自然界不能稳定存在。它能与所有亲核试剂成键，甚至能与本不属于亲核试剂的 σ 键成键。

**例 19**：频哪醇的制备与重排反应，是在酸催化条件下 2,3-二甲基-2-丁烯与双氧水的加成与重排反应过程：

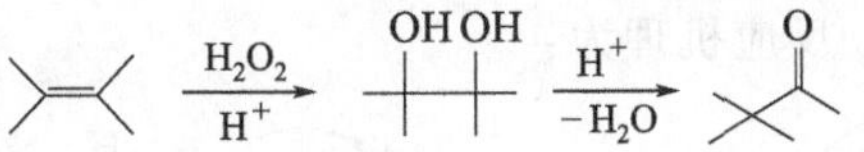

上述反应过程中先是将双氧水催化生成亲电试剂，然后烯烃 π 键与亲电试剂成键产生碳正离子，最后碳正离子直接与亲核试剂水成键，生成频哪醇：

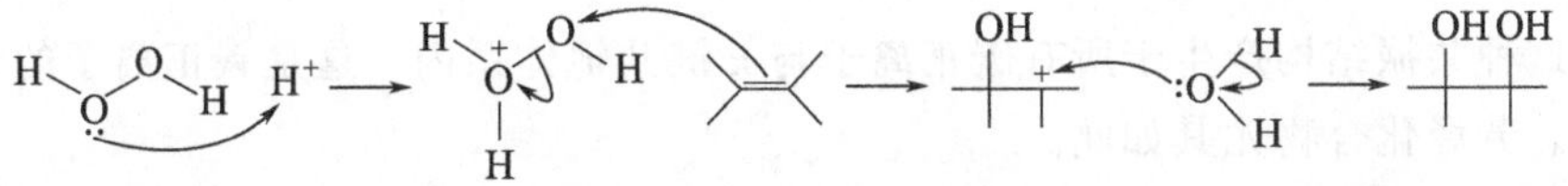

容易理解：上述碳正离子也可能（甚至更容易）与分子内的羟基氧原子成键，再经酸催化后与水成键生成频哪醇：

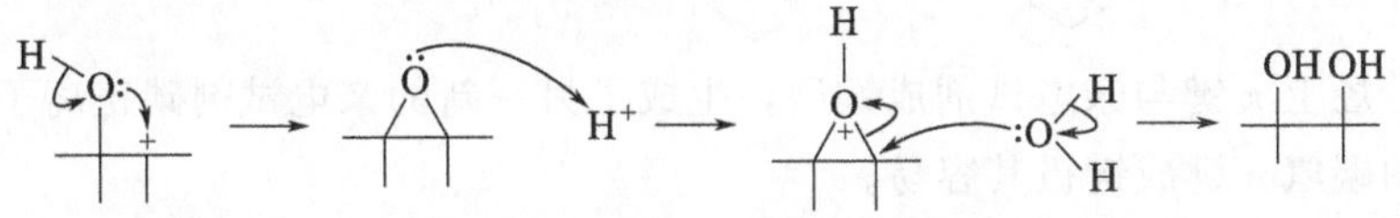

因此，频哪醇的合成更像是两个机理共存的混合机理。而无论哪个机理，均是碳正离子直接与亲核试剂成键过程，这是碳正离子最基本的性质之一。

在中间体 M 阶段，由于碳正离子接近带有单位正电荷因而其亲电活性极强，以至于也能将其 $\alpha$-位的碳—碳 $\sigma$ 键上独对电子转化成了亲核试剂而与其成键：

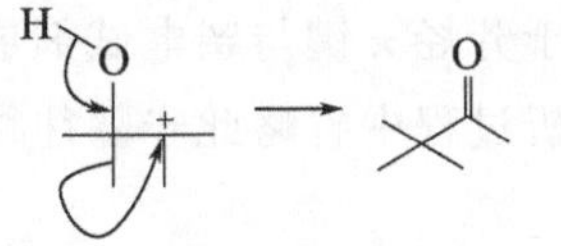

这就是缺电子重排反应的典型代表 Pinanol 重排反应[11]。这是碳正离子的性质之二。

**例 20**：与例 19 同样的酸性条件下，2-丁烯与双氧水的反应，除了生成 2,3-丁二醇外，消除反应不可避免。反应机理为：

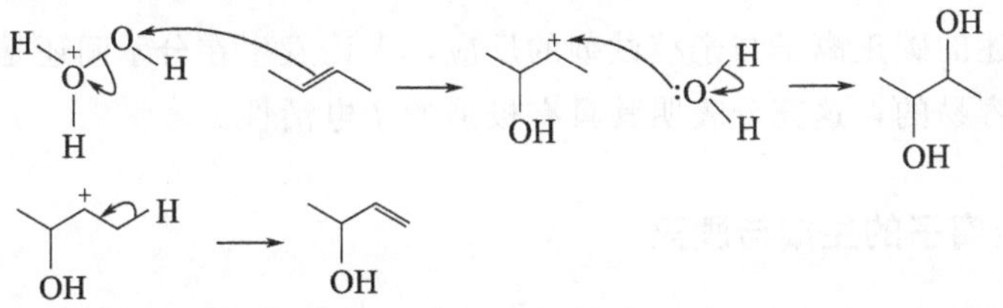

这也是由于碳正离子的亲电活性过强，能与 $\alpha$-位 $\sigma$ 键上独对电子成键而发生消除反应之原因。这是碳正离子的性质之三。

如若在碳正离子的 $\alpha$-位存在 $\pi$ 键，则凭借碳正离子的极强的亲电活性容易与其成键，因而产生分子内的共振异构体：

**例 21**：与例 19 同样条件下，1,3-丁二烯与双氧水的加成，存在着 1,2-加成与 1,4-加成两种产物。反应机理为：

这种共振结构产生于所有碳正离子与 π 键共轭体系内，这是碳正离子的性质之四。芳烃化合物尤其如此。

**例 22**：苯硝化反应机理：

在芳烃上 π 键与亲电试剂成键后，生成了另一新的亲电试剂碳正离子，它与其邻位的碳氢 σ 键成键极其容易。

在上述机理解析过程中，省略了碳正离子与其共轭 π 键之间的分子内的极性反应，既反应中间体内的重排和分布过程：

之所以作此省略，是由于芳烃 π 键与亲电试剂成键后的共振过程并非此反应的关键步骤，在反应机理解析过程中省略此步骤往往是为了突出反应过程的关键步骤。

当碳正离子直接与带有独对电子的亲核试剂成键时，容易直接生成 π 键。这是碳正离子的性质之五：

综上所述的碳正离子与亲核试剂的反应，无论发生在分子间还是发生在分子内均是极其容易的，这充分表明其具有极强的亲电活性。

### 8.4.2　碳负离子的生成与湮灭

碳负离子是具有独对电子的强碱，也是极强的亲核试剂，其碱性与亲核活性远远强于其他强电负性杂原子的碱类。

#### 8.4.2.1　碳负离子的生成

碳负离子是极强的亲核试剂，所有碳负离子的生成均与碱（亲核试剂）或自由电子相关。碳负离子的生成包括但不限于如下几种：

一是碱与活泼氢成键后离去的碳负离子：

二是亲核试剂与缺电体成键过程离去的 π 键：

三是通过提供自由电子而产生的金属有机化合物：

$$RLi \quad RMgBr \quad RZnCl$$

四是由杂负离子与 π 键的共振生成的碳负离子：

　　凡此种种，碳负离子的生成均与碱（亲核试剂）或自由电子等供电体相关，没有例外。

### 8.4.2.2　碳负离子的性质

　　碳负离子为极强的亲核试剂，以至于在自然界不能稳定存在。它几乎能与所有亲电试剂成键。

　　**例 23**：格氏试剂与氰基、卤代烷烃、二氧化碳的成键过程：

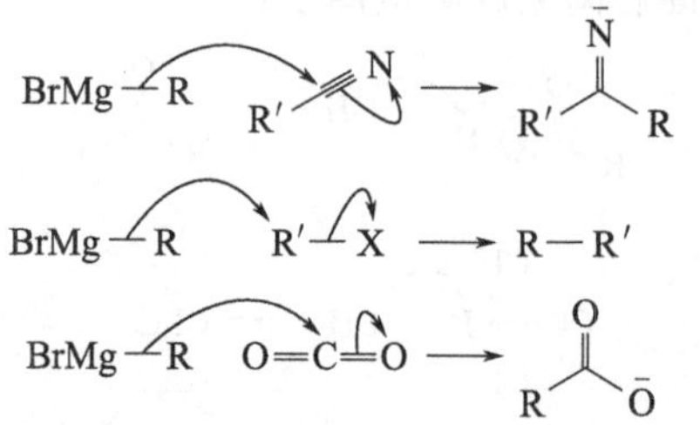

由此可见，这些较弱的亲电试剂均可与格氏试剂成键，说明格氏试剂的亲核活性之强。然而，格氏试剂本身并不具有单位负电荷而只具有部分负电荷，而正丁基锂才是接近于带有单位负电荷的碳负离子，其亲核活性更强，以至于能与本不属于亲电试剂的氮气成键。

**例 24**：正丁基锂与醚类、氮气的成键过程：

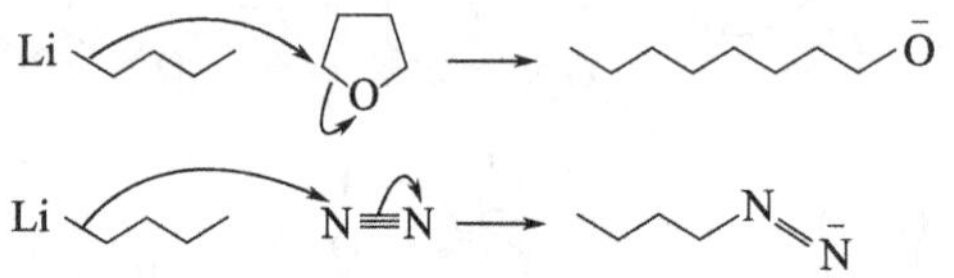

在非酸性条件下，与烷氧基成键的碳原子属于极弱的缺电体亲电试剂，仍容易与丁基成键，足以证明丁基锂分子上的碳负离子亲核活性之强。而氮气并不属于亲电试剂，竟然也能与丁基成键，则进一步证明碳负离子具有极强的亲核活性。这是碳负离子最显著的性质之一。

由于碳负离子为极强的亲核试剂，其亲核活性远比其他路易斯碱活性更强，极其容易与邻位非定域的 π 键发生分子内极性反应，生成共振杂化体：

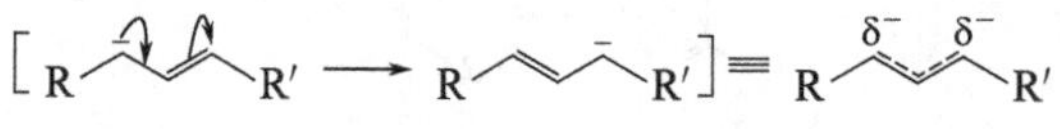

共振杂化体的生成相当于负电荷在一定程度上得到了分散，因而也更趋稳定。

**例 25**：缺电的卤代芳烃与亲核试剂的取代反应机理为：

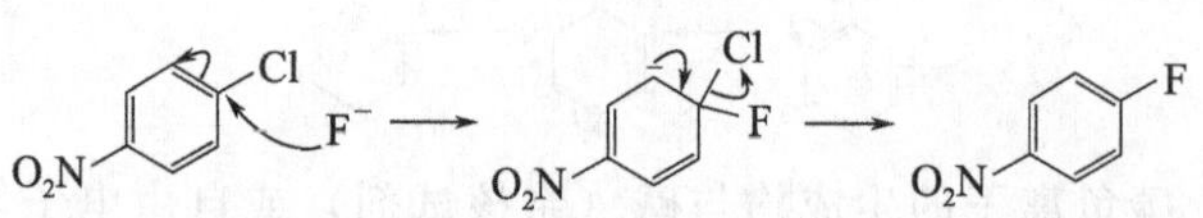

在其中间体 M 阶段，存在着碳负离子与 π 键的分子内极性反应，生成共振杂化中间体：

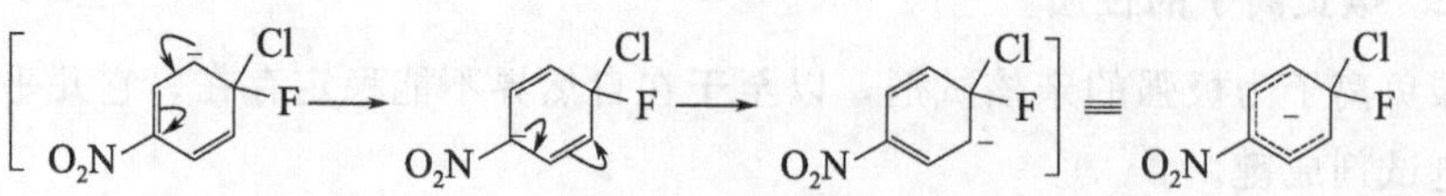

与碳正离子的共振杂化状态类似，这种碳负离子的分散状态在与亲电试剂的

成键过程中能够重新集中起来，为其与亲电试剂成键创造条件。这种碳负离子的共振杂化状态是其主要性质之二。

上述这种共振杂化状态不仅存在于芳烃中，而是存在于所有碳负离子与 π 键的共轭体系内。在这些共振异构体内所带有负电荷的元素不同，则具有两可亲核试剂的性质。这里所谓的两可亲核试剂不是两个亲核试剂，而是一个亲核试剂可能在两个不同的位置出现，当某个位置作为亲核试剂与亲电试剂成键后，其他位置便不具有亲核活性了。

以羰基 α-位的碳负离子为例，其碳负离子和与其共振产物氧负离子均为亲核试剂，是典型的两可亲核试剂。

**例 26**：乙酰乙酸乙酯与酰卤的反应，在不同的条件下会产生不同的主要产物[11]

这正是中间杂化状态所致。这种两可亲核试剂性质是碳负离子与 π 键共振的必然产物，这是碳负离子的主要性质之三。

由于碳负离子极强的亲核活性，容易与分子内的亲电试剂成键而导致分子内的富电子重排。其一般形式为：

在整个重排反应过程中，富电子重排是其中主要一种，包括但不限于若干有机人名反应。

**例 27**：[1,2]-Wittig 重排反应是醚用 RLi 处理得到醇的反应[12]：

这是典型的富电子重排反应机理[13]：

**例 28**：Stevens 重排反应是季铵盐用碱处理得到叔胺的反应[14]：

这自然是富电子重排反应机理[1g]：

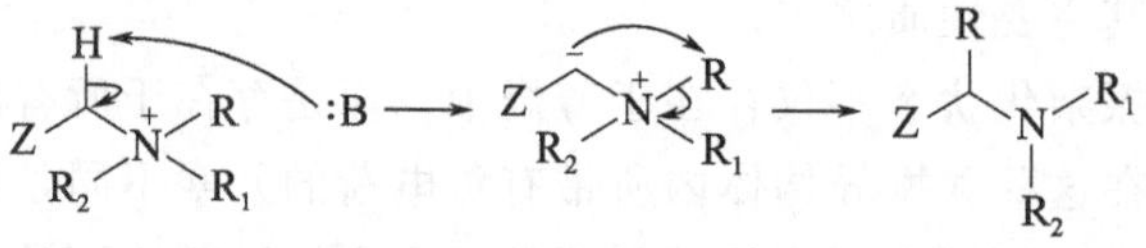

总之，碳负离子与分子内的缺电体之间容易实现富电子重排，这是碳负离子的主要性质之四。

由于带有单位负电荷，碳负离子的电负性显著下降了，如若存在碳负离子与离去基的共价键，如叶立德试剂，则离去基极易带着一对电子离去而生成卡宾。

**例 29**：Ciamician-Ciamician 重排反应，就是吡咯与二氯卡宾的扩环反应[15]：

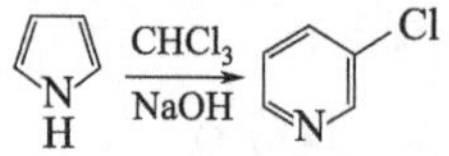

反应过程就是氯原子带着一对电子从碳负离子上离去生成二氯卡宾，再与吡咯成键的。反应机理为[6e]：

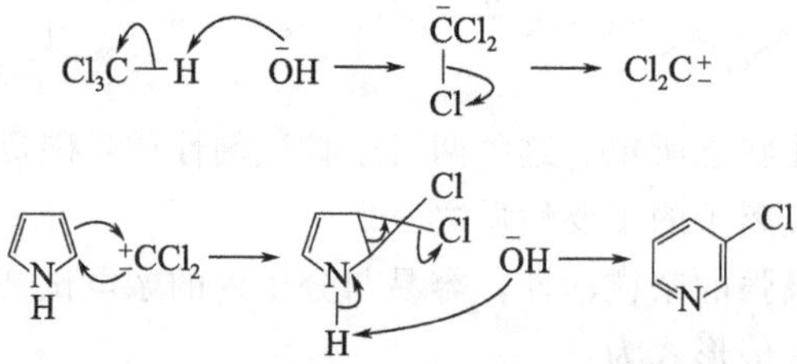

综合如上实例，碳负离子上的离去基容易离去而生成卡宾是碳负离子的主要性质之五。

在分子内，不仅碳负离子上的离去基容易离去，只要离去基处于碳负离子或其他杂负离子的共振位置，均是容易离去而生成卡宾的。

**例 30**：2-氟-4-溴三氟甲氧基苯的制备过程中有重排副产物生成：

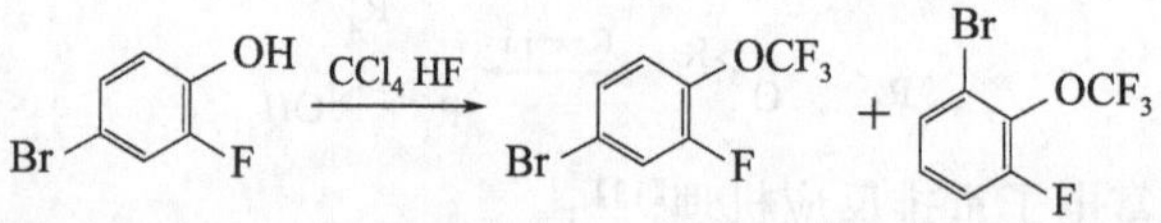

重排副反应的发生是由于氧负离子与 π 键的共振引起的。反应机理为：

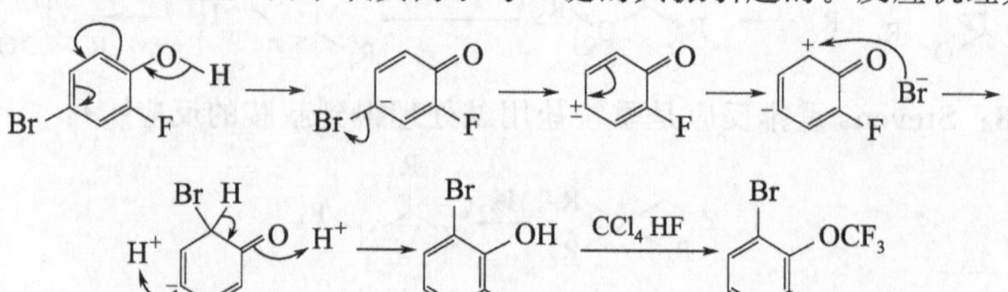

由这种共振结构，容易判断有机化合物的热稳定性。

### 8.4.3　自由基的生成与自由基反应机理

本节中，自由基被定义为含有一个未成对电子的物种[4c]。自由基元素上的最外层电子数总是比其饱和状态少一个，因而是个活性极强的中间体，以至于自由基的寿命非常之短，只存在于化学反应发生的瞬间。

#### 8.4.3.1　自由基的引发条件

自由基反应一般经过三个阶段：引发、传递与终止，其中最重要的是自由基的引发阶段。自由基的引发方法包括但不限于热断裂、光裂解[4c]和单电子转移，有些文献将自由基引发剂列入其中，然而既然引进了自由基就不属于引发阶段而进入传递阶段了。

热断裂是将较低离解能的共价键加热均裂成自由基的过程。如：

生成的自由基再经过传递引发共价键的均裂：

光化学裂解是由光引发自由基的过程[4c]：

烯烃比较容易由光引发产生自由基，如 1,4-戊二烯光解生成乙烯基环丙烷[6f]：

若干自由基是可以通过金属外层电子的单电子转移过程引发的[4a]：

总之，自由基的引发通过热、光或单电子转移实现的。

#### 8.4.3.2　自由基的引发、传递与终止

自由基的引发是需要外部条件的，如光、热、单电子转移等。即便如此，能

够生成自由基的分子还需具备必要的分子结构，如较长的共价键、接近的电负性等均有利于共价键的均裂。

自由基一旦产生，就容易引发其他共价键的均裂，在与其成键过程中又产生了新的自由基，这个过程就是自由基的传递过程。

**例 31**：过氧化物催化条件下烯烃与溴化氢的加成反应[2d]机理：

溴化氢分子的共价键上独对电子是显著向溴原子方向偏移的，因而具有较强极性。即便如此，也能与自由基成键而生成新的自由基，足可见自由基的反应活性之强。自由基在其传递过程中具有极强的反应活性是其主要性质之一。

正是因为如此，自由基更容易与离域的 π 键成键，在自由基与 π 键共轭状态下，容易发生分子内的自由基传递而产生其共振异构体：

由于存在自由基与 π 键的共振，容易生成异构体化合物。

**例 32**：如下结构的杀菌剂 OIT 需要避光保存，是由于其氮—硫共价键容易均裂生成自由基，因而产生重排[16]：

由此可见，自由基容易与其共轭体系成键重排，且临近的自由基之间也容易成键。自由基与其共轭体系的共振是自由基的主要性质之二。

总而言之，自由基的最外层电子结构不满足饱和状态，因而具有极强的反应活性。

### 8.4.3.3 若干自由基反应机理讨论

如前所述，自由基的引发、传递与终止均有其客观规律，反应机理的解析必须体现这些规律。

**例 33**：芳烃重氮盐在卤化亚铜催化条件下发生的卤代反应：

$$Ar-\overset{+}{N}\!\!=\!\!N \quad X^- \xrightarrow{\text{CuX}} Ar-X + N_2$$

该反应被公认为自由基机理[17]：

$$Ar-N\!\!=\!\!\overset{+}{N} + Cu^+ \longrightarrow Ar-N\!\!=\!\!N\cdot + Cu^{2+}$$

$$Ar-N\!\!=\!\!N\cdot \longrightarrow Ar\cdot + N_2$$

$$Ar\cdot + X^- + Cu^{2+} \longrightarrow Ar-X + Cu^+$$

然而上述机理解析并不理想，除了未将电子转移过程标注出来之外，仍有若干疑点：一是重氮盐的结构应以满足八隅律的共振结构为主；二是卤化亚铜分子内的卤与铜之间只能是共价键而绝非离子键；三是自由基的传递过程不清晰，不能经过二价铜离子阶段。综上所述，该反应机理应该修正为：

$$\mathrm{Ar-\overset{+}{N}\!\!\equiv\!\!N \cdot CuX \xrightarrow{-N_2} Ar \cdot \ \ X \ Cu^+ \longrightarrow Ar-X + Cu^+ \cdot}$$
$$\mathrm{\cdot Cu^+ + X^- \longrightarrow \cdot CuX}$$

在卤化亚铜分子内，氯原子的电负性为 3.16，溴原子的电负性为 2.96，铜原子的电负性为 1.90，卤原子与铜原子的电负性差值远小于生成离子键的 1.7，故它们之间的化学键只能是共价键结构；在卤化亚铜的铜原子上，相当于存在一个容易离去的自由电子，故容易实现单电子转移而生成卤代亚铜正离子；此卤代亚铜正离子并非二价铜离子，由于失去一个电子使得铜原子的电负性显著增加，以至于与卤原子的电负性接近了，这为共价键的均裂创造了条件；卤代芳烃生成过程所伴生的才是一价铜离子，又与卤负离子结合成卤化亚铜。

另一种机理也有可能：

$$\mathrm{Ar-\overset{+}{N}\!\!\equiv\!\!N \ \cdot Cu-X \longrightarrow Ar^{\diagup N}\!\!\diagdown_{N} \cdot \ + Cu^+\!-X}$$
$$\mathrm{Ar\diagup^{N}\!\!\diagdown\!\diagdown_{N} \cdot \longrightarrow Ar\cdot + N_2}$$
$$\mathrm{X-Cu^+ \ X^- \longrightarrow X-Cu-X}$$
$$\mathrm{Ar\cdot \ \ X \ Cu-X \longrightarrow Ar-X + \cdot CuX}$$

它仍符合自由电子向亲电试剂方向转移的规律，符合由基团电负性决定的共价键均裂的规律，符合自由基共振的规律等。

**例 34：** 格氏试剂的结构与合成反应机理讨论。

格氏试剂的合成被公认为自由基反应机理，因为在加入引发剂（碘）条件下能够催化格氏试剂的合成。目前若干文献对于格氏试剂合成的反应机理倾向于如下解释[4d]：

$$\mathrm{R-X + Mg \longrightarrow R-\bar{X} \ + \ Mg^+}$$
$$\mathrm{R-\bar{X} \longrightarrow R\cdot + \bar{X}}$$
$$\mathrm{X^- + \cdot Mg^+ \longrightarrow \cdot MgX}$$
$$\mathrm{R\cdot + \cdot MgX \longrightarrow RMgX}$$

然而此自由基机理的解析过程无理：一是自由电子转移到了富电体元素上不可能，这违背了电子流动的方向，而转移到缺电体的位置才有可能；二是接纳电子的元素是需要电子轨道的，而满足八隅律规则的中间体结构已经相对稳定，不具备再接受一个单电子的轨道和条件；三是对需要加入自由基引发剂来制备格氏试剂的反应过程，并未作出解释。

然而，依据格氏试剂溶液中存在的 Schlenk 平衡，我们能够圆满解释格氏试剂生成的反应机理。Schlenk 平衡关系式为[4e]：

$$RMgX \rightleftharpoons RMgR + XMgX$$

由 Schlenk 平衡关系式，不难推论在格氏试剂溶液中存在如下离解平衡：

$$R\overset{\frown}{\frown}MgX \overset{K_1}{\rightleftharpoons} R\cdot + \cdot MgX$$

$$RMg\overset{\frown}{\frown}X \overset{K_2}{\rightleftharpoons} RMg\cdot + \cdot X$$

这就是说在格氏试剂溶液中，是如上四种自由基共存的状态，其中任何一种自由基，甚至其他自由基，均可催化格氏试剂的生成。这就解释了为什么格氏试剂能够自引发的过程，且常用低离解能的碘来催化的原因。

在体系内存在着烷自由基或卤自由基条件下，自由基可按如下方式传递：

$$R\overset{\frown}{\frown}Mg\cdot \longrightarrow RMg\overset{\frown}{\frown}\overset{\frown}{\frown}X\overset{\frown}{\frown}R \longrightarrow RMgX + R\cdot$$

$$X\overset{\frown}{\frown}Mg\cdot \longrightarrow XMg\overset{\frown}{\frown}\overset{\frown}{\frown}R\overset{\frown}{\frown}X \longrightarrow RMgX + X\cdot$$

最后，在存在着烷自由基与卤自由基条件下，只要有镁存在便可终止反应：

$$R\overset{\frown}{\frown}\cdot Mg\overset{\frown}{\frown}\cdot X \longrightarrow RMgX$$

综上所述，基于元素电负性与基团电负性的概念，遵循元素最外层电子结构的八隅律规则，按照电子流动方向标注电子转移，是自由基机理解析的理论基础。

#### 8.4.3.4 格氏试剂的组成与结构

由 Schlenk 平衡关系式得知，格氏试剂溶液是三种分子的共存状态与四种微量自由基的混合。由于格氏试剂的生成必须在醚类溶剂中进行，显然醚类参与了格氏试剂的生成；又由于在格氏试剂分子上镁元素的外层存在着两个空轨道，因而显然可能与醚分子内氧原子上独对电子络合而生成配位键[4e]：

$$R-Mg-X \quad \ddot{O} \longrightarrow \underset{R-Mg-X}{O} \longrightarrow \underset{R-Mg-X}{\overset{O}{\ddot{O}}} \longrightarrow R-Mg-X$$

上述过程也是平衡移动的，对于冷却结晶的格氏试剂固体进行 X 射线衍射研究，其分子结构是单一的双醚络合物；而于高温下真空蒸出溶剂，所得固体为没有醚类络合的格氏试剂的 Schlenk 平衡衍生物二烷基镁和二卤化镁。

容易理解：从固体产物分析出的结构形式未必与溶液中的结构形式相同。但生成配位键是必然的，因为没有醚类溶剂参与条件下格氏试剂是不能生成的，至于生成的络合物是处于单醚络合阶段还是双醚络合物阶段，目前还缺乏足够的依据。

### 8.4.4 卡宾的产生与化学性质

卡宾是具有高度反应活性的中间体，实际上所有卡宾的寿命都小于 1s。卡宾的两个未成键电子可以是成对的单线态卡宾，也可以是不成对的三线态卡宾。卡宾通常以单线态物种形式生成，它能衰减成较低能量的三线态，并有 33～42kJ/mol 的能量差：

$$R^{\pm} \longrightarrow R:$$

单线态卡宾　三线态卡宾

通常用烯烃加成反应的立体专一性来区别和判断单线态与三线态卡宾。

#### 8.4.4.1 卡宾的生成

卡宾的生成包括但不限于如下两种途径：

一是由碳负离子上的离去基通过热解离去而生成：

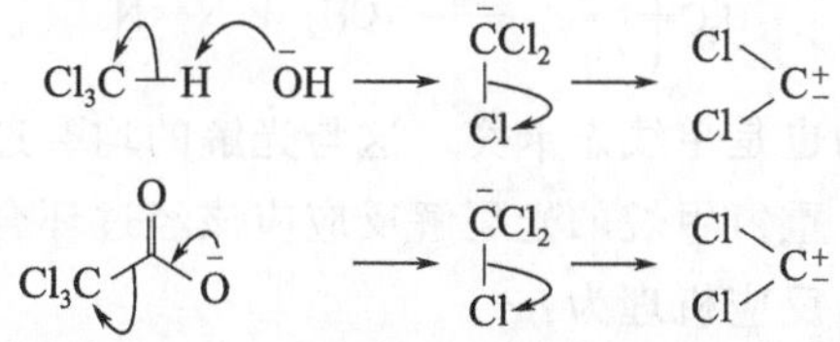

这是由于碳负离子的电负性显著减弱，碳负离子上的离去基比较容易带着一对电子离去而生成单线态卡宾。实践中此类单线态卡宾的生成实例非常之多，而后容易发生卡宾重排反应。

活性较强的离去基不仅容易从负离子上离去，而且能够从负离子的共振位置离去。

**例35**：液晶中间体 3-氟-4-氰基苯酚合成过程中有异构体产生：

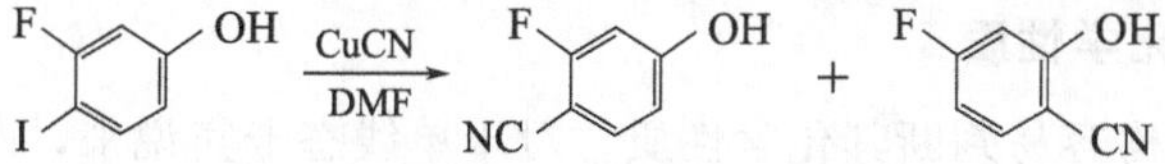

其重排副反应的发生经过了卡宾中间状态。反应机理为：

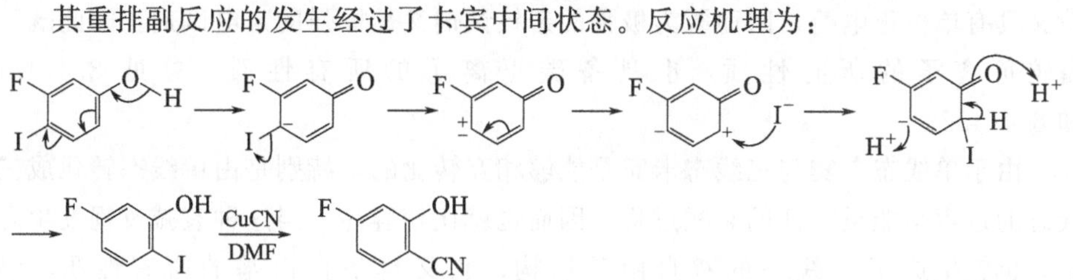

在离去基所处的元素上带有负电荷情况下，因其电负性显著降低而离去基容易离去。从卡宾生成的反应机理容易判断，所生成卡宾的初始状态为单线态结构。

二是由双键化合物的光裂解反应生成[4]，如烯酮的光裂解产生卡宾，文献中将其机理错误地解析为[4]：

$$H_2C \!=\! C \!=\! O \xrightarrow{h\nu} :CH_2 + \bar{C} \!\equiv\! \overset{+}{O}$$

这种机理解析之所以错误。一是因为无法解析光化学作用，它是促进共价键均裂的；二是因为如上机理所生成的初始产物只能是单线态卡宾，而实际产生的是三线态卡宾。综合如上因素，烯酮的光裂解反应生成卡宾的机理为：

$$H_2C \!=\! C \!=\! O \longrightarrow H_2C: + :C \!=\! O$$

$$:C \!=\! O \xrightarrow{\text{激发}} \pm C \!=\! O: \longrightarrow \bar{C} \!\equiv\! \overset{+}{O}$$

光的作用是催化共价键的均裂，正是这种共价键的均裂机理才容易产生三线态的卡宾。

**例 36**：重氮甲烷的等电子分解被解析成如下机理[18]：

$$H_2C \!=\! \overset{+}{N} \!=\! \bar{N} \xrightarrow{h\nu} :CH_2 + N \!\equiv\! N$$

按上述机理得到的也是单线态卡宾，这与光解的均裂过程矛盾，也与实际产生的三线态卡宾矛盾。重氮甲烷的光裂解反应应该经过环合过程，再经共价键的均裂生成三线态卡宾。反应机理为：

$$H_2C \!=\! \overset{+}{N} \!=\! \bar{N} \longrightarrow \quad \longrightarrow \quad$$

$$\longrightarrow H_2C: + N \!\equiv\! N$$

卡宾生成的不同机理决定了卡宾的初始结构，非均裂过程总是先生成单线态卡宾的，而光解过程总是先生成三线态卡宾的，没有例外。

### 8.4.4.2　卡宾的化学性质

由卡宾的结构容易判断其化学性质。对于单线态卡宾说来，既具有单位负电荷又具有单位正电荷，因而既为极强的亲核试剂又是极强的亲电试剂。因此既具备碳负离子的所有性质，也具备碳正离子的所有性质。参见 8.4.4.1 和 8.4.4.2。

由于单线态卡宾与三线态卡宾是能够相互转化的，特别是由单线态转化成三线态的过程是能量降低的衰减过程，因而也就比较容易。当这种衰减过程发生之后，也就生成了三线态的双自由基结构，它又具备自由基的所有性质，参见 8.4.4.3。

正因为如此，卡宾参与的化学反应最多、最全、最丰富。除了前述的基本性质之外，还有若干特殊性质，包括但不限于如下几种。

一是容易在 π 键上加成。

单线态卡宾的后续反应是按照极性反应机理进行，反应可在瞬间完成，其与顺-2-丁烯的加成反应生成的环丙烷为单一的顺式异构体。

而三线态自由基是按照自由基机理进行的反应，在第一个自由基与烯烃 π 键成键之后，根据 Hund's 规则，剩余的两个自由基只有自旋方向相反的那部分才能立即成键，其余部分只有等待碰撞变轨，在等待过程中碳—碳 σ 键发生旋转，结果产生了顺式与反式-1,2-二甲基环丙烷混合物。

这是卡宾的特殊性质之一。

二是容易与烷烃上的氢原子成键。

如在碳氢 σ 键上插入，反应机理仍有两种可能。

由于碳氢键的离解能较碳碳键小，因而能够进行两个自由基反应的串联过程[19]：

由于单线态卡宾上独对电子具有强碱性，可能与酸性极弱的氢原子成键。

容易推论，三线态的双自由基与烷烃反应，能够生成一个甲基自由基和另一个烷烃自由基：

总之，易与烷烃上氢原子成键是卡宾的特殊性质之二。

三是容易与其 α-位的碳氢 σ 键成键生成烯烃。

由卡宾的电子结构所决定，既是亲核试剂、又是亲电试剂、还是自由基，极易与其 α-位的碳氢 σ 键成键，反应过程仍可能按两种不同的机理进行。

单线态卡宾为两步极性反应的串联[20]：

三线态卡宾为两步自由基反应的串联[21]：

卡宾容易与 α-位的碳氢 σ 键重排反应是卡宾的特殊机理之三。

四是单线态卡宾的分子内重排。

如下结构的卡宾，一般由其相对应的碳负离子上所带有的离去基离去生成，极易发生分子内卡宾重排反应。

这种卡宾重排一般认为是这样协同进行的，当然也不能否定分步进行的可能。卡宾重排的实例很多，然而在具体的机理解析过程中往往并未被人们所识别。

**例 37**：Wolff 重排是通过 α-重氮酮和烯酮中间体发生的：

这也是典型的卡宾重排反应机理：

**例 38**：Losson 重排过程中，迁移的烷基手性构型保持不变[1h]：

与卡宾类似的氮烯结构，其生成与重排机理与卡宾相同。

**例 39**：Hofmann 重排反应是酰胺的降解反应：

这是典型的卡宾重排反应机理[22]：

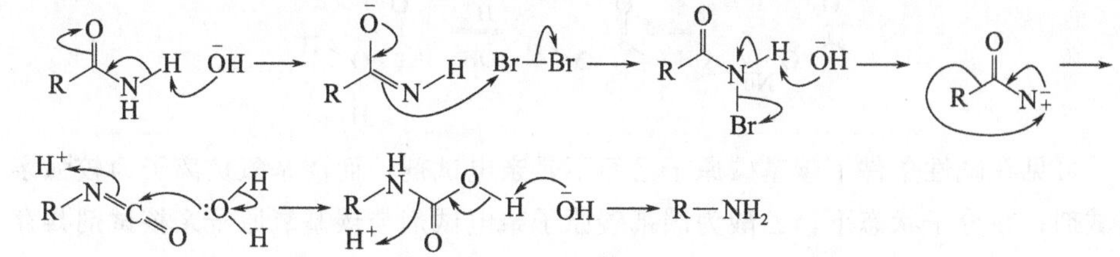

总之卡宾及其氮烯的分子内重排是卡宾的特殊性质之四。

容易理解：两个卡宾之间也容易二聚成烯烃。

综上所述，卡宾的诸多特殊性质实际上并非特殊，由其分子结构便容易推测出来。

## 8.5 分子结构变化的动态平衡

对于若干分子及其反应活性中间体说来，可能并非只有单一的结构，往往存在着两种结构相互转化的可逆平衡过程，尤其在酸碱性改变的条件下。此外，动态条件下的瞬时电子云密度分布往往也与静态条件下不同。

### 8.5.1 不同酸碱性条件下基团的功能或属性

由于质子的转移能够改变不同元素、不同基团的电子云密度，而恰恰是这种电子云密度的相对大小决定了其不同的功能或属性，而酸碱性的变化是影响基团属性的最显著影响因素，没有之一。

**例40**：双氧水分子上氧原子为较弱亲核试剂，而在碱性条件下就成为强亲核试剂了：

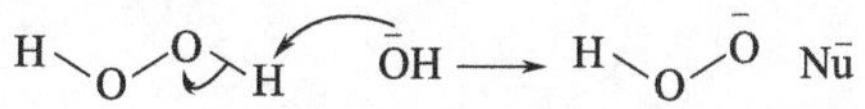

在酸性条件下，与质子成键的氧正离子成了离去基，而与其成键的另一氧原子便成了亲电试剂：

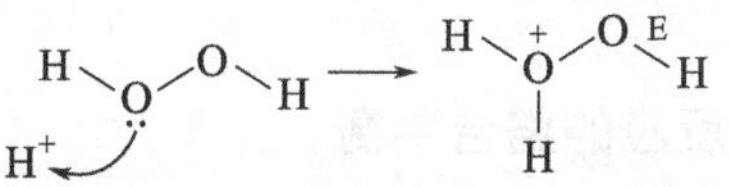

这清晰地表明基团在不同酸碱性条件下其属性的变化。

容易推论：酸性条件下双氧水不会稳定，而容易分解成氧气：

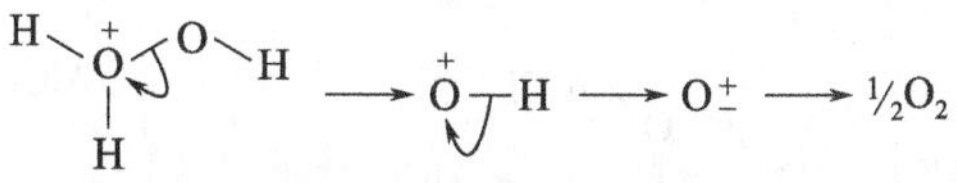

**例41**：乙酸在不同酸碱性条件下具有不同的属性：

可见在碱性条件下羰基碳原子已经不是亲电试剂，而羰基氧负离子为较强亲核试剂；在分子状态下，乙酸为羰基碳原子亲电试剂与羰基氧原子亲核试剂共存状态，两者的活性均较弱；在酸性条件下，羰基氧原子的亲核活性消失，只有羰基碳原子为强亲电试剂了。

综上所述，同一分子、同一基团会由于质子的得失而影响分子内的电子云密度分布，因而改变试剂的功能或属性。

### 8.5.2 芳烃的定位效应与异常情况

众所周知，芳烃上的烷基为供电基团，其邻对位的电子云密度相对较大，故其与亲电试剂的反应应该主要发生在邻对位上。

**例 42**：一烷基取代苯硝化反应产物分布[23]：

| 化合物 | 邻位 | 间位 | 对位 |
|---|---|---|---|
| 甲苯 | 58.45 | 4.40 | 37.15 |
| 乙苯 | 45.0 | 6.5 | 48.5 |
| 异丙苯 | 30.0 | 7.7 | 62.3 |
| 叔丁苯 | 15.8 | 11.5 | 72.7 |

在上表中，尽管主要生成了邻对位产物，但仍有少量间位异构产物生成，这似乎违背反应过程电子转移规律。然而并非如此，这是由于分子在反应体系内的运动过程中极化变形，在某一瞬间其间位的电子云密度相对较大之故：

用 π 键的离域性和部分电子转移的概念，就能够解释上述所谓的异常情况。

### 8.5.3 Friedel-Crafts 反应的络合平衡

芳烃的酰基化反应是在路易斯酸催化条件下完成的。现代有机化学理论认为：由于羰基氧原子上的独对电子能够进入路易斯酸的空轨道而生成络合物：

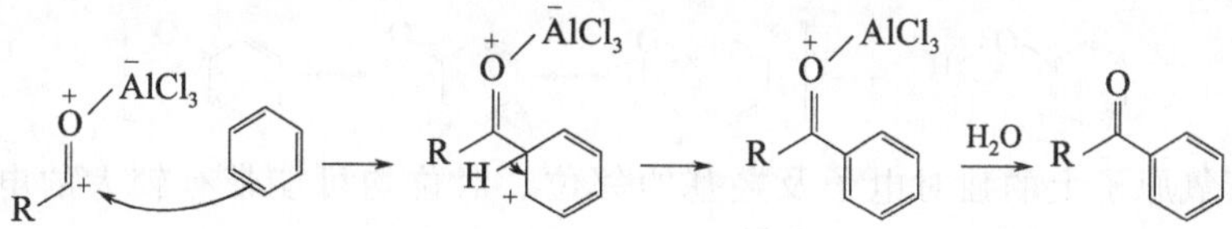

因此，只有过量的路易斯酸才能起到催化作用，这是傅克酰基化反应的基本条件。

然而，若干傅克酰基化反应的具体实例不能支持上述观点。

**例 43**：卤代苯的乙酰化反应是以不足量的路易斯酸催化完成的，且反应能够进行到底：

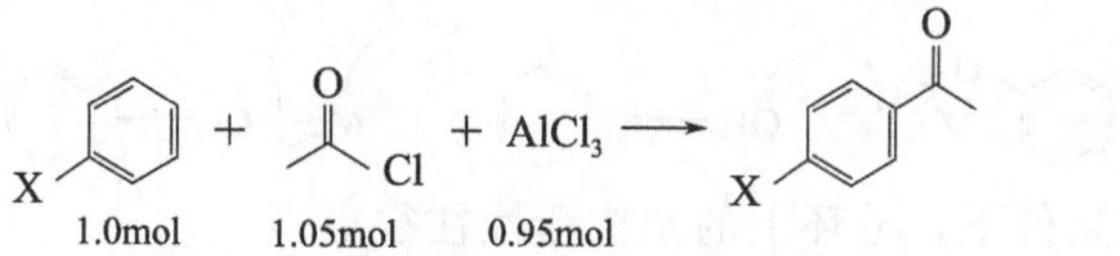

式中 X＝Cl、Br。显然，游离的路易斯酸是始终存在的，否则反应不能进行到底。这说明羰基氧原子与路易斯酸的络合与解离是一个可逆的平衡过程：

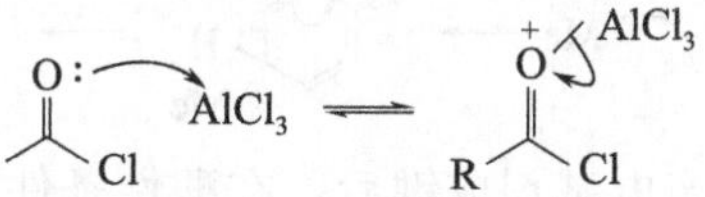

而恰恰在路易斯酸减量的条件下，酰基化合物之间的缩合副反应得到了抑制。由此可见认识上述平衡可逆过程之必要。

### 8.5.4  烯酮共轭体系内的亲电试剂活性对比

烯酮共轭体系的分子内，既存在着缺电体亲电试剂羰基碳原子，又存在着与羰基共轭的烯烃。羰基的共轭效应与诱导效应综合作用的结果使烯烃远离羰基的一端缺电，因而具有两个亲电质点。

实验结果表明：碱性条件下共轭烯烃缺电一端的亲电活性一般强于羰基碳原子，而酸性条件下则羰基碳原子的亲电活性相对更强。

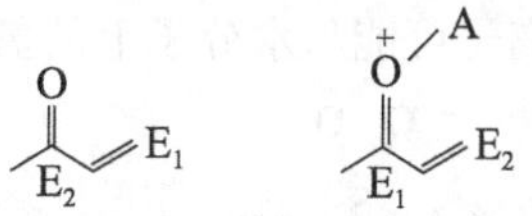

式中 A 为质子或路易斯酸。这是由于带有正电荷的羰基碳原子更加缺电，因此亲电活性更高；而在非酸性条件下，缺电的羰基碳原子能够从两个方向补充供电，其亲电活性因此较弱的缘故。

### 8.5.5  苯酚亲核试剂的定位规律及其变化

由苯酚的分子结构所决定，容易发生分子内的共振状态：

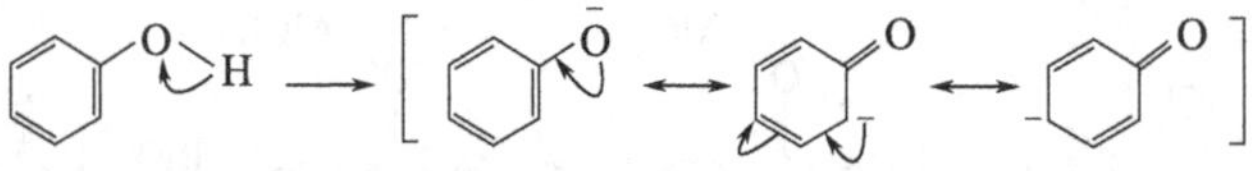

故其氧原子上的独对电子及羟基的邻位、对位均可能带有较大的电子云密度，均为亲核质点，均能与亲电试剂成键。

然而因苯氧基的离去活性较强，能够与亲电试剂生成稳定产物的不多，唯有与烷基成键生成相应的醚类产物相对稳定，我们依此亲电试剂为标准作为苯酚分子内各亲核质点亲核活性比较的判据。我们发现，碱性条件下氧负离子的亲核活性较强，其与亲电试剂的反应主要发生在氧原子上：

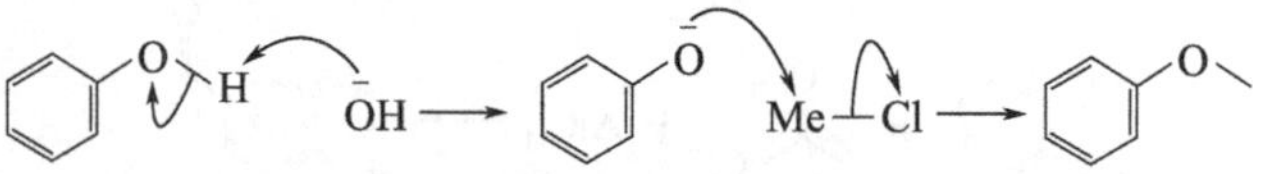

而在酸性条件下，芳环上的亲核活性往往更强：

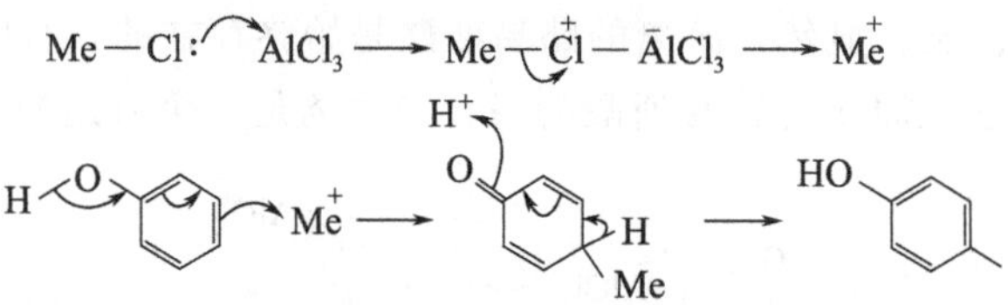

这是由于氧负离子与亲电试剂成键后，在酸性条件下能质子化，其离去活性较强之故。

### 8.5.6 苯磺酸碱性水解反应机理

苯磺酸分子上的活泼氢容易与碱成键而生成水，而生成的磺酰负离子已经没有离去活性了，不可能带走一对电子而生成苯基正离子：

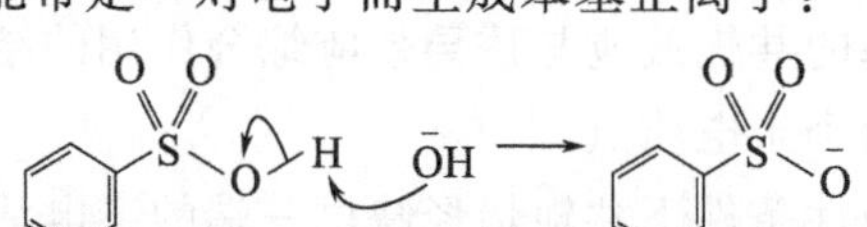

而没有苯基正离子的生成是不会生成苯酚的。故上述反应应为可逆平衡过程，在高温加热的瞬间，苯磺酰负离子可能与水分子上的氢原子成键，最后生成苯酚：

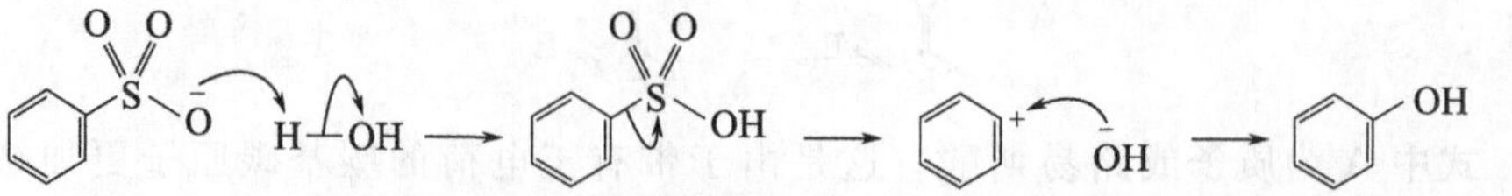

这就是反应体系内的平衡过程，除此之外无法解释磺酸水解反应为什么能够发生。

### 8.5.7 芳胺与亲电试剂的反应及其定位规律

众所周知：芳胺的盐酸盐或硫酸盐与亚硝酸能够制备成重氮盐：

然而，于酸性条件下的亚硝酸为亲电试剂，而季铵盐上已经不具有可供成键的独对电子了，不属于亲核试剂。由此容易推论：苯胺成盐过程势必为可逆平衡状态，只有游离状态的芳胺才是亲核试剂。反应机理为[24]：

这种芳胺与质子之间可逆的平衡过程，也能解释为什么季铵盐为间位定位基却能生成较多的邻对位产物。

综上所述，分子内各元素的电子云密度变化决定了各个基团的电负性，因而决定了其功能或属性，也决定了其反应活性，其中最显著的影响因素就是其酸碱性。

## 参 考 文 献

【1】 陈荣业. 分子结构与反应活性. 北京：化学工业出版社，2008. a，1～18；b，50～52；c，21；d，26；e，30～31；f. 88；g；191；h，197.

【2】 邢其毅，裴伟伟，徐瑞秋，裴坚. 基础有机化学. 北京：高等教育出版社，2005. a，461；b，470～471；c，544，d；324.

【3】 Meisenheimer J. Justus Liebigs Ann Chem，1902，323：205.

【4】 March 高等有机化学. 李艳梅译. 北京：化学工业出版社，2013. a，197；b，22；c；114～117；d，385；e，112；f，119～120.

【5】 Arndt F，Eistert B. Ber Dtsch Chem Ges，1935，68：200.

【6】 Jie Jack Li. 有机人名反应及机理. 荣国斌译. 上海：华东理工大学出版社，2003. a，11；b，192；c，258；d，389；e；72.

【7】 Hofmann A W. Ber Dtsch Chem Ges，1881，14：2725.

【8】 Von Braun. Ber Dtsch Chem Ges，1907，40：3914.

【9】 Chambert S，Thamosson Decout J L. J Org Chem，2002，67：1898.

【10】 Gribble G W. Chem Soc Rev，1998，27：395. (Review).

【11】 Marson C M，Oare C A，McGregor J，et al. Tetrahedron Lett，2003，44：141.

【12】 Wittig G，Lohmann L. Justus Liebigs Ann Chem，1942，550：260.

【13】 Barluenga J，Fananas F J，Sanz R，Trabada M. Org Lett，2002，4：1587.

【14】 Stevens T S，Creighton E M，Gordon A B. J Chem Soc，1928，3193.

【15】 Ciamician G L，Ciamician M. Ber Dtsch Chem Ges，1881，14：1153.

【16】 顾振鹏，王勇. 制备芳香族甲醚化合物的方法. 北京：中国发明专利，201210589021.2. 2013.

04. 03.

【17】 陈荣业. 有机合成工艺优化. 北京：化学工业出版社，2006. 196.

【18】 Regitz M，Maas G. Diazo Compounds，NY：Academic Press，1986. 170.

【19】 Tomioka H，Ozaki Y，Izawa Y. Tetrahedron，1985，41：4987.

【20】 Villa J A，Goodman J L. J Am Chem Soc，1989，111：6877.

【21】 McMahon R J，Chapman O L. J Am Chem Soc，1987，109：633.

【22】 汪秋安. 高等有机化学，北京：化学工业出版社，2004. 90.

【23】 高鸿宾. 有机化学，北京：高等教育出版社，1999. 264.

【24】 Gronheid R，Lodder G，Okuyama T. J Org Chem，2002，67：693～702.

# 第9章

# 反应机理解析的应用

人们认识客观世界的目的在于能够应用这种认识去改造世界。化学反应机理解析也是如此，用其解决化学反应过程优化的实际问题，才是反应机理解析的根本目的。

众所周知，反应机理解析是人们对于反应过程、步骤及其原理的认识，而只有符合客观规律的认识才是科学的。反应机理的解析不仅仅是空洞的理论研究，而是解决问题的实际手段，运用反应机理解析的结论解决反应过程中的工艺路线选择、工艺过程优化、产品质量控制等若干实际问题是解析的目的。

## 9.1 根据反应机理构思合成工艺

对于一个确定结构的目标化合物说来，有若干不同的合成路线，而应用反应机理解析的相关概念，就能够构思新的合成路线，改进原有的合成工艺。

### 9.1.1 反式-4-丙基环己基乙腈的合成路线改进

现有的反式-4-丙基环己基乙腈是按照如下反应机理合成的：

从机理解析式看出：

一、醇羟基的溴代反应是平衡可逆的，这就决定了难以实现较高转化率；

二、生成的中间体化合物 $M_2$ 上的溴原子仍是离去基，它是不在产物中出现的而可以替代的。

而根据极性反应三要素的功能与特点，便容易通过更换离去基的方法构思出如下高转化率的合成路线[13]：

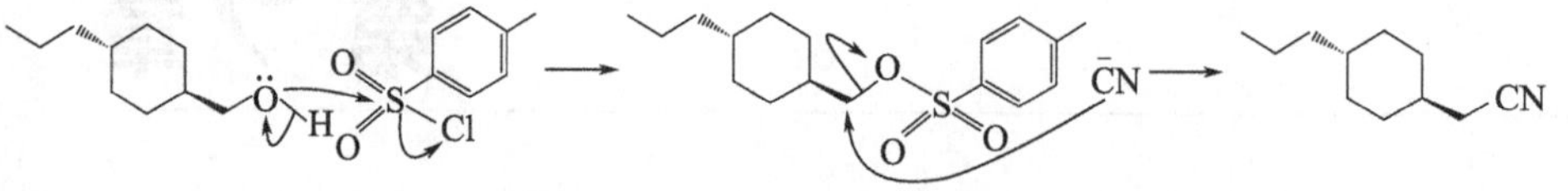

上述的原料 $M_1$ 是由 A 经下述 6 步反应合成的：

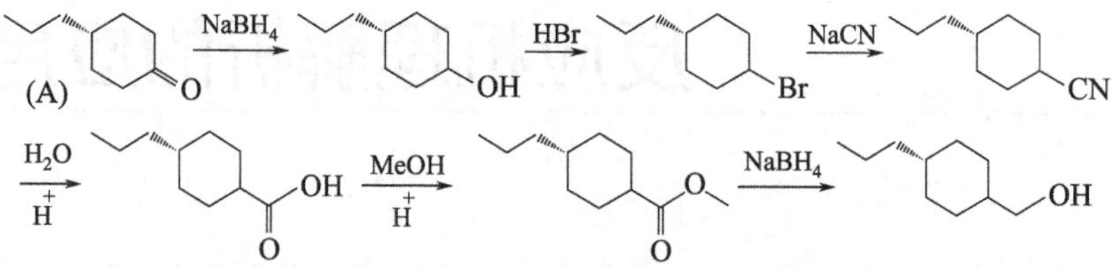

若以 A 为起始原料，也可构思出如下更短的工艺路线：

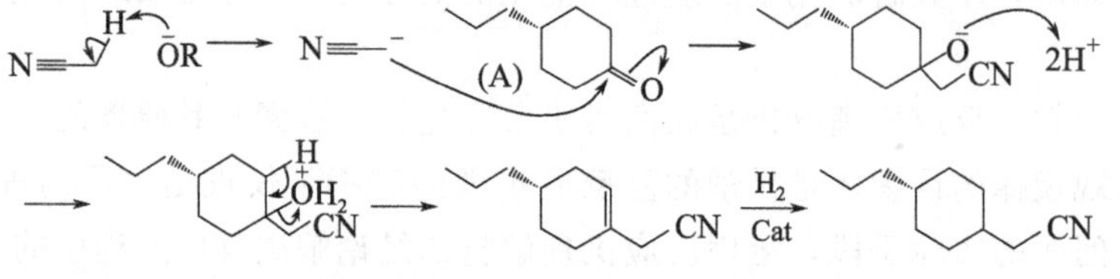

## 9.1.2　杜塞酰胺合成新工艺构思

治疗青光眼的药物杜塞酰胺的原有合成路线为[1]：

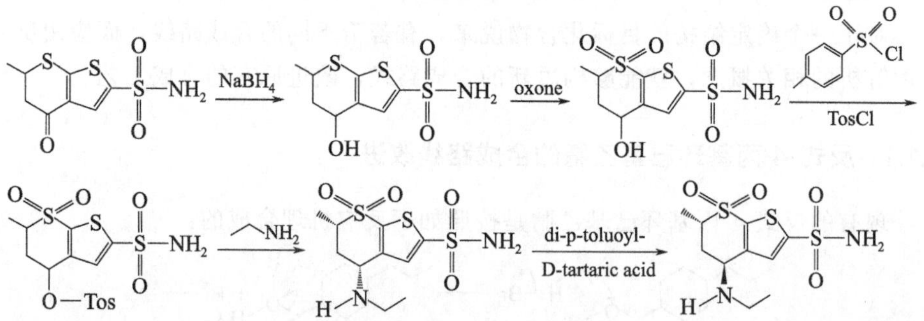

上述工艺明显存在若干不足：

一是所得到的目标手性化合物的收率太低，由于存在两个手性碳原子，必然生成如下四种不同的手性结构：

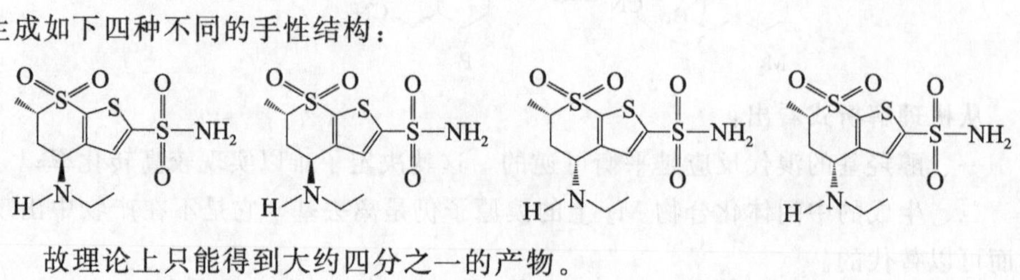

故理论上只能得到大约四分之一的产物。

二是另外的三种手性异构体中，有一种是可能消旋成目标产物的，而本工艺并未采取消旋回收措施：

三是乙胺取代反应的选择性差，发生连串副反应不可避免：

而运用反应机理解析的一般概念，能够构思出如下合成工艺：

上述的原料 B 可由 A 来制备：

这样的合成工艺从根本上能克服了原有工艺的缺陷：

• 乙胺与酮羰基生成亚胺的反应不易发生连串副反应，避免了缩合物的生成；

• 不对称加氢过程又减少了一个手性碳原子，目标手性化合物由理论上的约四分之一提高到二分之一；

- 生成的两个手性异构体本身又是非对映体，相对地容易分离。
- 另一手性异构体可以在碱性条件下消旋化而转化成目标产物。

综上所述，该工艺路线理论上可得到定量的收率，这就是本工艺构思的优势所在。

### 9.1.3 羰基 $\alpha$-位的单卤取代物的合成路线构思

羰基 $\alpha$-位的单卤取代物，可通过如下几个反应过程制备：

一是自由基卤代反应过程：

然而此反应难于避免连串副反应发生：

二是酸催化条件下的极性反应：

然而此反应难于避免消除副反应的发生：

三是双卤化物的加氢还原反应：

而此反应过程的连串副反应仍无法避免：

因而选择性较差，尽管可能采取钝化催化剂的措施抑制连串副反应。

由此看来，迄今文献公开的所有工艺路线均难以获得较高的反应选择性。

然而，从极性反应机理的最基本概念出发，容易想象：

双卤化合物的加氢还原反应是一个生成碳氢共价键的反应，该碳氢共价键是通过负氢为亲核试剂与带有部分正电荷的卤碳亲电试剂反应生成的，简言之：负氢与正碳生成碳氢共价键。

那么，是否可能由带有部分负电荷的碳原子为亲核试剂与质子成键即在正氢与负碳之间生成碳氢共价键呢？完全可能[2]：

实践证明：只要控制金属 M 的加入量，就能控制目标化合物的连串副反应，因而得到较高的选择性。

# 9.2 中间体识别与反应转化率问题

在有机合成实践中，人们经常见到转化率不高和原料转化虽高而收率不高之现象。对于后者说来，人们往往以为是选择性较差而生成了副产物，其实未必。这涉及中间体与副产物识别问题，而这种识别则需通过反应机理解析。

## 9.2.1 糠醛催化溴化反应的转化率问题

前已述及，酸对于亲电试剂的催化作用、碱对于亲核试剂的催化作用是一一对应的，没有例外。然而另一方面，既然酸能催化亲电试剂，它也可就能钝化（反催化）亲核试剂，反之亦然。

以糠醛催化溴化反应为例[3]，在非催化条件下反应不能发生，而在路易斯酸催化条件下反应才能够发生：

尽管如此，反应转化率仍然较低，只有在溴素过量 40% 且在长时间反应条件下，才能获得较高转化率，其原因不外乎路易斯酸的双重催化作用：

其一，路易斯酸催化了溴素的亲电活性：

其二，路易斯酸钝化了芳环的亲核活性：

显然，路易斯酸既催化了反应过程，又影响了反应的转化率，可见该催化剂的双重催化效果。这就启发我们筛选一个既能够催化亲电试剂溴素，而又不显著影响亲核试剂芳烃活性的催化剂，而质子酸便有可能。

这是由于：在上述溴化反应完成后加水淬灭三氯化铝过程中，发现有较多二溴化物生成，这当然是经过一溴化物反应阶段的连串副反应：

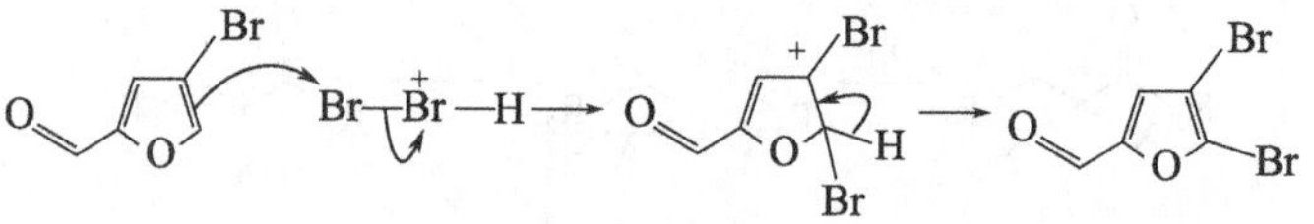

既然质子酸能催化第二个溴化反应，则催化具有更低活化能的第一个溴化反应便是必然的了。实际上，质子催化剂可以不加，而由质子溶剂替代：

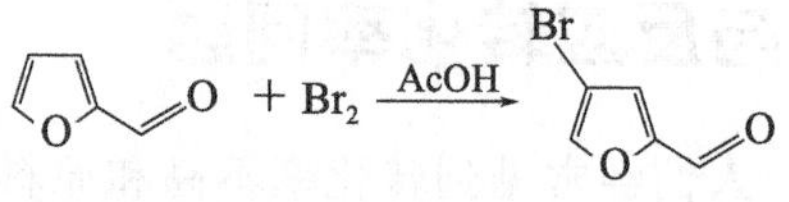

在有机合成实践中经常用到以质子溶剂作为催化剂的例子，如取代苯胺的溴化反应：

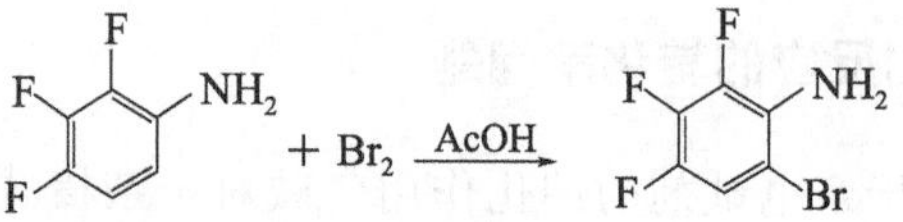

至于质子酸的催化作用与路易斯酸催化作用的差异可以理解为：氧原子上的独对电子与路易斯酸的络合成键远比其与质子的缔合成键更加牢固：

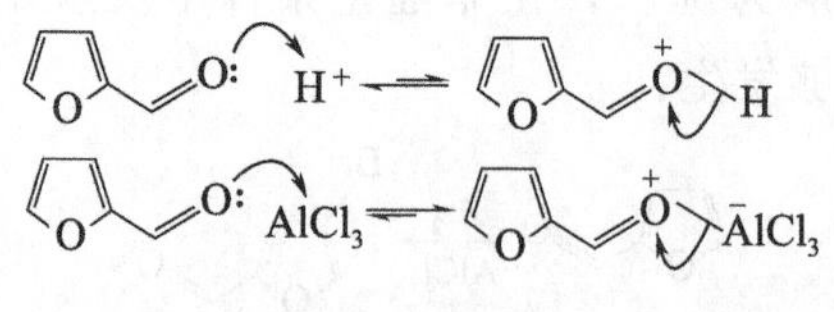

只有处于非络合（或缔合）状态的芳烃才具有较强的亲核活性。

## 9.2.2 羟基卤代反应的中间体识别

羟基的离去活性弱于卤素，不能直接被卤负离子取代，而只有在强酸性条件下，较强活性的溴负离子亲核试剂，才能部分取代质子化的羟基。

**例1**：某公司以醇为原料与溴化氢反应制备溴化物。

该反应机理为：

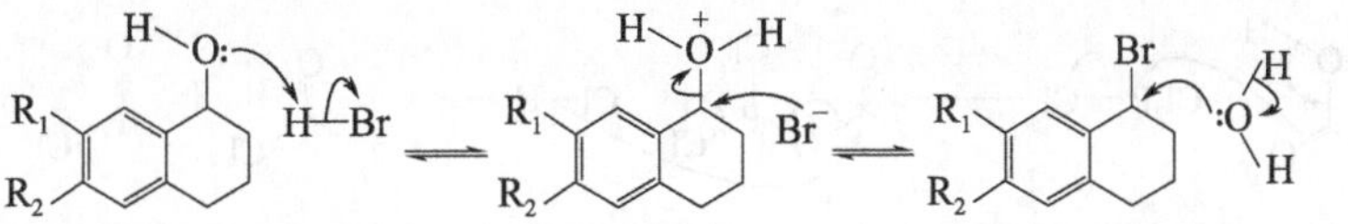

由上述平衡可逆反应机理，就能解释为什么反应转化率不高的原因。因此，提高转化率的有两个手段：一是加强酸性催化，二是增加溴负离子浓度。尽管如此，反应转化率的提高仍然有限。

**例2**：某公司以醇为原料与三溴化磷反应制备溴化物。

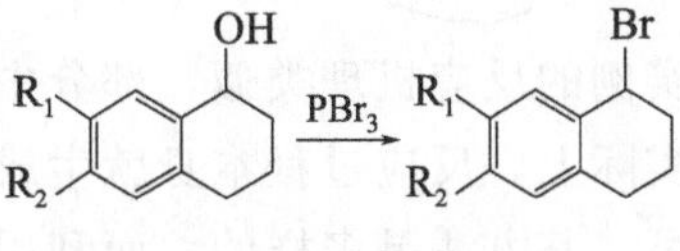

上述反应过程的原材料转化完全，而收率只有 $60\%\sim70\%$，在 GC 分析谱图中又未见其他组分生成，究其原因只能从反应机理解析入手：

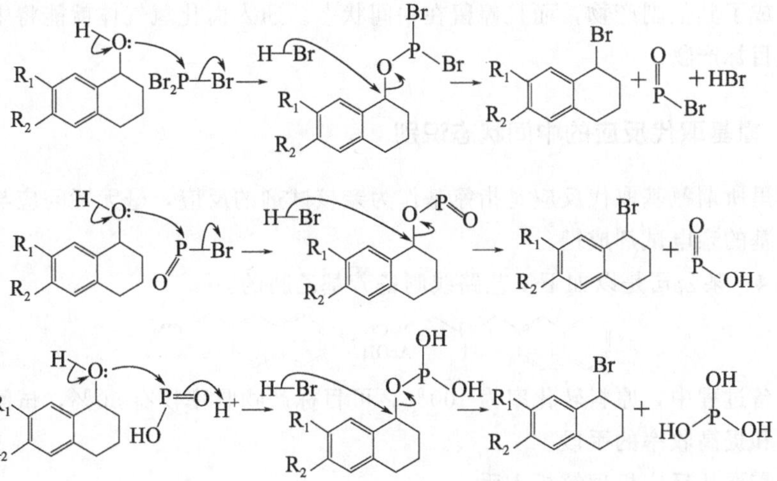

由上述反应机理：三溴化磷分子上存在着三个溴原子，在第一个溴化物生成过程中用掉了两个，其中一个生成了目标溴化物，而另一个则生成溴化氢气体逸出了；在第二个溴化物生成过程中，磷原子上离去了一个溴负离子同时也用掉了一个溴负离子，此时反应系统内的溴负离子已经消耗殆尽；当醇再与次磷酸加成后，本来能够再与溴化氢反应生成第三个溴化物，可是此时溴化氢已经逸出反应系统，反应只能停留在此中间状态。

由上述反应机理解析不难理解，未转化成产物的中间体仍具反应活性，容易与溴化氢反应生成目标溴化物。经补加溴化氢后，收率得到显著提高。

**例3**：乙酰氯制备过程的条件控制。

工业化生产乙酰氯一般选择冰醋酸与三氯化磷反应工艺，反应机理为：

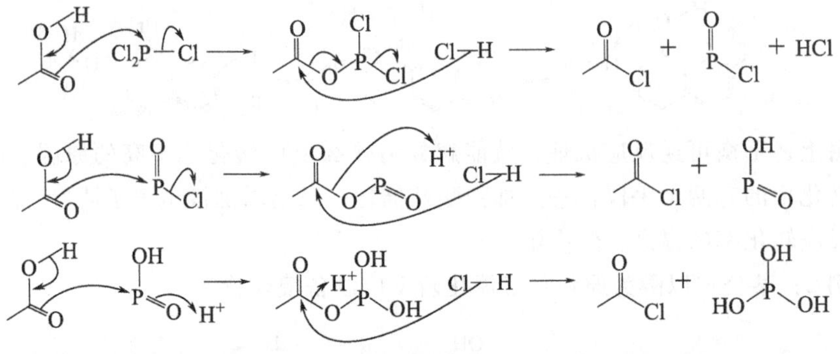

这与前面的溴化反应实例的反应机理类似，部分中间状态是可以通过通入氯化氢气体来实现转化的。实际上，反应过程本身就生成了足够量的氯化氢，只有充分利用这部分氯化氢即可。其方法是多样的，而利用连续化管式反应器则是最好的选择。

由此可见，羟基与三卤化磷反应收率较低之原因，并非是原料未能转化，也不是生成了其他副产物，而是停留在中间状态。通入卤化氢气体就能将中间状态转化成目标产物。

### 9.2.3  氰基取代反应的中间状态识别

这里所谓氰基取代反应是指氰基作为亲核试剂的反应，毫无疑问应与另一连有离去基的亲电试剂成键。

**例 4**：某公司是以如下工艺路线制备芳基乙腈的：

制备过程中，原料转化率为 100％，可目标产物收率仅有 50％，试问收率低的原因和提高收率的手段。

这需要从反应机理解析入手：

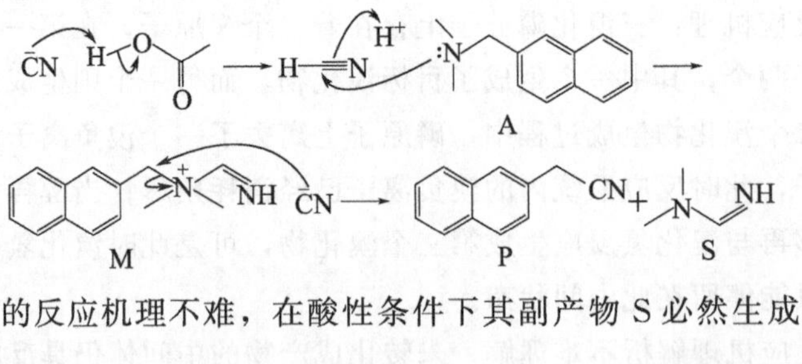

验证上述的反应机理不难，在酸性条件下其副产物 S 必然生成 DMF。反应机理为：

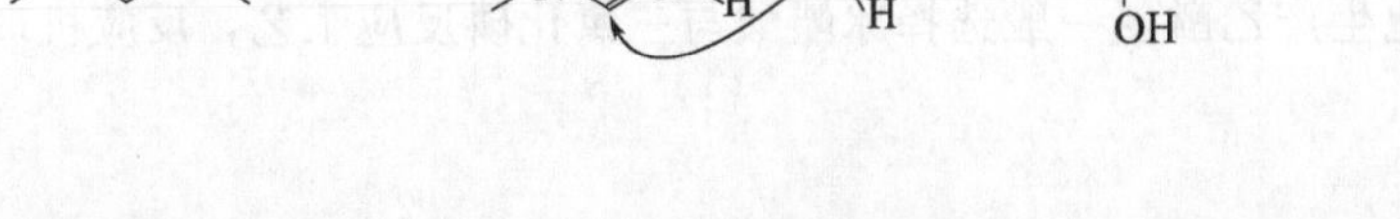

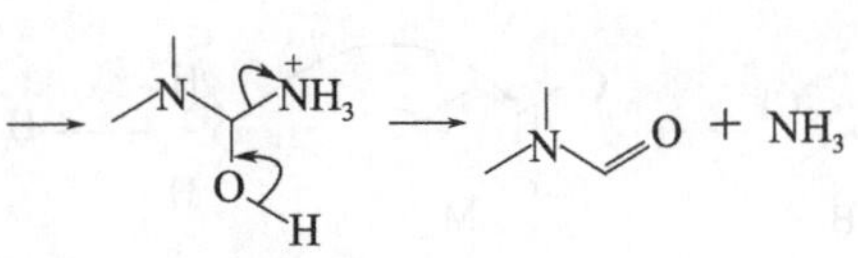

上述反应过程之所以必须经过 M 这一中间状态，是因为只有催化离去基的离去活性，反应才具备发生的条件。否则由于二甲胺基的离去活性较弱，而其亲核活性却较强，因而不利于反应过程的平衡移动：

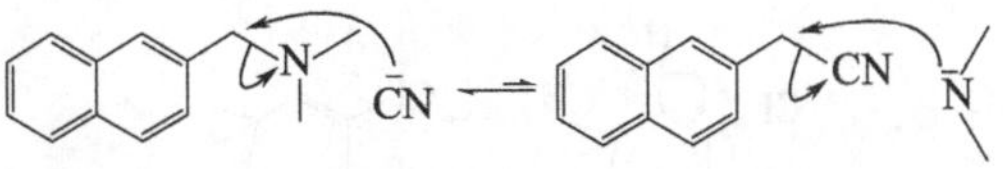

由上述氰化反应机理解析得知：反应过程先后消耗了两个氰基，氰化钠的加入量必须不小于 2 倍的摩尔量。而文献推荐的和实际使用量只有 1.5 倍，因此得到 50％收率就是必然结果了。

实际上催化二甲胺基的离去还有其他方法。

**例 5**：芳基乙腈的另一合成路线：

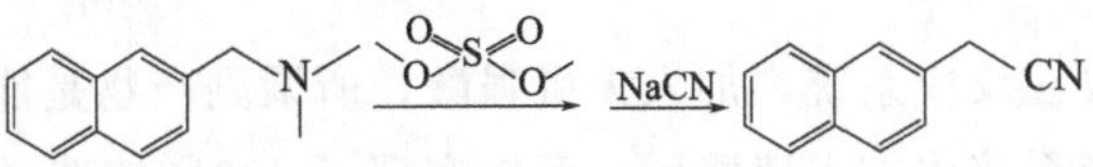

这也是首先进行催化离去基的反应：

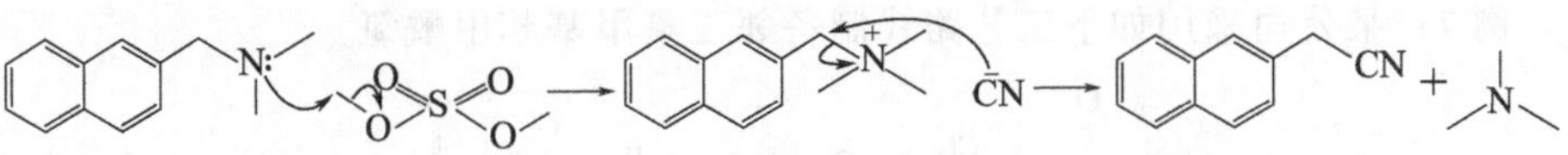

只有氮正离子生成，才具备反应过程所必需的较强的离去活性。

由反应机理得知，这一工艺过程仅仅需要等摩尔的氰化钠。

## 9.2.4　中间状态结构的识别和利用

有些反应过程，不是完全按照人们预想的方向进行的，而在中间状态时往往产生了若干"副产物"，这些所谓副产物是否具有利用价值，通过反应机理解析是能够识别的。

**例 6**：某公司采用如下工艺制备特戊酸 P，结果有较多副产物 S 生成：

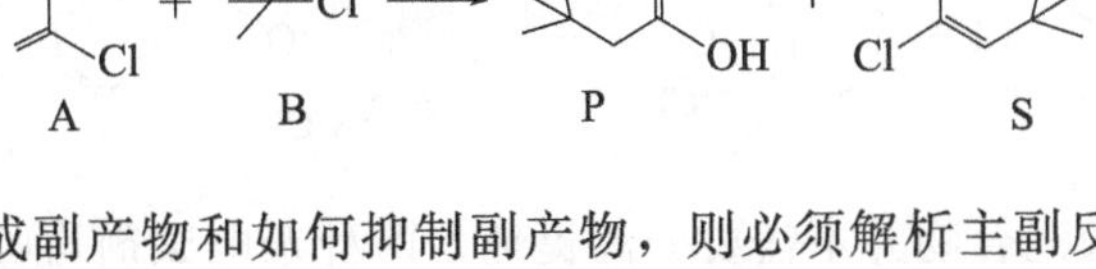

为什么会生成副产物和如何抑制副产物，则必须解析主副反应机理。

主反应机理解析为：

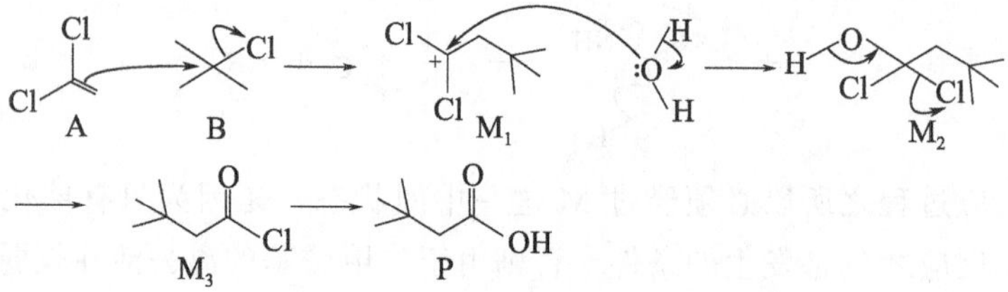

而副产物 S 则是由中间状态 M₁ 进行消除反应生成的：

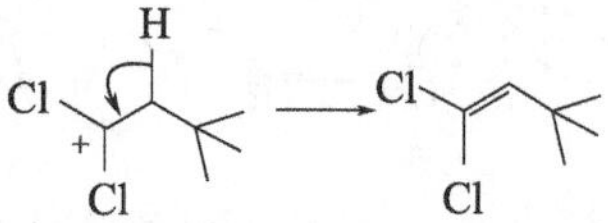

如若将生成的副产物 S 为亲核试剂与质子酸加成，则仍然能将所谓的"副产物" S 转化成中间体 M₁：

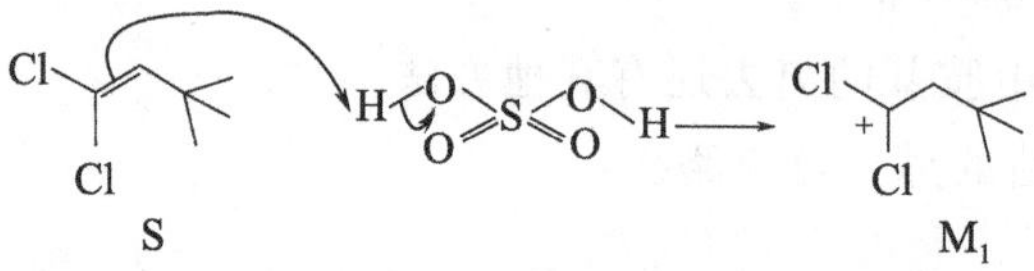

如此看来只要在反应系统内加入无机强酸，所谓副产物是能够转化成中间体的。事实上在反应系统内加入硫酸后，反应实现了100%的选择性。这就是反应机理解析与中间体识别的意义。

**例7**：某公司采用如下工艺路线制备邻三氟甲基苯甲酰氯：

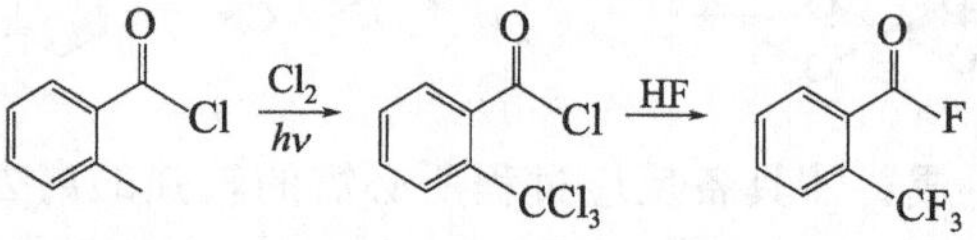

在光氯化反应的最后阶段，有邻三氯甲基苯甲酰氯的异构体生成，该异构体的可能结构能够用极性反应三要素的概念解析出来：

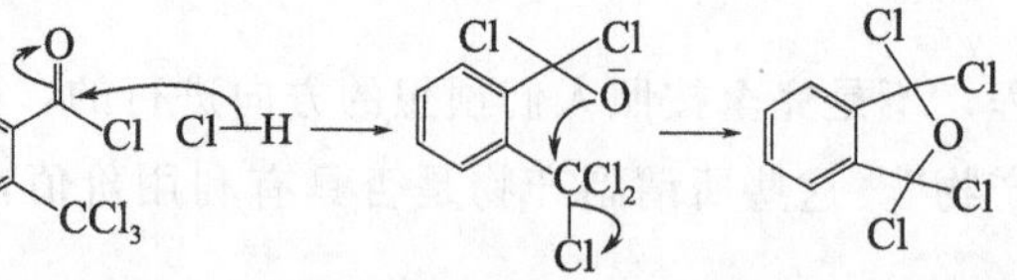

上述异构体的结构可以通过比较羰基的亲电活性来证明：

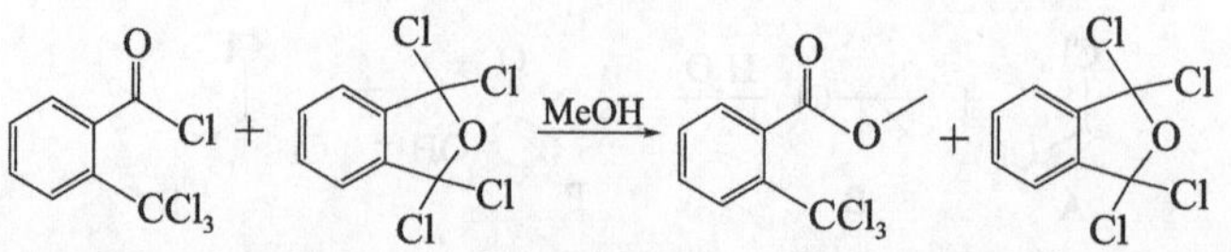

中间体的异构混合物并不需要分离提纯，两种亲电试剂均可与氟化氢反应生成邻三氟甲基苯甲酰氟：

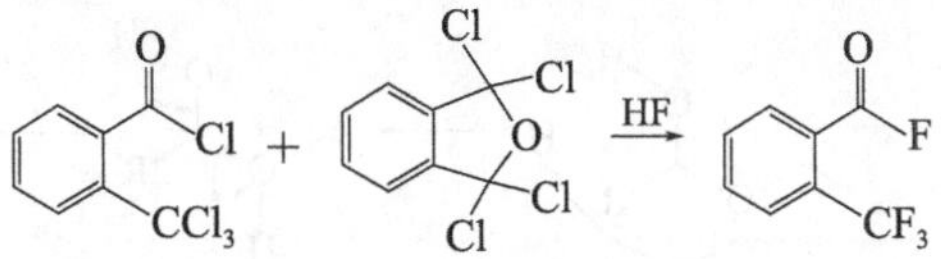

由此可见，上述光氯化反应过程生成的异构体，仍然是目标产物的活性中间体，这通过反应机理解析能够识别，也通过实验结果得到验证。

### 9.2.5 羰基加成-消除反应中间体的识别

羰基的加成产物，只有在不存在离去基的条件下才是相对稳定的，如金属有机化合物与醛、酮羰基的反应：

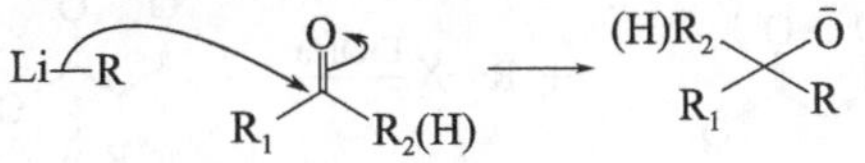

如若是以强离去活性的亲核试剂与羰基加成，如碘负离子，则生成极不稳定的加成产物，只能返回到初始的原料状态：

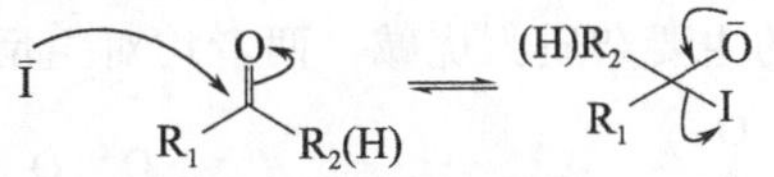

容易理解：如若亲核试剂的离去活性不强，则反应产物可能处于上述两者的中间状态，部分加成产物在一定条件下稳定存在。

**例8**：某公司用乙醇钠来催化甲基酮再与醛羰基化合物进行缩合反应：

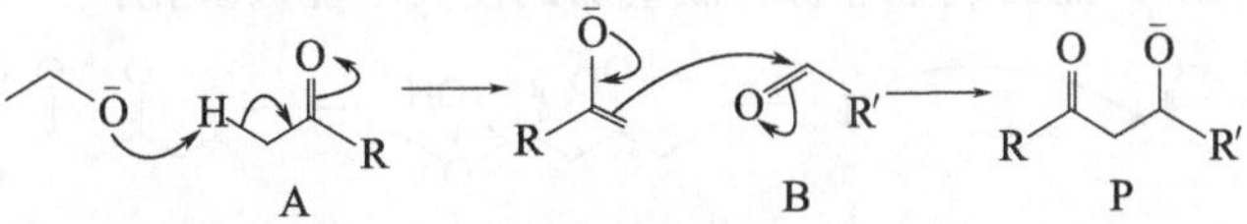

反应之后的检测发现，有 10％的醛类化合物并未转化，在补充甲基酮与乙醇钠试剂之后，未转化的醛基化合物仍未减少。

首先排除了平衡反应的可能，因为根据如上反应机理，一旦烯醇式亲核试剂与羰基碳原子成键就不能再离去了。在排除了平衡反应的基础上，只能是亲核试剂与亲电试剂两者缺一，否则反应不可能不继续进行。然而如何理解补充亲核试剂后反应不能继续进行，而又能在反应体系内检测到大量亲电试剂存在呢？

实际上在反应体系内，亲电试剂醛羰基已经不复存在了，它与碱生成了半缩醛结构，而在分析检测之前的酸化过程中又重新转化成了醛分子。因此，反应体系内的醛分子存在纯属假象，是以半缩醛的形式稳定地存在于反应体系内：

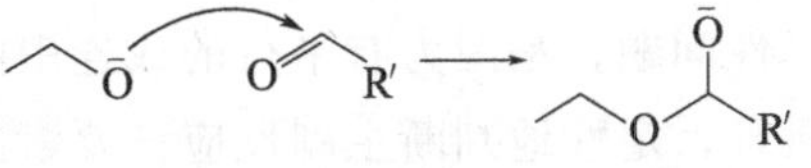

而只是在分析检测过程之前采用的酸化手段使其重新转化成了初始原料：

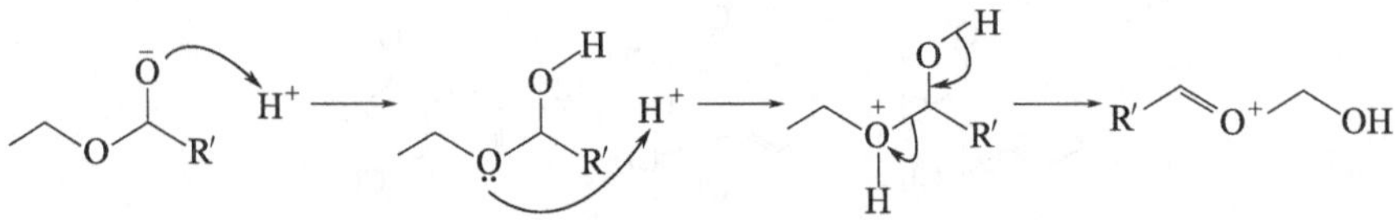

解决醛基剩余问题可从两方面着手：

一是选择碱性较强而亲核活性弱的碱，如氢化钠，使其不与羰基碳原子成键；

二是选择离去活性更强的碱，如叔丁醇钾、三烷基胺类等，即便与羰基碳原子成键了也容易离去。

**例9**：某公司以丙酰基乙酸乙酯为原料在乙醇钠催化作用下与卤代烃缩合：

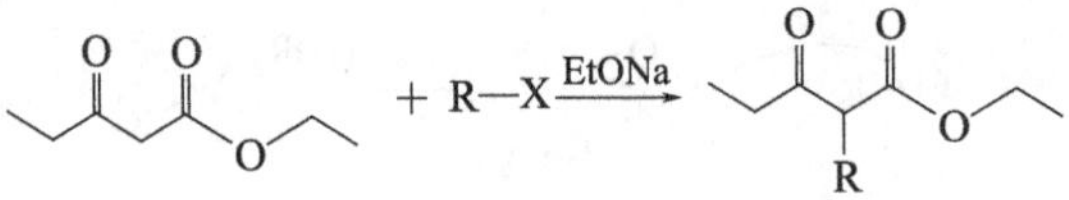

发现乙醇钠的质量显著影响反应收率，96％含量的乙醇钠比98％含量的乙醇钠收率高出5％。为什么呢？

这是因为乙醇钠中的主要杂质为烧碱，两者均对主反应起催化作用：

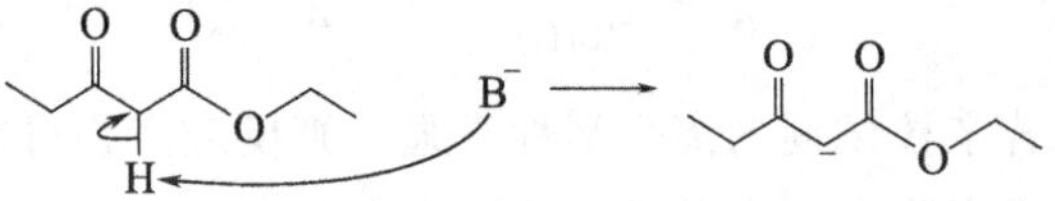

式中，B⁻代表 $EtO^-$ 或 $HO^-$，两者的区别在于所能发生的副反应不同，烧碱容易将酯基水解，而乙氧基容易将羰基加成使其不能烯醇化：

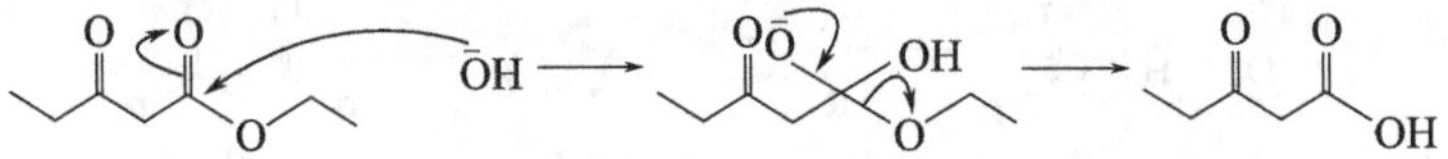

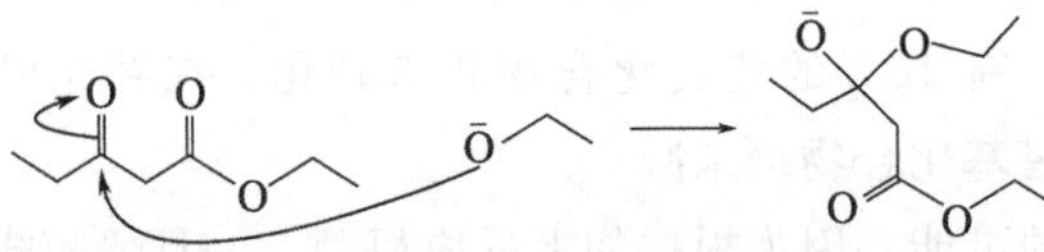

由此可见，羰基加成后不能烯醇化，从而导致此亲核试剂消失，最终影响反应转化率。

综上所述，识别羰基加成反应中间体对于选择催化剂碱的类型，优化反应过程具有重要意义。

## 9.3 根据反应机理解析认识和解决反应选择性问题

反应之所以存在选择性问题，是因为有平行的或连串的副反应存在，故解析反应过程中主副反应的机理，定性地判断主副反应三要素的结活关系，定性地进行反应过程的动力学分析，就容易找到抑制副反应的手段和方法。

### 9.3.1 异构重排副反应的抑制

若干反应过程存在着异构化的重排反应，甚至有些异构重排反应的发生不可避免。然而，我们在反应机理解析的基础上，能够找到这些重排反应产生的原因和抑制这些重排反应的方法。

**例 10**：液晶中间体间氟对腈基苯酚工艺放大过程的异构化问题。

间氟对腈基苯酚是按下式合成的，过程中有异构体产生：

$$\text{A} \xrightarrow[\text{DMF}]{\text{CuCN}} \text{P} + \text{S}$$

异构过程不外乎原料异构化和产物异构化两种，而产物一经生成便是稳定结构而不易重排，这就只能是原料异构化了。

上述合成工艺是将所有原料、溶剂一次性加入反应系统，而后升温至140℃保持 3 小时反应完成的。而在工业化放大过程中，异构体产物显著增加。

根据放大过程升温较慢的特点与实验室工艺比较容易看出：缓慢升温过程是有利于异构化副反应发生的，因为异构化反应具有相对较低的活化能。反应机理为：

由原料的分子结构看出：酚羟基上氢氧键极不对称，共价键上独对电子偏向于氧原子，在外界电场影响之下更容易异裂生成氧负离子；氧负离子是与共轭体系相连的，必然发生分子内的共振而生成几种不同的共振结构；当负电荷共振到对位时，由于碳负离子电负性的急剧下降，较强离去基碘就容易带着一对电子离去而生成卡宾了；生成的卡宾仍是与共轭体系相连的，仍能发生分子内的极性反应共振而将正电荷共振到邻位；而后与碘负离子成键就容易发生了。

由上述反应机理，容易解析出影响异构重排反应的动力学因素：增加氰化亚铜的浓度（一次性加料），减少间氟对碘苯酚的浓度（滴加），取消间氟对碘苯酚的预热过程（加热后滴加），则可最大限度地抑制此异构重排副反应。

### 9.3.2 异氰酸酯合成过程中的副反应抑制

异氰酸酯合成工艺一般是以单取代胺与光气为原料合成的，该反应过程的副反应难以避免。而有效地抑制这些副反应需要在反应机理解析基础上，依据各个组分的结活关系排序，运用动力学规律来解决。

**例 11**：某公司按下述工艺为客户制备异氰酸酯，生成的主副产物为：

主反应的反应机理为：

副产物 $S_1$ 的生成有两种可能。一种是原料 A 与产物 P 的连串副反应：

另一种是原料 A 与中间体 M 之间的副反应：

比较如上主副反应机理，均是以原料苄胺 A 为亲核试剂的，它们所不同的是亲电试剂结构。而亲电试剂的反应活性明显是以光气最强。即：

这是由于氯原子的电负性较大且其离去活性较强的缘故。

由上述解析的主副反应机理以及结活关系分析，容易看出影响反应选择性的动力学因素为：

• 原料光气 B 的亲电活性高于中间体 M 和产物 P，故低温反应对于提高选择性有利；

• 原料光气 B 仅参与主反应，故其浓度增加对于提高选择性有利；

• 原料 A 既能参与主反应又能参与副反应，其浓度效应取决于主反应与副反应的反应级数，一般说来副反应的反应级数更高，而以较低的 A 浓度对于提高反应选择性有利。

在如上主副反应机理解析、主副反应结活关系解析和反应动力学分析基础上，抑制副产物 $S_1$ 的产生也就容易了。

对于另一副产物 $S_2$，它是产物 P 与氯化氢之间发生的连串副反应。其生成的反应机理解析为：

由上述机理解析可见：$S_2$ 是不易生成的，因为它是以较弱的亲核试剂氯化氢与较弱的亲电试剂-产物 P 上的苄基碳原子成键的。由于该反应的活化能更高，只要在低温条件下抑制了 $S_1$ 的生成，同时也就抑制了 $S_2$ 的生成。

然而，尽管反应过程可以抑制 $S_2$ 的生成，其后有个加热蒸出产物的分离过程，而此过程为反应体系提供了更高的能量，这就为 $S_2$ 的生成提供了条件。因此可以认为副产物 $S_2$ 的生成不是发生在反应阶段而是发生在反应过程之后的分离阶段。

如果在分离过程之前，将尚未参与反应的氯化氢除净，则副反应发生的条件便不具备，该副反应仍能抑制。实际上在低温反应之后，增加了一个通入氮气除去反应体系内的氯化氢的过程，副产物 $S_2$ 得到了有效抑制。

由此可见，通过主副反应机理解析和主副反应原料与中间体的结活关系分析，再采用反应动力学分析方法，就能从理论上认清反应过程工艺优化的要点和关键。

### 9.3.3 糠醛溴化副反应的抑制

在上节中，已经介绍了糠醛溴化反应过程是以三氯化铝为催化剂的[3]：

作为路易斯酸的三氯化铝具有双重催化作用。它一方面能催化亲电试剂溴素的反应活性：

另一方面它能钝化了亲核试剂呋喃环上 π 键的反应活性：

这就是采用过量溴素以增加转化率的原因。

然而，过量的溴素在其后处理步骤发现了严重弊端：在加入酸性或中性的水淬灭时，产生一个高沸点的杂质，致使收率降低、质量不好。这是由于在酸性条件下，催化了亲电试剂溴素，发生了如下反应：

毫无疑问，这直接将产物转化成了副产物而降低了选择性。

在碱性条件下淬灭反应，经过 GC 分析未发现有副产物生成，但三氯化铝水解而生成了难以过滤的氢氧化铝：

其实，加碱淬灭的弊端还远远不止生成三氯化铝这一问题，在加入碱水淬灭后，仅能得到 40% 收率的产品，在转化率较高的条件下必然是选择性较低。其可能生成的副产物结构能够运用反应机理解析方法解析出来。就是在强碱性条件下，体系内存在的尚未反应的溴素，能与碱发生下述极性反应：

而生成的羧酸在碱性条件下是溶解在水相之中的，且在气相色谱条件下不会气化、出峰。由此可见，在碱性条件下仍有较多副反应发生而显著降低反应选择性。

综上所述，之所以在酸性、碱性条件下均有副反应发生，其直接原因是来自于亲电试剂溴素的过量，故提高反应选择性只能从解决过量的溴素入手。

方法一：采用含有还原剂-硫酸亚铁的水溶液淬灭反应体系。它一方面淬灭了三氯化铝，同时也淬灭了溴素：

溴素被淬灭后便没有次溴酸生成，醛羰基上的氧化反应以及呋喃环上的溴代反应均不具备发生的条件，反应总收率便由原来的 40% 提高到 80%。

方法二：既然将酸性水溶液加入反应系统时能使产物进一步溴化而产生二溴化物，则由质子酸代替路易斯酸催化也应催化溴代反应，甚至在酸性质子溶剂中就可以实现。如若这样，由于酸性质子溶剂不易钝化亲核试剂的反应活性，便不必采用过量的溴素了，后续的淬灭步骤也可以取消：

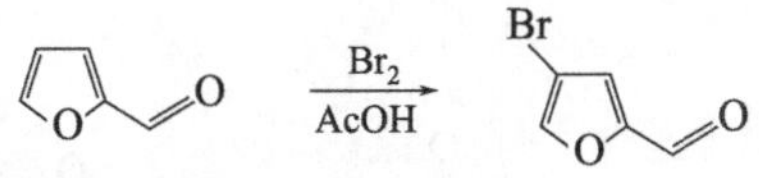

由此可见，通过反应机理解析就能认识主副反应的竞争并构思工艺优化的条件。

## 9.3.4 烷基化反应异构体的抑制

当烷烃上带有离去基时，与离去基成键的碳原子就当然成为缺电体-亲电试剂了，若与该亲电试剂成键的亲核试剂不止一个，则单烷基化反应过程势必存在着选择性问题。

**例 12**：某公司制定如下工艺路线制备某一医药中间体：

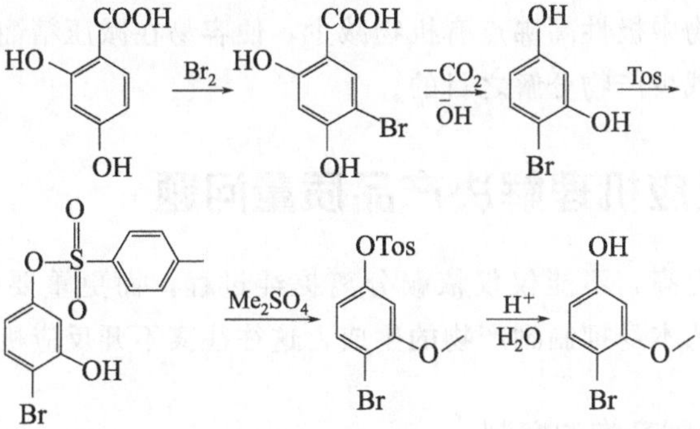

试评价如何改进此工艺路线。

按照反应机理解析的相关概念，上述工艺路线可以有若干比较和选择。

首先是起始原料的选择问题，中间体-4-溴-1,3-苯二酚的和可以采用更简单的原料间苯二酚直接溴化直接得到：

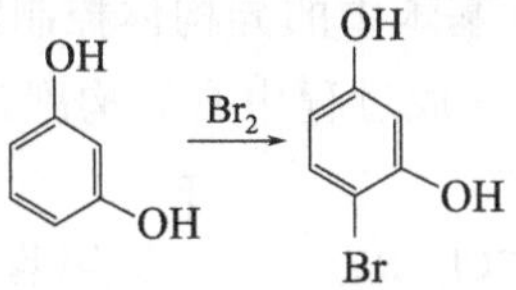

其次是两个羟基与硫酸二甲酯反应的选择性问题，实际上无需再设保护基团，羧基本身就能起着对于邻位羟基的保护作用：

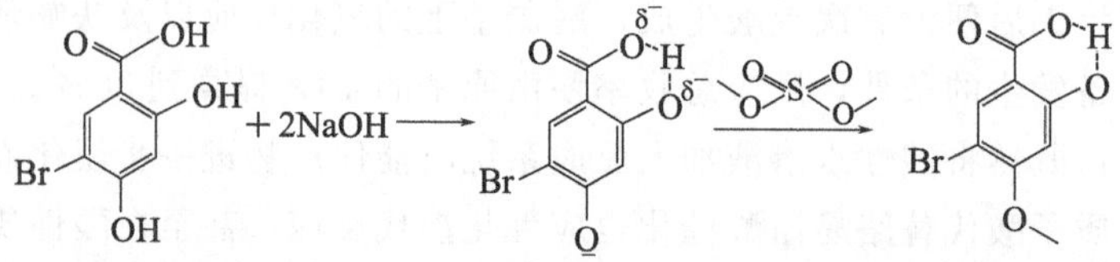

原有工艺显然是脱羧过早了，并未发挥羧基对于邻位羟基的保护作用。

最后是产物的稳定性与分离提纯过程问题，从反应机理解析容易发现该产物具有热不稳定性：

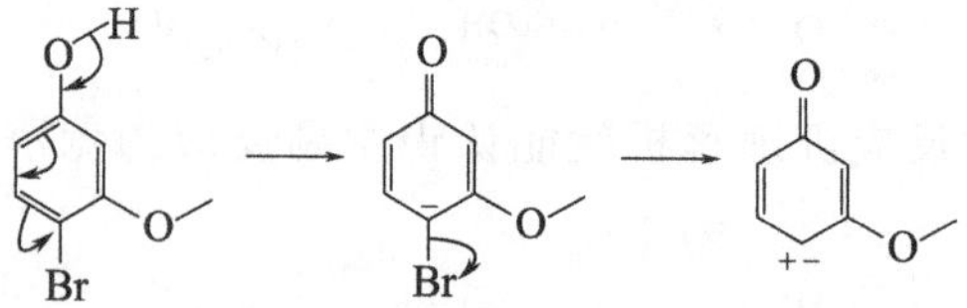

按照如上讨论，拟定如下工艺路线具有可行性：

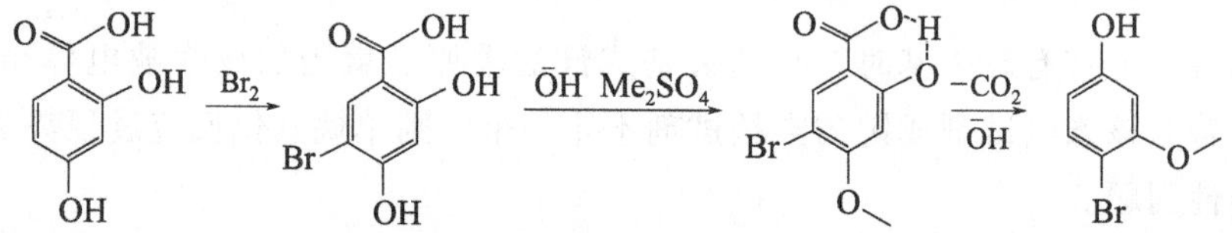

这样取消了羟基保护与脱保护两步反应过程，将 5 步反应简化为 3 步化学反应了，且由于产物中极性高沸点有机物减少，便容易在减压精馏提纯过程中降低温度，从而达到减少产物分解之目的。

## 9.4 根据反应机理解决产品质量问题

产品质量的提高，不能仅仅依赖分离提纯过程，而更重要的是从源头上控制，即从制备工艺本身抑制副产物的生成，这往往离不开反应机理解析过程。

### 9.4.1 异构重排副产物的抑制

若干异构重排副产物在其应用过程中有严格的限制，而分离此种异构副产物往往并不容易，这就需要在解析反应机理的基础上在合成步骤抑制副产物的生成。

**例 13**：邻氟对溴三氟甲氧基苯中的异构体控制问题。

在邻氟对溴三氟甲氧基苯合成过程中有异构副产物产生：

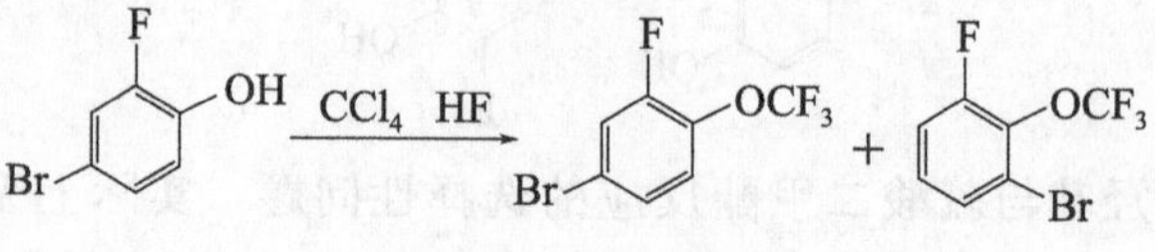

该异构体 S 与产物 P 的物理性质非常接近，以至于在 GC 或 HPLC 中分析

过程中不能将它们分离，而无论采用何种色谱柱。两组分的分离是采用两根
HPLC色谱柱串联条件下实现的，这足可见两组分分离之难度。

这就需要抑制上述副反应的发生，需要解析副产物生成的反应机理。从分子
结构分析，产物的结构相对稳定可以排除异构化的可能，异构化反应只能发生在
原料分子上：

由此可见，异构反应的发生源于酚羟基上氢氧共价键的不对称，独对电子显
著向氧原子方向偏移而容易生成氧负离子；该氧负离子是与共轭体系相连的，分
子内发生共振不可避免；当负电荷共振到羟基的对位时，对位碳负离子的基团电
负性减弱，便为离去基的离去创造了条件，溴原子就带着一对电子离去了；所生
成的卡宾仍是与共轭体系相连的，仍能将其正电荷共振到酚羟基的邻位，原料的
异构反应便如此发生了。

由上述机理解析结果容易发现该反应的动力学影响因素：文献提供的常温下
一次性加料再升温反应的条件并不合理。而将氟化氢预热至反应温度，再缓慢滴
入邻氟对溴苯酚的四氯化碳溶液才是最佳工艺，因为取消升温过程与降低邻氟对
溴苯酚浓度均减少了上述重排副反应的发生。

**例14**：某公司为客户制备如下医药中间体P，该过程生成杂质S不可
避免：

质量标准中规定了该杂质的最高限量，且由实验室制备的样品也符合该质量
标准。只是在工业化放大过程中，所得产品中杂质S超标不合格。

查找上述问题产生的原因是困难的，从生产过程记录很难发现杂质含量上升
的直接原因，必须从反应机理解析入手。

主反应的反应机理为：

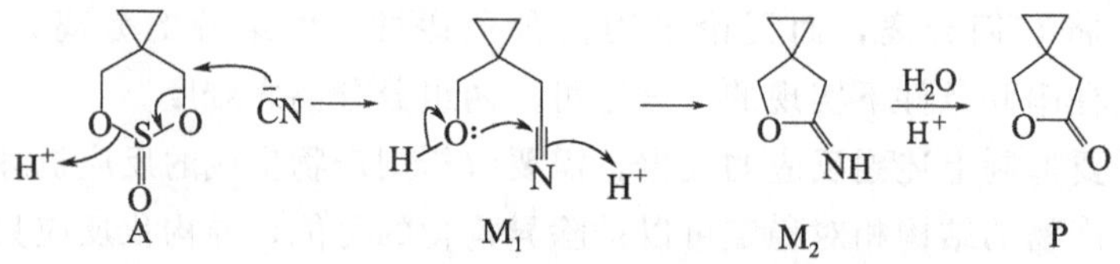

副产物是个扩环反应，明显属于缺电子重排反应机理：

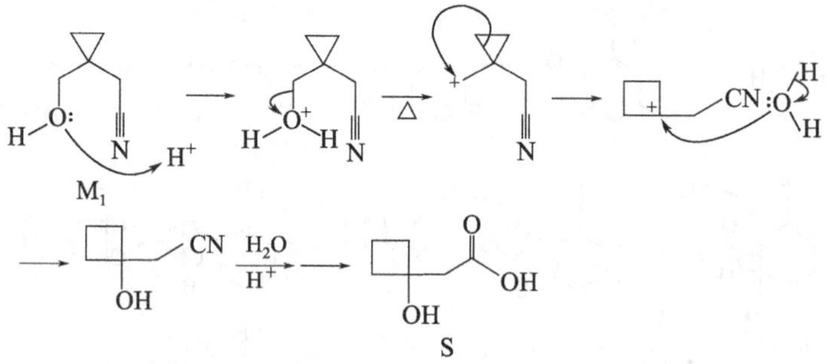

由副反应的重排机理能够发现：中间体 $M_1$ 上的羟基在强酸条件下容易质子化，而在后续加热条件下就能脱水生成碳负离子，从而满足了上述缺电子重排的条件。

我们根据如上解析结果重新制定了 pH 调节步骤的操作规程，强调了如下工艺操作要点：

一是酸化过程的 pH 值十分重要，则必须调节到指定的 pH＝2～4 范围，为了容易实现这一指标，适量加入缓冲试剂为佳。

二是如若调节 pH 过程加酸过量而低于规定范围，则应增加一个用碱回调程序，直到实现 pH＝2～4 为止。

三是 pH 调节过程如此之重要，该过程控制必须分成两个步骤，先由调节人实现预定指标，再由检验人再一次验证合格。

在此基础上，产品质量达到了预定标准。而实现这一质量标准的前提则是反应机理的正确解析。

### 9.4.2 副产物的结构、生成机理与控制

在若干反应过程中，除了目标主产物之外，往往有副产杂质生成，为了抑制这些副产物，解析副产物的生成机理往往是必要的。

**例 15**：某公司采用氢氟酸重氮盐热分解工艺制备间氯对甲基氟苯[4]~[6]：

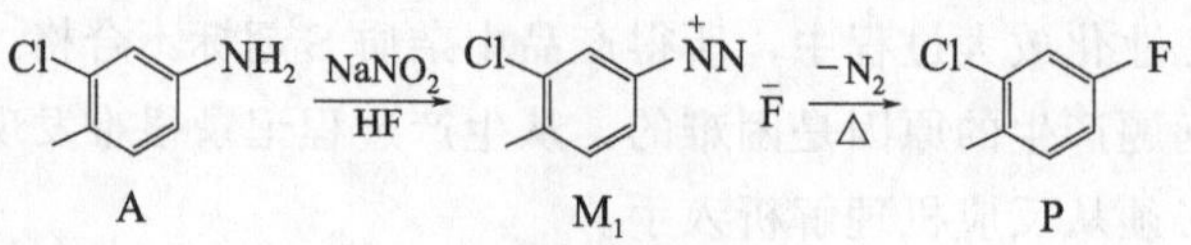

除了主产物之外，还有如下副产物生成：

$S_1$ 　　　　　　　$S_2$ 　　　　　　　$S_3$

生成产物的 GC 谱图相当于：

P

$S_3$ 　　$S_1$ 　　$S_2$ 　　　　　（$S_2$ 以虚线表示模拟出峰）

　　生成的酚类化合物 $S_1$ 容易分离，无论采用碱洗方法还是精馏方法；偶氮化合物 $S_2$ 为不挥发组分，GC 谱图中只是以虚线象征性地表示其沸点极高，因而容易通过蒸馏法分离；而不易分离的只是所谓"脱氟杂质"$S_3$，因其沸点略高而又接近于主产物，因而只能通过较多理论板数的连续精馏过程提纯，而该过程也势必需要较大的回流比而能耗过高而不可接受。

　　这就宣布了"脱氟杂质"$S_3$ 不宜采用精制提纯方法，且没有其他的分离手段，而只能在反应过程中加以抑制。这又必须从解析反应机理过程找到抑制副反应的方法。

　　重氮盐氟代反应是在加热状态下的热分解成苯基正离子，再与亲核试剂成键的。反应过程为：

$M_1$ 　　　　　　　$M_2$

生成的苯基正离子为较强亲电试剂，能与各种亲核试剂成键：

| 亲电试剂 $E^+$ | 亲核试剂 $Nu^-$ | 产　　物 |
|---|---|---|
|  | $\bar{F}$ | P |
|  | $\bar{OH}$ | $S_1$ |
|  | $\bar{H}$ | $S_3$ |

　　如此看来所谓"脱氟杂质"并非真正脱氟，而负氢转移才是该杂质产生的内因。故杂质 $S_3$ 生成的反应机理为：

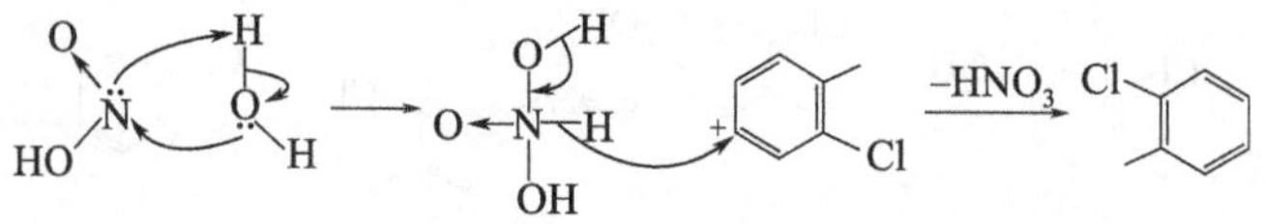

由此可见：所谓"脱氟杂质"是由过量的亚硝酸钠引起的，由此找到了提高产品质量的解决方案。

**例 16**：某公司的农药中间体 CN-FCS 是按照如下工艺路线合成的，其中有副产物二腈 S 生成：

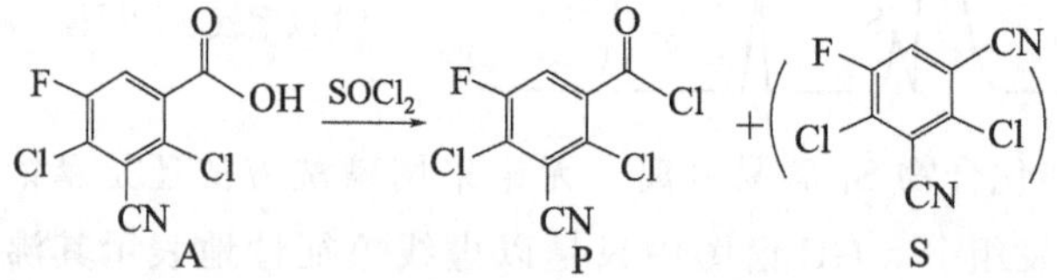

该公司求解的提纯工艺应该分解成两个问题：一个是不合格品处理问题，而另一个则是抑制副产物生成问题。

关于不合格品处理，由主副产品结构所决定，其物性差异不大而难于直接分离。只能将生成之产物于碱性条件下水解生成羧基负离子，再以活性炭吸附除去杂质二氰 S，除去二氰后重新酸化成原料 A，最后将羧酸重新制成酰氯：

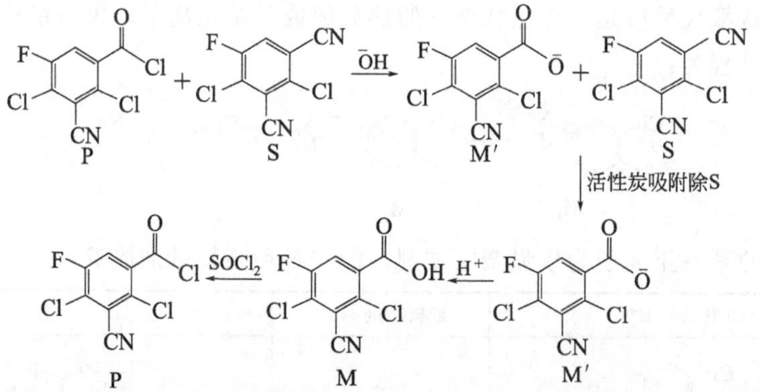

关于抑制副产物生成，则需要解析副产物生成的可能机理。

可能机理之一是生成的酰氯后与氨反应生成酰胺，再与脱水剂反应生成副产物：

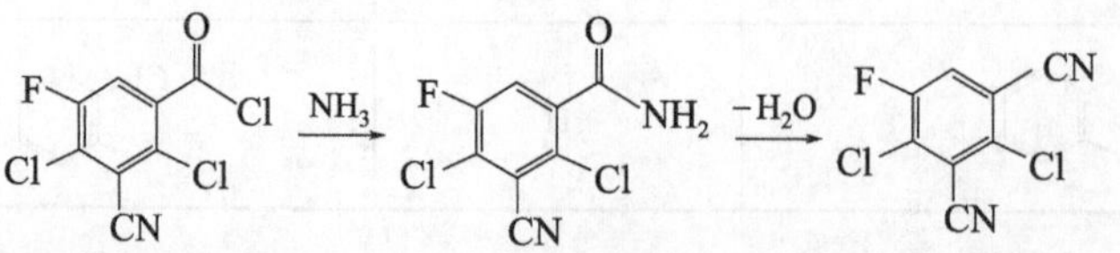

而反应体系内并没有氨的存在，也不具备脱水条件，故此种可能应该排除。

可能机理之二是生成的酰氯先后两次与氰基反应生成副产物：

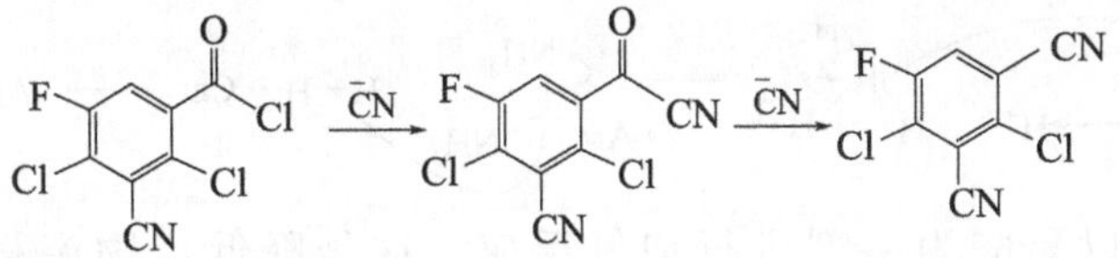

经查，原料羧酸 A 是通过重氮盐与氰化钠、氰化亚铜反应生成的：

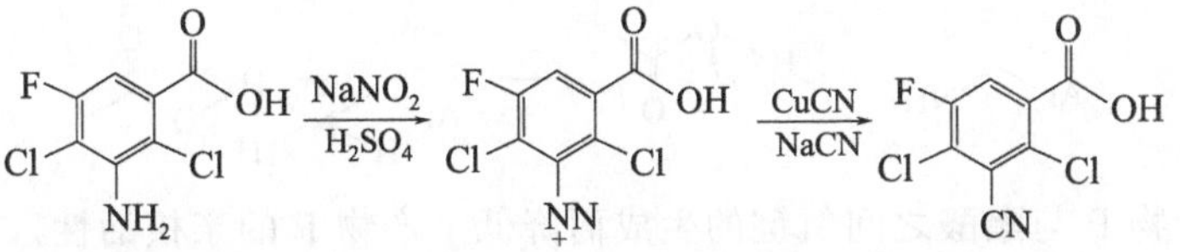

上述反应完成后仅仅经过过滤得到原料羧酸 A，并未经过其他任何精制步骤，这就存在氰基残留的可能，这就是副产物生成的内在原因。

按照如上解析的思路，将原料羧酸 A 溶于极性有机溶剂后，经硅胶吸附除去氰基，然后再与氯化亚砜进行酰氯化反应，副产物如此得到了抑制。

**例 17**：氰基化合物加氢成胺的反应，不可避免地有副产物 S 生成：

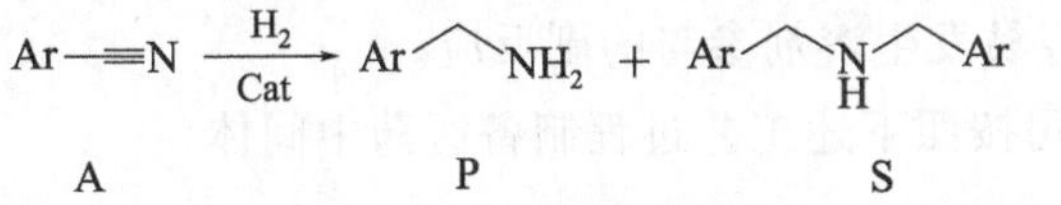

为了找到抑制副产物 S 的方法，需要解析主副反应的反应机理。

主反应的反应机理为：

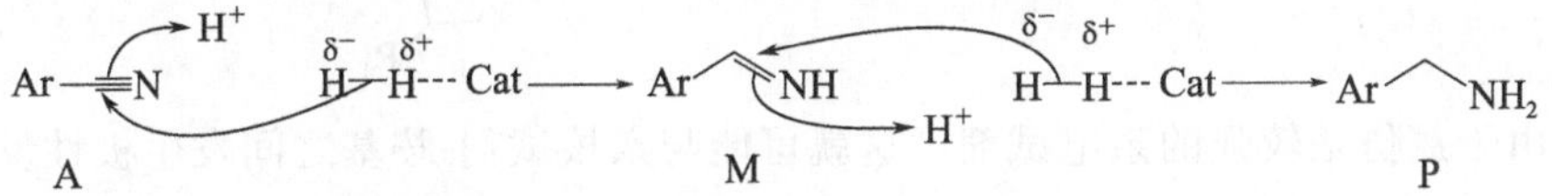

从上述反应机理容易发现：中间体 M 为亲电试剂，而产物 P 为亲核试剂，正是这中间体与产物之间的反应，生成了影响产品质量的杂质 S。

副反应机理为：

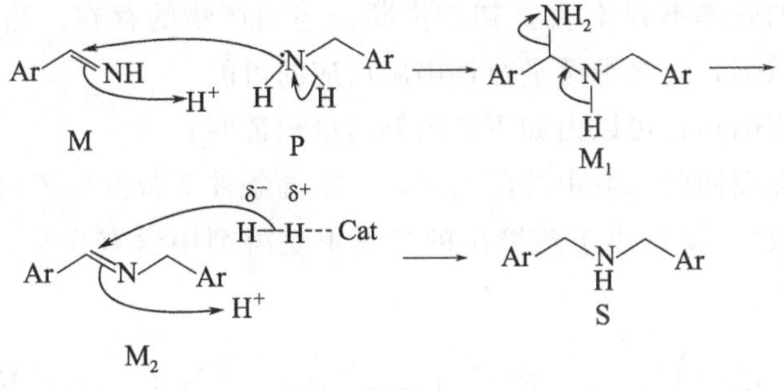

从如上反应机理解析，容易找到抑制副产物生成之方法。

方法一：加入另一组分-氨亲核试剂，则其与产物 P 亲核试剂竞争的结果是抑制了副产 S 的生成：

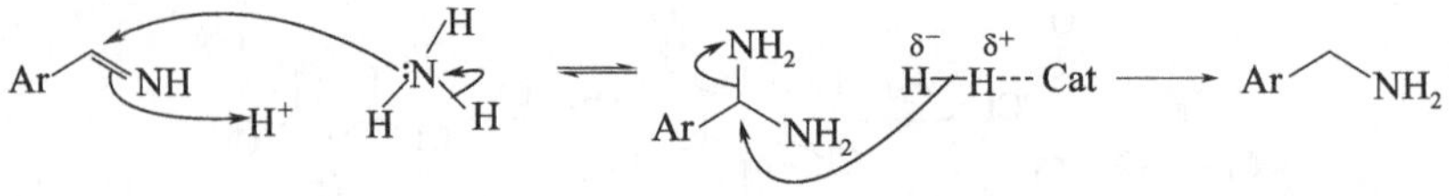

方法二：以醋酸为溶剂进行加氢反应。这是降低产物亲核试剂活性之方法：

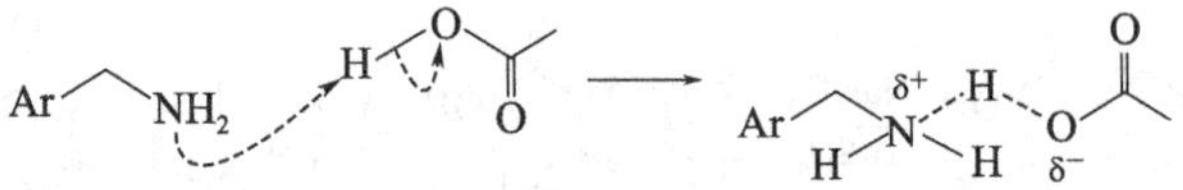

由于产物 P 与醋酸之间氢键的生成而降低了产物 P 的亲核活性。

如此看来，只要掌握反应机理解析能力，就容易找到抑制副反应，提高产品质量的方法。

### 9.4.3 溶剂参与副反应的抑制

除了烷烃之外，其他溶剂总是或多或少地表现出亲核活性或亲电活性的。如若选择不当，则容易发生溶剂参与的副反应。

**例 18**：某公司按照下述工艺过程制备医药中间体：

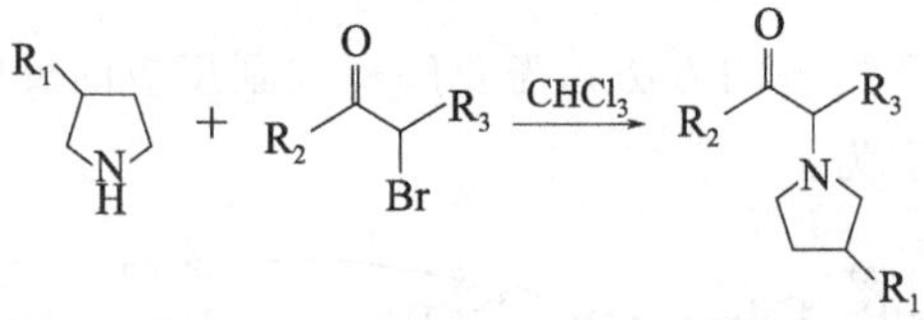

由于氯仿是较强的亲电试剂，这就可能与亲核试剂-胺基之间发生极性反应：

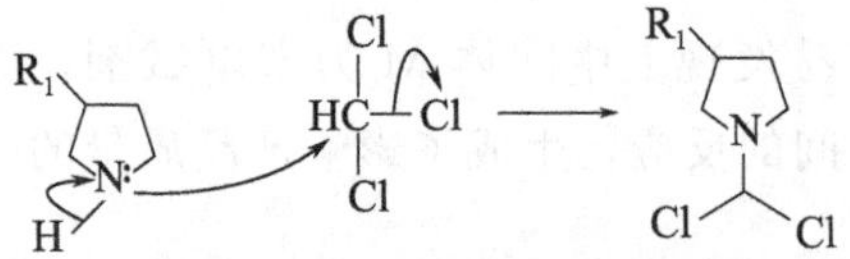

由该反应的收率不到 40%，初步推断上述副产物的存在。当然上述副产物仍为较强亲电试剂，仍有继续进行连串副反应的可能。

上述副反应的存在可以由如下参照例间接地证明：

某公司在蒸馏回收二氯甲烷溶剂时，于室温条件下曾发生了包装桶内产生压力的"胀桶事故"，就是由于蒸馏出的二氯甲烷溶剂中含有少量二甲胺的缘故。反应机理解析为：

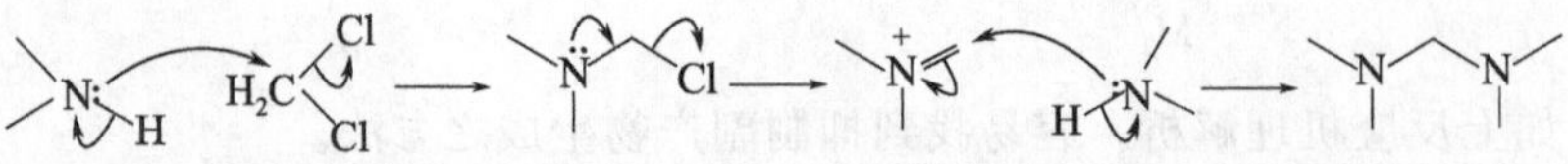

上述副产物 S 已经从 GC/MS 分析中检出，证明这个副反应的存在。容易比较，氯仿的亲电活性是高于二氯甲烷的，更易与亲核试剂成键。

**例 19**：印度某公司按傅克反应机理制备 2,4-二氯-5-氟苯乙酮[7],[8]：

容易理解：上述反应收率不会太高。原因为：

一是芳环上卤原子上的独对电子与路易斯酸空轨道处于可逆平衡的络合状态，傅克反应难于进行完全，因而总会剩余部分原料未能转化。

二是存在酮羰基的烯醇化异构体（亲核试剂）能在反应所处的高温条件下与其酮式异构体缩合，双聚或多聚的大分子化合物的生成不可避免。

三是上述傅克反应也存在着异构产物 2,6-二氯-3-氟苯乙酮。

然而，与中国公司的相同工艺对比，印度某公司的主原料转化率达到了 90%，远高于中国的 80%。但生成产物的原料单耗却比中国公司高出了接近 10%。转化率的提高不但没有带来收率的提高，反而降低了收率。

调查发现：两国公司合成工艺的原料配比、反应温度、加料方式、反应时间等条件完全相同，唯有的区别在于反应之后的加水淬灭步骤：中国工艺是将高温反应液降温到 50℃后直接倒入冰水中淬灭的。而印度工艺是降温到 50℃后加入溶剂二氯甲烷后再降至室温，然后加入到冰水中淬灭的。由这一区别容易判断：印度工艺由于引进了亲电试剂二氯甲烷而将原料转化成了副产物 2,4-二氯-5-氟氯苄：

而在特定的气相色谱条件下，产物 P 与副产 S 处于同一出峰时间、同一出峰位置，因而错误地将副产物看成了主产物，这就是转化率高的同时原料单耗也高的原因。

上述副反应的推测得到了实验的验证，由此看来溶剂能否参与反应需预先从反应机理上予以评估。

**例 20**：某公司研究开发如下医药中间体[9]：

发现以过量的乙二醇为溶剂于 100℃反应 9 小时条件下，只有 72.6% 的产物生成，而有约 20% 生成了如下副产物：

显然这是溶剂参与的副反应。为了抑制该副反应，研究人员进行了溶剂筛选，在常压条件下反应 40 小时的实验结果如下：

| 实验号 | 反应溶剂 | 反应温度 | A/% | P/% | (A＋P)/% |
|---|---|---|---|---|---|
| 1 | 2-丁醇 | 79 | 94.1 | 4.3 | 98.4 |
| 2 | THF | 65 | 95.9 | 2.2 | 98.1 |
| 3 | 二氧六环 | 100 | 92.4 | 7.6 | 99.8 |
| 4 | 异丙醇 | 82 | 83.3 | 16.6 | 99.9 |
| 5 | 叔丁醇 | 82 | 58.3 | 41.4 | 99.7 |
| 6 | 异丁醇 | 100 | 9.3 | 81.7 | 91.0 |
| 7 | 乙二醇单甲醚 | 100 | 11.4 | 80.4 | 91.8 |
| 8 | DMSO | 100 | 0 | 80.8 | 80.8 |
| 9 | DMF | 100 | 64.5 | 33.3 | 97.8 |
| 10 | 正丁醇 | 100 | 7.6 | 85.7 | 93.3 |

研发人员由此选择了正丁醇为反应溶剂。

上表中的最后一列（A＋P）/% 为作者所加，该数字近似于等于选择性，而 A/% 为未转化率，P/% 为收率。

从反应收率角度分析，采用正丁醇为溶剂似乎有道理。然而反应收率是反应选择性与转化率的乘积，两者应该分别讨论。从上表中容易发现以正丁醇为溶剂的选择性只有 93.3%，而有 6.7% 的副产物是由于溶剂参与反应生成的，这显然不好。

从表中数据的反应选择性角度分析，异丙醇、叔丁醇的反应选择性更好，这验证了醇类亲核试剂的亲核活性次序：

伯醇＞仲醇＞叔醇

虽然以异丙醇、叔丁醇为溶剂的转化率不及正丁醇，但这可以通过提高反应温度来解决，如若在压力釜中升温反应，则有可能在保证定量选择性的前提下提高转化率，从而取得更高的反应收率。

从表中的反应转化率角度分析，DMSO 溶剂未必不好也不宜轻易否定，因为其转化率达到了 100%。尽管其选择性不高但存在着降低反应温度的空间，因而存在着提高选择性的余地。

总之，通过反应机理解析容易找到抑制溶剂参与副反应的方法。

# 9.5 根据反应机理选择工艺路线

同一有机化合物的合成往往有不同的合成路线，而不同的合成路线则具有不同的主副反应，由主副反应的选择性不同决定了制备成本的差异，因而需要对于不同合成路线的主副反应机理、反应活性、动力学进行比较、分析和判别。

## 9.5.1 制备芳酮的合成路线比较

以反应机理分类，常用的芳酮制备工艺有如下几种：

路线一：Friedel-Crafts 酰基化反应工艺。

这是以芳烃 π 键为亲核试剂，直接与带有离去基的酰基亲电试剂成键的。这就是路易斯酸催化条件下进行的 Friedel-Crafts 反应[10],[11]：

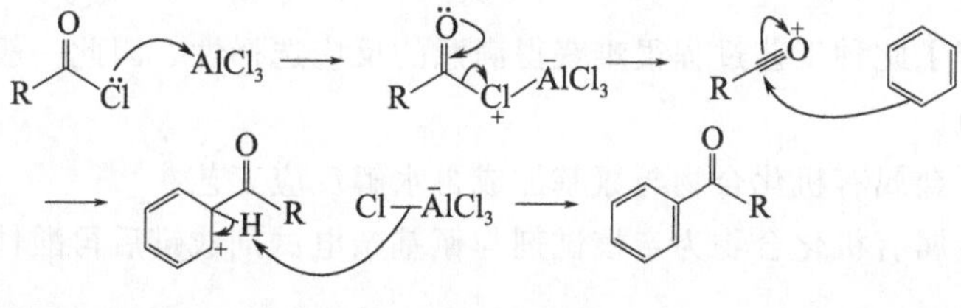

几乎所有的教科书中均认为在上述反应发生前，存在着羰基氧原子独对电子与路易斯酸之间的定量络合，因而该过程加入的路易斯酸摩尔量必须大于羰基化合物的摩尔量，否则反应不能发生。

然而在若干卤代芳烃的酰基化反应过程中，实际投入的路易斯酸不是过量而是欠量的，且反应能够进行到底。如：

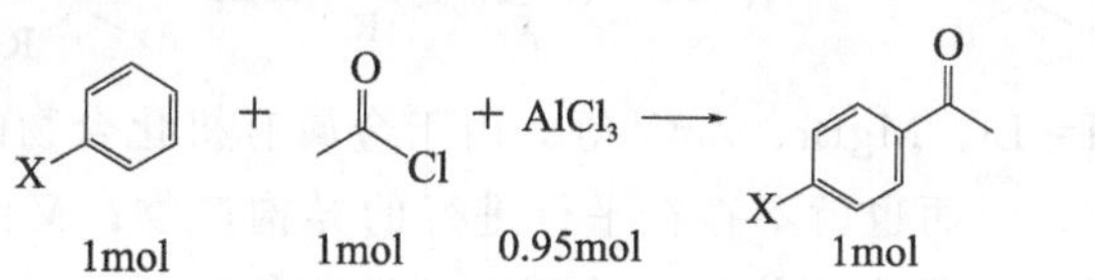

上式中，X＝Cl、Br。这就否定了原有的路易斯酸与羰基定量络合一说，而证明这种络合是平衡可逆的：

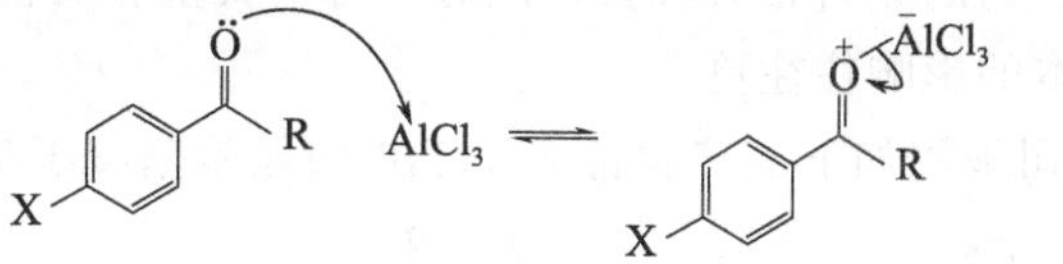

由羰基化合物吸电的电子效应所决定，该反应产物的电子云密度显著降低，芳环上的亲核活性较低而不易进行连串副反应；由芳烃亲核试剂为两可亲核试剂的性质所决定，该化合物容易产生异构的平行副反应；由不同芳烃的亲核活性差

异所决定，电子云密度较小的芳烃不易发生如上反应。

路线二：金属有机化合物与羰基化合物的反应工艺。

这是以金属有机化合物为亲核试剂与羰基亲电试剂成键的反应过程。相当于加成-消除反应机理：

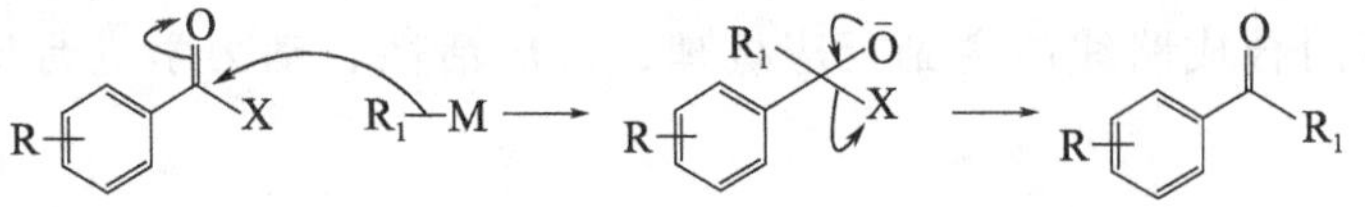

上式中，M＝Li、MgBr、ZnBr 等，X＝Cl、AcO、EtO 等离去基。由于金属有机化合物的结构单一，没有共振异构体存在，因而也就不存在异构产物。然而，生成的芳酮的羰基上仍具有相当强的亲电活性，加之金属有机化合物本身又是极强的亲核试剂，两者的连串副反应不可避免：

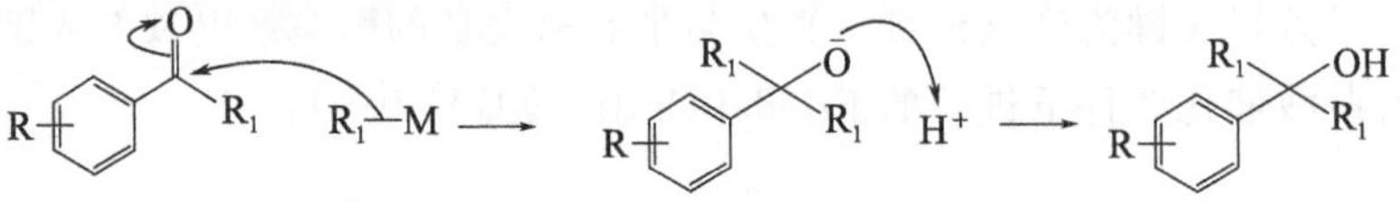

这就决定了此种工艺过程很难获得满意的反应选择性，因此一般不具有实用的工业化价值。

路线三：金属有机化合物与氰基加成再水解反应工艺。

这是以金属有机化合物为亲核试剂与氰基亲电试剂成键后再酸性水解的反应过程：

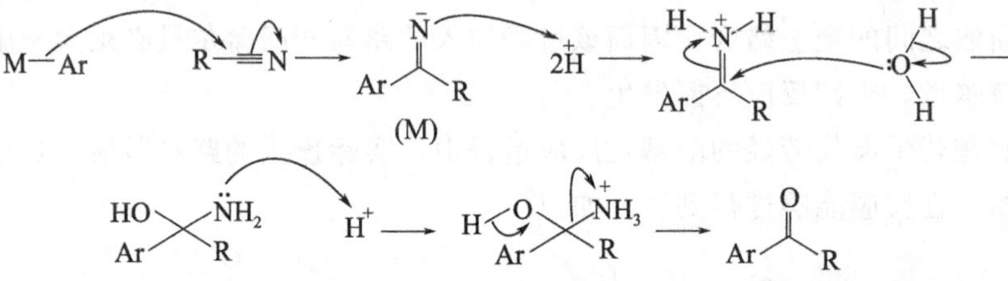

上式中，M＝Li、MgBr、ZnCl 等。由于金属有机化合物的结构单一，没有共振异构体存在，因而也就不存在平行进行的异构产物；又由于生成的中间体 M 分子上的氮负离子带有单位负电荷而电负性显著降低，与其相连的双键碳原子不具有亲电试剂性质而难于发生连串副反应；因而这是高选择性的合成工艺。尽管金属有机化合物的原料相对较贵，但对于若干贵重有机物的合成说来，其选择性对于原料成本的影响往往更大。

**例 21**：某公司采用如下工艺制备 2,3,5,6-四氟苯基叔丁基甲酮[12]：

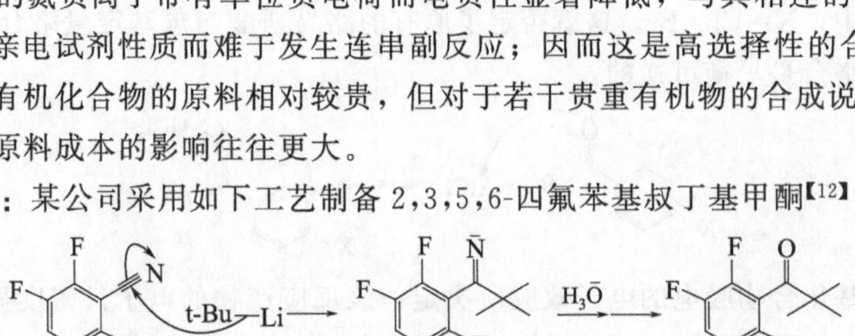

由于其中间体 M 并不具有亲电活性，不能进行连串副反应，因而具有良好的选择性。当然上述产物的合成也可以采用如下工艺：

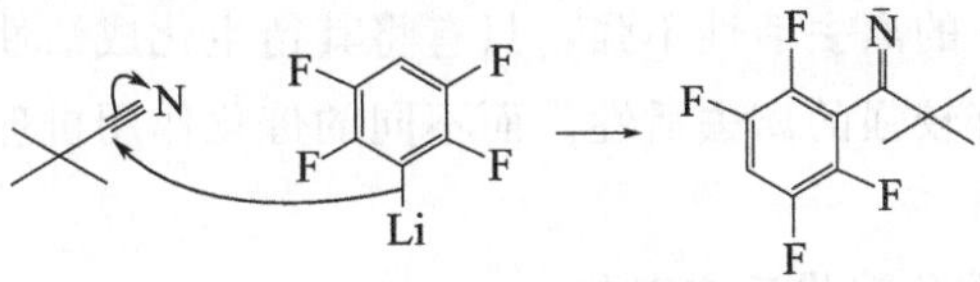

这仍然具有良好选择性，但因其原料成本偏高而不具成本优势。

上述目标化合物若采用金属有机化合物与羧酸酯合成工艺，则生成的酮羰基化合物与金属有机化合物之间的连串副反应就不可避免了：

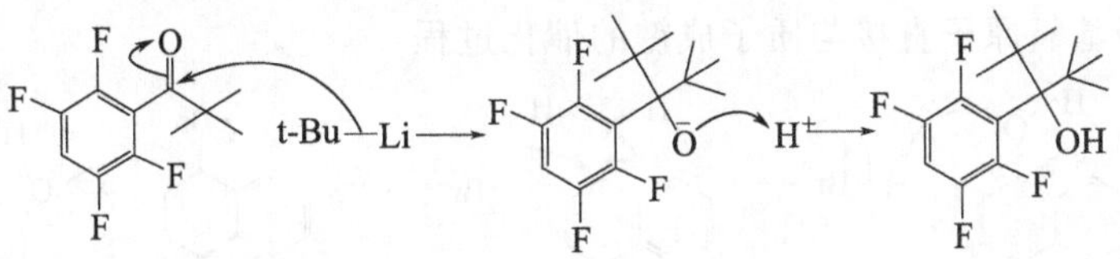

这势必影响反应选择性而降低收率，尽管叔丁基的空间位阻较大。两条工艺路线的优劣不言自明。

本例说明：以金属有机化合物与氰基合成芳酮是高选择性的合成路线，该工艺路线又存在两种形式：一种是芳基金属有机化合物与氰基烷烃的反应，另一种是烷基金属有机化合物与氰基芳烃的反应。

**例 22**：某公司按如下工艺过程制备酮类液晶中间体[13]：

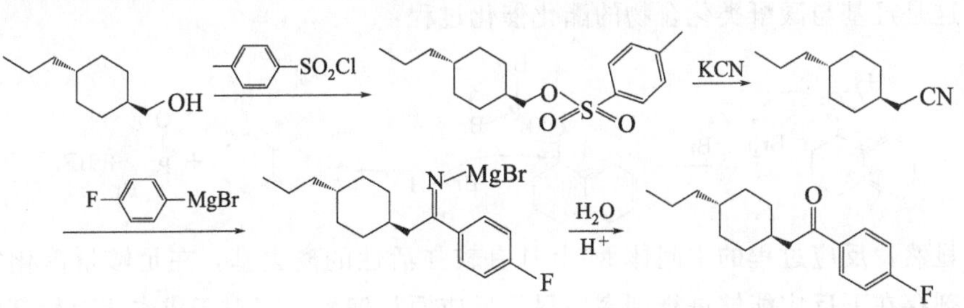

通过反应机理的比较，容易看出本工艺路线的优势，显著好于原有文献的下述工艺过程：

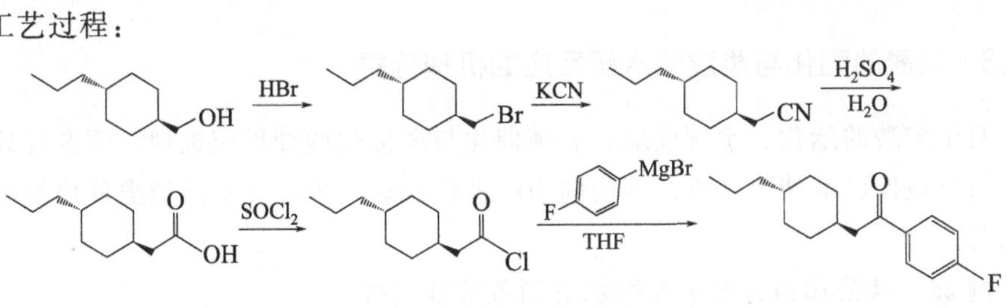

两者的差距就至少在于最后一步反应的选择性不同，酮羰基与格氏试剂的连串副反应不可避免，这是由其反应机理决定的。

### 9.5.2 醇羟基溴代反应的合成路线比较

众所周知，羟基的离去活性不强，只有将其衍生化成活性更强的离去基或在酸催化条件下才具有较强的离去活性。而不同的催化作用机理也就决定了不同的转化率与选择性。

**例 23**：质子酸催化溴代反应工艺。

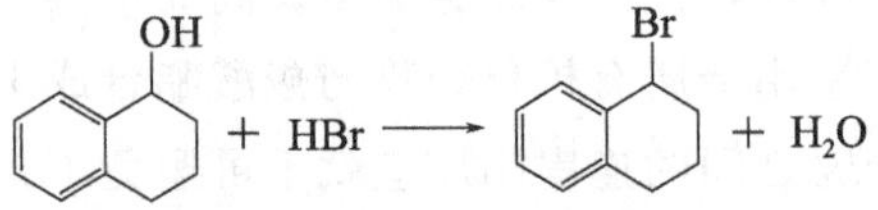

这是羟基氧原子直接与质子成键的催化过程：

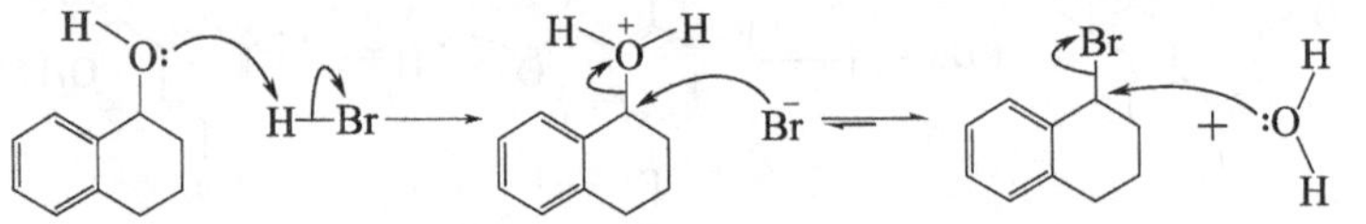

实验结果表明：总有部分原料醇不能转化完全，其原因在于上述反应是平衡可逆的过程。而对于成本较高的醇类原料说来，不能全部转化则是不可接受的。

**例 24**：羟基酯化、溴代反应工艺。

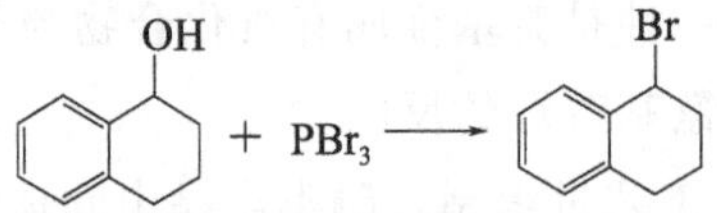

这是羟基与酸酐类化合物的酯化催化过程：

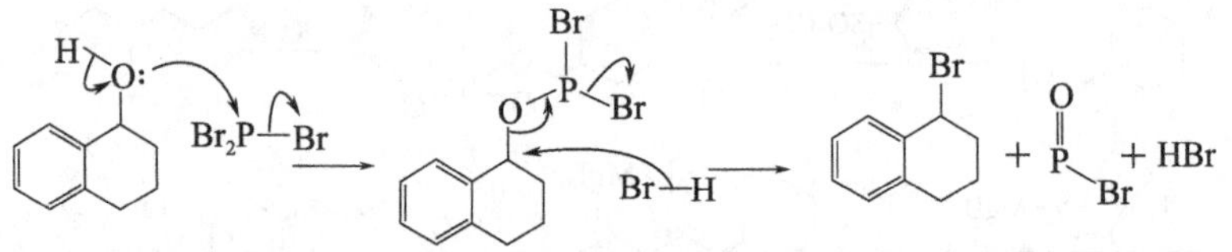

显然，反应过程的中间体 M 上具有较强活性的离去基，在足够量溴化氢亲核试剂存在下反应能够进行到底。尽管反应原料偏贵，但对于成本相对较高的醇类原料说来，可能还是合算的。

### 9.5.3 羧酸的酯化与羧酸酯水解反应的机理选择

对于羧酸的酯化、水解反应，有碱催化与酸催化两种反应机理，两者各具优势，只能根据试剂情况选择。即便同为酸催化机理，也存在不同酸类催化剂的选择问题。

**例 25**：某公司由芳基羧酸酯水解制备芳基羧酸。

合成文献是在甲苯-水两相溶剂中按照碱催化机理进行的，所谓碱催化就是碱本身作为亲核试剂参与极性反应：

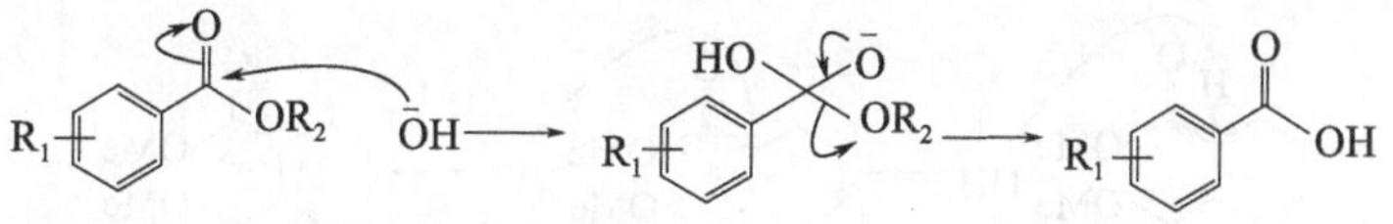

实验结果发现：反应产物中总是有未水解的羧酸酯存在，反应不能进行到底。这似乎违背了反应的一般规律，因为从上述反应机理解析容易看出：碱催化水解应该是定量完成的，而只有酸催化水解才是个可逆平衡过程。

然而，未能反应完全必有其特殊的原因：在碱性水解条件下，生成的羧酸钠盐在水中的溶解度有限而不能完全溶解，同时原料羧酸酯也未能全部溶解在甲苯溶剂中，整个反应体系始终处于液-液-固三相悬浮状态，这就存在着生成之产物在原料酯的表面结晶的可能，因而实现了产物对于原料的包裹，使原料隔绝于反应系统而不能继续进行水解反应。

如若改成酸催化水解反应，只要将生成的醇移出反应系统，反应平衡就能移动，反应就能进行完全：

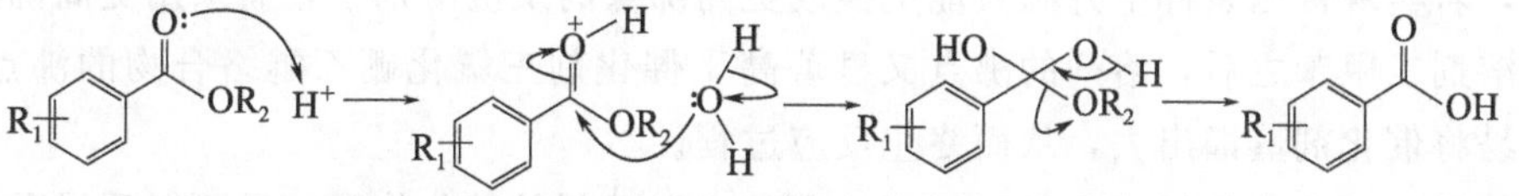

如若选择一种溶剂如卤代烷烃，它能完全溶解原料羧酸酯，而其对于产物羧酸的溶解度较小，就能解决产物包裹原料之问题。

**例26**：某公司选择了如下合成路线为国外客户合成邻位的环己基二羧酸酯：

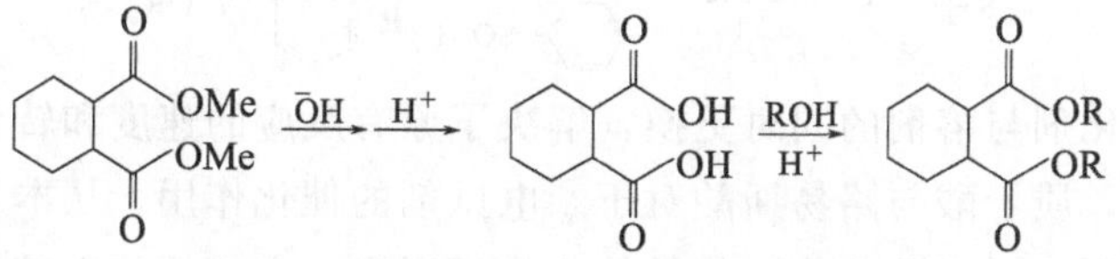

客户对于该工艺的产品质量是认可的，没有提出异议。

然而，由于上述这两步合成路线相对较长，笔者建议改成酸催化条件下的酯交换反应以替代原有的水解、酯化反应：

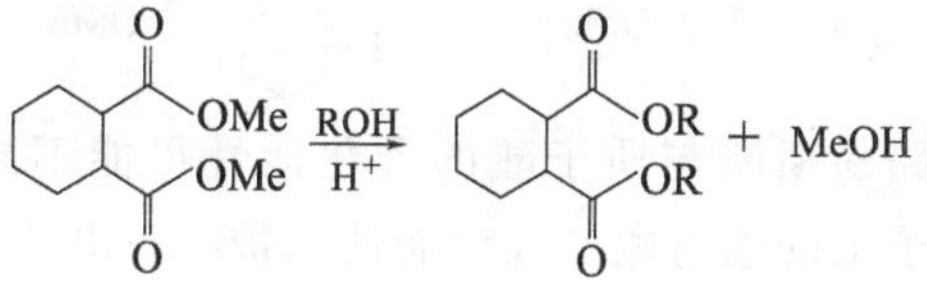

这样，只要移走沸点较低的甲醇，反应就能进行到底而直接得到目标产物。

经客户检测，酯交换工艺合成的产品质量更好，是个具有单一手性结构的产物。而原来的水解、酯化合成工艺，生成的产物中存在着手性异构体：

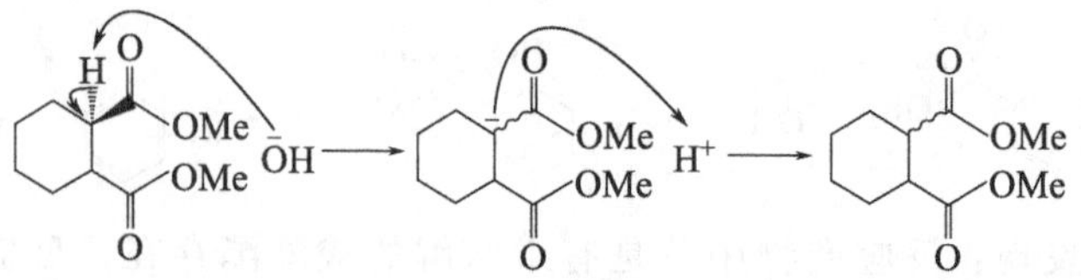

客户希望将先前供货的含有手性对映体的产物转化为单一手性结构产物，这显然是不可能实现的。

**例 27**：某公司的一个芳基羧酸酯的酯交换反应，是用三氟化硼乙醚络合物催化条件下以甲苯为溶剂于回流条件下实现的：

然而上述反应速度太慢，反应难于进行到底。

根据反应动力学，升温有利于加速反应过程。然而反应已经处于回流状态了，若实现常压条件下升温只能更换成更高沸点的反应溶剂了，而采用更高沸点的溶剂二甲苯之后，溶剂的沸点又显著高于催化剂三氟化硼乙醚络合物的沸点，容易将催化剂蒸馏出去，从而终止反应过程。

尽管如此，根据反应机理解析：羰基亲电试剂的催化作用，是可以质子酸代替路易斯酸（三氟化硼乙醚络合物）来实现的，酯交换反应可能在质子酸催化条件下完成：

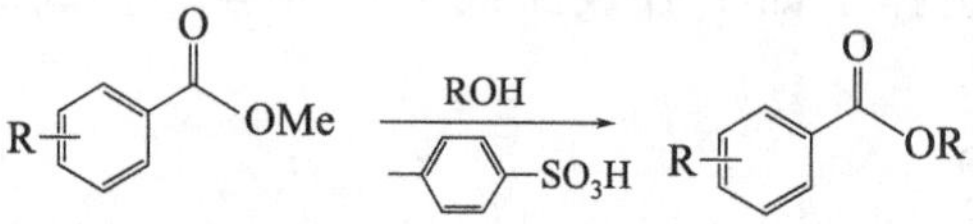

正是这催化剂与溶剂的同时更换，解决了原有反应的速度和转化率问题。

由此可见，质子酸与路易斯酸对于亲电试剂的催化作用，从本质上说都是空轨道而并无差别。对于羰基化合物的催化作用说来，它们均使羰基氧原子带上正电荷而离去活性增强，因而催化了羰基碳原子的亲电活性：

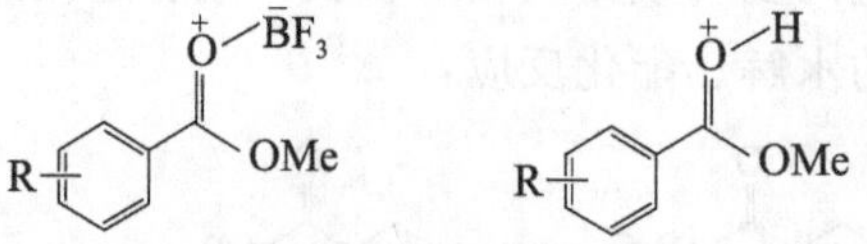

由此可见：尽管路易斯酸与质子酸的催化活性可能不同，但其催化原理相同，均能与羰基氧原子上的独对电子成键而使其带有正电荷。

### 9.5.4　取代硼酸的合成工艺与路线选择

取代硼酸指的是取代基为芳基或烷基的硼酸，一般是以金属有机化合物为亲核试剂而以硼酸酯为亲电试剂合成的：

$$R\!-\!M + B(OR')_3 \longrightarrow R\!-\!B(OR')_2 \xrightarrow[H^+]{H_2O} R\!-\!B(OH)_2$$

式中，M＝Li、MgBr 等。因此，在取代硼酸制备过程中存在几种不同的选择：

一是不同的金属元素 M 决定了亲核试剂活性不同，由此决定了反应过程活化能的不同，也决定了主副反应的能量差不同，进而影响到反应的选择性。

二是烷基锂（芳基锂）生成的机理不同，所选用原料结构不同，势必影响原料成本。

三是不同硼酸酯的活性不同，即其稳定性不同，也能影响反应的选择性。

**例 28**：甲基硼酸合成工艺选择。

甲基硼酸的合成可通过甲基格氏试剂与硼酸三甲酯反应制得：

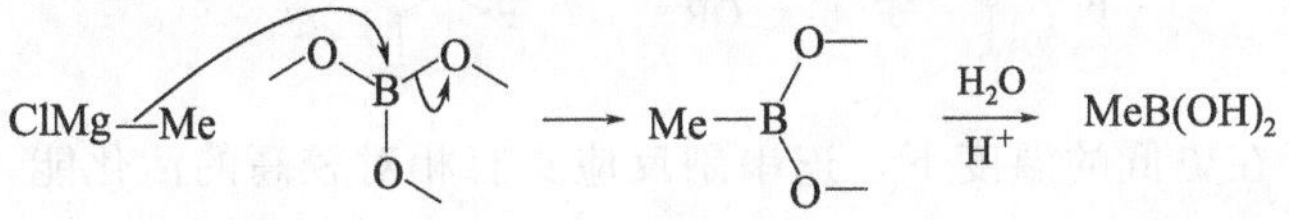

由于格氏试剂的亲核活性还不算太强，此极性反应在较低温度下不能发生，而只能在稍高的反应温度下进行，这样连串副反应难于避免而容易产生三甲基硼易燃物：

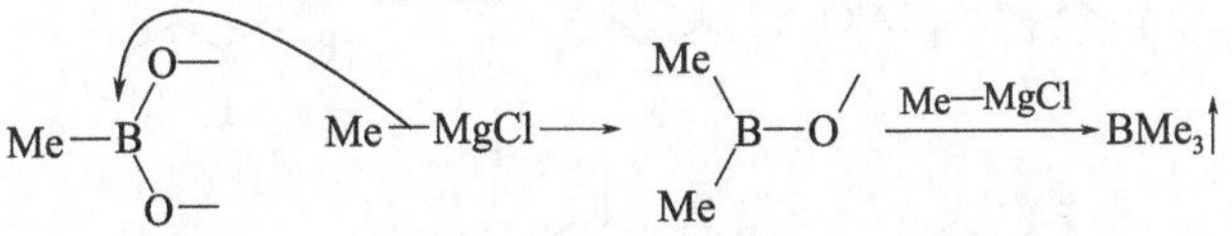

这是由于在反应温度下，主副反应的活化能差较小之缘故。

如若以甲基锂化物与硼酸酯于更低温条件下进行，则主副反应的活化能差较大，因而能抑制连串副反应的发生：

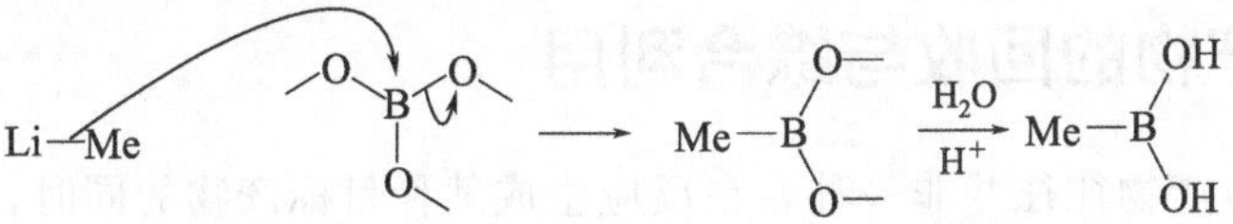

由此可见，以不同金属有机化合物作为亲核试剂进行比较，虽然格氏试剂在原料成本上占优，但其反应活性与反应选择性一般不及有机锂化物。对于不同化合物的合成路线，应权衡利弊作出选择。

**例 29**：2,3,4,5,6-五氟苯硼酸的合成路线选择。

某公司是按照如下工艺合成 2,3,4,5,6-五氟苯硼酸的：

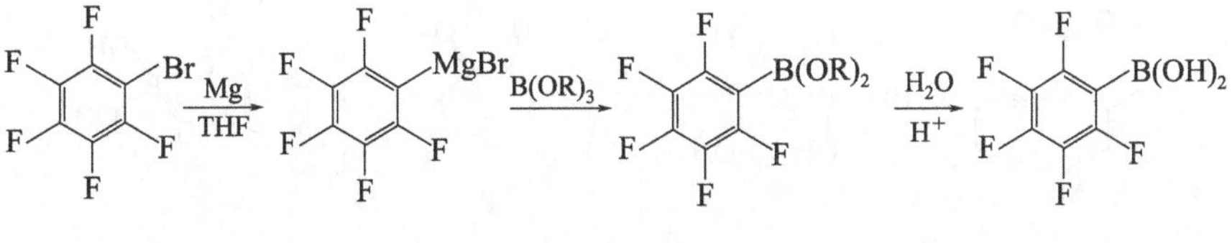

同样由于主副反应活化能差较小的缘故，难于避免连串副反应，故以格氏试剂为亲核试剂的反应选择性不高[14]：

若将亲核试剂由格氏试剂换成芳基锂化物，才会具有更高选择性[15]：

这是由于在更低的温度下，连串副反应具有相对较高的活化能，因而容易抑制其发生。

上述所用的五氟苯基锂也有两种不同的合成工艺：

显然，未经五氟溴苯阶段的后一条工艺路线更佳[16]。

# 9.6 副产物的回收与综合利用

化学反应产物往往并非一种，在反应生成某种目标产物的同时，往往伴生了另一种副产物。在反应机理解析基础上，就容易将这种副产物合成、分离、提纯与应用。

## 9.6.1 副产磷酸的回收与综合利用

**例 30**：农药中间体 Lactem 的合成工艺为：

在上述反应工艺的第二步是脱水缩合步骤，它是以多聚磷酸为溶剂与脱水剂的。反应机理为：

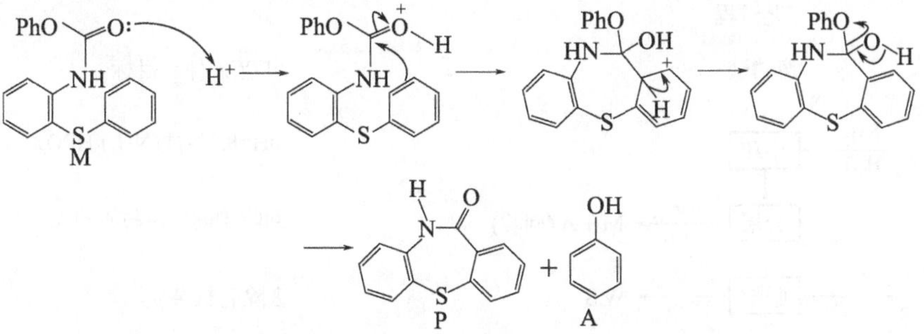

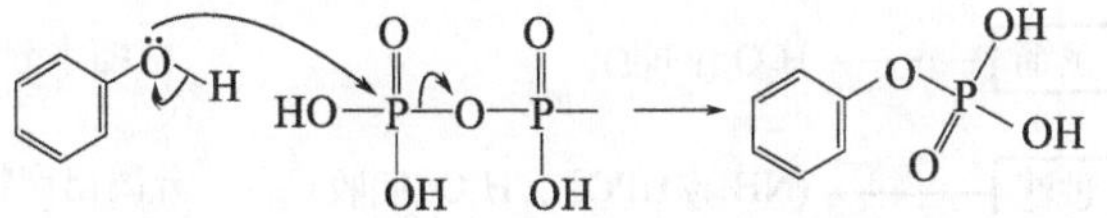

显然，反应后的磷酸母液的成分比较复杂，有多聚磷酸、磷酸苯酯等。由于磷酸母液不只是溶剂而且参与了反应，该母液的直接回用显然是不可能的。

然而在反应机理解析的基础上，加入亲核试剂水，就能够将所有多聚磷酸及其衍生物定量地转化成磷酸，若加入氨水就能制备出高质量的胺盐。这样，既解决了有机物的回收利用问题，也将磷酸转化成了有用的产品。反应机理为：

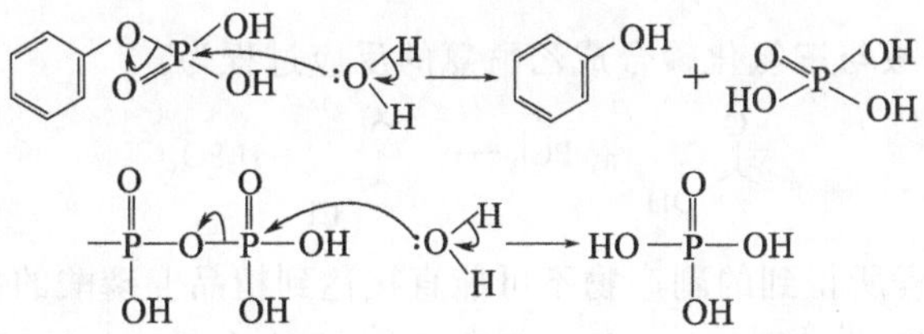

多聚磷酸及磷酸苯酯确属亲电试剂，与亲电试剂氨反应生成磷酰胺也有可能：

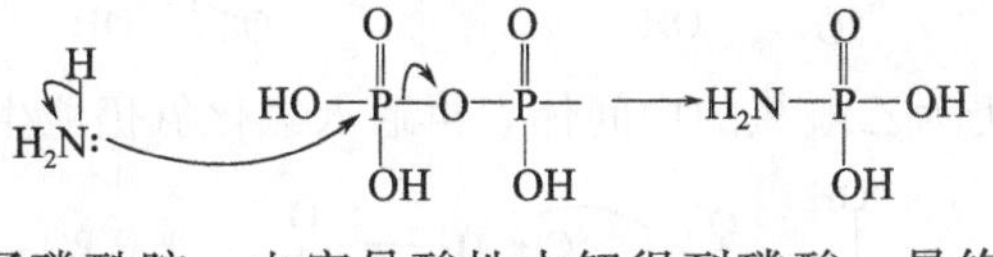

然而即便生成了磷酰胺，也容易酸性水解得到磷酸，最终生成磷酸的胺盐：

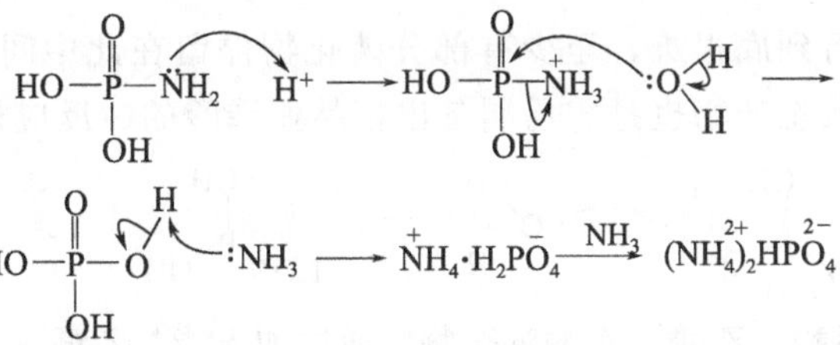

之所以选择磷酸二胺盐为目标产物，是由于它具有较高的熔点和较低的水溶

性，便于回收和利用的缘故。

废磷酸母液的回收工艺过程为：

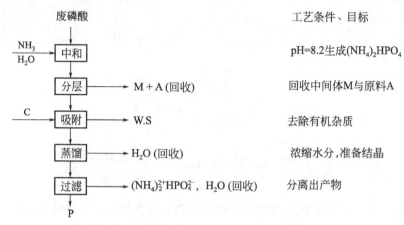

用上述回收工艺，既回收了中间体 M，又回收了原料苯酚，还将所有磷酸定量地转化成了磷酸二胺盐，排放量接近为零，实现了绿色生产工艺。

### 9.6.2 亚磷酸的回收与综合利用

**例 31**：由醋酸与三氯化磷合成乙酰氯的反应过程为：

上述反应过程所得到的副产物不可能直接达到精品亚磷酸的质量标准。得到的只能是黏稠的粗品，其中含有的主要副产物 M 为次磷酸与乙酸的加成物：

尽管该加成物仍为乙酰氯的中间体，再通入氯化氢仍能生成亚磷酸：

然而反应进行到底很难，至少有部分磷化物停留在此中间状态。即便如此，这种黏稠的中间状态产物也是容易制备出精品亚磷酸的。反应机理为：

对于如上亚磷酸、乙酸与水的混合物，通过加入能与乙酸、水共沸的非极性溶剂如甲苯分离开，再利用亚磷酸于低温下不溶于非极性溶剂的特点而提纯亚磷酸。

当然，根据反应机理解析，尽管反应系统内通入氯化氢气体能提高反应转化率。然而为达到精品亚磷酸的标准，上述提纯过程不能省略。

### 9.6.3  废硫酸的综合利用

废硫酸一般为稀硫酸，其中往往含有若干有机杂质。根据其中的杂质不同，可选择不同的方法综合利用。

**例32**：某公司在羧酸酯化反应过程之后分层得到 30% 浓度的废硫酸，寻求处理方法。

用其制备对甲基苯磺酸是最佳选择。反应机理为：

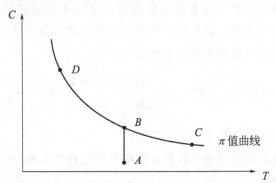

然而，根据芳烃磺化反应的 π 值曲线，其右上方才是反应区域，而左下方为不反应区域，该反应是需要达到一定浓度才能进行的：

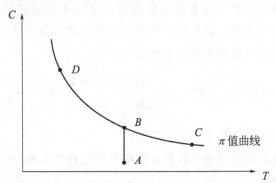

然而，这对于易挥发的、高电子云密度的芳烃说来不是问题。一是由高电子云密度的芳烃结构所决定，其对于磺化反应的浓度要求较低；二是由芳烃的易挥发性所决定，能够与水共沸，从而能从反应体系内不断地带走水分而使反应体系的状态从 $A$ 点移至 $B$ 点，从而达到磺化反应 π 值曲线所要求的硫酸浓度。

由此可见，硫酸与甲苯的磺化反应客观上能够定量地进行，没有任何副产物生成而真正实现了绿色工艺过程。对甲基苯磺酸的生产应以废硫酸的综合利用为主，没必要选择精品硫酸原料，这才是最经济的工艺过程。

类似的其他芳烃的磺化，也应该尽可能选择相对较低的硫酸浓度，选择 π 值曲线上的 $C$ 点代替 $D$ 点，以利于稀硫酸母液的回用，减少废硫酸的生成。

### 9.6.4  二氧化硫的回收与循环利用

人们熟知，在醛类化合物的分离提纯过程中，常用饱和亚硫酸氢钠水溶液与

醛基反应, 生成水溶性的加成产物:

这种加成产物经酸化后, 能重新返回到原来的醛类结构:

由于生成的二氧化硫能够再生成亚硫酸氢钠而可能回收利用:

$$SO_2 + H_2O + NaOH \longrightarrow NaHSO_3$$

然而, 上述过程不是必要的, 可以而且应该做出改进:

首先, 在加成反应过程中, 采用过量的饱和亚硫酸钠不是必要的。采用饱和亚硫酸氢钠旨在减小加成物在水中的溶解度, 而这通过增加钠离子的量即加入氯化钠或氢氧化钠的办法同样能够实现。

其次, 与醛基加成而生成上述加成物的, 也并非亚硫酸氢钠不可, 亚硫酸钠、亚硫酸 (溶于水中的二氧化硫) 均可与醛基加成, 只不过亚硫酸与醛基的加成是个平衡可逆过程, 因而不能定量地完成:

因此, 上述加成反应的最佳工艺应为:

第一, 以微过量的亚硫酸钠代替亚硫酸氢钠饱和水溶液与醛基加成, 能够得到定量地加成产物。

第二, 为了减少加成物在水中的溶解损失, 加入钠离子后以同离子效应移动溶解平衡, 仍能减少加成物在水中的溶解度, 加入的钠离子可选择氯化钠、氢氧化钠等。

第三, 酸化步骤只能加入盐酸以降低醛在酸中的溶解度。且加入的盐酸必须是过量的, 否则生成部分加成物仍未分解成醛。

第四, 酸化步骤生成的二氧化硫不必制备成亚硫酸氢钠来回收, 可直接通入到含有醛基化合物的碱性水溶液中。这样可节省中间步骤。

由此可见, 二氧化硫的循环利用是可行的。

综上所述, 通过反应机理解析, 我们能够从本质上认清化学反应过程, 并利用这种认识不断地改进工艺过程。通过反应机理的解析, 能分析和讨论可能进行的主副反应, 而通过比较主副反应的反应活性, 就能定性地判断反应选择性, 为工艺路线选择提供依据。

# 参 考 文 献

【1】 Baldwin John J. Ponticello Gerald S. Christy Marcia E. Thieno thiopyran sulfonamide derivatives, pharmaceutical compositions and use，US 4797413. 1989. 01. 10.

【2】 南海军，王洋，蔡鲁伯等. 3-氯-八氢-2(1H)-喹啉酮的合成工艺，发明专利申请：201511027911. 4. 2016. 1.

【3】 陈荣业著. 实用有机分离过程. 北京：化学工业出版社，2015. 61.

【4】 朱红星，陈海群等. 对氟甲苯合成新工艺，化工进展，2002，21（2）：120～121.

【5】 段行信，实用精细有机合成手册. 北京：化学工业出版社，2000. 337～339.

【6】 徐克勋. 精心有机化工原料及中间体手册. 北京：化学工业出版社，1997. 3-36-49.

【7】 杨锦宗编著. 工业有机合成基础. 北京：中国石化出版社，1998. 568.

【8】 陈荣业著. 分子结构与反应活性. 北京：化学工业出版社，2008. 264～265.

【9】 徐建国. 抗血小板药——替卡格雷的合成工艺研究：[学位论文]. 上海医药工业研究院，2014. 43～45.

【10】 Friedel P，Crafts J M. Compt Rend，1877，84：1392.

【11】 Jack Li. Name Reactions A Collection of Detailed Reaction Mechanisms. 荣国斌译. 上海：华东理工大学出版社，2003. 145.

【12】 南海军，吕永志，董志军等. 1-(2,3,5,6-四氟苯基)-2,2-二甲基丙酮化合物及制备方法，CN 201410084006. 1. 2015.

【13】 蔡鲁伯，吕永志，南海军等. 1-(4-氟苯基)-2-(反式-4-烷基环己基)-乙酮合成工艺，CN 201610087365. 1. 2016.

【14】 Adonin，Nicolay Yu，et al. Polyfluorooganoboron Compounds. Zeitschrift fuer Anorganische und Allgemeine Chemie，2005. 631（13～14）：2638～2646.

【15】 Zhang Yanjun，et al. Method for synthesis of pentafluorophenol by utilizing miero-channel reactor. Faming Zhuanli Shenqing，104774140. 15. jun. 2015.

【16】 He Renbao，et al. Prepration method of pentafluorophenol. Faming Zhuanli Shenqing，102718635. 10. otc. 2012.